理化检测人员培训系列教材

丛书主编　靳京民

特种材料理化分析

贾　林　黄　敏　张　皋　李晓霞　张晓明　李俊平　唐荣娟
李志学　潘　清　路晓娟　郭崇星　陈思志　陈江波　苏鹏飞　等编著
张志敏　卢　樱　孙景欣　薛小艳　罗伦忠　周　岚　姚映帆

机械工业出版社

本书围绕着火炸药理化分析的特殊性编写。第一章~第七章以分析方法为主线，对火炸药理化检测进行分类论述；第八章~第十二章以火炸药理化检测中遇到的原料、半成品、产品为主线，对火炸药理化检测进行分类讲解；第十三章重点讲述了火炸药理化实验室安全。

书中着重论述了混合炸药定量常用的称量法和日常定量涉及的仪器分析法；火炸药制品的安定性也是本书的重要组成部分，书中不但有专门的安全知识章节，而且在多个试验中注明具体安全注意事项。

本书可供化工火炸药检测人员的岗位培训使用，也可供相关科研和生产技术人员参考。

图书在版编目（CIP）数据

特种材料理化分析/贾林等编著. —北京：机械工业出版社，2022.3
（2024.6重印）
理化检测人员培训系列教材
ISBN 978-7-111-61419-7

Ⅰ.①特… Ⅱ.①贾… Ⅲ.①火药-物理化学分析-技术培训-教材②炸药-物理化学分析-技术培训-教材 Ⅳ.①TJ41②TJ5

中国版本图书馆 CIP 数据核字（2022）第 025167 号

机械工业出版社（北京市百万庄大街 22 号 邮政编码 100037）
策划编辑：吕德齐　　　　责任编辑：吕德齐
责任校对：陈　越　李　婷　封面设计：鞠　杨
责任印制：常天培
北京机工印刷厂有限公司印刷
2024 年 6 月第 1 版第 2 次印刷
184mm×260mm·18.75 印张·463 千字
标准书号：ISBN 978-7-111-61419-7
定价：95.00 元

电话服务　　　　　　　　　网络服务
客服电话：010-88361066　　机 工 官 网：www.cmpbook.com
　　　　　010-88379833　　机 工 官 博：weibo.com/cmp1952
　　　　　010-68326294　　金 书 网：www.golden-book.com
封底无防伪标均为盗版　机工教育服务网：www.cmpedu.com

序

当今世界正在经历百年未有之大变局，我国经济发展面临的国内外环境发生了深刻而复杂的变化。当前，科技发展水平以及创新能力对一个国家的国际竞争力的影响越来越大。理化检测技术的水平是衡量一个国家科学技术水平的重要标志之一，理化检测工作的发展和技术水平的提高对于深入认识自然界的规律，促进科学技术进步和国民经济的发展都起着十分重要的作用。理化检测技术作为技术基础工作的重要组成部分，是保障产品质量的重要手段，也是新材料、新工艺、新技术工程应用研究，开发新产品，产品失效分析，寿命检测，工程设计，环境保护等工作的基础性技术。在工业制造和高新技术武器装备的科研生产过程中，需要采用大量先进的理化检测技术和精密设备来评价产品的设计质量和制造质量，这在很大程度上依赖于检测人员的专业素质、能力、经验和技术水平。只有合格的理化检测技术人员才能保证正确应用理化检测技术，确保理化检测结果的可靠性，从而保证产品质量。

兵器工业理化检测人员技术资格鉴定工作自 2005 年开展以来，受到集团公司有关部门领导及各企事业单位的高度重视，经过 16 年的发展和工作实践，已经形成独特的理化检测技术培训体系。为了进一步加强和规范兵器工业理化检测人员的培训考核工作，提高理化检测人员的技术水平和学习能力，并将兵器行业多年积累下来的宝贵经验和知识财富加以推广和普及，自 2019 年开始，我们组织多位兵器行业内具有丰富工作经验的专家学者，在《兵器工业理化检测人员培训考核大纲》和原内部教材的基础上，总结了多年来在理化检测科研和生产工作中的经验，并结合国内外的科技发展动态和现行有效的标准资料，以及兵器行业、国防科技工业在理化检测人员资格鉴定工作中的实际情况，围绕生产工作中实际应用的知识需求，兼顾各专业的基础理论，编写了这套"理化检测人员培训系列教材"。

这套教材共六册，包括《金属材料化学分析》《金属材料力学性能检测》《金相检验与分析》《非金属材料化学分析》《非金属材料性能检测》和《特种材料理化分析》，基本涵盖了兵器行业理化检测中各个专业必要的理论知识和经典的分析方法。其中《特种材料理化分析》主要是以火药、炸药和火工品为检测对象，结合兵器工业生产特点编写的检测方法；《非金属材料化学分析》是针对有机高分子材料科研生产的特点，系统地介绍了有机高分子材料的化学分析方法。每册教材都各具特色，理论联系实际，具有很好的指导意义和实用价值，可作为有一定专业知识基础、从事理化检测工作的技术人员的培训和自学用书，也可作为高等院校相关专业的教学参考用书。

这套教材的编写和出版，要感谢中国兵器工业集团有限公司、中国兵器工业标准化研究所、辽沈工业集团有限公司、内蒙古北方重工业集团有限公司、山东非金属材料研究所、西安近代化学研究所、北京北方车辆集团有限公司、内蒙古第一机械集团股份有限公司、内蒙金属材料研究所、西北工业集团有限公司、西安北方惠安化学工业有限公司、山西北方兴安化学工业有限公司、辽宁庆阳特种化工有限公司、泸州北方化学工业有限公司、甘肃银光化学工业集团有限公司等单位的相关领导和专家的支持与帮助！特别要感谢中国兵器工业集团有限公司于同局长、张辉处长、王菲菲副处长、王树尊专务、朱宝祥处长，中国兵器工业标准化研究所郑元所长、孟冲云书记、康继纲副所长、马茂冬副所长、刘播雨所长助理、罗海盛主任、杨帆主任等领导的全力支持！感谢参与教材编写的各位专家和同事！是他们利用业余时间，加班加点、辛勤付出，才有了今天丰硕的成果！也要特别感谢原内部教材的作者赵祥聪、胡文骏、董霞等专家所做的前期基础工作，以及对兵器工业理化检测人员培训考核工作所做出的贡献。还要感谢机械工业出版社的各专业编辑，他们对工作认真负责的态度，是这套教材得以高质量正式出版的保障！在编写过程中，还得到了广大理化检测人员的关心和支持，他们提出了大量建设性意见和建议，在此一并表示衷心的感谢！

由于理化检测技术的迅速发展，一些标准的更新速度加快，加之我们编写者的水平所限，书中难免存在不足之处，恳请广大读者提出批评和建议。

丛书主编　靳京民

前　言

本书所说的特种材料是指火药、炸药和火工品等含能材料，简称火炸药。火炸药理化分析是一门发展的科学，它应用各种仪器、技术和方法以获取火药与炸药的组成和理化性质等信息的综合性科学。理化分析是火炸药生产和科学研究中的组成部分，是一项重要的基础技术，主要涉及火炸药的生产和各种新型含能材料及其相关物的合成；原材料、中间体和最终产品的质量检验；工艺流程的控制；三废的处理和利用；新配方、新工艺、新技术的研究和推广；产品的长期储存；突发事件的调查。由此可见，理化分析在保障火炸药正常生产，促进火炸药科学技术进步等方面具有重要的作用。

随着国防科技工业的快速发展和武器装备研制质量要求的不断提高，以及理化分析技术新理论的不断应用和大量先进仪器设备的引进，对特种理化分析人员的知识、技能和实践经验要求越来越高，而理化分析人员的技术能力是理化分析有效性和可靠性的重要保证，为此编写了这本《特种材料理化分析》。

由于火炸药理化分析涉及面十分广泛，种类繁多，采用的分析方法也是多种多样的。本书在编写过程中，坚持理论联系实际的原则，全面系统地介绍了火炸药理化分析的基本理论和实际经验。本书内容翔实，图文并茂，具有良好的科学性、系统性、先进性、指导性和实用性，对于加强和提高特种理化检测人员的专业理论水平和解决实际问题的能力都具有很重要的参考价值，可为提高我国军工产品的质量以及促进我国火炸药行业的发展做出贡献。

本书是根据现行有关标准和技术要求，并结合国防科技工业特种理化检测工作的发展精心编写而成的。本书第一章~第七章，着重介绍了有关火炸药理化分析的基础知识，定量用仪器分析在火炸药分析中的应用；第八章~第十三章着重介绍了火炸药有关原材料、火药（包括单基药、双基药、三基药及复合药）及炸药（包括单质炸药及混合炸药）的分析方法，以及安全等方面的知识。

本书的编写得到了中国兵器工业集团有限公司和中国兵器工业标准化研究所有关领导的大力支持和帮助，得到了行业内多家企、事业单位的支持和协助，在此一并表示感谢。由于本书内容涉及行业内许多实际应用知识，编写难度较大，并且编写人员水平和经验有限，书中难免存在不足之处，诚恳希望读者批评指正。

作　者

目 录

第一章

绪　论

本书所说的特种材料是指火药和炸药，简称火炸药。火炸药理化分析是一门发展并应用各种仪器、技术和方法以获取火药与炸药的组成和理化性质等信息的综合性科学。

一、火炸药理化分析的作用和任务

理化分析是火炸药生产和科学研究中的组成部分，是一项重要的基础技术，研究内容包括火炸药的生产和各种新型含能材料及其相关物的合成，原材料、中间体和最终产品的质量检验，工艺流程的控制，三废的处理和利用，新配方、新工艺、新技术的研究和推广，产品的长期储存，突发事件的调查。由此可见，理化分析在保障火炸药正常生产，促进火炸药科学技术进步等方面具有重要的作用。

火炸药理化分析的主要任务包括：

1）火炸药组分的定性分析与结构表征，进行火炸药分子、微观、介观结构表征研究，结构与性能相关性等研究。

2）定量测定火炸药中各种组分和主要杂质，进行火炸药理化性能、过程分析检测技术、燃爆产物动态分析等研究。

3）测定火炸药及相关物的理化常数或性能。

4）评估火炸药的安定性、相容性和储存寿命，进行火炸药及装药环境适应性、长储安全性、失效模式、失效机理、寿命评估、延寿等技术与方法研究。

5）提供涉及火炸药的公共安全、刑事侦破、环境保护与生态监测等方面的相关分析信息。

二、火炸药理化分析的分类和特点

（一）分类

（1）**按分析对象分**　根据分析对象，火炸药理化分析可以分为无机分析和有机分析两种。火炸药的组成中，大部分是有机组分，但也有少数无机物。火炸药分析测试是以有机分析为主，兼有一部分无机分析。

（2）**按试样的用量分**　根据试样的用量，分析测试可以分为常量分析、半微量分析和微量分析，见表1-1。考虑到试样的代表性和实际目的，多数火炸药分析取样量在1g以上，

表 1-1　理化分析试样的用量

分类	试样的用量
常量分析	>0.1g
半微量分析	(0.01~0.1)g
微量分析	(0.1~10)mg

属于常量分析，只有小部分是半微量分析或微量分析。

（3）按被测组分的含量分　如果根据被测组分的质量百分含量划分，火炸药分析大多属于常量组分（>1%[一]）分析，杂质和个别功能组分、工艺添加剂的分析则应列入微量（0.01%~1%）甚至痕量组分（<0.01%）分析的范围。

（4）按分析任务分　按分析任务，火炸药理化分析可以分为结构分析、定性分析、定量分析、热分析和理化常数或性能测试等。随着材料科学的发展，又出现了形态、能态、微区、表面和时空分布等多种新型分析。日常生产中所需要的分析主要是组分定量和理化性能的测试。定性分析、结构分析及其他分析主要用于未知组成的火药或炸药的剖析、新含能材料合成和新工艺的研究。

（5）按分析方法和仪器分　按方法原理和使用的仪器，火炸药理化分析可以分为化学分析和仪器分析。化学分析通常分为称量法、滴定法和量气法；仪器分析几乎包括了现代分析化学中所有的仪器分析方法。

（二）特点

由上述分类可知，火炸药理化分析的特点之一是涉及面十分广泛、种类众多，采用的分析方法也多种多样。

火炸药理化分析的另一特点是安定性、相容性和储存寿命的评估占有特别重要的地位。"平时生产，战时使用"导致火炸药产品通常都要经历相当长的储存时间。在一定条件下，火炸药制品保持其物理、化学和爆炸或燃烧性能不发生超出允许范围变化的能力称为火炸药的安定性，是评定火炸药制品能否投入使用、继续储存的重要指标。和一般化工产品不同，安定性是火炸药制品的必检项目，除了新制造的产品需要检测以外，库藏的火炸药也要定期检验安定性。近年来世界形势的发展趋势使火炸药制品的使用寿命和延寿问题成为火炸药领域的热门研究课题。

火炸药理化分析的第三个特点是安全性问题突出。火炸药分析的对象是发射药、推进剂或炸药，它们都是对热、机械撞击、电火花十分敏感的爆炸性危险品，分析中还使用许多易燃、高腐蚀、强氧化性试剂，如乙醚、丙酮、甲苯、高氯酸、浓硫酸、硝酸等，部分试验还需加热。因此试样处理和制备、分析操作、多余样品及废料销毁等各个环节都必须严格遵守安全操作规范。新参加火炸药分析的人员必须预先接受安全操作教育，并在工作实践中不断提高安全操作技能。

三、火炸药理化分析的发展

火炸药生产的发展和科技进步向分析测试提出了许多新的要求，包括现代分析学、化学计量学、微电子技术、计算机技术、光机电一体化技术、统计学在内的高新科技为火炸药理化分析的发展提供了良好的基础。因此火炸药理化分析有着宽广的发展空间，今后火炸药理化分析的发展可能集中在下列几个方面：

1）顺应当前理化分析的发展态势，加速实现由化学分析为主到以现代仪器分析为主的变革。智能化的仪器分析和自动化的化学分析要发展成为常规分析的主要手段。

2）面临火炸药科技进步中提出的许许多多复杂的分析要求和挑战，火炸药分析要突破

[一]　本书中表示含量的百分数，如未特别说明，均为质量分数。

单纯的成分测定和传统的宏观性质表征的局限。微观结构分析、状态分析、价态分析、表面分析、微区分析、时空分布等新型分析技术将成为火炸药分析的热点研究课题。通过这些分析研究和实施有可能为新材料的开发、推进剂的包覆粘接、发射药表面和深度钝感、含能材料的燃烧催化、功能组分的特性表征与应用、火炸药综合性能提高等方面提供更有效的信息。

3）以现代热力学、热物理、仿真模拟和数据统计学为指导，发展并应用各种新仪器、新技术、新方法，更科学、更精确地揭示火炸药失效机理，评估火炸药的安全性和可靠性。力求在"火炸药储藏寿命、使用寿命和延寿"这一重要科技课题中取得突破性进展。

4）满足火炸药新工艺发展需要，加大在线分析的研究力度，发挥分析检测仪器在重大工艺监控中的作用，实现自动取样、自动分析、自动报告分析结果。在这一方面，各种新型化学或物理传感器或检测器的研究是十分关键的。

在展望火炸药理化分析美好前景的同时，应当清醒地认识到化学分析作为经典的分析方法，其历史悠久、方法成熟。目前，对于高含量组分的定量测定，其准确度依然高于仪器分析，许多仪器分析也还离不开化学处理。现行的国内外火炸药分析标准中，化学分析仍然占有较大比重。总之，在较长的一段时期内，化学分析和仪器分析在实际应用中仍应取长补短，相辅相成。

思 考 题

1. 火炸药理化分析的特点是什么？
2. 根据试样的用量，理化分析如何分类？大多数火炸药分析属于哪类？
3. 炸药理化分析的主要任务包括哪些？
4. 今后火炸药理化分析的发展可能集中在哪几个方面？
5. 化学分析能否在近期内被仪器分析取代？

第二章

火炸药分类及其主要组分

本章介绍火药与炸药的定义、分类、组成，火药与炸药中最常见的能量组分。

第一节　火药与炸药的定义和分类

（一）火药的定义和分类

（1）定义　火药是在适当的外界能量作用下，自身能进行迅速而有规律的燃烧，同时生成大量热和高温气体的一类物质。现代战争中所使用的武器，主要是枪、炮和火箭、导弹。在枪、炮等身管武器中利用火药燃烧的高温高压气体在身管中的膨胀，推动弹丸向前运动，将弹丸从武器身管中发射出去飞向目标，所以称枪、炮用的火药为发射药。火箭、导弹是利用将装在火箭发动机中的火药燃烧产生的高温高压气体从喷管喷出，对火箭产生反作用推力，推动火箭向前运动，将战斗部发射到目标地，故称用于火箭发动机中的火药为推进剂。

（2）分类　火药按其物理状态可分为固体火药、液体火药；按组成的均匀性可分为均质火药和异质火药。

1）均质火药包括单基药、双基药和三基药。单基药是以硝化棉为唯一能量组分的火药；双基药含有两种主要能量组分，通常指硝化棉和硝化甘油或硝化三乙二醇；三基药是含有硝化棉、硝化甘油、硝基胍等三种主要能量组分的一类火药。

2）异质火药有黑火药、复合推进剂、改性双基推进剂等。相对均质火药而言，异质火药的组分分布更不均匀，理化分析测试前，更应注意选取代表性样品，称取的试样量不应过少。

（二）炸药的定义和分类

（1）定义　炸药是指无外界供氧时，在一定能量作用下能发生高速化学变化、放出大量热和气体，对外界做功的一类物质，是战斗部杀伤和摧毁的能源。

（2）分类　炸药按组分可分为单质炸药和混合炸药。

1）单质炸药是指单一组分的炸药，也称单体炸药。

2）更常用的是由两种及以上组分构成的混合炸药。通常，混合炸药也是不均匀的。理化分析测试时，同样应注意样品的代表性。

3）起爆药是炸药的一个类别，具有猛炸药的某些性质，但又有自身的一些显著特点。

第二节　火药和炸药的组成

通常，火药与炸药是由含能组分和具有各种功能的添加剂组成的。常用的功能添加剂有助溶剂、增塑剂、化学安定剂、燃烧催化剂、燃烧稳定剂、粘合剂、钝感剂和工艺附加物等。它们大致上是芳香或脂肪酸酯类、芳香胺、芳香脲、炭黑、金属氧化物、有机盐、无机盐、轻金属粉、高聚物等。以下介绍火药和炸药中常见的含能组分和新型含能组分。

一、常见的有机含能组分

（一）芳香族硝基化合物

这类物质均含有 C—NO_2 基团。

1. 梯恩梯（TNT）

军用 TNT 含 99%（质量分数。本书中用百分数表示的含量，如无特别说明均表示质量分数。）以上 2,4,6-三硝基甲苯，其余是它的异构体及一硝基甲苯和二硝基甲苯的异构体。2,4,6-三硝基甲苯结构式

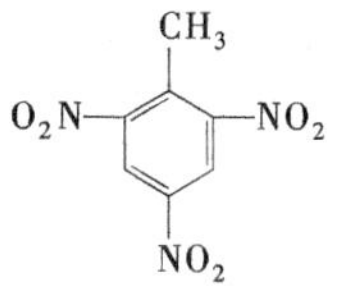

化学式 $C_7H_5N_3O_6$；相对分子质量 227.1；纯品是无色针状晶体；工业品为淡黄色片状物；凝固点 80.85℃；不吸湿，易溶于丙酮、甲苯、三氯甲烷，微溶于乙醇、四氯化碳、二硫化碳；爆发点 475℃（5s）；冲击感度 8%；摩擦感度 4%～6%；可用硫化钠或亚硫酸钠水溶液进行化学销毁。

2. 地恩梯（DNT）

DNT 的化学名称为二硝基甲苯，有多种异构体，其中最主要的是 2,4-二硝基甲苯，其次是 2,6-二硝基甲苯，还含有少量一硝基甲苯和三硝基甲苯。2,4-二硝基甲苯结构式

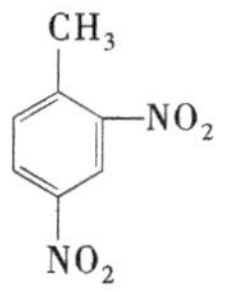

相对分子质量 182；熔点为 69.5℃～70.5℃ 或 50℃～54℃（工业品）；黄色固体；溶于乙醇、乙醚、丙酮、甲苯、苯等多种溶剂，微溶于水；在稀硝酸存在时与铅形成易燃的有机金属产物，与苛性碱、浓硫酸及可燃溶剂放在一起有失火之患；爆发点 360℃（发火）。

（二）硝胺类

硝胺类的含能化合物均含有 N—NO_2 基团，最常见的有黑索今、奥克托今、硝基胍、吉纳。吉纳分子中有—ONO_2 基团，也可归入硝酸酯类。

1. 黑索今（RDX）

黑索今的化学名称为 1,3,5-三硝基—1,3,5-三氮杂环己烷，又名环三次甲基三硝胺，化学式 $C_3H_6N_6O_6$，结构式

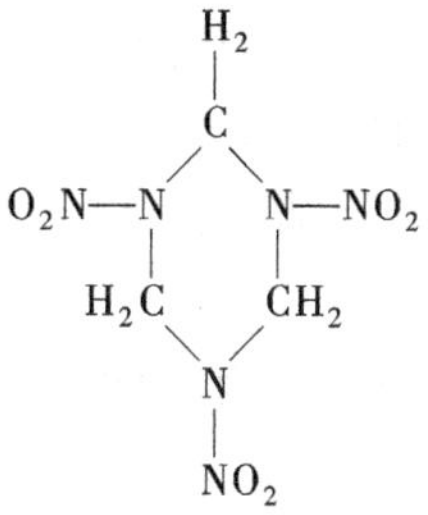

相对分子质量为 222.13；白色斜方晶体，工业品颜色允许呈浅灰色或粉红色；熔点 204.1℃（重结晶），201℃（工业品）；不吸湿，易溶于丙酮、浓硝酸，微溶于乙醇、甲苯、三氯甲烷、二硫化碳，难溶于水、乙酸乙酯、四氯化碳；冲击感度 80%±8%；摩擦感度 76%±8%；爆发点 230℃（5s）；可用 20 倍于 RDX 体积的 5%氢氧化钠溶液将其煮沸分解销毁。

2. 奥克托今（HMX）

奥克托今的化学名称是 1,3,5,7-四硝基—1,3,5,7-四氮杂环辛烷，又名环四次甲基四硝胺，化学式 $C_4H_8N_8O_8$，结构式

$$\begin{array}{c} NO_2 \\ | \\ H_2C-N-CH_2 \\ | \qquad | \\ O_2N-N \qquad N-NO_2 \\ | \qquad | \\ H_2C-N-CH_2 \\ | \\ NO_2 \end{array}$$

相对分子质量为 296.17；白色晶体；熔点 276℃~280℃（分解）；具有 α、β、γ、δ 四种晶型，可相互转换，不同晶型有不同稳定温度范围，相应地有不同物理常数，如密度、折射率、溶解度等；β 型为稳定晶型，α、γ 为亚稳定型，而 δ 为不稳定型，一般列出的性能数据均指 β 型；几乎不溶于水、甲醇、异丙醇，在二氯乙烷、苯胺、硝基苯和二氧六环中的溶解度也不大，室温下在丙酮与环己酮中的溶解度约 2%；在碱水中的分解作用比黑索今慢得多，浓硫酸可分解它；冲击感度 100%；摩擦感度 100%；爆发点 327℃（5s）。

3. 硝基胍（NQ）

硝基胍的化学式 $CH_4N_4O_2$，结构式

$$\begin{array}{c} NH_2 \\ | \\ NH=C \qquad\qquad 或 \qquad O_2N\cdot N=C \\ | \qquad\qquad\qquad\qquad\qquad | \\ NHNO_2 \qquad\qquad\qquad\qquad NH_2 \end{array}$$

相对分子质量 104.1；白色针状晶体；溶于硫酸、热水，微溶于冷水、甲醇、丙酮；熔点 232℃（分解）；100℃加热 24h 失重 0.08%；150℃分解 1%需 55min；爆发点 275℃（5s）；冲击感度 0%；摩擦感度 0%；易溶于碱而分解，形成氨和硝基脲。

4. 吉纳（DINA）

吉纳的化学名称是二乙醇—N—硝胺—二硝酸酯，又名硝化二乙醇胺，二硝酸乙酯硝基胺，化学式 $C_4H_8N_4O_8$，结构式

$$\begin{array}{c} CH_2CH_2ONO_2 \\ | \\ O_2N-N \\ | \\ CH_2CH_2ONO_2 \end{array}$$

相对分子质量 240.1；白色或淡黄色晶体；熔点 52.5℃；溶于冰醋酸、丙酮、甲醇、乙醇、苯和乙醚，几乎不溶于水、四氯化碳和石油醚；165℃分解。

(三) 硝酸酯类

硝酸酯类含能化合物的分子结构中均含有—ONO_2，常见的有：硝化甘油、硝化二乙二醇、硝化三乙二醇、硝化棉、太安等。

1. 硝化甘油（NG）

硝化甘油的化学名称为丙三醇三硝酸酯，又名甘油三硝酸酯。化学式 $C_3H_5O_9N_3$，结构式

$$CH_2—ONO_2$$
$$CH—ONO_2$$
$$CH_2—ONO_2$$

相对分子质量 227.1；纯硝化甘油在常温下为无色透明油状液体，工业产品由于原料的纯度和制造条件的影响，常呈淡黄色或淡棕色；生产中的硝化甘油一般含有水分 0.2%～0.4%，呈半透明乳白色，在长时间静置或用干燥滤纸吸去水分后变为透明；微溶于二硫化碳，20℃时硝化甘油在水中的溶解度为 1.8g/L，溶于甲醇、乙醇、丙酮、乙醚、二氯乙烷、二氯甲烷、三氯甲烷、苯、甲苯、乙酸乙酯、600g/L 以上浓度的醋酸等许多溶剂；能溶解多种芳香族硝基化合物，并能与低氮量硝化棉（硝化度为 188.8mL/g～195.2mL/g）混溶而形成胶状的高聚物溶塑体，还能与中定剂等有机物生成低共熔物；常温下密度约为 1.6g/mL，20℃时的黏度为 36mPa·s，吸湿性很小；在常温下挥发性很小，50℃以上时显著挥发，沸点145℃（分解）。

硝化甘油分子中的硝酸酯基（—ONO_2）是不安定的基团，使硝化甘油对于热、光、机械冲击、摩擦及振动等作用都很敏感，在一定的机械作用下，会引起剧烈爆炸。硝化甘油用木屑、硅藻土吸收后冲击感度大为降低。硝化甘油有两种结晶，稳定型结晶的熔点为13.0℃，不稳定型结晶的熔点为 1.9℃。硝化甘油在冻结或熔化过程中，比液态硝化甘油敏感得多，因此勿使硝化甘油的温度低于15℃。硝化甘油能被苛性碱溶液皂化破坏，在酒精溶液中皂化得更快，这个性质可用来处理少量废硝化甘油。一般的销毁方法是：将硝化甘油慢慢地加到 10 倍量的 18%硫化钠水溶液中，不断搅拌处理。

2. 硝化二乙二醇（DEGN）

硝化二乙二醇又称一缩二乙二醇二硝酸酯，化学式 $C_4H_8O_7N_2$，结构式

$$CH_2CH_2ONO_2$$
$$O$$
$$CH_2CH_2ONO_2$$

相对分子质量 196.11，外观和硝化甘油相同，为无色油状液体；密度约为 1.385g/mL；20℃时黏度为 8.1mPa·s；挥发性较高；在水中的溶解度较大，在 25℃时为 4g/L，易溶于三氯甲烷、甲苯、丙酮、乙醚、冰醋酸等许多有机溶剂，几乎不溶于四氯化碳和二硫化碳；沸点160℃（分解）；有两种结晶，稳定型结晶的熔点为 2℃，不稳定型结晶的熔点为-10.9℃。

它的化学安定性与硝化甘油类似，与废酸作用时比硝化甘油更易分解，热稳定性较硝化甘油好，对于热、光、机械冲击、摩擦及振动等作用都比硝化甘油钝感得多。同样能溶解多种硝基化合物，能与硝化甘油任意混溶，它溶解低氮量硝化棉的能力比硝化甘油好，是用来制造低热量、烧蚀性小的火药的比较理想的原料。

3. 硝化三乙二醇（TEGN）

硝化三乙二醇又称二缩三乙二醇二硝酸酯，化学式 $C_6H_{12}O_8N_2$，结构式

$$O_2NO—CH_2—CH_2—O—CH_2—CH_2—O—CH_2—CH_2—ONO_2$$

相对分子质量 240.18，为淡黄色或橘黄色的透明油状液体；溶于乙醚、丙酮、醋酸乙酯、二氯乙烷，不易溶于乙醇，微溶于水；能与硝基异丁醇三硝酸酯、吉纳、硝化二乙二醇、苯二甲酸二丁酯、二硝基甲苯和中定剂等互溶；对硝化棉有很好的溶解和增塑能力，是已知多元醇硝酸酯中对硝化棉增塑性最大的物质；有毒；密度约为 1.328g/mL；凝固点 -40℃；黏度为硝化甘油的 2.5 倍；60℃、60h 挥发 0.4%；爆发点 233℃（5s）；冲击感度：2kg 落锤，100cm 落高，爆炸百分数 40%～50%；分解点 187℃。

4. 硝化棉（NC）

硝化棉又称纤维素硝酸酯、硝化纤维素，是一种白色纤维状固体，是硝酸和棉纤维作用后，硝基取代纤维素分子羟基上的氢而生成的一种混合物，相对分子质量 $(0.42～0.78)\times10^8$。化学式 $[C_6H_{10-r}O_{5-r}(ONO_2)_r]_n$（式中 n 表示纤维素大分子的聚合度，r 表示纤维素的酯化程度），如果纤维素羟基上的氢全部被硝基取代，即 $r=3$，并取聚合度 $n=1$，则硝化棉的化学式可简化表示为 $CH_7O_2(ONO_2)_3$。结构式

纤维素的硝化是一个可逆反应，而且棉纤维是一种不均一的高聚物，因此目前工业生产中，虽然采用同一硝化条件，同批硝化棉的酯化程度仍很不均匀。而且在硝化以后的制造过程中，硝化棉又可能发生脱硝、解聚等反应，因此硝化棉是一种化学组成极不均一的物质。

硝化棉密度一般在 $1.65g/cm^3～1.67g/cm^3$ 之间，随氮含量的增加而略有增加；疏松硝化棉的堆积密度为 $0.1g/cm^3$，细断过的堆积密度为 $0.3g/cm^3$；溶于丙酮、乙酸乙酯、醇醚（1:2）等溶剂中，不溶于水、乙醚。干燥的硝化棉对摩擦、热和火花非常敏感，受热变质、黏度降低、氮量减少、酸度增加。它的导电性不良，干燥的硝化棉容易因摩擦而带电，并可能由于聚集起来的静电放电而着火，当大量堆积时，甚至可能引起爆轰；含水时导电性增加，因此烘干过的硝化棉做完试验后，临时存集在室内时，应及时加水。

5. 太安（PETN）

太安的化学名称是季戊四醇四硝酸酯，化学式 $C_5H_8N_4O_{12}$，结构式

相对分子质量 316.1，白色晶体；熔点 141℃～142℃；溶于丙酮、乙酸乙酯，微溶于苯、甲苯、甲醇、乙醇、乙醚等，不吸湿；爆发点 225℃（5s）；冲击感度 66%；摩擦感度 66%；可溶于丙酮中燃烧销毁。

（四）起爆药

目前常用的单质起爆药为叠氮化铅、三硝基间苯二酚铅等。

1. 叠氮化铅

叠氮化铅简称氮化铅，为无色晶体，化学式为 $Pb(N_3)_2$，相对分子质量 291，结构式

$$N\!\!\equiv\!\!N\!\!-\!\!N\!\!-\!\!Pb\!\!-\!\!N\!\!=\!\!N\!\!=\!\!N \quad 或 \quad \left\| \begin{matrix} N \\ \ \\ N \end{matrix} \right. N\!\!-\!\!Pb\!\!-\!\!N \left. \begin{matrix} N \\ \ \\ N \end{matrix} \right\|$$

由于结晶过程中介质的热力学条件和动力学过程的差异，可以生成四种晶型。其中常见的是短柱状的 α 型和针状 β 型。β 型在脱离母液干燥状态下是稳定的晶型，但在晶体成长的母液中是不安定的，有自爆危险性。

叠氮化铅在水中仅能轻微溶解，与水长时间共热，部分分解生成不溶性的氢氧化铅并放出 HN_3，它在醋酸盐溶液中的溶解度比在水中的溶解度大得多，不易溶于有机溶剂中，在乙醇中的溶解度甚微。叠氮化铅对光敏感，在光的作用下很快失去氮且颜色变黑。

叠氮化铅有良好的耐压性能，能缩小雷管的体积以及起爆较为钝感的猛炸药，同时安定性良好，到目前为止仍是重要的、难以替代的常用起爆药。叠氮化铅不能用燃烧法销毁，量大时用爆轰法破坏，量少时用化学分解法销毁。化学分解法有以下两种：

1）将叠氮化铅与至少 5 倍于其质量的 10%氢氧化钠溶液混合，放置 16h，倒去上层叠氮化钠溶液，剩余物埋入土中。

2）将叠氮化铅溶于 10%的醋酸铵溶液，加入 10%的重铬酸钠或重铬酸钾溶液，直至不再出现铬酸铅沉淀为止。

2. 三硝基间苯二酚铅

三硝基间苯二酚铅又称斯蒂芬酸铅，简写为 LTNR，棕黄苯环形棱柱状晶体，化学式为 $C_6H(NO_2)_3O_2Pb \cdot H_2O$，相对分子质量 468.30，结构式

其结晶水结合得比较牢固，115℃、16h 才能脱去；在水中的溶解度很小，17℃ 时，100mL 水中溶解 0.07g；微溶于酒精、乙醚和汽油，在醋酸铵溶液中溶解较好。

三硝基间苯二酚铅是一种爆炸能力较弱的起爆药，主要缺点是静电感度大，容易产生静电积聚，造成静电火花放电而发生爆炸事故。为了降低其静电感度，采用石蜡、沥青、石墨或其他钝化物质包覆三硝基间苯二酚铅晶粒，减小晶粒摩擦和静电积聚。

化学销毁法：

1）溶于至少 40 倍于其质量的 20%氢氧化钠溶液（或 100 倍于其质量的 20%醋酸钠溶液），并加入重铬酸钠溶液（将 1/2 三硝基间苯二酚铅质量的重铬酸钠溶于 10 倍于其体积的自来水中）即可。

2）在废三硝基间苯二酚铅容器中加入过量的碳酸钠溶液，大部分铅以碳酸铅形式沉淀，生成的三硝基间苯二酚钠留在溶液里，在此溶液中加入铁屑再用硫酸酸化，可使硝基还原。

二、常见的无机含能组分

常见的无机含能组分是一些强氧化性无机酸盐类。在固体复合推进剂、改性双基推进剂、混合炸药中最常用的是高氯酸铵。硝酸钾是黑火药的主要成分。硝酸铵多用于民用炸药。

高氯酸铵（AP）可用于火箭推进剂、烟火药、炸药等，化学式 NH_4ClO_4，相对分子质量 117.5，为无色或白色球形或针状晶体，密度 $1.95g/cm^3$；溶于水和丙酮，微溶于醇，不溶于乙醚；受剧热或猛烈冲击能引起爆炸；150℃时分解，380℃发生爆炸；当与硫、有机物或金属粉（特别是镁粉、铝粉）混合加热时发生猛烈爆炸；冲击感度 24%；有潮解性，应储存在阴凉、干燥的地方，密封保存；要与可燃物品及有机物、浓酸、硫、碳、橡胶、木屑、棉毛等物隔离，并远离热源；搬动时严禁重放、碰撞或摩擦；不慎失火时可用水、沙土扑救。

硝酸钾又名硝石、钾硝石，纯净的硝酸钾为白色晶体。硝酸钾本身含有丰富的氧，是黑火药的主要组分。当黑火药燃烧时，硝酸钾本身的氧立即分解出来起到氧化剂的作用，加快硫黄和木炭的燃烧，由燃烧转变为爆炸，同时放出大量的气体和产生大量的热。此外硝酸钾在单基药中用作增孔剂。

三、新型含能组分

1. 六硝基六氮杂异伍兹烷（HNIW）

六硝基六氮杂异伍兹烷别名 CL-20，笼形含能化合物，白色晶体，化学式 $C_6H_6N_{12}O_{12}$，相对分子质量 438.1854，结构式

密度 $1.97g/cm^3$（α型）、$1.98g/cm^3$（β型）；熔点 195℃（α型）、260℃（β型）；燃烧热 3623.63kJ/mol（α型计算值）、3618.23kJ/mol（β型计算值）；标准生成焓 415.47kJ/mol（α型）、460kJ/mol（β型）；爆发点 240℃~250℃（α型），爆热 6200kJ/kg，爆速 9300m/s（$\rho = 1.85g/cm^3$，α型）、9380m/s（$\rho = 1.98g/cm^3$，β型），爆压 42000MPa，燃速 3cm/s（10MPa，α型）；氧平衡−11%；静电感度 0.24J（50%）；极限负载：445N（ABL 仪测定法）；撞击感度 $H_{50} = 19cm$，$E_{50} = 4.66J$（12 型工具法）。

2. 3,4-二硝基呋咱基氧化呋咱（DNTF）

3,4-二硝基呋咱基氧化呋咱是呋咱类化合物，白色晶体，化学式 $C_6N_8O_8$，相对分子质量 312.1140，结构式

密度 $1.937g/cm^3$；熔点 110℃~110.5℃（毛细管法）；溶于丙酮、醋酸、浓硝酸，不溶于水；标准生成焓 644.3kJ/mol；热安定性：48h 100℃，真空安定性试验 5g 放气量为 0.42mL；爆发点 308℃（5s），爆热 5798kJ/kg（$\rho = 1.83g/cm^3$），爆速 8930m/s（$\rho = 1.86g/cm^3$），威力 168.4%TNT 当量；撞击感度 94%（爆炸概率法）；摩擦感度 12%（爆炸概率法）。

3. 1,5-二叠氮基-3-硝基氮杂戊烷（DANPE，DIANP）

1,5-二叠氮基-3-硝基氮杂戊烷是叠氮类化合物，化学式 $C_4H_8N_8O_2$，相对分子质量

200.1612，结构式

$$
\begin{array}{c}
NO_2 \\
| \\
N \\
N_3 \diagup \quad \diagdown N_3
\end{array}
$$

凝固点 3.5℃～4.2℃；燃烧热 3266.61kJ/mol；生成焓 540.2kJ/mol；热安定性 24h 75℃，真空安定性试验放气量为 0.442mL/g；撞击感度 80%（爆炸概率法）。

思　考　题

1. 火药、炸药、起爆药的定义是什么？

2. 双基火药的定义是什么？

3. 常见的有机能量组分有哪些？

4. 二硝基甲苯有哪几种异构体，工业二硝基甲苯中哪种异构体是主要成分？

5. 在固体复合推进剂、改性双基推进剂、混合炸药中最常用的是具有氧化性的无机酸盐是什么？

6. 请介绍一种新型笼形含能化合物的理化性能。

第三章

理化分析基础知识

理化分析是一门实践性很强的基础技术学科。本章主要讲述火炸药理化实验室常用的玻璃器皿、化学试剂、标准物质、天平的使用以及称量、配制和试样准备等基本知识和基本技能。

第一节　常用玻璃器皿

火炸药理化分析所用到的玻璃器皿种类繁多，实验室中部分常用玻璃器皿见表 3-1。

表 3-1　常用玻璃器皿名称、用途一览表

名称	规格		用途	注意事项
烧杯	容量(mL)：10、25、50、100、250、500、800、1000		配制溶液，溶解处理样品	用火焰加热时必须置于石棉网上，使其受热均匀，不可烧干
锥形瓶(三角瓶)	容量(mL)：100、250、500 等		容量分析，加热处理样品	磨口锥形瓶加热时，必须打开瓶塞；非标准磨口瓶要保持原配瓶塞
试剂瓶	容量(mL)：125、250、500、1000　细口瓶、广口瓶		细口瓶用于储存液体试剂，广口瓶存放固体试剂，棕色瓶用于存放见光易分解的试剂、样品	不能加热，不许在瓶内配制在操作过程中放出大量热的溶液；磨口瓶中不得存放碱溶液及浓盐类试剂；磨口塞要保持原配
称量瓶	矮型	容量(mL)：10、15、30	矮型用于测定水分，在烘箱中烘干样品；高型用于称量基准物、样品	烘烤时不许将磨口塞盖紧，磨口塞要保持原配，不可直接用火加热
	高型	容量(mL)：10、40、25、20、50、30		
漏斗	矮颈、长颈		矮颈用于一般过滤，长颈用于定量分析过滤沉淀	—
表面皿	直径(mm)：45、60、75、90、100、120		盖烧杯及漏斗等	直径要大于所盖容器；不能直接用火加热

（续）

名称	规格	用途	注意事项
砂芯玻璃滤杯	容量(mL)：10、15、30	称量分析中过滤需烘干的沉淀	抽滤用,不能骤冷骤热;不许过滤含 HF 及碱的液体;用后立即洗净
分液漏斗	容量(mL)：50、125、250、500、1000	在萃取分离和富集中,用于分开两种互不相溶的液体	磨口塞及活塞必须原配,不得漏水,不可加热。操作时及时倒置,从活塞处放气
试管	试管容量(mL)：10、20 离心试管容量(mL)：5、10、15 带刻度和不带刻度	定性分析中检验离子;离心试管在离心机中用作分离沉淀和溶液	试管可直接加热,不可骤冷;离心试管只能用水浴加热
研钵	直径(mm)：70、90、105	研磨固体试剂及试样	不能研磨与玻璃作用及硬度大于玻璃的试样;防撞击,勿烘烤
容量瓶	容积(mL)：5、10、25、50、100、150、200、250、500、1000	配制准确浓度溶液	不能受热;不能代替试剂瓶存放溶液;瓶口为磨口的,用过洗净后用纸垫上
酸碱滴定管	容量(mL)：2、5、10、25、50、100 等	用于盛装滴定液并精确测量滴定液体积	见光易分解的滴定液宜用棕色滴定管
吸量管	容量(mL)：1、2、5、10、20、25、50 等	用于吸取准确体积的溶液	使用前先用少量所移液洗涤三次
抽滤瓶	容量(mL)：250、500、1000 等	抽滤时接收滤液	能耐压,不许加热

(续)

名称	规格	用途	注意事项
索式提取器 T-1 T-2 T-3 T-4 T-5	T-1、T-2、T-3、T-4、T-5	用溶剂连续提取火药中的 NG、C_2、DNT、DBP 等成分	提取时注意开冷凝水；水浴温度略高于提取溶剂沸点

第二节 天平与称量

天平是精确测定物体质量的重要计量仪器，称量的准确度直接影响测定的准确度。

一、分析实验室中常用的天平

（1）托盘天平 也称架盘天平或台秤，最大称样量100g～5000g，分度值在0.1g～2g。

（2）光电分析天平 也称电光分析天平，最大称样量100g或200g，分度值为0.0001g（0.1mg）。

（3）单盘天平 只有一个放被称量物体的盘，一般具有机械加码和光学读数装置，最大称样量100g或200g，分度值为0.0001g（0.1mg）。

（4）电子天平 根据电磁力平衡原理设计，称量时不用砝码，物体放上以后几秒钟内自动显示读数，具有自动校正、超量指示、自动去皮等功能。

二、选择天平的原则

根据最大称样量和要求的精确度选择天平，例如配制各种浓度的溶液，或者有效数字要求在整数位的浓度的溶液时，使用托盘天平即可。定量测定中要求称量精确到0.0002g时，最低限度要使用分度值为0.0001g的天平才行。

三、天平使用规则

1）检查天平是否水平，如不水平，可旋转天平的底脚螺钉使水平仪中的气泡处于中心位置，天平即处于水平状态。

2）仔细检查天平各零部件是否处于正确位置，开启天平后指针开始摆动到静止（电子天平除外）。

3）被称物或砝码应放在天平盘中央，开门取放物体或砝码时，必须关闭天平（电子天平除外），开启或关闭天平时应缓慢均匀。

4）同一分析检测试验应使用同一台天平和砝码。

5）称量前后保持天平清洁，以免腐蚀天平或影响称量准确性。

6）天平载重不得超过最大载荷，挥发性、腐蚀性物体必须放在密封加盖的容器中称量。

7）电子天平应按说明书要求进行预热，不使用时无须断开电源，仅可用"开/关"键关闭显示即可，以减少预热过程。

8）称量完毕，应及时取出样品，砝码读数盘回零，关好天平门，检查零点。

9）远离振源、热源和高强电磁场等环境，天平室内应清洁干净，无腐蚀性气体，避免气流、静电等的影响。

10）经常对天平进行自校或定期外校，保证天平灵敏度等处于最佳状态。

11）称量时应戴称量手套。

12）被称量物的温度应和天平室环境温度相同，不要把热或过冷的物体放在天平上称量。

13）开始称量前天平显示值应位于零点，读取称量值时应等待显示稳定后方可读取。

14）不要将污染物刷入电子天平的缝隙和开口内，清洁之前拆除所有可拆除的部分，如秤盘。清洁时也可用一块柔软的、没有绒毛的织物来清洁天平的外壳和秤盘，如有必要可蘸上柔和的清洁剂（如肥皂液）进行清洁。

15）试样或容器带有静电电荷时，显示值会不稳定。应保持天平室空气相对湿度不低于40%，温度在18℃~25℃范围内，尽量选用能防静电荷积累的容器，称量前消除被称物的静电电荷（被称物靠近秤盘应无显示值变化为准）。

四、固体试样称量方法

（1）直接法　适用于在空气中性质比较稳定的试样。先称准表面皿、坩埚、小烧杯等容器的质量，再把试样放入容器中称量，两次称量之差即为试样的质量。

（2）减量法　在干燥洁净的称量瓶中，装入一定量的样品，盖好瓶盖，放在天平盘上称其质量，记下准确读数，然后取下称量瓶，打开瓶盖，使瓶倾斜，用瓶盖轻轻敲击瓶的上沿，使样品慢慢倾出至干燥洁净的烧杯中。估计已够时，慢慢竖起称量瓶，再轻轻敲击几下，使瓶口不留一点试样，放回天平盘上再称其质量。如一次倒出的试样不够，可再倒一次，但次数不能太多，如称出的试样超出要求值，只能弃去重称，两次称量之差即为试样的质量。称量时注意不要把试样洒在烧杯外面。称取一些吸湿性很强及极易吸收 CO_2 的样品时，要求动作迅速，必要时还应采取保护措施。

五、液体试样的称量方法

（1）安瓿球法　安瓿球由玻璃吹制而成，是一端带有细的进样管（长约40mm~50mm，管的直径2mm左右）、壁薄易碎的小球（直径约7mm~10mm）。称量时先称空安瓿球的质量，然后把小球在酒精灯上烤热，移去火焰，将进样管口插入试样中，令其自然冷却，液体即自动吸入，至适当量时取出，用棉球擦去管外的试样，用酒精灯把进样口封死，在天平上称量，两次称量之差即为液体试样的质量。然后放入盛有溶剂的锥形瓶中，用力摇动，使其破碎，进行相应的检测。这种称量法适用于易挥发液体的称量，如发烟硫酸、发烟硝酸、浓盐酸、氨水等液体试样。

（2）点滴瓶法　点滴瓶是带有吸管的小瓶，吸管顶端带有胶皮乳头，用于吸取试样。称量时，先把适量试样装入瓶中于天平上称量；然后吸出适量试样于反应瓶中，再把点滴瓶放在天平上称量；两次称量之差即为试样质量。还可以直接用滴管将试样加入已称量的烧杯（或容量瓶）中，再称加入试样的烧杯（或容量瓶）即可。这种称量方法适用于大多数不易挥发的液体试样。

（3）注射器法　先用注射器吸入适量试样，用小块软橡胶堵住针头，在天平上称量；然后把试样注入已装有一定溶剂的容器中，再用橡胶堵住针头，在天平上称量；两次称量之差为试样质量。此法适用于对注射器针头没有腐蚀的液体试样。

第三节　化学试剂

一、化学试剂的分类

国家标准 GB 15346—2012《化学试剂　包装及标志》规定了我国化学试剂的级别及其颜色标记，见表 3-2。

表 3-2　我国化学试剂的级别和颜色标识

序号	级别		颜色
1	通用试剂	优级纯	深绿色
		分析纯	金光红色
		化学纯	中蓝色
2	基准试剂		深绿色
3	生物染色剂		玫红色

分析实验室常见试剂的规格为：

（1）基准试剂（容量）　用于标定容量分析标准溶液的标准参考物质，可作为容量分析中的基准物使用，也可精确称量后直接配制标准溶液。主要成分含量一般在 99.95% ~ 100.05%，杂质含量低于一级品或与一级品相当。

（2）优级纯　为一级品，又称保证试剂，杂质含量低，主要用于精密的科学研究和测定工作。

（3）分析纯　为二级品，质量略低于优级纯，杂质含量略高，用于一般的科学研究及重要测定。

（4）化学纯　为三级品，质量较分析纯差，但高于实验试剂，用于工厂、教学实验等一般分析工作。

二、引起试剂变质的因素

（一）空气的影响

（1）氧化与碳酸化　空气中的氧约占 20%（体积分数），化学性质比较活泼。露置于空气中的试剂常被氧化而变质失效。例如硫酸亚铁为浅绿色晶体，由于表面被氧化，变为棕黄色的三价铁，失去原有的效能。空气中还含有 CO_2，它与试剂结合而变质的现象，称为碳酸化，例如 KOH、NaOH、MgO 等吸收 CO_2 后变为碳酸盐而失效。

（2）挥发与升华　有些试剂露置于空气中易挥发，如醇、醚等，有些试剂如碘、萘等则易升华，由固态变为气态。挥发与升华和温度及容器的密封程度有关。

（二）光线的影响

（1）光解作用　光解作用可使试剂发生化学变化，例如过氧化氢（H_2O_2）溶液见光后分解成水和氧气。

（2）催化作用　一些试剂受光线照射，会加速氧化反应，如甲醛见光后氧化成甲酸，$CHCl_3$见光被氧化分解而产生有毒的光气。

（三）温度的影响

高温可加速试剂的化学变化速度，加快易挥发试剂的挥发速度，也使易升华固体的升华速度加快。有些试剂在过低温度下储存会析出沉淀、发生冻结等，如甲醛溶液在6℃以下时析出三聚甲醛，使甲醛变质。

（四）湿度的影响

（1）潮解　有些试剂露置在相对湿度较大的环境中时，由于吸收水蒸气而溶解，叫潮解，例如 $CaCl_2$、$MgCl_2$、$ZnCl_2$、KOH、$NaOH$ 等。

（2）风化　含结晶水的试剂露置于干燥的空气中，失去结晶水后变成白色不透明晶体或粉末，这种现象叫风化，如 $Na_2SO_4 \cdot 10H_2O$、$CuSO_4 \cdot 5H_2O$ 等。风化后的试剂性质不变，但使用时剂量难以掌握。

（3）稀释　浓度大的液体试剂，曝露在湿度较大的空气中会吸收水分，使原有的浓度降低，如无水乙醇、甲醇、浓硫酸、甘油等。

（4）分解　许多试剂遇水发生分解，如碳酸铵吸收水蒸气后分解，变为氢氧化铵和二氧化碳。

第四节　标准物质

标准物质是一种已经充分地确定了其一个或多个特性值的物质或材料。作为分析测量中的"量具"，标准物质在检定和校准测量仪器、评价分析测试方法、确定材料特性量值和考核操作人员的技术水平，以及生产过程中的质量控制等方面起着不可缺少的重要作用。

在不同的时间或空间里，对物质的同一特性进行测量，所得到的测量结果在规定的范围内相符合时，则认为在这一范围内测量是一致的，常称为测量的"相容性"或具有"可比性"。实现测量的准确、一致必须做到以下4点：

1）采用统一的计量单位。

2）推广标准化的测量方法。

3）颁布仪器检定规程和量值传递系统。

4）使用适宜的计量器具或标准物质。

在统一计量单位的基础上，为将已经统一的基本单位的量值和准确度传递到现场分析中去，可以使用测量仪器的逐级校准、发布标准信号、公布标准数据、发布标准方法、使用标准物质中任意一种方式。在化学、物理化学以及工程特性测量中使用标准物质传递量值，实现测量的准确、一致，是当前普遍采用的一种方法。

一、标准物质的特点

1）标准物质的量值只与物质的性质有关，与物质的数量和形状无关。

2）标准物质种类多，仅化学成分量标准物质就数以千计，其量限范围跨越 12 个数量级。

3）标准物质实用性强，可在实际工作条件下应用，既可用于校准检定测量仪器，评价测量方法的准确度，也可用于测量过程的质量评价以及实验室的计量认证与测量仲裁等。

4）标准物质具有良好的复现性，可以批量制备并且在用完后再行复制。

二、有关标准物质的术语

（1）标准物质　具有一种或多种足够均匀和很好地确定了的特性值，用以校准设备、评价测量方法或给材料赋值的材料或物质。

（2）有证标准物质　附有证书的标准物质，其一种或多种特性值用建立了溯源性的程序确定，使之可溯源到准确复现的用于表示该特性值的计量单位，而且每个标准值都附有给定置信水平的不确定度。

（3）基准标准物质　一种具有最高计量品质，用基准方法确定量值的标准物质（基准方法：具有最高计量品质的测量方法，它的操作可以完全地被描述和理解，其不确定度可以用 SI 单位表述，测量结果不依赖被测量的测量标准）。

可以看出，标准物质具有量值准确性和用于计量目的这两个显著特点。

标准物质是以特性量值的稳定性、均匀性和准确性为主要特征的。这三个特性也是标准物质的基本要求。

从量值传递和经济观点出发，常把标准物质分为两个级别，即一级（国家级）标准物质和二级（部门级）标准物质，它们都符合有证标准物质的定义。一级标准物质主要用来标定比它低一级的标准物质或者用来检定高准确度的计量仪器或用于评定和研究准确方法或在高准确度要求的关键场合下应用。二级标准物质或工作标准物质一般是为了满足本单位的需要和社会一般要求的标准物质，作为工作标准直接使用，作为现场方法的研究和评价，日常实验室内质量保证以及不同实验之间的质量保证，即用来评定日常分析操作的测量不确定度。

三、标准物质的分类

标准物质的种类繁多，常用的分类方法有下列两种。

1）按技术特性分为化学成分标准物质（也称为成分量标准物质）、物理化学特性标准物质、工程技术特性标准物质。

2）按专业学科或产品分为地质学、核科学、放射性、环境科学、化学、物理学、生物学、植物学、生物医学、药学、临床化学、有色金属、钢铁、聚合物、玻璃、陶瓷、耐火材料、纸张、石油、无机化工产品、有机化工产品、火炸药等几十类，ISO 采用这种方法汇编了标准物质指南。

四、标准物质在理化分析中的作用

1）标准物质在产品标准制定、验证与实施方面有重要作用。某些产品技术参数的标度是建立在某种（些）标准物质特性量值的基础上，这些技术参数的检验方法需要标准物质与之配套使用，因此在标准的起草过程中需要使用相应的标准物质，更多的情况是需要用标准物质验证标准方法的准确性。此外，标准的制定过程难以保证没有疏忽，这些疏忽在标准实施过程中会暴露出来。若使用标准物质，可以方便地找到问题，不仅可有针对性地修改标准，还可以通过相互比较，清除疏忽所引入的误差。

2）现代化的生产过程从原材料的检验、生产流程控制到产品质量评价都离不开分析检测工作，需要使用各种标准物质保证检测结果的可靠性，从而使整个生产过程处于良好的质量控制状态，进行高效与高质量的生产。

3）产品检验或认证机构用标准物质做检验过程的长期质量控制和外部质量评价。产品质量监督检验机构的检验结果应具有公正性与权威性。这些机构的检验工作应采用标准物质作长期质量控制图，以监视其检验能力的长期有效性，或者用标准物质评价检测结果的准确度。

4）标准物质在实验室认证工作中有重要的作用。为了保证产品质量、消除贸易壁垒，国内外均建立了检测实验室的认证体系，按一定的程序与标准审查评价实验室对某些检测项目的实际检测能力，从而决定是否授权与颁发证书。在实验室认证工作中参观、询问、全面了解实验室的组织机构、仪器设备、工作环境、人员情况和管理制度是十分必要的，但仅据此下结论是不充分的，还应该用相应的标准物质考核实验室的实际检测结果是否准确可靠。另一方面，被认证的实验室是否使用标准物质校准仪器、验证检测方法与检测结果的准确度，保持检测结果的计量溯源性，也是衡量与评价该实验室检测能力的重要依据。

五、火炸药标准物质

火炸药标准物质有很多，常用的有 9/7 单基发射药、2/1 樟单基发射药、双芳-3 双基发射药、60 方片双基发射药、B 级硝化棉、D 级硝化棉、E 级硝化棉等。这些标准物质的定值项目见表 3-3。

表 3-3 部分火炸药标准物质名称及定值项目

序号	标准物质名称	定值项目
1	9/7 单基发射药	二苯胺、弧厚、孔径、内挥发分、甲基紫、维也里的含量
2	2/1 樟单基发射药	二苯胺、樟脑、石墨、弧厚、孔径、内挥发分、维也里的含量
3	双芳-3 双基发射药	硝化棉、硝化甘油、二硝基甲苯、苯二甲酸二丁酯、Ⅱ号中定剂、凡士林的含量,热量
4	60 方片双基发射药	硝化棉、硝化甘油、Ⅱ号中定剂、维也里、阿贝尔、甲基紫的含量,热量
5	B 级硝化棉	硝化度,黏度,乙醇溶解度,醇醚溶解度,细断度,灰分,碱度,安定性,甲基紫的含量
6	D 级硝化棉	硝化度,黏度,乙醇溶解度,醇醚溶解度,细断度,灰分,碱度,安定性
7	E 级硝化棉	硝化度,黏度,乙醇溶解度,醇醚溶解度,细断度,灰分,碱度,安定性

第五节　溶液的配制

一、一般溶液的配制

一般溶液也称为辅助试剂溶液，这一类试剂溶液用于控制化学反应条件，在样品处理、分离、掩蔽、调节溶液的酸碱性等操作中使用。在配制时试剂的质量称量精度要求不高，体积可以用量筒或量杯量取。

注意事项:

1) 配制溶液时应根据对纯度和浓度的要求选用不同等级的试剂,尽量不要超规格使用,以免造成浪费。

2) 试剂溶解伴有热效应时,配制溶液的操作一定要在烧杯中进行,并用玻璃棒搅拌,但搅拌不能太猛烈,更不能使玻璃棒触及烧杯,搅拌均匀冷却后稀释至一定体积。

3) 配制饱和溶液时,所用溶质的量应稍多于计算量,加热促使其溶解,待冷却至室温并析出固体后即可使用。

4) 配制易水解的盐溶液,如 $SbCl_3$、Na_2S 溶液,应预先加入相应的酸(HCl)或碱(NaOH)以抑制水解,然后稀释至一定体积。

5) 对于易氧化、易水解的盐,如 $SnCl_2$、$FeSO_4$ 溶液,不仅要加相应的酸来抑制水解,配好后还要加入相应的纯金属锡粒、钢钉等,以防其氧化变质。

6) 有些易被氧化或还原的试剂,常在使用前临时配制,或采取措施防止氧化或还原。

7) 易腐蚀玻璃的溶液,不能盛放在玻璃瓶中,如氟化物应保存在聚乙烯瓶中,装苛性碱的玻璃瓶换成橡皮塞,最好也盛于聚乙烯瓶中。

8) 配制指示剂溶液时,需称取的指示剂往往很少,如用分析天平称量只要读取两位有效数字即可。要根据指示剂的性质采用合适的溶剂。必要时还要加入适当的稳定剂,配好的指示剂一般储存于棕色瓶中。

9) 经常大量使用的液体,可先配制为使用浓度的 10 倍的储备液,需要用时取储备液稀释 10 倍即可。

二、标准溶液的配制及标定

标准溶液通常有两种配制方法。

(一)直接法

用分析天平准确称取一定量的基准试剂,溶于适量水中,再定量转移到容量瓶中,用水稀释至刻度。根据称取试剂的质量和容量瓶的体积,计算它的准确浓度。基准物质可用于直接配制标准溶液或用于标定溶液浓度。

(二)间接法

实际上只有少数试剂符合基准试剂的要求,很多试剂不宜用直接法配制标准溶液,而要用间接方法,也称标定法。在这种情况下,先配成接近所需浓度的标准溶液,再选择合适的基准物或已知浓度的标准溶液来标定它的准确浓度。

在实际工作中,常采用标准试样来标定标准溶液的浓度。标准试样含量是已知的,它的组成与被测物质相近。这样标定标准溶液浓度与测定被测物质的条件相同,分析过程中的系统误差可以抵消,结果准确度较高。

储存的标准溶液,由于水分蒸发,水珠凝于瓶壁,使用前应将溶液摇匀。如果溶液浓度有了改变,必须重新标定。对于不稳定的溶液应定期标定。

三、溶液浓度表示法

(1) 物质的量浓度 c_B(mol/L) 单位体积溶液中所含物质 B 的物质的量,即以 B 的物

质的量 n_B(mol) 除以溶液的体积 V(L)，也称为摩尔浓度。

（2）容量比（$V+V$） 液体试剂互相混合或用溶剂稀释时的表示方法，如（1+4）的 H_2SO_4 溶液是指 1 单位体积的浓 H_2SO_4 与 4 单位体积的水相混合。

（3）质量分数（%） 溶液中组分 B 的质量与溶液总质量之比。

$$质量分数 = \frac{溶质质量}{溶液总质量} \times 100\%$$

（4）体积分数（%） 溶液中组分 B 的体积与溶液的总体积之比。

$$体积分数 = \frac{溶质体积}{溶液总体积} \times 100\%$$

（5）质量浓度 溶液中组分 B 的质量与溶液的总体积（包括物质 B 的体积）之比。单位为 kg/m^3，常用 g/L。日常工作中也常用 100mL 溶液中所含溶质的质量来表示浓度。

四、液体移取和定容

正确而熟练地使用吸量管、容量瓶是确保分析结果准确的先决条件。

（一）移液

吸量管是准确移取一定体积溶液的量器。单标线吸量管是一根细长而中间膨大的玻璃管，管颈的上端有一环形标线。膨大部分标有它的容积和标定温度，在标定温度下，使溶液的弯月面与吸量管标线相切，让溶液按一定的方式自由流出，则流出的体积与管上标示的体积相同。

分度吸量管是具有分刻度的玻璃管，它一般只用于量取小体积的溶液。分度吸量管的准确度不及单标线吸量管。一种分度吸量管的刻度是一直刻到管口，使用这种吸量管时，必须放出所有的溶液，体积才符合标示数值；另一种的刻度只刻到距离管口尚差（1~2）cm 处，使用时，只需将液体放至液面落到所需刻度即可。

移取溶液前，用滤纸片将吸量管尖端内外的水吸净，然后吸取少量待移取的溶液，洗涤吸量管（2~3）次，以保证待移取的溶液浓度不变。

吸取溶液时，用右手大拇指和中指拿住管颈标线上方，将管直接插入待移溶液液面下约（1~2）cm 处。管尖不要插入液面太浅，以免液面下降时造成空吸，也不应伸入太深，以免移液管外壁附有过多的溶液。左手握住吸耳球，排除球内空气，将球尖端对准吸量管管口，慢慢松开吸耳球，溶液被吸入管内。吸液时应注意管尖与管外液面的位置，应使管尖随液面下降而下伸，当管内液面上升到刻线以上时，移去吸耳球，迅速用右手食指按住管口。左手改拿盛多余溶液的容器，将其倾斜约 45°，把吸量管提离液面，管的末端靠在容器的内壁上，管身保持直立，略松食指，用拇指和中指微微捻动吸量管，使管内液面慢慢下降，直至溶液的弯月面和标线相切时，立即用食指压紧管口，将移液管尖端的液滴靠壁去掉，取出吸量管插入承接溶液的器皿中。倾斜承接器皿，使内壁与插入的吸量管成 45° 左右。此时吸量管应垂直，松开食指，让管内溶液自然地全部沿管壁流下，如图 3-1 所示。

待液面下降到移液管尖后，等 15s 左右取出吸量管，切勿把残留在管尖部分的溶液吹出，因为生产检定吸量管时已考虑了末

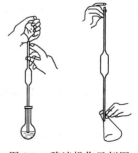

图 3-1　移液操作示例图

端保留溶液的体积（如果吸量管上标明"吹"字，则应将末端保留溶液吹出）。但应注意，由于一些管口尖端做得不很圆滑，因而管尖部分不同方位靠着容器内壁时残留在管尖部分溶液体积稍有差异，为此，可等 15s 后，将管身往左右旋动一下，这样，管尖部分每次存留的体积仍基本相同，不会导致平行测定时出现过大误差。

刻度吸量管的操作方法与单标线吸量管相同，总是使液面从某一分度（通常是最高线）落到另一分度，使两分度间的体积刚好等于所需体积，很少把溶液直接放出到吸量管的底部。

吸量管使用后，应洗净放在吸量管架上。

（二）定容

将一定量的固体物质溶解液或浓度较大的溶液准确地稀释到规定的体积的操作叫定体积稀释，简称定容。容量瓶是完成定容操作的玻璃量具，它是一种细颈梨形的平底玻璃瓶，带有磨口玻璃塞，其颈上有一标线。在指定温度下，当溶液充满至弯月液面与标线相切时，所容纳的溶液体积等于瓶上所示的体积。

将一定量固体物质配制为准确体积的试液时，先将准确称取的物质置于小烧杯中溶解后，再将溶液定量转入容量瓶中。

图 3-2　定量转移
试液操作示例

定量转移试液的操作要点：左手拿玻璃棒，右手拿烧杯，使烧杯嘴紧靠玻璃棒，而玻璃棒则伸入容量瓶中，棒的下端靠住瓶颈内壁。慢慢倾斜烧杯，使溶液沿着玻璃棒流下，倾完溶液后，将烧杯嘴沿玻璃棒慢慢上移，同时将烧杯直立，然后将玻璃棒放回烧杯中，如图 3-2 所示。用洗瓶吹出少量蒸馏水冲洗玻璃棒和烧杯内壁，依上法将洗出液定量转入容量瓶中，如此吹洗、定量转移 5 次～6 次，以确保转移完全。然后加水至容量瓶 2/3 容积处，将干的瓶塞塞好，以同一方向旋摇容量瓶，使溶液初步混匀（如不进行初步混匀，而是用水调至刻度，那么当浓溶液与水在最后摇匀混合时，会发生收缩或膨胀，弯月面不能再落在刻度上，初混时，切不可倒转容量瓶）。继续加水至距离刻线 1cm 处后，等 1min～2min，使附在瓶颈内壁的溶液流下，用滴管滴加水至弯月下缘与标线相切，盖上瓶塞，以左手食指压住瓶塞，其余手指拿住标度刻线上方瓶颈部分，右手全部指尖托住瓶底边缘，将瓶倒转，使气泡上升到顶部，摇荡溶液，再将瓶直立，再倒转让气泡上升到顶部、摇荡溶液。如此反复 10余次后，将瓶直立，由于瓶塞部分的溶液未完全混匀，因此打开瓶塞使瓶塞附近溶液流下，重新塞好瓶塞，再倒转，摇荡 3 次～5 次，以使溶液全部混匀。

如果要把浓溶液定量稀释，则用吸量管吸取一定体积的浓溶液，转移入容量瓶中，按上述方法稀释至刻线，摇匀。

第六节　试样制备及前处理

实验室样品：简称样品，指从待分析的总体物料中抽取出并送交实验室供分析或测试的少部分物料。

试样：是从实验室样品制得的更少的一部分物料，从它们之中称取（或用其他方法取出）适当量进行分析或测试。当样品比较均匀时，可直接取出少量作为试样。

待分析的总体物料、样品和试样的关系如图 3-3 所示。

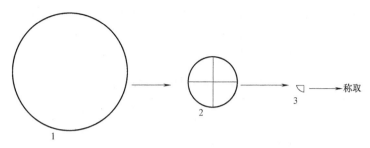

图 3-3　总体物料、样品和试样的关系
1—待分析的总体物料　2—样品　3—试样

　　分析实验室中，称取试样的质量通常只有零点几克至几克，有时少到 1mg～2mg，分析测试的目的却是根据这样少的试样的分析结果，来判断总体物料的组成或理化性能，这就要求试样的化学成分能够代表总体物料的平均化学成分，否则分析结果再准确也毫无意义。实际工作中遇到的待分析的物料种类繁多、组成复杂、粒度大小不一、化学成分也常常是不均匀的，为保证所称取试样具有代表性，必须做好试样准备的工作。准备试样时，首先应从总体的不同部位合理抽取有代表性的样品，然后经过处理，将样品缩减，制成适当量的试样，再从它们之中取出适当量进行分析测试。

　　从总体物料中合理抽取有代表性的样品是一项非常复杂、十分困难的工作。通常由专职人员按照相关的法定标准的规定进行取样，分析人员仅负责从实验室收到的样品制备试样。

一、试样准备

　　GJB 770B《火药试验方法》中方法 101.1 对火药的试样准备进行了详细的规定，炸药的试样准备也可以参考该方法。试样准备的原则是：

　　1）力求代表性，使样品各部分以相同概率进入最终制成的试样。

　　① 液体样品一般比较均匀，只需在瓶中摇晃后即可称取或量取。

　　② 粉末状的固体，较均匀松散的（如石墨、炭黑），在瓶内摇混后即可用勺称取；含有一定水分互相有些粘结的应根据情况处理，如细断的硝化棉，应搓擦过筛，使其分散并混匀，燃速催化剂用牛角勺在瓶内压碎后摇匀。

　　③ 凝固成块的样品，如工业二硝基甲苯、凡士林等，因各处组分可能不均匀，应将其熔融后搅拌均匀。

　　④ 未细断的硝化棉等纤维状固体，应将其平铺在洁净的器皿中，用镊子从不同部位多点采取、撕松并混匀。

　　⑤ 小粒药、球扁药、细颗粒的塑料粘接炸药，在瓶内摇混后即可用勺称取。

　　⑥ 尺寸大的枪炮发射药、推进剂应根据分析项目用适当方法处理成花片、小块，再筛分，混匀。

　　2）不损失样品中的组分，不引入外来杂质。如测定推进剂中铝粉的含量时，不易将推进剂样品处理成花片，因为会使部分铝粉掉落；用玻璃片处理样品时，防止带入玻璃碎。

　　3）制成的试样的形状和尺寸大小应满足分析测试项目的要求，利于随后的溶解、提取或分解。

4）切割、粉碎火炸药时应特别小心，严格按规定操作，以防发生事故。

5）制得的试样如不立即使用应放在洁净、干燥、密闭的器皿中，保存时间不能过长。

表 3-4 列举了部分测试项目对试样准备的要求。

表 3-4 部分测试项目对试样准备的要求

测定项目	制样方法及尺寸要求
测定外挥发分	海军炮用管状药:至少取 8 根,两端截弃约 10mm,长度大于 250mm 的,均匀截成三段,交替依次取一根药的两端段和另一根药的中间段;长度不大于 250mm 的,均匀截成二段,取其中任意一段。将截成的药段,再截成 50mm~150mm 的段 陆军炮用管状药:每根均匀截成三段,交替依次取一根药的两端段和另一根药的中间段;将截成的药段,再截成 5mm~15mm 的段 带状药:至少取 8 条,将其剪成 10mm~15mm 的小片 枪药、炮用粒状药和片状药不处理
测定总挥发分和内挥发分	管状药:将测定外挥发分时剩余的药段,以木槌轻击成两瓣,取其中一瓣,切成 5mm 的小块,用粉碎机处理 带状药:将其剪成小于 5mm 的小片 粒状药和片状药:燃烧层厚度小于 0.7mm 的不处理;不小于 0.7mm 的,至少取 20 粒,切成小于 5mm 的小块,用粉碎机处理时,至少取 30 粒,过 5mm 和 2mm 双层筛,取 2mm 筛的筛上物
测定组分含量	需皂化或炭化的样品:粉碎后,取 5mm 筛的筛下物 用于提取或加酸分解的试样:根据情况,选用以下方法: a. 处理成花片,去掉粉末 b. 粉碎后,过 1mm 和 0.2mm 双层筛,取 0.2mm 筛的筛上物 c. 处理成粉末 d. 压成薄片,再处理成不大于 2mm 的小片 用于溶解的试样:燃烧层厚度不大于 0.5mm 的不处理;大于 0.5mm 的,处理成 2mm~3mm 的小块,过 3mm 和 2mm 双层筛,取 2mm 筛的筛上物
测定密度	密度瓶法:能装入密度瓶为宜,应清除毛刺 液体静力称量法:切成约 30mm×10mm×10mm,片状药切成约 30mm×10mm,应清除毛刺

二、试样的前处理

（一）试样分解

试样的分解是为了去除有机组分，将金属元素转化为可溶性的阳离子，硫、卤素等非金属元素转化为相应的阴离子。这一类分解也称为消化或消解，多用于测定金属或金属化合物含量的前处理，即把它们转变成金属离子制备成溶液，利于随后的配位滴定法或原子吸收法检测。

1. 试样分解的一般要求

1）试样的分解要充分。要得到准确的结果，试样中需分解的有机组分必须完全分解，待测的金属元素、硫、卤素等应全部转化为相应的离子。

2）试样分解过程中待测元素不该挥发损失。如测定试样中的磷时，不能单独用盐酸或硫酸分解，以避免部分磷生成磷化氢而挥发损失，又如测定 Sn 时，要防止 Sn 转化为可挥发的卤化物。

3）试样分解时要避免引入干扰成分或被测元素。在分析高纯物质或测定样品中的微痕量组分时要特别注意外加试剂的本底干扰，如分析液体发射药中有害金属元素时要用高纯酸分解，否则结果严重偏高。

4) 试样分解应在通风柜中进行。火炸药的分解应特别注意安全，开始时设定的温度不能太高，待棕烟全部逸出后，再升高加热装置的设定温度。

2. 试样分解方法

火炸药理化分析中使用的分解方法有酸性湿法分解法、碱性湿法分解法和高温灰化法。

(1) 酸性湿法分解法　用浓酸将试样全部氧化破坏，金属化合物转变成金属离子进入溶液。火炸药分析中，较多使用硝酸、高氯酸或硝酸与高氯酸并用。

1) 直接用高氯酸溶液分解：称取试样置于加热分解装置的烧瓶内，加入高氯酸溶液后加热，开始温度不宜过高，待棕烟全部逸出后升高温度，挥发除去过量的高氯酸，直至烧瓶内剩余的溶液透明清澈不带颜色，表示所有的有机物都被氧化近尽。残留的溶液不要少于5mL。冷却后洗入容量瓶，加水定容，混匀备用。

2) 先用硝酸溶液再用高氯酸溶液分解：试样加入蒸馏水和硝酸溶液，在电炉上加热至无颗粒且成为均匀的溶液，冷却至室温，加入高氯酸溶液，在电炉上加热蒸发至近干。

注意：浓高氯酸不能直接加入到试样中，否则可能发生爆炸，通常使用 (2+1)、(1+1) 或 60%~65% 的 $HClO_4$ 溶液。为安全起见，初学者使用高氯酸溶液分解试样时，应当在有经验的分析人员指导下进行。

(2) 碱性湿法分解法　一般用 20%~30%NaOH 溶液皂化分解试样中的硝化棉、硝化甘油、黑索今、奥克托今等含能组分，溶解铝粉，将 TNT、DNT 转化为可溶性的红色化合物。表 3-5 列出了一些利用 NaOH 分解作用测定火药组分的例子。

表 3-5　碱性湿法分解法在火药组分分析中的应用

分析方法	用 NaOH 分解的目的
火药中二苯胺、中定剂的测定 (溴化法或分光光度法)	游离出二苯胺、中定剂，以便将它们用水蒸气蒸出，吸收后进而用溴化法或分光光度法测定
单基药内挥发分的测定 (比色法)	可达到预分离的目的，经皂化分解后，乙醇、乙醚被蒸出，用浓硫酸吸收后进行比色法测定

(3) 高温灰化法　利用高温分解有机物，使待测元素变成可溶状态。称取预处理过的试样于适宜的器皿中 (最常用的是坩埚)，置于电炉上进行低温炭化直至冒烟近尽，放入马弗炉中，在规定温度和规定时间使试样完全灰化、冷却，用无机酸洗出灰分、加水稀释定容。有时先用浓硝酸将试样氧化破坏后蒸干、灼烧，再将灰分溶于酸。

(二) 试样提取

试样中硝化棉及各种无机物不溶于乙醚、二氯甲烷等有机溶剂，而硝酸酯、中定剂、凡士林、苯二甲酸二丁酯、二硝基甲苯、二苯胺等组分能溶于这些溶剂，故采用乙醚等溶剂连续提取的方法 (GJB 770B《火药试验方法》中的方法 102.1)，将它们分离开来，以便进行测定。

凡有指管的提取器 (见表 3-1 中提取器 T-1、T-3)，试样装入滤纸筒内，放在指管内提取。指管有虹吸管，其高度应高于放在指管内的滤纸筒，使指管内的乙醚能全部淹没试样，待指管内乙醚的高度超过虹吸管的顶部时即能自动虹吸下来，起到浸润提取、淋洗试样的目的。

有滤杯代替指管的提取器（见表 3-1 中 T-2、T-4、T-5），在滤杯内放一张圆滤纸片，把试样放在滤纸片上，铺平，稍稍压紧，在试样上再盖一张圆纸片，使滴下的乙醚均匀分散。滤杯在提取器内应放置平整，以免乙醚偏流。所用滤杯须经选择，要使滤杯中常能保持一定量的乙醚，浸没试样，且不致从滤杯上部溢出。使用滤杯时，可不使用指管，用能放入指管中的特制小滤杯以代替滤纸筒，其滤板孔应较大。指管内的乙醚隔一段时间流下一次，是间断式的提取；滤杯内的乙醚连续流下，是连续式的提取，从提取方式来说，后者优于前者。

不同形状的试样采取的提取器和提取时间见表 3-6，不同试样所用溶剂量、取样量及提取温度见表 3-7。

表 3-6　不同形状的试样采取的提取器和提取时间

试样形状	T-2 型	T-4 型　　T-5 型
	提取时间/h	
花片状	1.0	1.0～1.5
粉末状	1.5	2.0～3.0
厚度不大于 0.16mm 的片状	1.5	3.0～4.0
双基挤压粒状	1.5	通过试验确定
厚度或直径大于 0.16mm 的片状、粒状、球状等	通过试验确定	

表 3-7　不同试样所用溶剂量、取样量及提取温度

试样	溶剂	溶剂用量/mL	取样量/g	提取温度/℃
双基药	乙醚	40	2.0～3.5	55～60
双基挤压粒状药	乙醇	50	3.0～3.5	95～100
三基药	正戊烷、二氯甲烷	30～50	3.0～3.5	55～60

注意事项：

1）花片状试样越薄越好，粉末状试样越细越好。称取试样前应将厚片、粗粒、块状试样剔除。

2）乙醚不得含有蒸干残渣、乙醇、过氧化物、水分。

①乙醚中若含有蒸干残渣（往往是乙醚储存不当造成的），将使提取物质量增加，用称量法测凡士林或二硝基甲苯含量时结果偏高。

②乙醚中如含有乙醇，会增加硝化棉的溶解度，使测得的硝化棉含量偏低，并使提取后残留物表面胶化，影响溶剂蒸干。由于乙醇不易随乙醚蒸干，在用苏兹-提曼法测定硝化甘油含量时，氧化氮气体中混入乙醇蒸气，使测得结果偏高。乙醇在乙醚中逐步被空气氧化，最后生成过氧化物。乙醚中乙醇检查方法：乙醚试样加水振荡，驱除乙醚后，趁热将剩余溶液倾入比色管中，加入碘饱和的碘化钾溶液、氢氧化钠溶液至溶液全部褪色，静置，溶液无结晶或混浊出现即为合格。

③乙醚中若含有微量水分，在存放期间易生成过氧化物。过氧化物难挥发，乙醚蒸干后，过氧化物混于乙醚提取物中，用称量法测凡士林或二硝基甲苯含量时结果偏高。过氧化

物有氧化性，能与碘化钾反应生成碘，滴定法测中定剂含量时结果偏低。曾发现使用含过氧化物的乙醚，会影响中定剂和凡士林的提取效率，原因不明。乙醚蒸干后，在较高温度下过氧化物有发生爆炸的危险。乙醚中过氧化物检查方法：乙醚试样加入碘化钾溶液振摇均匀，在暗处放置，溶液无黄色出现即为合格。

④ 乙醚中含有水分还会增加硝化棉的溶解度，使称量法测硝化棉含量结果偏低。硝化棉是含氮量不同、相对分子质量不同的混合物，其中有小部分是能被溶解的，而绝大部分基本是不溶的。在一定提取时间内，可溶部分被溶解的量随乙醚的水含量增加而增加。在夏季空气相对湿度较大时，要注意回流冷凝器内部可能有水汽凝结，流入乙醚。

3）乙醚提取时水浴温度不能过高，以 55℃~60℃ 为宜，如果超过 65℃，乙醚溶液沸腾过分剧烈，会喷溅至仪器磨口连接处。

4）只要能始终保持浸润提取，试样的量不影响提取效率，因为不存在乙醚溶液饱和的现象。

5）用乙醚作提取溶剂，硝酸酯及凡士林提取时间短，中定剂提取时间稍长，测定二硝基甲苯及硝化棉含量的试样可适当延长提取时间，RDX 提取时间超过 30h。提取时间以乙醚从冷凝器上开始滴下时算起。检查中定剂提取是否完全的方法：在提取套管下端收集数滴溶液，在水浴上蒸去溶剂，在残留物上加二苯胺硫酸溶液，如无蓝色出现，表明试样中的中定剂已被提取完全。

6）提取过程中应保证提取器的所有连接部分严密、冷却水循环正常、乙醚回流正常。

7）提取结束后，在不大于 55℃ 的水浴温度下蒸发乙醚。含有硝化二乙二醇的试样，为防止其挥发损失，水浴温度不得超过 45℃。

第七节　分析测试结果的评价

定量分析时分析测试结果与被测量的真值之间，不可避免地存在着差异，主要由测量设备的不完善、测量方法的不完善、测量环境的影响、测量人员能力的限制等因素产生。随着科学技术的日益发展，测量差异控制得越来越小，但测量差异无论小到什么程度总是存在。

一、误差理论

（一）相关概念
真值：与给定的待定量定义一致的值。一个量的真值，是在被观测时本身所具有的真实大小，它是一个理想的概念。

误差：测量结果减去被测量的真值，但由于真值往往不知道，故误差无法准确得到。

约定真值：常用某量的多次测量结果来确定约定真值。约定真值可充分地接近真值，有时可代替真值。在实际测量中，通常以被测量已修正的算术平均值作为约定真值。

偏差：单次测量结果与平均值之差。

定量分析过程的每一个步骤均可引入误差，分析结果的误差是各步误差的综合。误差有三类：系统误差（又称可测误差）、随机误差（又称未定误差）和粗大误差（又称过失误差）。

（二）系统误差
系统误差是在重复性条件下，对同一被测量进行无限多次测量结果的平均值减去被测量的真值。它是由固定不变的或按确定规律变化的因素造成的，这些因素是可掌握的，如：一标准砝码的实际值比其标称值大 0.4mg，一般认为，在正常条件下，这个误差在某一时间段内是不变的，在这个时间段内，每用一次该砝码被测量都存在 0.4mg 的误差，是系统误差。

1. 可能产生误差的因素

从产生误差根源上消除系统误差是最有效的办法，必须预先知道产生误差的因素，对测量过程中可能导致系统误差的因素进行分析。

（1）测量装置方面的因素　仪器设计原理的缺陷，仪器零件制造和安装不正确，仪器附件制造偏差等。

（2）环境方面的因素　测量过程中温度、湿度、磁场等按一定规律变化的误差。

（3）测量方法的因素　采用近似的方式或近似的公式等引起的误差。

（4）测量人员方面的因素　由于测量者的个人特点，在刻度上估计读数时，习惯偏于某一方向；动态测量时，记录某一信号有滞后的倾向。

2. 检验和消除系统误差的方法

（1）对照试验　常用已知结果的试样与被测试样一起进行对照试验，或用其他可靠的分析方法进行对照试验，也可由不同人员、不同单位进行对照试验。有时可以自己制备"标样"来进行对照分析。"标样"是根据试样的大致成分由纯化合物配制而成，配制时，要注意称量准确，混合均匀，以保证被测组分的含量是准确的。

进行对照试验时，如果对试样的组成不完全清楚，则可以采用"加入回收法"进行试验。这种方法是向试样中加入已知量的被测组分，然后进行对照试验，看看加入的被测组分能否定量回收，以此判断分析过程是否存在系统误差。

（2）空白试验　由试剂和器皿带进杂质所造成的系统误差，一般可做空白试验来扣除。空白试验是在不加试样的情况下，按照试样分析同样的操作过程和条件进行试验。试验所得结果称为空白值。从试样分析结果中扣除空白值后，就得到比较可靠的分析结果。空白值一般不应很大，否则扣除空白时会引起较大的误差。当空白值较大时，易采用提纯试剂和改用其他适当的器皿等方法来解决问题。

（3）校准仪器　仪器不准确引起的系统误差，可以通过校准仪器来减小其影响。例如砝码、移液管和滴定管等，在精确的分析中必须进行校准，并在计算结果时采用校正值。

（4）分析结果的校正　分析过程中的系统误差，有时可采用适当的方法进行校正。如用电重量法测定纯度为 99.9% 以上的铜，要求分析结果十分准确，但因电解不很完全，这样就引起负的系统误差。为此，可用比色法测定溶液中未被电解的残余铜，将用比色法得到的结果加到电重量分析法的结果中去，即可得到更准确的结果。

（三）随机误差

随机误差是测量结果减去在重复性条件下对同一被测量进行无限多次测量所得结果的平均值，等于误差减去系统误差。随机误差像其他随机事件一样服从统计规律。例如：仪器仪表中传动部件的间隙和摩擦、连接件的弹性变形等引起的误差即为随机误差。随机误差的规律如图 3-4 所示，真值 μ 出现次数最多；正负误差 σ 出现的概率相

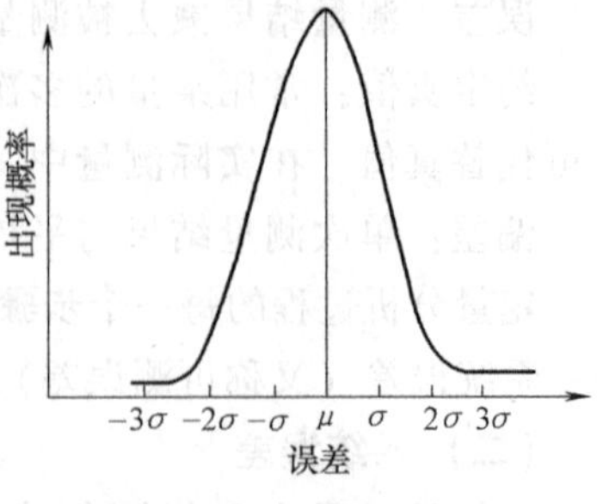

图 3-4　随机误差的规律

等；小误差出现的概率大。因此增加测定次数，可以减少随机误差，即在消除系统误差的前提下，平行测定次数越多，平均值越接近真实值。在一般化学分析中，对于同一试样，通常要求平行测定 2 次~4 次，以获得较准确的分析结果。增加更多的测定次数，虽可以获得更为准确的结果，但耗时太多。

（四）系统误差和随机误差的关系

系统误差和随机误差并不存在绝对的界限。对某项具体误差，在此条件下为系统误差，而在另一条件下为随机误差，反之亦然。随着对误差性质认识的深化和测试技术的发展，有可能把过去作为随机误差的某些误差分离出来作为系统误差，或把某些系统误差作为随机误差来处理。表 3-8 总结和比较了这两种误差最显著的特征。

表 3-8　随机误差和系统误差的最显著的特征

随机误差	系统误差
由操作者、仪器和方法的不确定性造成	由操作者、仪器和方法偏差造成
不可消除但可通过仔细的操作而减小	原则上可认识且可减小（部分甚至全部）
可通过在平均值附近的分散度辨认	由平均值与真值之间的不一致程度辨认
影响精密度	影响准确度
通过精密度的大小定量（如实验标准偏差）	以平均值与真值的差值定量

被测样品、测定方法和测定过程等是分析结果的主要误差源。如 $AgNO_3$ 沉淀 Cl^- 的称量法：作为一种测定方法，由于 $AgCl$ 的溶解，对分析结果产生一个固定的负偏差（大约 $1.3 \times 10^{-5} mol/L$）；测定过程所用仪器示值的可靠性、仪器的稳定性、试剂的纯度、容器材料的纯度和清洗程度均可能给分析结果带来系统误差与随机误差；实验室环境条件，如气温、湿度、气压、空气中的微粒等也可能影响仪器性能，或影响被测样品，或同时对二者都产生影响；分析测试工作者的经验与操作技术直接影响分析结果的可靠性；取样方式与取样过程、样品处理过程中的损失或沾污、基体效应和被测组分在样品中的分布情况往往成为分析结果的主要误差源；数据的数字舍入和可疑值的取舍也可能引入误差。

上述误差按其性质分为随机误差与系统误差。随机误差可通过重复测定获得其估计值，一般用标准偏差表达，它反映了测定值的分散程度；系统误差一般是分析方法、分析过程和仪器固有的，可用理论模式或者其他不同原理的方法比较测定，从而估计固有系统误差的大小与方向。不同性质的误差之间的关系可用图 3-5 说明。从图 3-5 中可以看出：图 a、b 有相同的随机误差，但图 a 的恒定系统误差比图 b 的大；图 c 的恒定系统误差和随机误差都比图 b 和图 d 的大。可以肯定，图 b 的结果最可靠，图 c 的结果可靠性最差，但图 a 与图 d 的结果，究竟哪个更可靠呢？这需要做出具体估计。

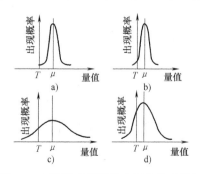

图 3-5　不同性质的误差之间的关系图解
T—真值　μ—多次重复测定的平均值

（五）粗大误差

粗大误差简称粗差，又称过失误差，是明显超出规定条件下预期的误差。正常情况下不会出现粗大误差，在异常情况下产生的粗大误差明显歪曲了测量结果，不符合误差的一般规律。

产生粗大误差的原因大致为：

（1）测量人员的主观原因　由于测量者工作责任感不强、工作过于疲劳，或者缺乏经验操作不当，或在测量时不小心、不耐心、不仔细等，从而造成了错误的读数或错误的记录，使用了有缺陷的仪器，这是产生粗大误差的主要原因。

（2）客观外界条件的原因　由于测量条件意外地改变（如机械冲击、外界振动等），引起仪器示值或被测对象位置的改变而产生粗大误差。

对于粗大误差，除设法从测量结果中发现和鉴别而加以剔除外，更重要的是加强测量者的工作责任心和以严格的科学态度对待测量工作，此外还要保证测量条件的确定，应避免在外界条件发生激烈变化时进行测量。如能达到以上要求，一般情况下是可以防止粗大误差产生的。

二、评价结果的方法

（一）准确度与精密度

在实际工作中，分析测试结果的真值是未知的，只能以准确度和精密度的概念来定性地评价分析结果。准确度表示测量值的平均值与公认的标准值之间的一致程度。精密度是测量值在平均值附近的分散程度。分析人员在同一条件下平行测定几次，如果几次分析结果的数值比较接近，表示分析结果的精密度较高。有时也用重复性和再现性表示不同情况下分析结果的精密度。重复性表示同一分析人员在同一实验条件下的分析结果的精密度，再现性表示不同分析人员或不同实验室之间在各自条件下所得分析结果的精密度。

图 3-6 是准确度与精密度关系示意图。准确度和精密度是确定一种分析方法质量的最重要的标准。精密度高不一定准确度高（图 3-6b）。精密度高是保证准确度的先决条件，精密度低说明所测结果不可靠，当然其准确度也就不高。

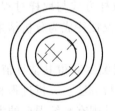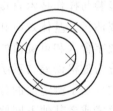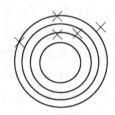

a) 准确且精密　　　　b) 不准确但精密　　　　c) 准确但不精密　　　　d) 不准确且不精密

图 3-6　准确度与精密度关系示意图

广泛使用以下术语来度量精密度（n 次有限测量数据，用算术平均值估计测量值的真值 $X_a = \sum_i \dfrac{X_i}{n}$）：

1）标准偏差 $S(X_i) = \left\{ \dfrac{\sum\limits_{i=1}^{n} (X_i - X_a)^2}{(n-1)} \right\}^{1/2}$ 。

2）相对标准偏差 $\mathrm{RSD} = \dfrac{S}{X_a}$ 。

3）相对标准偏差（也称为变异系数 CV） $RSD = \left(\dfrac{S}{X_a}\right) \times 100\%$。

一般在建立一种新的定量分析方法时，采用"回收率"或"加标回收率"验证方法的准确度；采用重复性试验，以多次测量结果的相对标准偏差 RSD 来评价方法的精密度。

（二）数字修约规则

在处理数据过程中，涉及的各测量结果的有效数字位数可能不同，因此需要按一定的规则确定测量结果的有效数字位数。

"四舍六入五成双"规则规定，当测量值中被修约的那个数字等于或小于 4 时，该数字舍去；等于或大于 6 时，进位；等于 5 时，如进位后末位数为偶数则进位，舍去后末位数为偶数则舍去。例如将测量值修约为两位有效数字时，3.148 修约为 3.1，7.3976 修约为 7.4，0.745 修约为 0.74，75.5 修约为 76。

另一种处理是当测量值中被修约的那个数字等于 5 时，如果其后还有不为 0 的数字，则以进位为宜；如果 5 的后面没有数字，或数字全为 0，则按"5成双"规则修约。例如将测量值修约为两位有效数字时，2.451 修约为 2.5，84.5009 修约为 85，83.50 和 84.50 都修约为 84。

修约数字时，只允许对原测量值一次修约到所需的位数，不能分次修约，例如将 2.5491 修约为两位有效数字，不能先修约为 2.55，再修约为 2.6，而应一次修约为 2.5。在用计算器（或计算机）处理数据时，对于运算结果，也应按照有效数字的计算规则进行修约。

（三）数据计量单位的表示通则

为了使分析数据实现与国际接轨和进行实验室之间的比对，分析数据优先采用国际单位制的计量单位和国家选定的其他计量单位。

国际单位制（SI）由 SI 基本单位、SI 导出单位、SI 单位的倍数单位组成。

1. SI 基本单位

SI 采用了长度、质量、时间、电流、热力学温度、物质的量和发光强度 7 个基本量，见表 3-9，它们彼此之间不能互相导出，但可以导出全部物理学中其余的量，即导出量。

表 3-9　SI 七个基本量纲和单位

量的名称	量的符号	单位名称	单位符号
长度	l, L	米	m
质量	m	千克（公斤）	kg
时间	t	秒	s
电流	I	安[培]	A
热力学温度	T	开[尔文]	K
物质的量	n	摩[尔]	mol
发光强度	$I, (I_v)$	坎[德拉]	cd

2. SI 导出单位

SI 导出单位是国际基本单位以代数形式表示的单位。例如：速度的 SI 单位为米每秒（m/s）。某些 SI 导出单位具有国际计量大会通过的专用名称和符号。如：热核能量的单位通常用焦耳（J）代替牛·米（N·m）。

3. SI 单位的倍数单位

SI 规定了 20 个十进倍数和分数单位的词头。如：通常称 "毫" 符号缩写为 "m"，"微" 符号缩写为 "μ"，词头不能单独使用，也不能重叠使用。SI 单位加上 SI 词头后结合为一个整体称为 SI 单位的倍数单位。例如：$1cm^3 = 10^{-6}m^3$。

计量单位的符号和单位的中文符号，一般推荐使用单位符号。十进制单位符号应置于数据之后。组合单位书写方式应注意：分子为 1 的组合单位符号，一般不用分数形式而用负数幂的形式；单位符号中用斜线表示相除时，分子分母的符号与斜线处于同一行内，分母中包含两个以上单位符号时，整个分母应加圆括号，斜线不得多于一条。

摄氏度和其他非十进制的法定计量单位，不得使用 SI 词头构成倍数与分数单位，它们在构成组合单位时，不应放在最前面。组合单位的符号中，某单位符号同时又是词头符号，则应尽量将它置于单位符号的右侧。词头 h（百）、da（十）、d（分）、c（厘）一般只用于某些长度、面积、体积和早已习惯使用的场合。一般不在组合单位的分子、分母中同时使用词头，词头加在分子的第一个单位符号前。选用词头时，一般应尽量使用的数值处于 0.1 ~ 1000 范围内。

三、不确定度理论

(一) 测量不确定度和误差的区别

不确定度理论和误差理论都是为了评价测量结果的好坏。误差理论和不确定度理论的区别见表 3-10。

表 3-10 误差理论和不确定度理论的区别

内容	测量误差	测量不确定度
定义	表明测量结果偏离真值，是一个确定的值 误差 = 测量结果 - 真值	表明赋予被测量之值及测量结果的分散性，是一个区间，可用实验标准差或它的倍数表示，也可用说明了包含概率下的包含区间的半宽度表示
分类	按出现于测量结果中的规律分为随机误差和系统误差，它们都是无限多次测量的理想概念	按是否用统计方法求得，分为 A 类评定和 B 类评定；在评定测量不确定度时，一般不必区分其性质，若需要区分时，应表述为由随机因素引入的不确定度分量和由系统因素引入的不确定度分量
可操作性	由于真值未知，往往不能得到测量误差的值，当用约定真值代替真值时，可以得到误差的估计值	测量不确定度可以由人们根据实验、资料、经验等信息进行评定，从而可以定量地确定测量不确定度的值
数值符号	有正负之分，但不能表示成 "±"	是一个区间，恒取正值
合成方法	各误差分量的代数和	当各影响分量不相关（即相互独立时），用"方和根"的办法合成，否则应考虑其相关性
结果修正	已知系统误差的估计值时，可对测量结果进行修正，得到已修正的测量结果	不能用不确定度去修正测量结果，对已修正的测量结果进行不确定度评定时，还应考虑修正不完善而引入的不确定度分量
结果说明	误差是客观存在的，且不以人们的认识程度而转移，误差属于给定的测量结果，相同的测量结果具有相同的误差，而与得到测量结果的测量仪器和测量方法无关	测量不确定度与人们对测量影响量以及测量过程的认识有关，合理赋予被测量的任意一个值具有相同的测量不确定度

（续）

内容	测量误差	测量不确定度
实验标准差	误差来源于给定的测量结果,它不表示被测量估计值的随机误差	来源于合理赋予被测量之值,表示同一观察列中任意一个估计值的实验标准差及不确定度
自由度	—	可作为不确定度可靠程度的指标
包含概率	—	当了解包含概率时,可按包含概率确定其包含区间,进而确定区间的半宽度及扩展不确定度

（二）测量不确定度的评定方法

测量不确定度有 A 类评定方法和 B 类评定方法两种,以下进行详细的介绍。

1. 测量不确定度的 A 类评定法（实验标准偏差法）

多次重复测量得到一组数据 X_1, X_2, $\cdots$, X_n（$6 \leq n \leq 10$）,平均值为 X_a,则单次测量

结果的实验标准差为: $S(X_i) = \left\{ \dfrac{\sum\limits_{i=1}^{n} (X_i - X_a)^2}{(n-1)} \right\}^{1/2}$。该实验标准差即不确定度分量,代表测

量结果 $X_i(X_1, X_2, \cdots, X_n)$ 中任何一个的不确定度分量。

平均值 X_a 为测量结果的实验标准差（即不确定度分量）: $S(X_a) = \dfrac{S(X_i)}{\sqrt{n}}$,可表示为 u_A

或 u_1。

A 类评定法实际是重复测量对测量结果所产生的影响分量,不能重复测量时可不用 A 类评定不确定度分量。

2. 测量不确定度的 B 类评定法（区间半宽度法）

采用 B 类评定法时,计算不确定度分量的数据来源有:

1) 以前的观测数据。

2) 对有关技术资料和测量仪器的了解和经验。

3) 生产部门提供的技术说明文件。

4) 校准证书、检定证书或其他文件提供的数据、准确度的"等"和"级"、误差、不确定度。

5) 可以从某些生产资料给出的参考数据或不确定度。

6) 技术规范中某些测量方法。

根据上述数据计算不确定度分量。如根据检定证书得知某仪器的误差区间 $\pm\Delta$ 及 k（包含因子,也称扩展因子,一般默认 2）,则该仪器的扩展不确定度为 Δ、不确定度分量 $u_B = \Delta/k$。又如某标物的定值结果的扩展不确定度为 U 及 k,则 $u_B = U/k$。

（三）测量不确定度的评定流程

根据 A 类评定方法和 B 类评定方法可以得到的多个不确定度分量 u_i,分别计算各相对标准不确定度分量 u_{ri}, $u_{ri} = (u_i/x_i) \times 100\%$（$x_i$ 为该分量的测量结果）。

合成相对标准不确定度 $u_r = \sqrt{u_{r1}^2 + u_{r2}^2 + \cdots + u_{rn}^2}$（若某不确定度分量根据经验或实践与其他相比很小,可以忽略不计）,合成标准不确定度 $u_c = u_r X_a$,则检测结果的扩展不确定度 $U = ku_c$。

（四）测量结果的表示形式

评定完不确定度后，完整的测量结果表示为测量结果和扩展不确定度。例如某物的质量 m_s 检测结果为 100.02147g，合成标准不确定度 $u_c(m_s)=0.35mg$，取包含因子 $k=2$，$U=ku_c=2\times0.35mg=0.70mg$，具体以下四种形式之一表示：

1) $m_s=100.02147g$，$U=0.70mg$，$k=2$
2) $m_s=(100.02147\pm0.00070)g$，$k=2$
3) $m_s=100.02147(70)g$，$k=2$
4) $m_s=100.02147(0.00070)g$，$k=2$

（五）不确定度评定的难点

不确定度评定的难点是找齐不确定度分量，一般从以下几个方面寻找这些对检测结果有影响的分量：

1) 重复测量引入的不确定度分量。只要测量能重复进行，一般用最佳估计表示测量结果，所以重复测量必然引入不确定度分量，用 A 类方法评定。

2) 设备引入的不确定度分量可根据检定、校准、"等"、"级"等来评定，用 B 类方法求出。

3) 标准物质引入的不确定度分量。标准物质属于测量设备范畴，并存在不确定度，所以必然引入不确定度分量。

4) 环境条件引入的不确定度分量。当检测是在标准规定的环境条件下进行时，引入的不确定度可忽略不计，若超出规定范围，应考虑其分量。

5) 抽样引入的不确定度分量，根据不同抽样的实际情况处理。

6) 应用的常数，如相对分子质量、圆周率引入的不确定度。

7) 根据本测试的实际情况分析，如本测试以往的不确定度分量。

对于初次接触不确定度理论的人员，一般要求会评前两项即可。

思 考 题

1. 常用固体试样的称量方法有几种？分别适用于那些物质？

2. 分析硝酸含量时为什么用安瓿球取样？应注意什么？

3. 引起化学试剂变质的因素有哪些？

4. 分别以 Na_2CO_3 和硼砂（$Na_2B_4O_7\cdot10H_2O$）标定 HCl 溶液（浓度为 0.2mol/L），用去的 HCl 溶液为 25mL。已知天平本身的称量误差为 0.2mg($\pm$0.1mg)，从减少称量误差所占的百分比考虑，选择哪种基准物较好？

已知条件：$M(Na_2CO_3)=106.0g/moL$，$M(Na_2B_4O_7\cdot10H_2O)=381.4g/moL$，$Na_2CO_3+2HCl=2NaCl+CO_2+H_2O$，$Na_2B_4O_7\cdot10H_2O+2HCl=4H_3BO_3+2NaCl+5H_2O$。

5. 试述测量不确定度的评定流程。

第四章

化学分析基础

以化学反应为基础的分析方法称为化学分析法。这类经典的分析方法历史悠久、方法成熟，不需要复杂昂贵的分析仪器。对于高含量组分的定量测定，其准确度目前依然高于仪器分析，许多仪器分析也离不开化学处理。因此现行的国内外火炸药分析标准中，化学分析仍然占有较高比重。本章叙述火炸药化学分析中常用的称量分析法、滴定分析法和量气分析法。

第一节　称量分析法

称量分析法过去称为重量分析法，是用适当的方法将试样中的待测组分与其他组分分离，然后用称量方法测定该组分的含量。火炸药分析中根据不同的分离原理，将称量分析法分为干燥法、溶剂分离法、消解法、灼烧法。火炸药分析中最常用的称量分析法是溶剂分离法，利用选择性溶剂萃取分离出待测组分，称量、计算含量，理论基础是物质的溶解与萃取。称量分析法对于常量，特别是高含量组分的测定，通常可获得准确的结果，相对误差约0.1% ~ 0.2%，缺点是操作烦琐、费时，对于低含量组分的测定误差较大，不适用于微量和痕量组分测定。

一、干燥法

干燥法是直接加热烘干或用干燥剂吸收等方法除去试样中的易挥发组分，然后根据试样质量的减少计算待测组分的含量。干燥法分为烘箱法（水浴烘箱、油浴烘箱、电热烘箱）、红外线烘箱法、真空烘箱法等。烘箱法是用烘箱的加热器，使试样的水分及挥发分汽化除去；红外线烘箱法利用红外线使物体变热、挥发除去样品的水分及挥发分，红外线含有大量热能、穿透力强，因此干燥速度快；真空烘箱法是试样在减压的条件下，低于80℃干燥直至恒量。

（一）干燥条件的选定

1）称样量：根据水分与挥发分的含量、试样的代表性和试验安全性，常控制在5g~10g。

2）称量皿规格：干燥法常用称量皿为玻璃称量瓶，能耐酸碱，不受样品性质的限制。称量皿尺寸规格的选择，以样品置于其中平铺开后厚度不超过皿高的三分之一为宜。

3）干燥条件：主要包括干燥温度和干燥时间，选定干燥温度的原则是不能高于试样熔点，也不高于110℃，炸药干燥条件见具体章节相关内容，火药干燥条件见表4-1。

表 4-1　干燥法测定部分火药水分、挥发分示例

测定项目	干燥条件
单基药外挥发分	90℃~100℃,1.5h~6h(随燃烧层厚度而定)
双基药和无溶剂火药中的水分	室温,24h 以上
双基药和三基药中水分、水分和外挥发分含量	水分 55℃,2h 水分和外挥发分 100℃
三基药总挥发分	专用锥玻璃盖铝盘中,85℃~95℃

（二）注意事项

1）空称量皿应在和测定样品的温度一致的条件下烘干、恒重。

2）在测定过程中，称量皿从烘箱中取出后，应迅速放入干燥器中进行冷却，否则不易达到恒重。

3）干燥器内一般用硅胶作干燥剂，当硅胶蓝色减退或变粉红时，要及时更换或加热再生后再用。

4）真空烘箱使用时，打开真空泵抽出烘箱内的空气至所需压力，并同时加热至所需温度。关闭真空泵上的活塞，停止抽气，使烘箱内保持一定的温度和负压。需打开烘箱门时，应打开活塞使空气进入烘箱内，待烘箱内压力恢复正常后，再打开烘箱取出称量皿。

5）烘箱中的试样量不能超出规定。

二、溶剂分离法

根据被测组分溶解行为的特征，以溶剂提取或浸洗的方法使其和其他组分分离后，再挥发去溶剂、干燥至恒重，从而求得被测组分的含量，称量形式可以是被溶解的组分，也可以是不溶解的组分。按其操作方式分为连续提取法和间断浸洗法。连续提取法是在回流提取器中，加入适当溶剂、加热回流一定时间，使被测成分和其他组分分离，此法溶剂用量少，提取完全，多用于火药样品测定。间断浸洗法是利用溶剂对试样组分的不同溶解度，使组分分离，然后用称量法测定，常用于混合炸药组分测定。溶剂分离法测定在火炸药中的应用见表4-2。

表 4-2　溶剂分离法测定的火炸药组分

样品名称	操作方法提要
双、三基药中硝化棉含量	提取后残留物在 55℃~60℃蒸去乙醚后，放入 110℃烘箱干燥 1h~1.5h,冷却后称量
双基药、三基药中凡士林含量	乙醚提取物蒸干乙醚,75%醋酸分离,乙醚溶解,蒸干乙醚,50℃烘箱恒重
改性双基推进剂中黑索今含量	乙醚提取,恒重
单、双基药中二硝基甲苯含量	乙醚提取,50℃干燥 2h,用差减法计算
三基药中硝基胍	正戊烷、二氯甲烷混合溶液提取,残留物在 50℃~60℃蒸去溶剂,110℃烘箱干燥 3h,冷却后称量
炸药中丙酮、苯或甲苯不溶物含量	丙酮、苯或甲苯浸取,不溶物 100℃烘 1h,冷却后称量
混合炸药中钝感剂含量	热丙酮浸取器中浸取,55℃~60℃烘 1h,冷却后称量
梯铝钡炸药中石蜡含量	(4+1)丙酮水浸取,苯洗去石蜡 100℃烘 1h,用丙酮水不溶物和苯不溶物差值计算
梯黑(梯铵)炸药中梯恩梯含量	用苯浸取后抽干,100℃烘 1h,冷却后称量
含铝混合炸药中钝化黑索今含量	热航空汽油浸取掉钝感剂,丙酮浸取掉黑索今,将滤杯 100℃烘 1h,冷却后称量

三、消解法

以强酸或强碱等化学试剂加热分解样品，分离出耐酸或耐碱的待测组分，经洗涤净化、干燥后称量，常和溶剂分离法结合使用，主要用于火药中的炭黑、石墨、二氧化钛等组分的测定，见表4-3。

表4-3　消解法测定的火药组分

样品名称	操作方法提要
单基药中石墨含量	氢氧化钠皂化，浓硫酸浸泡，热水洗涤，残渣恒重
单基药中松香含量	氢氧化钠皂化，经硫酸酸化后，以乙醚提取出松香，蒸去乙醚，60℃~70℃烘至恒重
单基药中地蜡含量	氢氧化钠皂化，在酸性溶液中析出地蜡，以三氯甲烷提取，蒸去三氯甲烷，95℃烘至恒重
双基药中炭黑或石墨含量	试样加硝酸加热破坏，热水洗、溶剂洗、加热恒重
双基、改性双基推进剂中丁基橡胶含量	乙醚提取后的不溶物，氢氧化钠皂化，残渣95℃烘至恒重
双基、改性双基推进剂中聚甲醛含量	乙醚提取后的不溶物，氢氧化钠皂化，残渣110℃烘至恒重
推进剂及三基发射药中二氧化钛含量	硝酸、高氯酸加热破坏残渣，110℃烘至恒重

四、灼烧法

试样经分解、炭化、灼烧至恒量，所遗留的氧化物、氯化物、硫酸盐、碳酸盐统称灰分。可先用硝酸分解或石蜡、蓖麻油浸透法钝化后点燃、炭化，再灰化。该法用于火炸药及其原材料的灰分的测定，在火炸药中的应用见表4-4。

表4-4　灼烧法测定的火炸药

样品名称	操作方法提要
发射药中灰分含量	硝酸分解、炭化、灼烧至恒量
炸药中灰分含量	石蜡浸透后，炭化、灼烧至恒量；溶剂洗涤后炭化、灼烧至恒量
炸药中无机不溶物含量	溶剂洗涤后，炭化、灼烧至恒量

注意事项：

1）炭化时注意加热温度不能过高，升温速度不要很快，应逐渐炭化，决不能使其着火燃烧，炭化时应在通风柜内进行。炭化完全后，才能放入高温炉内灼烧，在灼烧带滤纸的沉淀和易燃物质时，应该先将滤纸或易燃物在较低温度下炭化，以免在高温灼烧时猛烈着火燃烧，沉淀或灰分的微粒损失而影响测定结果。

2）冷坩埚放入红热的高温炉内灼烧时，应在炉门口稍稍预热后再推入。除有特殊要求外，坩埚盖应打开放在坩埚的旁边。

3）取灼烧后的坩埚时，坩埚夹应事先预热，在炉内将盖子盖上后再取出。坩埚取出后应先在石棉板上放置几分钟，稍冷后移入干燥器内冷却。放入干燥器后，应磨转干燥器的盖子，打开数次放出部分热空气，以免空气受热膨胀太多，将干燥器盖冲开撞坏。

第二节　滴定分析法

滴定分析法是将一种已知准确浓度的试剂溶液——标准溶液滴加到待测物质溶液中，直到化学反应按计量关系完全作用为止，根据所用标准溶液的浓度和体积计算出待测物质的含量。滴加标准溶液的操作过程称为滴定，滴加的标准溶液与待测组分恰好完全反应的这一点称为化学计量点。

在化学计量点时反应往往没有易于察觉的外部特征，通常在待测溶液中加入指示剂，利用指示剂颜色的突变来判断，在指示剂变色时停止滴定，这一点称为滴定终点。实际分析操作中滴定终点与理论上的化学计量点往往不能恰好吻合，它们之间的差别称为滴定终点误差，也叫滴定误差（简写为 TE），这是一种系统（方法）误差。

用指示剂判断滴定终点操作简便、不需要特殊仪器；不足之处为滴定终点判断主观、不适用于有色溶液或终点颜色变化不敏锐的试样的测定。

滴定分析法通常适于组分含量在 1% 以上的常量组分的分析，有时也用于测定微量组分。分析结果的准确度较高，一般情况下，测定的相对误差可达 0.1% 左右。

根据所利用的化学反应类型的不同，滴定分析法可分为下述四类：

（1）酸碱滴定法　该法是以酸碱中和，也就是质子传递反应为基础的一种滴定方法。可以用标准酸溶液测定碱性物质，也可以用标准碱溶液测定酸性物质。

（2）氧化还原滴定法　该法是利用氧化还原反应进行滴定的方法。可用氧化剂作标准溶液测定还原性物质，也可用还原剂作标准溶液测定氧化性物质。根据所用的标准溶液不同，氧化还原法又可分为碘量法、重铬酸钾法、溴酸钾法、高锰酸钾法、氯化亚钛法等。

（3）配位滴定法　该法是利用形成配位化合物的反应进行滴定的一种方法。目前广泛使用乙二胺四乙酸二钠盐溶液，即 EDTA 作为标准溶液，可直接滴定或返滴定约 50 种元素、间接滴定约 20 种。

（4）沉淀滴定法　该法是利用沉淀反应进行滴定的方法。这类方法在滴定中有沉淀生成，银量法是该方法中应用最广泛的方法。

本节叙述火炸药化学分析中常使用的前三种滴定法。

一、酸碱滴定法

酸碱滴定法是在溶液中以酸碱中和反应为基础的滴定分析方法。酸碱中和反应一般无外观变化，可以借助指示剂的颜色突变指示滴定终点。

（一）常用酸碱指示剂

常用的酸碱指示剂是一些有机的弱酸或弱碱，与其共轭碱或共轭酸具有不同的结构，呈现不同的颜色，现以酚酞指示剂为例加以说明。酚酞为有机弱酸，它在溶液中的电离平衡可用下式表示：

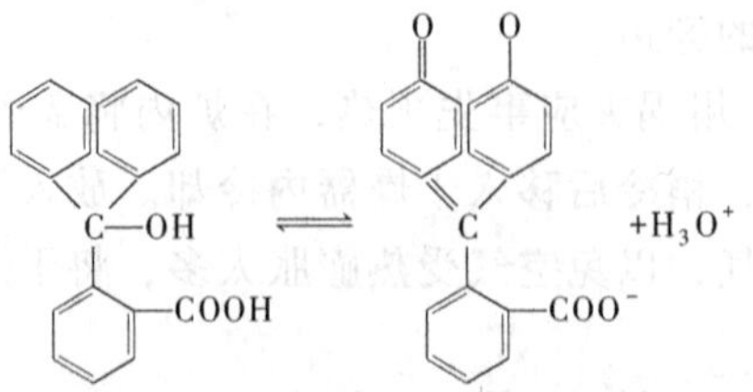

酸式（无色）　　　碱式（红色）

从电离平衡式可以看出：当溶液由酸性变化到碱性，平衡向右方移动，酚酞由酸式转变成碱式，溶液由无色变成红色；反之，由红色变成无色。

常用酸碱指示剂见表4-5，常用混合酸碱指示剂见表4-6。

表4-5 常用酸碱指示剂

指示剂	变色范围 pH	颜色		配制浓度
		酸色	碱色	
百里酚蓝	1.2~2.8	红	黄	1g/L 的 20%乙醇溶液
甲基黄	2.9~4.0	红	黄	1g/L 的 90%乙醇溶液
甲基橙	3.1~4.4	红	黄	0.5g/L 的水溶液
溴酚蓝	3.0~4.6	黄	紫	1g/L 的 20%乙醇溶液或其钠盐的水溶液
溴甲酚绿	3.8~5.4	黄	蓝	1g/L 的乙醇溶液
甲基红	4.4~6.2	红	黄	1g/L 的 60%乙醇溶液或其钠盐的水溶液
溴百里酚蓝	6.2~7.6	黄	蓝	1g/L 的 20%乙醇溶液或其钠盐的水溶液
中性红	6.8~8.0	红	黄橙	1g/L 的 60%乙醇溶液
酚红	6.7~8.4	黄	红	1g/L 的 60%乙醇溶液或其钠盐的水溶液
酚酞	8.0~10.0	无	红	5g/L 的 90%乙醇溶液
百里酚酞	9.4~10.6	无	蓝	1g/L 的 90%乙醇溶液

注：表中百分数为体积分数。

表4-6 常用的混合酸碱指示剂

混合指示剂的组成	变色点 pH	变色情况		备注
		酸色	碱色	
一体积 1g/L 甲基黄乙醇溶液 一体积 1g/L 次甲基蓝乙醇溶液	3.25	蓝紫	绿	pH3.4 绿色 pH3.2 蓝紫色
一体积 1g/L 甲基橙水溶液 一体积 2.5g/L 靛蓝二磺酸水溶液	4.1	紫	黄绿	—
三体积 1g/L 溴甲酚绿乙醇溶液 一体积 2g/L 甲基红乙醇溶液	5.1	酒红	绿	—
一体积 1g/L 溴甲酚绿钠盐水溶液 一体积 1g/L 氯酚红钠盐水溶液	6.1	黄绿	蓝紫	pH5.4 蓝绿色,5.8 蓝色,6.0 蓝带紫,6.2 蓝紫
一体积 1g/L 中性红乙醇溶液 一体积 1g/L 次甲基蓝乙醇溶液	7.0	蓝紫	绿	pH7.0 紫蓝
一体积 1g/L 甲酚红钠盐水溶液 三体积 1g/L 百里酚蓝钠盐水溶液	8.3	黄	紫	pH8.2 玫瑰色,8.4 清晰的紫色
一体积 1g/L 百里酚蓝 50%乙醇溶液 三体积 1g/L 酚酞 50%乙醇溶液	9.0	黄	紫	从黄到绿再到紫

（二）酸碱指示剂的选择

为了在某一滴定中选择一种适宜的指示剂，就需了解在这一滴定中溶液 pH 的改变情况，尤其是在化学计量点前后一定的准确度范围（如相对误差为±0.1%或±0.2%）内溶液 pH 的变化。因为只有在这一 pH 改变范围内变色的指示剂，才能用来指示这一滴定终点。

强酸强碱滴定的基本反应为：$H^+ + OH^- = H_2O$

按式（4-1）计算的反应平衡常数称为滴定反应常数 K_t。

$$K_t = \frac{1}{[H^+][OH^-]} = \frac{1}{K_w} = 1.00 \times 10^{14} \qquad (4-1)$$

现以 NaOH 标准溶液滴定 HCl 为例讨论，设 HCl 的浓度 $c_a = 0.1000\text{mol/L}$，体积 $V_a = 20.00\text{mL}$；NaOH 的浓度 $c_b = 0.1000\text{mol/L}$，滴定时加入的体积为 V_b（mL），整个滴定可分为 4 个阶段：

（1）滴定开始前（$V_b = 0$）　溶液的酸度等于盐酸的原始浓度，$[H^+] = 0.1000\text{mol/L}$，pH = 1.00。

（2）滴定开始至化学计量点前（$V_a > V_b$）　随着 NaOH 的不断滴入，溶液中 $[H^+]$ 逐渐减小，其浓度取决于剩余 HCl 的量和溶液的体积：

$$[H^+] = \frac{V_a - V_b}{V_a + V_b} c_a \qquad (4-2)$$

例如，滴入 NaOH 19.98mL（化学计量点前 0.1%）时，

$$[H^+] = \frac{20.00 - 19.98}{20.00 + 19.98} \times 0.1000\text{mol/L} = 5.00 \times 10^{-5}\text{mol/L} \qquad \text{pH} = 4.30$$

（3）化学计量点时（$V_a = V_b$）　滴入 NaOH 20.00mL，此时 NaOH 与 HCl 以等物质的量相互作用，溶液呈中性。

$$[H^+] = [OH^-] = 10^{-7}\text{mol/L} \quad \text{pH} = 7.00$$

（4）化学计量点后（$V_a < V_b$）　溶液的 pH 由过量的 NaOH 的量和溶液的体积来决定：

$$[OH^-] = \frac{V_b - V_a}{V_b + V_a} c_b \qquad (4-3)$$

例如，滴入 NaOH 20.02mL（化学计量点后 0.1%）时，

$$[OH^-] = \frac{20.02 - 20.00}{20.02 + 20.00} \times 0.1000\text{mol/L} = 5.00 \times 10^{-5}\text{mol/L} \quad \text{pOH} = 4.30 \quad \text{pH} = 9.70$$

用类似方法可以计算出滴定过程中各点的 pH，其数据列于表 4-7。如果以 NaOH 加入量为横坐标，以溶液的 pH 为纵坐标作图，所得 pH-V 曲线（图 4-1）就是强碱滴定强酸的滴定曲线。

表 4-7　用 NaOH（0.1000mol/L）滴定 HCl（0.1000mol/L）20.00mL

加入的 NaOH		剩余的 HCl		$[H^+]$ 的浓度 /（mol/L）	pH
体积分数（%）	mL	体积分数（%）	mL		
0	0	100	20.00	1.00×10^{-1}	1.00
90.0	18.00	10	2.0	5.00×10^{-3}	2.30
99.0	19.80	1	0.20	5.00×10^{-4}	3.30
99.9	19.98	0.1	0.02	5.00×10^{-5}	4.30
100.00	20.00		0	1×10^{-7}	7.00
—		过量的 NaOH		$[OH^-]$ 的浓度 /（mol/L）	
100.1	20.02	0.1	0.02	5.00×10^{-5}	9.70
101	20.20	1.0	0.20	5.00×10^{-4}	10.70

从表 4-7 和图 4-1 可以看出，从滴定开始到加入 NaOH 液 19.98mL 时，溶液的 pH 仅仅改变了 3.30 个 pH 单位，但从 19.98mL ~ 20.02mL，NaOH 的加入量仅相差 0.04mL，只不过一滴之差，相当于化学计量点前后±0.1%范围内，溶液的 pH 由 4.30 急剧增到 9.70，增大了 5.40 个 pH 单位，溶液由酸性突变到碱性，这种 pH 的突变称为滴定突跃。突跃所在 pH 范围称为滴定突跃范围。滴定突跃是选择指示剂的依据。凡是变色范围全部或一部分在滴定突跃范围内的指示剂都可以用来指示滴定终点。本例中可选酚酞、甲基红、甲基橙等作为指示剂。

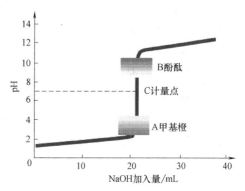

图 4-1　NaOH 液（0.1000mol/L）滴定 HCl 液（0.1000mol/L）20.00mL 的滴定曲线

如果用强酸滴定强碱，则滴定曲线恰和图 4-1 的曲线对称，即 pH 变化方向相反。

酸碱的浓度可以改变滴定突跃范围的大小。从图 4-2 可以看出，若用 0.01mol/L、0.1mol/L、1.0mol/L 三种浓度的 NaOH 标准溶液进行滴定，它们突跃的 pH 范围分别为 5.30 ~ 8.70、4.30 ~ 9.70、3.30 ~ 10.70。可见，标准溶液越浓，突跃范围越大，可供选择的指示剂越多。例如用 0.01mol/L 强碱溶液滴定 0.01mol/L 强酸溶液，由于其突跃范围减小到 pH = 5.30 ~ 8.70，因此就不能采用甲基橙了。

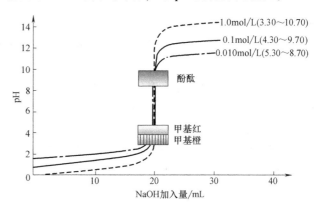

图 4-2　不同浓度 NaOH 溶液滴定不同浓度 HCl 溶液的滴定曲线

二、氧化还原滴定法

氧化还原滴定是利用氧化还原反应进行滴定的方法。根据所用的标准溶液不同可分为：高锰酸钾法、重铬酸钾法、碘量法、溴酸钾法、氯化亚钛法等。氧化还原反应历程复杂，反应速度快慢不一，而且受外界条件，如温度、酸度等影响较大，所以在氧化还原滴定中要特别注意控制反应条件。本节介绍火药分析中最常用的间接碘量法、间接溴酸钾法（也就是火药分析标准中的溴化法）和高锰酸钾法。

（一）间接碘量法

1. 滴定方法

间接碘量法又称滴定碘法，利用 I^- 的还原性，使许多氧化剂被 I^- 还原，定量析出 I_2，如

$$2Cu^{2+}+4I^- \Longrightarrow 2CuI+I_2$$

再用 $Na_2S_2O_3$ 标准溶液滴定 I_2

$$I_2+2Na_2S_2O_3 \Longrightarrow 2NaI+Na_2S_4O_6$$

其他氧化剂如 H_2O_2、ClO_3^-、IO_3^-、CrO_4^{2-}、$Cr_2O_7^{2-}$、MnO_4^-、MnO_2、PbO_2、Br_2、Fe^{3+} 等都可用间接碘量法测定。

2. 注意事项

（1）溶液的酸度 $Na_2S_2O_3$ 滴定 I_2，应在中性及微酸性溶液中进行。因为在碱性溶液中，$Na_2S_2O_3$ 被 I_2 氧化为 Na_2SO_4，而不是 $Na_2S_4O_6$，同时 I_2 自身发生歧化反应

$$S_2O_3^{2-}+4I_2+10OH^- =\!=\!= 2SO_4^{2-}+8I^-+5H_2O$$

在强酸介质中，$Na_2S_2O_3$ 会分解

$$S_2O_3^{2-}+2H^+ =\!=\!= SO_2\uparrow+S\downarrow+H_2O$$

而且 I^- 在强酸介质中，特别是有光照射时易被空气氧化

$$4I^-+4H^++O_2 =\!=\!= 2I_2+2H_2O$$

（2）溶液温度 I_2 易挥发，所以碘量法应使溶液在室温下进行反应或滴定；滴定时用碘量瓶进行，不要剧烈摇动，加入过量 KI，提高 I_2 的溶解度。

（3）空气氧化 在酸性溶液中，有阳光照射时，空气很容易氧化 I^-，所以要避光，立刻滴定，滴定速度适当加快。

（4）淀粉指示剂 I_2 和淀粉生成蓝色，灵敏度很高。直接碘量法滴定终点是溶液由无色变蓝色；间接碘量法滴定终点是溶液由蓝色变无色，这时淀粉指示剂不能太早加入，应该在接近终点，I_2 的黄色几乎消失时再加入，否则 I_2 被淀粉包住蓝色不易消失，滴定终点难确定。

（二）间接溴酸钾法

在气相色谱法问世之前，火药中的安定剂，如二苯胺、中定剂、间苯二酚都用此法测定，目前这一方法仍然使用。

以 $KBrO_3$ 标准溶液在酸性环境中直接滴定还原性物质的方法，叫作直接溴酸钾法。直接溴酸钾法应用有限，常用的是间接溴酸钾法。火药分析中习惯将间接溴酸钾法称为溴化法，具体为：过量的溴酸钾与溴化钾的混合溶液在酸性条件下析出溴，让溴与被测物质定量反应；过量的 Br_2 再与加入的 KI 作用析出 I_2，最后以淀粉为指示剂，用 $Na_2S_2O_3$ 标准溶液滴定析出 I_2，同时做空白滴定；根据试样滴定与空白滴定消耗的体积计算被测物质含量。可见溴化法实际上是直接溴酸钾法和碘量法的结合，其基本反应为

$$BrO_3^-+5Br^-+6H^+ =\!=\!= 3Br_2+3H_2O$$

$$Br_2+被测物质 = 被测物质与 Br_2 的取代反应产物+HBr$$

$$Br_2(过量的)+2I^- =\!=\!= 2Br^-+I_2$$

$$I_2+2S_2O_3^{2-} =\!=\!= 2I^-+S_4O_{6-}$$

当被测物质为二苯胺、中定剂时，它们和 Br_2 的反应分别为

$$(C_6H_5)_2NH+4Br_2 =\!=\!= (C_6H_3Br_2)_2NH+4HBr$$

$$(C_6H_5NCH_3)_2CO+2Br_2 =\!=\!= (C_6H_4Br\cdot NCH_3)_2+2HBr$$

（三）高锰酸钾法

利用高锰酸钾作氧化剂配制成标准溶液进行滴定的氧化还原方法。MnO_4^- 本身颜色可作为指示剂，不必另加指示剂。缺点是试剂杂质多，溶液易分解而生成 MnO_2 沉淀。

高锰酸钾是强氧化剂，在强酸介质中，MnO_4^- 被还原为 Mn^{2+}，半反应为

$$MnO_4^- + 8H^+ + 5e \Longrightarrow Mn^{2+} + 4H_2O$$

在弱酸性、中性或碱性溶液中，MnO_4^- 被还原为 MnO_2，半反应为

$$MnO_4^- + 4H^+ + 3e \Longrightarrow MnO_2 \downarrow + 2H_2O$$

$$MnO_4^- + 2H_2O + 3e \Longrightarrow MnO_2 \downarrow + 4OH^-$$

由于在弱酸性、中性及碱性溶液中被还原生成棕色 MnO_2 沉淀，影响终点的观察，所以 $KMnO_4$ 滴定法是在强酸溶液中进行滴定。

MnO_4^- 离子是紫红色，消耗 $KMnO_4$ 标准溶液 20mL，多加 $KMnO_4$ 溶液 0.01mL（相当于 1/4 滴）就可显示出紫红色而判断终点，滴定误差为：$\dfrac{0.01}{20} \times 100\% = 0.05\%$

完全满足滴定分析 0.1%误差的要求。

根据分析对象不同，$KMnO_4$ 滴定法可分为以下几种滴定方法：

（1）直接滴定法　$KMnO_4$ 的氧化能力强，可以直接滴定很多还原剂，比如 Fe^{2+}、As^{3+}、Sb^{3+}、H_2O_2、NO_2^-、$C_2O_4^{2-}$ 等以及一些还原性有机化合物。

（2）返滴定法　有些氧化剂不能用 $KMnO_4$ 溶液直接滴定，可用返滴定法进行滴定。如测 MnO_2 含量，可加过量 $Na_2C_2O_4$ 标准溶液，反应完全后，再用 $KMnO_4$ 溶液滴定剩余的 $Na_2C_2O_4$。

（3）间接滴定法　一些非氧化剂和还原剂，不能用 $KMnO_4$ 直接滴定和返滴定，可采用间接滴定法。这些物质能和还原剂反应，然后再用 $KMnO_4$ 滴定还原剂。

三、配位滴定法

配位滴定法是利用形成配位化合物（简称配合物）的反应进行滴定的方法。配位剂与被测离子生成稳定的配合物，滴定终点时，稍微过量的配位剂使指示剂变色。配位剂有无机配位剂和有机配位剂两类。无机配位剂的种类不少，但能用于配位滴定的却不多。直到合成了 EDTA 系列的有机配位剂后，配位滴定方法才得以迅速发展。目前配位滴定法实际主要是指用 EDTA 进行滴定的方法。

配位反应达到平衡时，生成物浓度与剩余的未反应物浓度乘积之比称为配位反应的平衡常数，也就是配合物的稳定常数 $K_稳$。$K_稳$的数值越大，配合物越稳定。

$$M + Y \Longrightarrow MY$$

$$K_稳 = \frac{[MY]}{[M][Y]} \tag{4-4}$$

此处的稳定常数由于没考虑溶液酸度等条件的影响，所以称为配合物的绝对稳定常数，不同于之后将提到的条件稳定常数。

EDTA 是乙二胺四乙酸的英文简称，是一种白色粉末状结晶，无毒无臭，相对分子质量为 292.1，微溶于水，不溶于酸和一般有机溶剂，易溶于氨性溶液和苛性碱溶液。它的结构式为

通常用 H_4Y 代表乙二胺四乙酸，用 Na_2H_2Y 或 $Na_2H_2Y \cdot 2H_2O$ 代表其二钠盐。H_4Y 难溶于水，不适于作配位滴定剂，通常用 Na_2H_2Y 作为滴定剂。

$Na_2H_2Y \cdot 2H_2O$ 也简称为 EDTA，相对分子质量为 372.26，白色结晶粉末，无毒无臭，常温下可吸附水分 0.3%，80℃烘干即可除去。升温至 100℃～140℃ 将失去结晶水而成为无水的 EDTA 二钠盐，相对分子质量为 336.24。EDTA 二钠盐易溶于水，在室温下 100mL 水能溶解 11.1g，pH=4.7，浓度约为 0.3mol/L。EDTA 是一个多基配位体，分子中的 2 个 N 和 4 个羧基中的 O 都能与金属离子形成配位键，构成非常稳定的环状配合物（即螯合物）。ED-TA 还是一种性能优异的配位剂，能和几乎所有的金属离子形成配合物。在周期表中，能直接滴定或返滴定的元素有 50 种，能间接测定的元素约有 20 种。除 K、Na 以外的大多数金属元素都能用 EDTA 测定，导致配位滴定干扰元素多、选择性差，所以测定条件要求严格，尤其是溶液的酸度对配合物的稳定性和指示剂的变色都有很大影响，必须严格控制。

（一）EDTA 与金属离子所形成配合物的特点

1）不论与几价离子配位，配位数都是 1，即按 1：1 的摩尔比进行配位。

2）EDTA 与金属离子形成配合物的稳定性与金属离子的价态有关，高价离子稳定性大，低价的稳定性小，如 Fe^{3+} 的 $\lg K_{稳}=25.1$，Ca^{2+} 的 $\lg K_{稳}=10.96$，而 Na^+ 的 $\lg K_{稳}=1.66$，所以特别适于测高价离子。

3）反应速度快，瞬间完成。

4）生成的配合物易溶于水。

5）EDTA 与金属离子的配位能力与溶液酸度有关。

（二）酸效应系数

EDTA 分子中含有 4 个可电离的 H^+，是一个四元弱酸，在溶液中分四步电离，存在下列电离平衡：

$$H_4Y \underset{+H^+}{\overset{-H^+}{\rightleftharpoons}} H_3T^- \underset{+H^+}{\overset{-H^+}{\rightleftharpoons}} H_2Y^{2-} \underset{+H^+}{\overset{-H^+}{\rightleftharpoons}} HY^{3-} \underset{+H^+}{\overset{-H^+}{\rightleftharpoons}} Y^{4-}$$

在溶液中，EDTA 应是上述 5 种形式共存于一定酸度下，各种形式按一定比例分配。酸度增大，平衡向左移动，Y^{4-} 离子浓度减少。酸度降低，平衡向右移动，Y^{4-} 离子浓度增大，当 pH>12 时，EDTA 才全部离解成 Y^{4-}，但与金属离子配位时只有 Y^{4-} 离子才是有效的。一般情况下，有效浓度 $[Y^{4-}]$ 总是小于 EDTA 的总浓度 c，只有当 pH>12 时，$[Y^{4-}]=c$。一般把总浓度与有效浓度之间的比例 α_H 称作酸效应系数。即 $\alpha_H = c/[Y^{4-}]$，pH 低时 α_H 很大，随 pH 增加 α_H 逐渐减少，直到 pH=12 时，$\alpha_H=1$。

（三）条件稳定常数和最高允许酸度（最小 pH）

由于没考虑溶液酸度等条件的影响，所以配合物的稳定常数 $K_{稳}$ 称为配合物的绝对稳定常数。考虑酸效应系数 $\alpha_H = c/[Y^{4-}]$，可得：

$$K_{稳} = \frac{[MY]}{[M][Y^{4-}]} = \frac{[MY]\alpha_H}{[M]c} \tag{4-5}$$

$$K' = \frac{[MY]}{[M]c} = \frac{K_{稳}}{\alpha_H} \tag{4-6}$$

$$\lg K' = \lg K_{稳} - \lg \alpha_H \tag{4-7}$$

这里 K' 为配合物的条件稳定常数，它表示配合物在一定酸度条件下的实际稳定程度。

酸度越低，α_H 值越小，$\lg K'$ 越大，配合物就越稳定。

根据式（4-7）可求出配位滴定的最高允许酸度。定量滴定的必要条件是 $\lg K' \geq 8$，$\lg K_稳$ 是不变的，$\lg \alpha_H$ 随酸度增加而增大。$\lg \alpha_H$ 增大，$\lg K'$ 就减小。当酸度增大（pH 降低）至某一数值时，$\lg K' = 8$，这一酸度就是滴定该离子的最高允许酸度，即最小 pH。即如果酸度继续增大（pH 继续减小）$\lg \alpha_H$ 就会小于 8，配合物的稳定性减小，以至不能定量配位。用这个方法可以计算出各种离子的最高允许酸度。对稳定性大的配合物，在较高的酸度下就可以滴定，而对于稳定性差的配合物在较低的酸度下滴定。

（四）金属指示剂

金属指示剂是一种能与金属离子生成有色配合物的显色剂，它能指示滴定终点时金属离子浓度的突变。金属指示剂（以 In 表示）本身多是有机染料，在溶液中显示指示剂本身的颜色，同时它也是配位剂，能与金属离子配位生成与指示剂颜色不同的有色配合物，因此金属指示剂的特点：一是显色，二是配位。

等量点前，$M + In \Longrightarrow MIn$，溶液显示被测金属离子与指示剂所生成配合物颜色。

等量点时，$MIn + Y \Longrightarrow MY + In$，溶液显示指示剂的颜色。

例如，在等量点前，铬黑 T 与金属离子 Ca^{2+}、Mg^{2+} 等配位生成酒红色配合物。等量点时，EDTA 夺取 MIn 配合物中的金属离子，还原出指示剂，显示指示剂颜色。

由于金属指示剂本身都是有机弱酸或弱碱，它本身的颜色也受溶液 pH 的影响，这点在使用时要特别注意。

指示剂与某些金属离子生成极稳定的配合物，滴入过量的 EDTA 也不能夺取金属指示剂配合物中的金属离子，即指示剂受到了封闭。如铬黑 T 和 Fe^{3+}、Al^{3+}、Cu^{3+}、Co^{2+}、Ni^{2+} 所形成配合物的稳定性，都超过了 EDTA 与这些金属离子生成配合物的稳定性，因此当溶液中存在这些离子时，铬黑 T 便被封闭，必须加入配位能力更强的配位剂，如三乙醇胺、氰化钾等以掩蔽这些干扰离子。

有些指示剂本身与金属形成的配合物在水中的溶解度很小，还有些指示剂与金属形成配合物的稳定性和金属 EDTA 配合物稳定性相差不多，使 EDTA 与金属指示剂配合物间的反应缓慢，因而滴定终点拖长，这种现象叫指示剂的僵化。避免僵化的办法是加入有机溶剂或加热，以增大其溶解度。

（五）几种常用的金属指示剂

1. 铬黑 T

铬黑 T 属偶氮染料，英文简称 EBT。铬黑 T 溶于水后，结合在磺酸基上的 Na^+ 全部电离，以阳离子形式存在。铬黑 T 是二元弱酸，按下式电离并显色：

$$H_2In^- \Longrightarrow HIn^{2-} \Longrightarrow In^{3-}$$

$$pH < 6.3 \quad pH\ 8 \sim 11 \quad pH > 11.5$$

红紫色   蓝色   橙黄色

铬黑 T 能与 Mg^{2+}、Zn^{2+}、Ca^{2+}、Mn^{2+}、Pb^{2+}、Hg^{2+} 等离子形成酒红色配合物，常在 pH = 10 的缓冲溶液中使用，终点由酒红色变纯蓝，变化敏锐。Fe^{3+}、Al^{3+}、Cu^{3+}、Co^{2+}、Ni^{2+} 及铂族金属起封闭作用。

铬黑 T 的水溶液不稳定，易聚合变质。常用的配制方法有两种：①铬黑 T 与干燥的 NaCl 按 1 : 100 比例混合研磨，密封保存；②0.2g 铬黑 T 溶于 15mL 三乙醇胺溶液中，加入

5mL 无水乙醇。

2. 钙指示剂

钙指示剂属偶氮染料，简写为 NN，为二元酸，pH = 8~13 时蓝色，pH<7.3 和 pH>13.5 都是酒红色。钙指示剂能与 Ca^{2+} 形成红色配合物，在 pH = 13 时可用于 Ca、Mg 混合物中 Ca^{2+} 的测定。滴定终点由红色变蓝色，颜色变化敏锐。Fe^{3+}、Al^{3+}、Ti^{4+}、Cu^{2+}、Co^{2+}、Ni^{2+} 等起封闭作用。Fe^{3+}、Al^{3+} 可用三乙醇胺掩蔽，Cu^{2+}、Co^{2+}、Ni^{2+} 等可用 KCN 掩蔽。钙指示剂的水溶液和酒精溶液都不稳定，现用现配。通常用 NaCl 按 1∶100 比例混合研磨，密封保存。

3. 二甲酚橙

二甲酚橙属三苯甲烷类显色剂，简写作 XO，可配成 0.2% 或 0.5% 的水溶液，稳定 2 周~3 周。二甲酚橙在 pH<6.3 时为黄色，pH>6.3 时呈红紫色。它与金属离子所生成的配合物都是红紫色，因此它只能在 pH<6.3 时使用，终点由红紫色变黄色。许多离子都可用二甲酚橙作指示剂直接滴定，pH = 5~6 时，滴定 Pb^{2+}、Zn^{2+}、Cd^{2+}、Hg^{2+} 等变色非常敏锐。Fe^{3+}、Al^{3+}、Ni^{2+}、Cu^{2+}、Ti^{4+} 等离子有封闭作用，可以用返滴定法消除干扰。

（六）提高配位滴定选择性的方法

EDTA 能和许多种金属离子形成稳定配合物，而被测溶液中经常含有多种离子，对测定产生干扰。

提高选择性的途径主要是设法降低干扰离子与 EDTA 配合物的稳定性，或降低干扰离子的浓度，实质上都是减小干扰离子与 EDTA 配合物的条件稳定常数。常用以下两种方法提高配位滴定的选择性：

（1）控制溶液的酸度　不同离子与 EDTA 配合物的稳定常数不同，在滴定时允许的最小 pH 也不同。控制溶液的酸度，使干扰离子的条件稳定常数减小至一定程度，就可消除干扰。

（2）利用掩蔽剂消除干扰　常用的掩蔽剂本身也是一种配位剂，它能与干扰离子生成稳定配合物，从而降低干扰离子的浓度，消除对被测离子的干扰作用。要达到这个目的，首先要求掩蔽剂与干扰离子形成配合物的稳定性必须大于干扰离子与 EDTA 形成配合物的稳定性，而且掩蔽剂与被测离子不易配位。其次要求掩蔽剂与干扰离子形成的配合物应当易溶于水，无色或浅色，以免影响滴定终点的确定。还应指出，如果干扰离子是大量的，被测离子量少，采用掩蔽的办法就不易得到满意的结果。

（七）配位滴定的方式

在配位滴定中，采用不同的滴定方式可以扩大滴定的应用范围，常用的有直接滴定、间接滴定、返滴定和置换滴定等四种方式。

1. 直接滴定

这种方法是用 EDTA 标准溶液直接滴定待测离子。一般情况下引入误差较小，故在可能范围内应尽量采用直接滴定法。但出现下列任何一种情况，宜采用其他滴定方法：

1）待测离子不与 EDTA 形成配合物，或待测离子与 EDTA 形成的配合物不稳定。

2）待测离子虽能与 EDTA 形成稳定的配合物，但缺少变色敏锐的指示剂。

3）待测离子与 EDTA 的配位速度很慢，本身又易水解或封闭指示剂。

2. 间接滴定

对于上述第 1）种情况，可以采用间接滴定，即加入过量的能与 EDTA 形成稳定配合物的金属离子作沉淀剂，以沉淀待测离子，过量沉淀剂用 EDTA 滴定。或将沉淀分离、溶解后，再用 EDTA 滴定其中的金属离子。

3. 返滴定

对于上述第 2）和第 3）种情况，一般采用返滴定。即先加入过量的 EDTA 标准溶液，使待测离子完全配位后，再用其他金属离子标准溶液返滴定过量的 EDTA。例如测定 Al^{3+} 时，由于 Al^{3+} 易形成一系列多羟配合物，这类多羟配合物与 EDTA 配合速度较慢。可加入过量的 EDTA 溶液，煮沸后，用 Cu^{2+} 或 Zn^{2+} 标准溶液返滴定过量的 EDTA。又如，测定 Ba^{2+} 时没有变色敏锐的指示剂，可加入过量 EDTA 溶液，与 Ba^{2+} 配合后，用铬黑 T 作指示剂，再用 Mg^{2+} 标准溶液返滴定过量的 EDTA。

4. 置换滴定

用一种配位剂置换待测金属离子与 EDTA 配合物中的 EDTA，然后用其他金属离子标准溶液滴定释放出来的 EDTA。例如测定有 Cu^{2+}、Zn^{2+} 等离子共存时的 Al^{3+}，可先加入过量 EDTA，并加热使 Al^{3+} 和共存的 Cu^{2+}、Zn^{2+} 等离子都与 EDTA 配合，再加入 NH_4F，使 AlY^- 转变为更稳定的配位化合物 AlF_6^{3-}，然后在 pH = 5~6 时用二甲酚橙作指示剂，置换出的 ED-TA 再用锌盐标准溶液滴定。

此外，还可以用待测金属离子置换出另一配合物中的金属离子，然后用 EDTA 滴定。例如 Ag^+ 与 EDTA 的配合物不稳定（$\lg K_{AgY} = 7.32$），因而不能用 EDTA 直接滴定 Ag^+。但是含 Ag^+ 试液中加过量的 $Ni(CN)_4^{2-}$，发生置换反应

$$2Ag^+ + Ni(CN)_4^{2-} === 2Ag(CN)_2^- + Ni^{2+}$$

用 EDTA 滴定置换出的 Ni^{2+}，即可求得 Ag^+ 的含量。

四、滴定分析结果的计算

滴定分析是用标准溶液滴定被测物质的溶液，由于对反应物选取的基本单元不同，有两种不同的计算方法。

（一）选取分子、离子或原子作为反应物的基本单元时的计算

滴定分析结果计算的依据：当滴定到化学计量点时，它们的物质的量之间关系恰好符合其化学反应所表示的化学计量关系。

选取分子、离子或这些粒子的某种特定组合作为反应物的基本单元，这时滴定分析结果计算的依据为：滴定到达化学计量点时，被测物质的物质的量与标准溶液的物质的量相等。"物质的量"，通常以符号 n 表示，单位为摩尔（mol）。

设：在直接滴定法中，被测物 A 与滴定剂 B 间的反应为

$$aA + bB === cC + dD$$

当滴定到达化学计量点时 a mol A 恰好与 b mol B 作用完全，即：

$$n_A : n_B = a : b$$

故

$$n_A = \frac{a}{b} n_B \quad n_B = \frac{b}{a} n_A$$

例如，用 Na_2CO_3 作基准物标定 HCl 溶液的浓度时，其反应式是

$$2HCl+Na_2CO_3 =\!=\!= 2NaCl+H_2CO_3$$

则

$$n_{HCl} = 2n_{Na_2CO_3}$$

若被测物是溶液，其体积为 V_A，浓度为 c_A；到达化学计量点时用去浓度为 c_B 的滴定剂的体积为 V_B，则

$$c_A V_A = \frac{a}{b} c_B V_B \tag{4-8}$$

例如，用已知浓度的 NaOH 标准溶液测定 H_2SO_4 溶液的浓度，其反应式为

$$H_2SO_4+2NaOH =\!=\!= Na_2SO_4+2H_2O$$

滴定达到化学计量点时

$$c_{H_2SO_4} V_{H_2SO_4} =\!=\!= \frac{1}{2} c_{NaOH} V_{NaOH}$$

$$c_{H_2SO_4} = \frac{c_{NaOH} V_{NaOH}}{2V_{H_2SO_4}}$$

在间接法滴定中涉及两个或两个以上反应，应从总的反应中找出实际参加反应物质的物质的量之间关系。例如在酸性溶液中以 $KBrO_3$ 为基准物标定 $Na_2S_2O_3$ 溶液的浓度时反应分两步进行。首先，在酸性溶液中 $KBrO_3$ 与过量的 KI 反应析出 I_2

$$BrO_3^- + 6I^- + 6H^+ =\!=\!= 3I_2 + 3H_2O + Br^- \tag{a}$$

然后用 $Na_2S_2O_3$ 溶液为滴定剂，滴定析出的 I_2

$$I_2 + 2S_2O_3^{2-} =\!=\!= 2I^- + S_4O_6^{2-} \tag{b}$$

I^- 在反应 a 中被氧化成 I_2，而在反应 b 中 I_2 又被还原成 I^-，实际上总的反应相当于 $KBrO_3$ 氧化了 $Na_2S_2O_3$。在反应（a）中，1mol $KBrO_3$ 产生 3mol I_2，而在反应（b）中 1mol I_2 和 2mol $Na_2S_2O_3$ 反应，结合反应（a）、（b），$KBrO_3$ 与 $Na_2S_2O_3$ 之间的数量关系是 1:6。

$$n_{Na_2S_2O_3} \longrightarrow 6n_{KBrO_3}$$

又如用 $KMnO_4$ 法测定 Ca^{2+}，经过如下几步：

$$Ca^{2+} \xrightarrow{C_2O_4^{2-}} CaC_2O_4 \downarrow \xrightarrow{H^+} HC_2O_4^- \xrightarrow{MnO_4^-} 2CO_2$$

此处 Ca^{2+} 与 $C_2O_4^{2-}$ 反应的摩尔比是 1:1，而 $C_2O_4^{2-}$ 与 $KMnO_4$ 是按 5:2 的摩尔比互相反应的

$$C_2O_4^{2-} + 2MnO_4^- + 16H^+ =\!=\!= 2Mn^{2+} + 10CO_2 \uparrow + 8H_2O$$

故

$$n_{Ca} = \frac{5}{2} n_{KMnO_4}$$

（二）选取分子、离子或这些粒子的某种特定组合作为反应物的基本单元时的计算

对于进行质子转移的酸碱反应，根据反应中转移的质子数来确定酸碱的基本单元，即以转移一个质子的特定组合作为反应物的基本单元。例如 H_2SO_4 与 NaOH 之间的反应 2NaOH+H_2SO_4 = Na_2SO_4+2H_2O，在反应中 NaOH 转移一个质子，因此选取 NaOH 作基本单元；H_2SO_4 转移两个质子，选取 1/2H_2SO_4 作基本单元，1mol 酸与 1mol 碱将转移 1mol 质子，参加反应的硫酸和氢氧化钠的物质的量分别为：

$$n_{1/2H_2SO_4} = c_{1/2H_2SO_4} V_{H_2SO4} \qquad n_{NaOH} = c_{NaOH} V_{NaOH}$$

由于反应中 H_2SO_4 给出的质子数必定等于 NaOH 接受的质子数，因此根据质子转移数选取

基本单元后，就使酸碱反应到达化学计量点时二反应物的物质的量相等。

$$n_{NaOH} = n_{1/2H_2SO_4} \quad 或 \quad c_{NaOH}V_{NaOH} = c_{1/2H_2SO_4}V_{H_2SO_4}$$

氧化还原反应是电子转移的反应，其反应物基本单元的选取应根据反应中转移的电子数，例如 $KMnO_4$ 与 $Na_2C_2O_4$ 的反应

$$MnO_4^- + 8H^+ + 5e^- \Longrightarrow Mn^{2+} + 4H_2O \qquad C_2O_4^{2-} - 2e^- \Longrightarrow 2CO_2 \uparrow$$

反应中 MnO_4^- 得到 5 个电子，$C_2O_4^{2-}$ 失去 2 个电子，因此应选取 $1/5KMnO_4$ 和 $1/2Na_2C_2O_4$ 分别作为氧化剂和还原剂的基本单元，这样 1mol 氧化剂和 1mol 还原剂反应时就转移 1mol 的电子，由于反应中还原剂给出的电子数和氧化剂所获得的电子数是相等的，因此在化学计量点时氧化剂和还原剂的物质的量也相等。

由上述可知，选择基本单元的标准不同，所列计算式也不相同。总之，如果取 1 个分子或离子作为基本单元，则在列出反应物 A、B 的物质的量 n_A 与 n_B 的数量关系时，要考虑反应式的系数比；若从反应式的系数出发，以分子或离子的某种特定组合为基本单元，如 $1/2H_2SO_4$、$1/6KBrO_3$，则 $n_A = n_B$。

（三）被测物百分含量的计算

若称取试样的质量为 G，测得被测物的质量为 m，则被测物在试样中的质量分数为

$$w = \frac{m}{G} \times 100\% \tag{4-9}$$

在滴定分析中，被测物的物质的量 n_A 是由滴定剂的浓度 c_B、体积 V_B 以及被测物与滴定剂反应的摩尔比 $a:b$ 求得的，即

$$n_A = \frac{a}{b}n_B = \frac{a}{b}c_B V_B \tag{4-10}$$

物质 A 的物质的量 n_A 与物质 A 的质量 m_A 的关系为

$$n_A = \frac{m_A}{M_A} \tag{4-11}$$

式中　M_A——物质 A 的摩尔质量。

可求得被测物的质量 m_A 为

$$m_A = \frac{a}{b}c_B V_B M_A \tag{4-12}$$

于是

$$w_A = \frac{\frac{a}{b}c_B V_B M_A}{G} \times 100\% \tag{4-13}$$

这是滴定分析中计算被测物的质量分数的一般通式。

五、滴定分析法在火炸药分析中的应用

滴定分析法操作简便、快速，分析结果的准确度较高，一般情况下，测定的相对误差为 0.1% 左右。火炸药生产中的原材料、中间产品和成品的检验都用到滴定分析，表 4-8 列举部分实例。

表 4-8　滴定法在火炸药分析中的应用

方法分类	应用	提要
酸碱滴定法	原材料中酸或碱分析,如硝硫混酸总酸度、硝酸和硫酸含量分析	直接滴定或返滴定
	各种火炸药中微量酸或碱定量测定	热水萃取出或用"溶解-滴析法"分离出来后进行滴定
	硝化棉中氮含量或火药中硝化棉定量测定	碱皂化,狄瓦合金还原成氨,再蒸馏、吸收后用碱滴定
	推进剂中高氯酸铵含量定量测定	水提取出来后,加甲醛转化为酸然后用碱滴定
	火炸药相关原材料羟值测定	试样与醋酐酰化后用碱滴定,同时做空白滴定
氧化还原滴定	硝硫混酸中氧化氮含量测定	高锰酸钾滴定法
	火药中安定剂,如二苯胺、中定剂含量测定	溴化法
	单芳药中二硝基甲苯含量测定	用过量的氯化亚铁还原,再用硫酸亚铁铵滴定
	火药安定剂　贝克曼法中氧化氮吸收液的测定	硫代硫酸钠滴定
	推进剂中含铜催化剂测定	碘量法
配位滴定	火药中 Pb、Ca、Mg、Co、Al、Ni 等元素测定	酸消解变成离子后,用 EDTA 滴定或返滴定

第三节　量气分析法

量气分析法是通过测定化学反应中生成气体的体积求出被测组分含量的化学分析法,也称为量气法。原则上,所有可以定量生成气体产物的化学反应都可用于量气法测定。

火炸药分析中测定硝化棉氮含量的五管氮量法、测定双基药中硝化甘油所用的亚铁还原法、测定火药中水分的乙炔法、测定铝粉中的活性铝的方法、测定叠氮含量的化学法都属于量气法,这些方法依据以下化学反应。

1) 五管氮量法:

$$RONO_2 + H_2SO_4 \Longrightarrow HNO_3 + ROSO_2OH$$
$$2HNO_3 + 3H_2SO_4 + 6Hg \Longrightarrow 2NO + 3Hg_2SO_4 + 4H_2O$$

2) 硝化甘油测定所用的亚铁还原法:

$$C_3H_5(ONO_2)_3 + FeCl_2 + 5HCl \Longrightarrow CH_3COOH + HCOOH + FeCl_3 + 2H_2O + 3NO + 2Cl_2$$

3) 测定火药中水分的乙炔法:

$$CaC_2 + 2H_2O \Longrightarrow Ca(OH)_2 + C_2H_2$$

4) 含能材料中叠氮基含量测定法:

$$-(N_3)_2 + 2Ce^{4+} \Longrightarrow 2Ce^{3+} + 3N_2$$

量气法计算的关键在于确定试样生成的气体量和待测组分的化学计量关系。如五管氮量法,从化学反应式知道还原反应后,硝化棉试样中的 1mol N 将生成 1mol NO 气体。1mol 气体在标准状况下的体积等于 22.4L,据此可计算硝化棉反应后,其中的 1mol N 生成的 NO 气体在标准状况下为 22400mL。N 的相对原子质量是 14.01,1mol N 的质量等于 14.01g,可知反应后硝化棉中的 14.01g N 生成的 NO 气体在标准状况下的体积应是 22400mL，那么生成的每毫升 NO 气体相当的待测 N 的质量应该是

$$1mL \div 22400mL/mol \times 14.01g/mol = 0.0006254g$$

思 考 题

1. 称量分析法具有哪些优缺点？

2. 灼烧法的注意事项是什么？

3. 烘箱法干燥条件的选定原则是什么？

4. 滴定分析的理论上的化学终点和滴定终点有何区别？

5. 把 40mL 2mol/L 的氢氧化钠溶液和 5g 98% 的硫酸溶液混合，问反应后溶液呈碱性、酸性，还是中性？（$M_{NaOH} = 40g/mol$，$M_{H_2SO_4} = 98g/mol$）

第五章

仪器分析基础

火炸药理化分析中涉及的仪器分析方法几乎包括了现代化学分析中所有的仪器分析方法，本章介绍电位分析法、紫外-可见分光光度法、气相色谱法、液相色谱法、原子吸收法、近红外光谱法、红外光谱法、热分析法等。

第一节　电位分析法

在被测溶液中插入指示电极与参比电极，通过测量两电极间电位差而测定溶液中某组分含量的方法称为电位分析法。电位分析法分为直接电位法和电位滴定法。

直接电位法是根据指示电极与参比电极间的电位差与被测离子浓度（严格讲应为活度）间的函数关系直接测出该离子的浓度。玻璃电极法测定溶液 pH 值就是典型例子。仪器比较简单、易于实现自动化，缺点是测量的相对误差较大，一般是百分之几。

电位滴定法的原理与普通化学滴定法的过程完全一样，只是确定滴定终点的方法不同。它不用指示剂，而是通过滴定过程中指示电极的电位突变来确定终点，因此电位滴定法对于没有合适指示剂、深色或混浊溶液等难于用指示剂判断终点的滴定分析特别有用，且便于实现分析自动化。

一、能斯特方程与影响电极电位的因素

一种金属 M 插入含有它的离子的溶液中时，就构成电极。其电极反应为

$$M^{n+} + ne \longrightarrow M$$

氧化态　　　　还原态

反应平衡时，电极的电位 E 和溶液中对应的离子活度 a 的关系可用能斯特方程表示

$$E = E^0 + \frac{RT}{nF}\ln\frac{a_1}{a_2} \tag{5-1}$$

在具体应用能斯特方程时，常用浓度 c 代替活度 a，用常用对数代替自然对数。这样在常温 25℃时，能斯特方程可近似地简化成

$$E = E^0 + \frac{0.059}{n}\lg\frac{c_1}{c_2} \tag{5-2}$$

因此通过测量电极电位即可求得待测离子的浓度，这是直接电位法的理论依据。对于电位滴定法，滴定过程中，电极电位随着被滴定离子的浓度变化而变化，最终根据电位的突跃来确定滴定终点。必须指出，直接电位法是在被测物质的平衡体系不发生变化的条件下进行测量

的，所获得的是物质的游离离子的量，而电位滴定法测定的是物质的总量。

二、指示电极与参比电极

单个电极的电位不能测量，把两支电极与待测溶液组成测量电池，则可以测量电池的电动势。在电位分析中使用的电极有离子选择电极和基于电子交换反应的电极，它们均可用作指示电极或参比电极，但离子选择电极主要用作指示电极，基于电子交换反应的电极主要用作参比电极。

（一）指示电极

指示被测离子浓度变化的电极称为指示电极。常用的指示电极有以下几种。

（1）金属电极　当金属插入含有该金属离子的溶液时，即形成金属电极。最常用的金属电极是银电极，它可作为银量滴定法的指示电极（甘汞电极为参比电极）。

（2）离子选择电极　离子选择电极是一种电化学传感器，其主要部件是一个敏感膜。

（3）玻璃电极　玻璃电极是固体膜电极中的一种，它是以玻璃膜为材料作为敏感膜的电极。它的玻璃膜对溶液中 H^+ 有选择性响应，因此可用来测定溶液中的 H^+ 浓度，即溶液的 pH。

（二）参比电极

不受被测离子浓度影响，电极电位基本恒定的电极为参比电极。常用的参比电极有以下几种。

（1）标准氢电极　用氢电极作参比电极虽然准确，但操作不方便，实际应用得不多。

（2）甘汞电极　甘汞电极是分析中最常用的参比电极。甘汞电极内部有一根铂丝，插入捣成糊状的汞与甘汞内，外部充氯化钾饱和溶液，当温度一定（25℃）时，其电极电位取决于溶液中 Cl^- 的浓度。只要 Cl^- 的浓度一定，电极电位的数值就是基本恒定的。

（3）银-氯化银电极　将一根涂有 AgCl 的银丝浸在 KCl 饱和溶液中，即构成银-氯化银电极。与甘汞电极相同，当温度一定（25℃）时，其电极电位取决于溶液中 Cl^- 的浓度。

三、溶液 pH 的测定

溶液的 pH 是溶液中 H^+ 离子浓度的一种表示方法。溶液 pH 的测定是直接电位法的典型例子。pH 电位测定用的指示电极是玻璃电极，参比电极是甘汞电极，或直接使用 pH 复合电极。玻璃电极的电位与溶液的 pH 有关，且符合能斯特方程，25℃时，

$$E = k - 0.059\text{pH} \tag{5-3}$$

式中 k 在一定条件下为常数（与参比电极电位、不对称电位等有关），因此只要准确测定玻璃电极的电位，即可测得溶液的 pH。

（一）影响 pH 测定结果的因素

1）玻璃电极由于玻璃膜的组成及厚度不均匀，存在着不对称电位。为消除不对称电位对测定的影响，要用 pH 标准缓冲液进行定位，而且最好用与被测溶液 pH 接近的标准缓冲液定位。

2）温度影响能斯特方程的斜率，测定 pH 时要进行温度补偿，测定样品时最好与定位时的温度一致。

3）标准缓冲溶液是测定 pH 的基准，因此配制的标准缓冲液必须准确无误。

4）普通玻璃电极只适用于 pH<10 的溶液，pH>10 时有误差。用锂玻璃制成的玻璃电极可以测定至 pH = 14。

5）溶液的离子强度影响离子的活度系数，因而也影响 H^+ 的有效浓度。测定离子强度较大的样品时，应使用同样离子强度的标准缓冲液进行定位，这样可以减少测定误差。

（二）玻璃电极和饱和甘汞电极使用时的注意事项

1）新的或长期不用的玻璃电极，使用前必须浸泡在蒸馏水中 24h 以上，以使电极膜表面形成稳定的水化层。

2）玻璃电极的膜很薄、易碎，使用时要小心。

3）玻璃电极的膜表面要保持清洁，如被玷污可用稀盐酸或乙醇清洗，最后浸在蒸馏水中。

4）玻璃电极不能接触腐蚀玻璃的物质，如 F^-、浓硫酸、酸洗液等，也不要长期浸泡在碱性溶液中。

5）使用甘汞电极时，将加液口和电极底部的橡胶帽打开以保持液位差，不用时罩好。

6）甘汞电极内氯化钾溶液应保持足够的高度和浓度，必要时及时添加，不应有气泡，否则读数不稳。

四、电位滴定法

按滴定化学反应类型不同可分为酸碱滴定、氧化还原滴定、配位滴定和沉淀滴定。表 5-1 给出了各类滴定分析的指示电极、参比电极和应用。

表 5-1 电位滴定法在滴定分析中的应用

滴定法	指示电极	参比电极	应用
酸碱滴定	玻璃电极、锑电极	甘汞电极	指示终点灵敏度高，尤其适用于弱酸、弱碱以及多元弱酸（碱）或混合酸碱滴定，包括在非水介质中滴定
沉淀滴定	银、汞、铂电极	甘汞电极、玻璃电极	$AgNO_3$ 滴定 Cl^-、Br^-、I^-、CN^-、S^{2-} 等阴离子 注意：慢加滴定剂快搅避免共沉淀；加有机溶剂降低难溶盐溶解度，使终点突跃明显；加中性电解质减少吸附
氧化还原滴定	铂电极	甘汞电极、钨电极	$KMnO_4$ 滴定 Fe^{2+}、Sn^{2+}、I^-、$C_2O_4^{2-}$ 等；$K_2Cr_2O_7$ 滴定 Fe^{2+}、Sn^{2+}、I^-、Sb^{3+} 等。Pt 可能被氧化生成氧化膜、响应迟钝，可用机械法处理
配位滴定	铂、汞电极；氟离子、钙离子等离子选择电极	甘汞电极	EDTA 滴定 Cu^{2+}、Zn^{2+}、Mg^{2+}、Ca^{2+}、Al^{3+} 等 滴定的准确度受酸效应及干扰离子的配位效应的影响

判断电位滴定终点的方法很多，在经典的电位滴定法中，有 E-V 曲线法（每次加入的滴定剂的体积 V 与对应的电位 E 作图）、一次微分法、二次微分法、死停终点法等。

卡尔-费休滴定法测定火炸药中的水分是电位滴定法的典型例子。碘氧化二氧化硫时需要定量的水，其反应式为 $2H_2O + I_2 + SO_2 = 2HI + H_2SO_4$。加入适当的碱性物质中和反应后生成的酸可使反应向右进行完全。根据这个原理可以准确定量测定微量水。测定方法分为库仑法和滴定法，在火炸药分析中常用滴定法。滴定法的根据：存在于试样中的水与已知水滴定度的卡尔-费休试剂进行定量反应。

第二节　紫外-可见分光光度法

物质吸收紫外-可见光而产生的吸收光谱称紫外-可见光谱，利用物质的紫外-可见光谱进行分析的方法称为紫外-可见分光光度法。紫外-可见光可进一步分为远紫外线（10nm～200nm）、近紫外线（200nm～400nm）和可见光（400nm～800nm），通常所说的紫外-可见光谱实际上是指近紫外-可见光谱（200nm～800nm）。

在紫外-可见光谱中，横坐标是波长，单位为 nm，纵坐标是透光率或吸光度。谱图的形状和最大吸收波长的位置与分子结构有密切的关系，这些参数是定性分析、结构分析的依据，而某一波长下测得的吸光度与物质浓度的关系是定量分析的基础。

有机化合物分子结构中能在紫外-可见光范围内产生吸收的原子团称为生色团；助色团是指某些含有非键电子的杂原子饱和基团，当它们与生色团或饱和烃相连时，能使该生色团或饱和烃的吸收峰向长波方向移动，并能使吸收强度增加。

一、紫外-可见分光光度计

紫外-可见分光光度计的基本构造框图如图 5-1 所示。

图 5-1　紫外-可见分光光度计的基本构造框图

（1）光源　一般可见光光源可选择钨灯、卤钨灯，紫外光源可选择氘灯、氢灯、氙灯、汞灯。

（2）单色器　由入射狭缝、色散系统、出射狭缝组成。色散装置是使不同波长的光以不同角度发散的组件。将其同适当的出口狭缝组合，就可实现从连续光源光谱中选择一特定波长（一个窄波段）的光。常用的色散元件是棱镜或全息光栅，现代分光光度计采用全息光栅。

（3）吸收池　用光学玻璃制成的吸收池（俗称比色皿）只能用于可见光区；用熔融石英（氧化硅）制的吸收池适用于紫外-可见光区。用作盛空白溶液的吸收池与盛试样溶液的吸收池应互相匹配，即有相同的厚度与相同的透光性。在测定吸光系数或利用吸光系数进行定量测定时，还要求吸收池有准确的厚度（光程），或用同一只吸收池。吸收池两光面易损蚀，应注意保护。

（4）检测器　检测器将光信号转换为电信号，一般为光电倍增管或光电二极管。

（5）数据处理　光电管输出的电信号很弱，需经过放大才能以某种方式将测量结果显示出来，数据处理过程也包含一些数学运算，显示方式一般都有透光率与吸光度。

二、定量分析

（一）光吸收定律

光吸收基本定律也称作朗伯-比尔定律，是分光光度法定量的依据。一束平行的单色光通过溶液时，溶液的吸光度与溶液浓度和待测透光溶液层的厚度的乘积成正比

$$A = -\lg T = \lg \frac{I_0}{I_t} = KcL \qquad (5\text{-}4)$$

式中　A——吸光度，又称光密度，A 越大，溶液对光的吸收就越多；

T——透射比或透光率，溶液的透光率越大，说明溶液对光的吸收越小；

I_0——单色光通过待测溶液前的强度；

I_t——单色光通过待测溶液后的强度；

K——吸光系数，是常数；

c——溶液中待测物质的浓度；

L——待测溶液的厚度。

它不仅适用于可见光、紫外-可见分光光度法，也适用于红外线、原子吸收分光光度法。此外，该定量关系式除适用于均匀非散射的液体外，也可用于固体和气体。

在光吸收定律的表达式中，吸光系数 K 与入射光波长、溶剂性质及吸收物质的性质等因素有关。某波长下，当溶液浓度和透光液厚度都为 1 时，溶液的吸光度 A 即为 K 值。由于使用的单位不同，K 有不同的表示方法。当溶液浓度以 mol/L 为单位，透光液层厚度以 cm 为单位时，K 称为摩尔吸收系数，用 ε 表示，这时光吸收定律应表示为

$$A = \varepsilon c L \tag{5-5}$$

摩尔吸收系数 ε 的物理意义是：溶液浓度为 1mol/L，透光液层厚度为 1cm 时该物质的吸光度，其单位是 L/(mol·cm)。对于一种化合物，在不同的波长下有不同的摩尔吸收系数，在最大吸收波长处，摩尔吸收系数最大，说明对该波长的光吸收能力最强，因此在这里进行分光光度测定，灵敏度也最高。

在一定的适用范围内，溶液的吸光度 A 应当与溶液浓度呈线性关系，超出了适用范围就会偏离吸收定律，引起误差。

（二）光吸收定律的适用范围

（1）适用于单色光 各种分光光度计提供的入射光都是具有一定宽度的光谱带，这就使溶液对光的吸收行为偏离了吸收定律，产生误差。因此要求分光光度计提供的单色光纯度越高越好，光谱带的宽度越窄越好。

（2）适用于稀溶液 溶液浓度较高时就会偏离光吸收定律，遇到这种情况时，应设法降低溶液浓度，使其回复到线性范围内工作。

（3）适用于透明溶液 光吸收定律不适用于乳浊液和悬浊液。乳浊液和悬浊液中悬浮的颗粒对光有散射作用，光吸收定律只讨论溶液对光的吸收和透射，不包括散射光。

（4）适用于彼此不相互作用的多组分溶液 它们的吸光度具有加和性

$$A_{总} = A_1 + A_2 + \cdots + A_n = K_1 c_1 L + K_2 c_2 L + \cdots + K_n c_n L \tag{5-6}$$

化合物在溶液中受酸度、温度、溶剂等的影响，可能发生水解、沉淀、缔和等化学反应，从而影响化合物对光的吸收，因此在测定过程中要严格控制反应条件。

（三）选择合适的吸光度测量条件

1. 工作波长的选择

一般选择待测物最大吸收波长作为测量时的工作波长，因为最大吸收波长处摩尔吸光系数 ε 最大，测定灵敏度高。但有时为避免干扰，不选择最大吸收波长，而选择其次的吸收峰的波长为工作波长，这样虽然灵敏度不是最高，但能避免干扰。

2. 控制适当的吸光度

实践证明，吸光度在 0.2~0.7 内测量的相对误差最小。可以用下面两种方法来调整。第一是控制被测溶液的浓度，如改变取样量，改变溶液的浓缩倍数或稀释倍数。第二是选择

不同的吸收池，吸收池的光程长度为 $0.5cm \sim 5.0cm$，吸光度小的要用长的吸收池，吸光度大的溶液要用光程短的吸收池。例如某溶液用 1cm 吸收池测定时吸光度为 0.05，改用 5cm 吸收池测定时，吸光度就变为 0.25 了。

3. 选择适当的参比溶液

测量吸光度时，用参比溶液来调节仪器零点，以便消除吸收池和试剂带来的误差，参比溶液可以从下面几种之中选一种。

（1）蒸馏水　如果被测溶液中不含有其他有色干扰离子，各种试剂和显色剂也无色，可用蒸馏水作为参比溶液。

（2）不加显色剂的被测试液　如果显色剂无色，被测试液中含有其他有色干扰离子，可用不加显色剂的被测溶液为参比，这样可以消除有色干扰离子的影响。

（3）加入掩蔽剂的被测溶液　如果显色剂和被测溶液都有色时，可将一份试液加入适当掩蔽剂，把被测组分掩蔽起来，使之不再与显色剂反应，再加入与被测溶液相等的显色剂和其他试剂，这样的参比溶液能消除共存组分的干扰。

（四）定量分析方法

定量分析法有标准曲线法、直接比较法、标准加入法。下面介绍常用的标准曲线法和直接比较法。

1. 标准曲线法

取标准物质配制成一系列不同浓度的标准溶液，置于厚度相同的吸收池中，逐一测定它们的吸光度。然后以浓度为横坐标，吸光度为纵坐标作图，这条直线称为标准曲线，又称工作曲线。将被测溶液置于吸收池中，按相同的操作测定其吸光度，再根据被测溶液吸光度值，在标准曲线上查出与此对应的被测溶液的浓度值。

2. 直接比较法

如被测样品溶液的浓度在线性范围内，则可先配制一个与被测溶液浓度相近的标准溶液（其浓度用 c_s 表示），在仪器上测出其吸光度 A_s，再测试样溶液吸光度 A_x，则被测样品溶液的浓度 c_x 便可按朗伯-比尔定律计算得到：

$$A_s = Kc_s \qquad A_x = Kc_x$$

两式相除 $\qquad \dfrac{A_s}{A_x} = \dfrac{c_s}{c_x} \qquad$ 则 $\qquad c_x = c_s \dfrac{A_x}{A_s}$

直接比较法要求 $A-c$ 线性良好，被测试样溶液与标准溶液浓度相近，以减小测定误差。

三、在火炸药分析中的应用

紫外-可见分光光度法在火炸药定量分析中的部分应用见表 5-2。

表 5-2　紫外-可见分光光度法在火炸药定量分析中的部分应用

试样	定量测定的组分	方法提要
精制棉	杂质 Fe	邻菲罗啉显色后于 510nm 测定
单、双基药	二苯胺,中定剂	水蒸气蒸馏后于 285nm 测定二苯胺,于 247nm 测定中定剂
三基药	TiO_2	转化为 $TiO(H_2O_2)$ 于 440nm 测定
三基药	硝基胍	制成水溶液于 264nm 测定

第三节 气相色谱法

色谱法是一种分离分析技术。色谱分离的原理是：由于试样中各组分在两相（固定相和流动相）中作用性能的差异，经多次的分配而相互分离。

用气体作为流动相的色谱法称为气相色谱法，以液体作为流动相的色谱法称为液相色谱法。气相色谱法与液相色谱法应用较多，各有优点及局限性。气相色谱必须使样品加热汽化才能分析，同时还要避免样品受热不稳定产生分解。液相色谱一般是在远低于流动相沸点的室温条件下进行操作，不受样品挥发度和热稳定性的限制，只要被测物质在流动相中能溶解就可以分离。因此液相色谱特别适合分析高沸点、极性强、热稳定性差的化合物，如火炸药、离子型化合物和相对分子质量较大的化合物等。气相色谱依靠程序升温和选择众多的固定相来改变对样品的选择性。液相色谱的固定相品种不多，主要是通过改变流动相的极性和配比来改变样品的分离选择性。但是液相色谱需消耗大量有毒昂贵的溶剂，对仪器设备要求较高，检测成本较高；不能分析气体样品。气相色谱法和液相色谱法的术语和分离效果的描述具有相同的含义，故本节一并加以介绍。

一、色谱术语

在色谱分析中，以所记录的响应信号为纵坐标，以流出时间为横坐标的曲线称为色谱图，如图 5-2 所示。色谱图是评价色谱分离情况、定性分析和定量分析的基本依据。

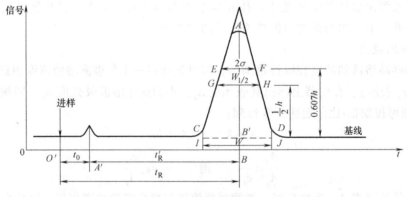

图 5-2 色谱示意图

（1）基线 在实验操作条件下，没有组分进入检测器时，检测器系统产生的响应信号随时间变化的曲线称为基线，稳定的基线是一条直线，如图 5-2 所示。

（2）峰高（h） 从峰顶到峰底的垂直距离，如图 5-2 中 AB' 所示。

（3）峰面积 峰与基线之间的面积。

（4）保留时间（t_R） 从注入试样到色谱峰顶出现时的时间，如图 5-2 中 $O'B$ 所示。

（5）死时间（t_0） 不与固定相作用的组分的保留时间，如图 5-2 中 $O'A'$ 所示。

（6）调整保留时间（t_R'） 保留时间减去死时间即为调整保留时间，如图 5-2 中 $A'B$ 所示。

（7）相对保留值（$r_{i,s}$） 在一定色谱条件下某组分和另一组分调整保留时间之比。

（8）半高峰宽（$W_{1/2}$）　在峰高一半处的色谱峰的宽度，如图 5-2 中 GH 所示。

（9）峰宽（W）　在流出曲线拐点处作切线，与基线相交的两点间的距离也叫基线宽度，如图 5-2 中 IJ 所示。

二、分离效果的描述

色谱分析先要将样品中各组分彼此分离，组分要达到完全分离，两峰间的距离必须足够远，但如果两峰间虽有一定距离，而每个峰都很宽，以致彼此重叠，还是不能分开，如图 5-3 所示。

色谱分离过程主要包括两方面的问题，即柱效率和溶剂效率。柱效率是指溶质通过色谱柱之后其区域宽度增加了多少，溶剂效率与两个物质在固定相上的相对保留值大小有关。

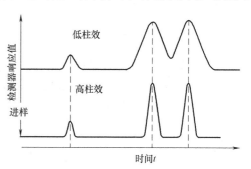

图 5-3　不同柱效时两组分分离情况色谱图

在色谱发展初期，马丁等人把色谱柱比作分馏塔，提出了塔板理论。这是描述柱效率指标的半经验理论，塔板数越高，柱效率越高。

色谱塔板理论只得到有限的成功，不能说明和解释更多的实验现象，也不能很好地指导色谱条件的选择。荷兰的范第姆特（Van Deemter）等人于 1956 年在总结前人工作的基础上，提出了速率理论，推导出一个联系各种影响柱效能因素的方程式，即范第姆特方程式，又叫速率理论方程

$$H=A+\frac{B}{u}+Cu \tag{5-7}$$

式中　H——理论塔板高度（cm）；

A——涡流扩散项（cm）；

B——分子纵向扩散系数（cm^2/s）；

C——传质阻力系数（s）；

u——载气的线速度（cm/s）。

A，B，C 三项反映载体性质、粒度大小及分布、色谱柱填充好坏以及固定液性质、用量、涂渍的好坏等因素对柱效的影响。

分离度（R）是把柱效率和溶剂效率结合在一起的参数，是表示在一定的色谱条件下混合物综合分离能力的指标。分离度描述两个相邻色谱峰的分离程度。两个色谱峰的保留时间相差越大，色谱峰越窄，分离度越好。例如两个物质的峰高相当，R 是 2 倍的峰顶距离除以两峰宽之和

$$R=\frac{2\left[t_{R(2)}-t_{R(1)}\right]}{W_{(1)}+W_{(2)}} \tag{5-8}$$

当 $R=1$ 时，两峰的峰面积有 5% 的重叠，即两峰分开的程度为 95%；当 $R=1.5$ 时，分离程度可达到 99.7%，可视为达到基线分离，通常足以满足测定需要，如图 5-4 所示。

当一对被分离物质分离较差时，可用峰高分离度（R_h）表示

$$R_{h}=\frac{h_{L}-h_{M}}{h_{L}}\qquad(5\text{-}9)$$

h_{L}、h_{M} 的定义如图 5-5 所示。

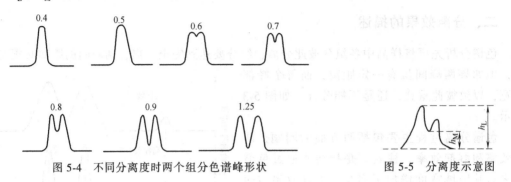

图 5-4　不同分离度时两个组分色谱峰形状　　　　图 5-5　分离度示意图

三、气相色谱仪

气相色谱仪如图 5-6 所示。用气相色谱仪分析测定样品时，为保证峰形好、重复性好，除要求色谱操作人员动作娴熟、规范外，还需选择合适的色谱操作条件。

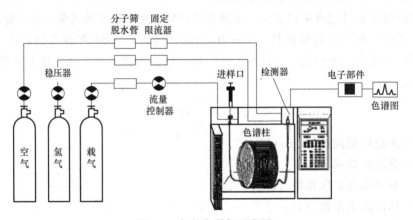

图 5-6　气相色谱仪示意图

（一）载气和载气流速的选择

气相色谱仪多用高压气瓶作气源，经减压阀把气瓶中 15MPa 左右的压力减低到 0.2MPa~0.5MPa，通过净化器除去载气中的水分和杂质，用压力调节器保持气流压力稳定。程序升温的气相色谱仪，还要有稳流阀，以便在柱温升降时可保持气流稳定。

载气分为重载气（氮气、氩气）和轻载气（氢气、氦气）两类，可根据具体情况做选择。对热导检测器（TCD）来说，载气与试样的热导率相差越大灵敏度越高，通常选择热导率大的 H_2 和 Ar 作载气（用 N_2 作载气时，热导率较大的试样可出现倒峰）。近年在氢火焰离子化检测器（FID）中也多用轻载气。

载气流速对柱效有一定的影响，每支色谱柱都有一个最佳流速点，在此流速下柱效最高。

按一般检测器理论讲，TCD 是浓度型检测器，载气流速对峰高或峰面积应该没有影响，但是实际上却非如此，这是因为当流速过快使得热传导未达到平衡，目标物就流出热导池。

FID 要使用三种气体（如氮气、氢气和空气），它们的流速都对 FID 信号有影响，一般

情况下 $H_2 : N_2 \approx 1 : 1$，空气流量应大于氢气的 5 倍~10 倍。

（二）汽化室温度和进样量的选择

液体或固体样品一般选择汽化室进样。毛细管气相色谱仪比填充柱气相色谱仪汽化系统复杂，汽化室中带有分流/不分流装置。

汽化室温度足够高时，样品可以瞬间汽化，色谱柱的柱效恒定。当汽化室温度低于样品的沸点时，样品汽化的时间要长，使样品在色谱柱内分布加宽、柱效会下降。

在进行峰高定量时，汽化室温度对分析结果有很大的影响，如汽化室温度低于样品的沸点时，峰高就要降低，所以在用峰高定量时，汽化室温度要尽可能高于或接近样品各组成的沸点，当然还要注意如果汽化室温度太高会导致样品的分解。

最大允许的进样量，应控制在使峰面积和峰高与进样量呈线性关系的范围内。进样量过大会造成色谱柱超负荷，峰形变宽，柱效急剧下降，甚至保留时间改变。

一般进样时间应在 1s 以内。进样时间太长使得试样原始宽度过大，色谱峰半峰宽过宽，有时甚至使峰变形，影响分离度。

（三）检测器分类和操作条件的选择

常用的气相色谱检测器有热导检测器、氢火焰离子化检测器、电子俘获检测器、火焰光度检测器、热离子检测器。

1. 热导检测器（TCD）

热导检测器是通用型检测器，对任何气体和可汽化的固体及液体均可产生响应，具有线性范围宽、价格便宜、应用范围广等优点，但灵敏度较低。TCD 工作原理如图 5-7 所示。

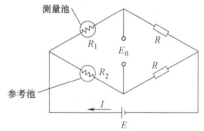

图 5-7　TCD 工作原理

在只有载气通过时，四个臂的温度都保持不变，电阻值也不变。此时，调节电路电阻使电桥平衡，无电压信号输出。当有样品随载气进入样品臂时，此时热导率发生变化，或者说，测量臂的温度发生变化，其电阻也发生变化，电桥失去平衡，有电压信号输出。当载气和样品的混合气体与纯载气的热导率相差越大，则输出信号越强。

池体温度与热敏元件间温差大，TCD 灵敏度高。热敏元件的温度由桥电流（I）控制，桥电流（I）增加，热敏元件温度增加，因此影响 TCD 灵敏度的主要因素有桥电流（I）和池体温度：I 增加，热敏元件温度增加，元件与池体间温差增加，气体热传导增加，灵敏度增加；池体温度低，与热敏元件间温差大，灵敏度提高。但是 I 过大会使热敏元件寿命下降，故 I 通常选择在 100mA~200mA 之间。另一方面池体温度低于柱温时，可使试样凝结于检测器中，故池体温度一般应高于柱温，不可过低。由于这些原因互相制约，因此 TCD 的灵敏度较低。

2. 氢火焰离子化检测器（FID）

氢火焰离子化检测器是气相色谱中最常用的一种检测器，灵敏度高（约 10^{-13} g/s）、线性范围宽（约 10^7 数量级）、噪声低。主要用于可在 H_2-空气中燃烧的有机化合物（如烃类物质）的检测，对无机物、永久性气体和水基本无响应，对含羰基、羟基、卤代基和胺基的有机物灵敏度很低或根本无响应。FID 的温度一般要在 100℃ 以上，以防水蒸气冷凝，对控温要求不严格，不像 TCD 对温度那么敏感。

FID 工作原理如图 5-8 所示，来自色谱柱的含碳有机物与 H_2-空气混合并燃烧，产生电子和离子碎片，这些带电粒子在火焰和收集极间的电场作用下（几百伏）形成电流，经放大后测量电流信号（10^{-12} A）。

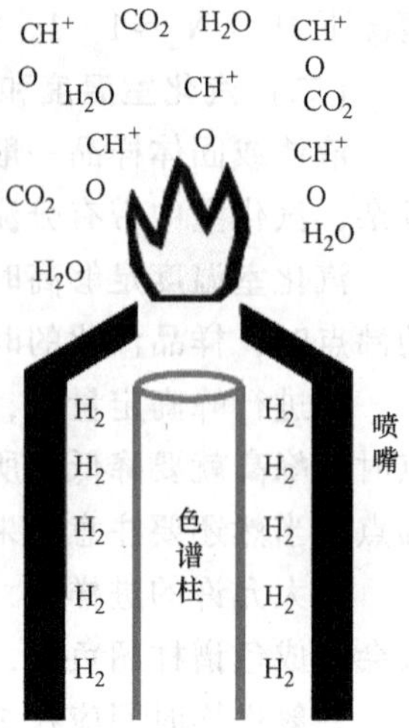

3. 电子俘获检测器（ECD）

电子俘获检测器是一种用 Ni 或氚做放射源的离子化检测器，它是气相色谱检测器中灵敏度最高的一种选择性检测器，在气相色谱仪中应用范围仅次于 TCD 和 FID。主要对含有较大电负性原子的化合物响应。

4. 火焰光度检测器（FPD）

火焰光度检测器是基于样品在富氢火粉中燃烧，使含硫、磷化合物经燃烧后又被氢还原而得到特征光谱的检测器。

图 5-8 FID 工作原理

5. 热离子检测器（TID）

热离子检测器又称氮磷检测器（NPD），适于测定氮、磷化合物的选择性的检测器。

（四）柱温的选择

选择好柱温有利于分离。柱温升高保留时间就会缩短，峰高自然就要增加，相反则峰高就要降低。而柱温对峰面积没有什么影响，这是因为当柱温升高时虽然峰高增加，但是同时它的半峰宽降低，二者的乘积（即峰面积）保持恒定。所以在定量分析时用峰面积定量不受柱温的影响。当样品中欲分离组分较多时，采用程序升温能同时兼顾分离度、峰形和分析时间的要求，如图 5-9 所示。

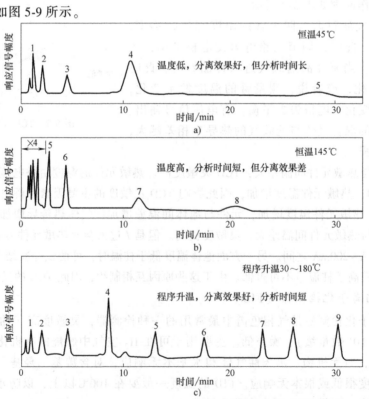

图 5-9 程序升温与恒温对分离度、峰形、分析时间的影响比较

（五）色谱柱的分类

色谱柱按形态可分为两类：一类是将固定相装填在一根玻璃或金属管内，叫"填充柱"；另一类是使固定相附着在一根毛细管内壁上，管子中心是空的，称为"毛细管色谱柱"，也叫"开管色谱柱"，如果把固定相装在玻璃管内，再拉成毛细管，就叫"填充毛细管色谱柱"。填充柱的柱效较低，一根填充柱的理论塔板数不过几千，毛细管柱的柱效很高，为填充柱的 10 倍~100 倍。目前，在火炸药气相色谱分析中填充柱应用较多，但对于 TNT、DNT 异构体等复杂混合物的分析，用毛细管色谱柱分离能力明显优于填充柱。

（六）固定相的分类和选择

1. 固定相的分类

填充柱的柱效较低，分离能力在很大程度上取决于柱中固定相的选择是否适当，与固定相作用力大的组分较迟流出，作用力小的组分先流出。

（1）按使用的固定相 气相色谱可分为气-固色谱和气-液色谱。前者用多孔性固体作固定相，后一种是将蒸气压低、热稳定性好、在操作温度下呈液态的物质涂渍在惰性载体上作为固定相。火炸药中有机物的分析测定较多地使用后一种固定相。作为气-液色谱用的固定液有数百种，它们具有不同的组成、性质和用途。在实际工作中，一般按固定液的极性、化学类型、麦氏常数来分类。

（2）按固定液的化学结构分类 将有相同官能团的固定液排列在一起，然后按官能团的类型不同分类，这样就便于按组分与固定液"结构相似"原则选择固定液。还可按某些特征常数将固定液进行分类，其中最有价值的是按麦氏常数进行分类。一般说来，麦氏常数和越大者，该固定液的极性越强。

2. 固定相的选择

在选择固定液时，一般可按照"相似相溶"的规律来选择，因为这时分子间的作用力强，选择性高、分离效果好，具体可从以下几个方面进行考虑：

1）非极性试样一般选用非极性的固定液。分离时，试样中各组分基本上按沸点从低到高的顺序流出色谱柱，若样品中含有同沸点的烃类和非烃类化合物，则非极性组分先流出。

2）中等极性的试样应首先选用中等极性固定液。分离时，组分基本上按沸点从低到高先后流出色谱柱，但对于同沸点的极性和非极性组分，非极性组分先流出。

3）强极性试样应选用强极性固定液。组分一般按极性从小到大的顺序流出，对含极性和非极性组分的样品，非极性组分先流出。

4）具有酸性或碱性的极性试样，可选用带有酸性或碱性基团的高分子多孔微球，组分一般按相对分子质量大小顺序分离。此外，还可选用强极性固定液，并加入少量的酸性和碱性添加剂，以减小谱峰的拖尾。

5）能形成氢键的试样，应选用氢键型固定液，如腈醚和多元醇固定液等，此时各组分将按形成氢键的能力的大小顺序分离。

6）对于复杂组分，可选用两种或两种以上的混合固定液，配合使用，增加分离效果。

气-固色谱一般用于分析永久性气体，因为气体在一般固定液里的溶解度甚小，目前还没有一种满意的固定液能用于分离它们，然而在固体吸附剂上，它们的吸附热差别较大，故可以得到满意的分离。

气-固色谱中的固体吸附剂有非极性的活性炭、具有特殊吸附作用的分子筛、弱极性的氧化铝和强极性的硅胶等。使用时，可根据它们对各种气体吸附能力的不同，选择最合适的吸附剂。高分子多孔微球，如国内的 GDX、国外的 Chomosorb 、Porapak 系列，可在活化后直接用于分离，也可作载体在其表面涂渍固定液后用于分离，特别适用于水的测定。

四、气相色谱分析

（一）定性分析

在相同操作条件下，不同物质有各自固有的保留值，这一特征是色谱定性的基本依据。当有待测组分的纯样品时，可采用单柱比较法、峰高加入法或双柱比较法进行定性。

（1）单柱比较法　在相同的色谱条件下，分别对已知纯样品及待测试样进行色谱分析，得到两张色谱图，然后比较其保留值，或比较转算为以某一物质为基准的相对保留值。当两者相同时，即认为待测试样中有与此纯样相同的物质存在。

（2）双柱比较法　在两根极性不同的色谱柱上，分别测定纯样品和待测组分的保留值。如果都相同，则可较准确地判断试样中有与此纯样相同的物质存在。双柱法比单柱法更为可靠，因为有些不同的化合物在同一根色谱柱上表现出相同的保留值。

（3）峰高加入法　将已知纯样加入待测组分后再进行一次分析，然后与原来的待测组分的色谱图进行比较，若加入后色谱图中某个色谱峰增高，则可认为加入的已知纯物与样品中的某一组分为同一化合物，应该指出，当进样量很低时，如果峰不重合，峰中出现转折，或者半峰宽变宽，则一般可以肯定试样中不含与所加已知纯物相同的化合物。

（二）定量分析

一定量的化合物被注入色谱柱后，在流动相、流速和检测灵敏度一定时，第 i 项组分的质量（m_i）或其在流动相中的浓度，与检测器响应信号（峰面积 A_i 或峰高 h_i）成正比，这是色谱定量分析的依据。但各种物质在检测器上的响应大小通常是不一样的，即同样浓度的各种物质的响应信号不一样，有时相差很大，甚至超过一个数量级，为定量准确和计算方便，可对每个物质的响应信号进行校准，明确该响应信号代表多少浓度的物质，为此引入了校正因子的概念。

绝对校正因子是指某组分 i 通过检测器的量与检测器对该组分的响应信号之比。第 i 项组分的峰面积绝对校正因子 $f_i^A = \dfrac{m_i}{A}$，峰高的绝对校正因子 $f_i^h = \dfrac{m_i}{h}$。很明显，绝对校正因子受仪器及操作条件的影响很大，故其应用受限制。

在实际定量分析中，一般常采用相对校正因子。相对校正因子是指第 i 项组分与基准组分 s 的绝对校正因子之比，即：

$$f_{is}^A = f_i^A / f_s^A = \frac{A_s m_i}{A_i m_s} \tag{5-10}$$

$$f_{is}^h = f_i^h / f_s^h = \frac{h_s m_i}{h_i m_s} \tag{5-11}$$

式中 f_{is}^A 和 f_{is}^h 分别为第 i 项组分的峰面积相对校正因子和峰高相对校正因子，f_s^A 和 f_s^h 分别为基准组分 s 的峰面积绝对校正因子和峰高绝对校正因子。

必须注意，相对校正因子是一个无因次量，但它的数值与采用的计量单位有关。由于绝对校正因子很少使用，因此一般文献上提到的校正因子，就是相对校正因子。

色谱的定量方法一般分为面积百分比法、外标法和内标法三种。

（1）面积百分比法定量　把试样中所有组分的含量之和按100%计算，以它们相应的色谱峰面积或峰高为定量参数，各组分含量公式为

$$w_i = \frac{Af_{is}^A}{\sum\limits_{i=1}^{n} Af_{is}^A} \times 100\% \qquad (5-12)$$

当各组分的 f_{is}^A 相近时，计算公式可简化为：

$$w_i = \frac{A_i}{\sum\limits_{i=1}^{n} A_i} \times 100\% \qquad (5-13)$$

使用这种方法的条件是，经过色谱分离后，样品中所有的组分都要能产生可测量的色谱峰。

该法的主要优点是简便、准确，操作条件（如进样量、流速等）变化时，对分析结果影响较小。该方法常用于常量分析，尤其适合于进样量很少而体积不易准确测量的液体样品，在气相色谱中应用较多。

（2）外标法定量　以被测化合物的纯品（或已知含量的标样）作为标准品，进行对比定量的方法。将欲测组分的纯物质配制成不同浓度的标准溶液，使浓度与待测组分相近，然后取固定量的上述溶液进行色谱分析，得到标准样品的对应色谱图。以峰高或峰面积对浓度作图，这应是一个通过原点的直线。分析样品时，在前述完全相同的色谱条件下，取制作标准曲线时同样量的试样分析，测得该试样的响应信号后，由标准曲线即可查出其浓度，再换算成含量。

在一定浓度范围内，标样量与响应值一般都有较好的正比例关系，此时可以用单点外标法定量。标样量与响应值为

$$A_s = fc_s V_s \qquad (5-14)$$

式中　A_s——色谱峰面积；

c_s 和 V_s——标样溶液的浓度和体积；

f——校正因子。

在相同的色谱条件下，注入与标样相同的被测样品，进样体积 V_i，测得色谱峰面积 A_i，可求出该种组分的相对浓度

$$c_i = \frac{A_i}{f} = \frac{A_i c_s V_s}{A_s V_i} \qquad (5-15)$$

因外标法操作和计算比较简单而被经常采用。该方法要求分析过程中操作条件要稳定，如检测灵敏度、柱温、流动相组成和流速等不变化，标液和试液要密封好保持浓度恒定，进样体积重复性好。

（3）内标法定量　在被测溶液和标样溶液中都定量加入内标物，利用同一次进样操作中被测物与内标物质量响应值的比值是恒定的原理来定量的。该比值不随进样体积和样液浓度的变化而变化，可以在一定程度上消除操作条件等的变化所引起的误差，因此比外标法定量精度高。

内标法定量，首先要选好合适的内标物，内标物必须是待测试样中不存在的，应能与

被测物溶解在同一种溶剂体系，彼此不发生化学反应，应有与被测物相近的保留值，样品有多个组分时，内标物的保留值能介于各被测组分之间，并能很好地与其他组分分离。内标法的缺点是在试样中增加了一个内标物，这常常给分离造成一定的困难，操作和计算比较麻烦。

首先准确称取第 i 项被测组分的标样 m_i，再称取内标物 m_s，加一定量溶剂将其溶解，得到了混合标样。取一定体积混合标样注入色谱仪，测得被测组分和内标物色谱峰面积分别为 A_i 和 A_s，计算出相对质量响应值 f_i

$$f_i = \frac{A_i m_s}{A_s m_i} \tag{5-16}$$

f_i 对组分 i 是一个常数。其次，准确称取含组分 i 的被测物 m，再称取内标物 m_s'，加一定量溶剂将其混合溶解，得到混合试样溶液。取一定体积混合试液注入色谱柱，测得被测组分和内标物色谱峰面积分别为 A_i' 和 A_s'，可分别计算出被测物中 i 组分的质量 m_i' 和含量

$$m_i' = \frac{A_i' m_s'}{A_s' f_i} \tag{5-17}$$

$$w = \frac{m_i'}{m} \times 100\% \tag{5-18}$$

五、在火炸药分析中的应用实例

除了难汽化的或加热易分解的组分如 HMX、PYX、TATB、DIANP、高聚物等，火炸药中的许多有机组分原则上都能用气相色谱来分离和检测。表 5-3 列出了火炸药组分气相色谱保留数据。

表 5-3　火炸药组分气相色谱保留数据

序号	组分	相对保留时间/min		序号	组分	相对保留时间/min	
		OV101	OV225			OV101	OV225
1	间苯二酚	0.57	1.20	15	2,4,6-三硝基甲苯	1.12	1.55
2	硝化二乙二醇	0.60	0.86	16	N-甲基-p-硝基苯胺	1.13	1.58
3	硝化甘油	0.62	1.08	17	吉纳	1.14	1.76
4	甘油三醋酸酯	0.64	0.69	18	2,4,5-三硝基甲苯	1.24	1.76
5	2,6-二硝基甲苯	0.75	0.95	19	II 号中定剂	1.33	1.29
6	邻苯二甲酸二甲酯	0.78	0.84	20	I 号中定剂	1.42	1.26
7	2,4-二硝基甲苯	0.87	1.10	21	2-硝基二苯胺	1.49	1.52
8	丁三醇三硝酸酯	0.94	1.35	22	邻苯二甲酸二丁酯	1.51	1.43
9	3,4-二硝基甲苯	0.95	1.31	23	间苯三酚	1.56	2.04
10	己二酸二正丙酯	1.00	0.82	24	1 号阿卡狄	1.61	1.78
11	邻苯二甲酸二乙酯	1.01	1.00	25	2 号阿卡狄	1.70	1.94
12	硝化三乙二醇	1.01	1.25	26	癸二酸二正丁酯	1.79	1.52
13	二苯胺	1.04	1.08	27	己二酸二辛酯	2.05	1.72
14	癸二酸二甲酯	1.10	0.95	28	邻苯二甲酸二辛酯	2.18	1.96

第四节　液相色谱法

高效液相色谱法也称为高压液相色谱法、液相色谱法，简写为 HPLC。按固定相的特性和分离方式可以分为液液分配色谱、液固吸附色谱、离子交换色谱、凝胶过滤色谱和凝胶渗透色谱等，各种 HPLC 应用范围如图 5-10 所示。

2004 年美国 WATERS 公司推出了基于 1.7μm 小颗粒固定相技术的超高效液相色谱（UPLC）。UPLC 与人们熟知的 HPLC 技术具有相同的分离原理，但其分析速度、灵敏度及分离度分别是 HPLC 的 9 倍、3 倍及 1.7 倍，结束了人们多年不得不在分析速度和分离度之间取舍的历史。使用 UPLC 可以在很宽的线速度、流速和反压下进行高效的分离工作，并获得优异的结果。UPLC 可以分离出更多的色谱峰，从而对样品提供的信息达到了一个新的水平，最大地缩短了开发方法所需的时间。但是目前 UPLC 在火炸药分析中较少用到，本章节不作详细介绍。

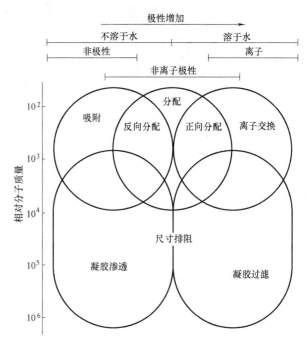

图 5-10　各种 HPLC 方法的应用范围及对象

液相色谱按照冲洗模式可分为正相色谱和反相色谱。通常把使用极性固定相（如硅胶、羟基、氨基、氰基健合固定相）和非极性流动相（如正己烷、石油醚）的操作称为正相色谱；把使用非（或弱）极性固定相（如 C8 辛基柱、C18 十八烷基柱等）和极性流动相（甲醇、乙腈、水等）的操作称为反相色谱。反相色谱是 HPLC 中应用最广泛的一个分支，操作简单、灵活性大、流动相价廉易得、更换方便、分析对象多样化。正相色谱和反相色谱的区别见表 5-4。

表 5-4　正相色谱和反相色谱的区别

比较项目	正相色谱	反相色谱
固定相	极性	非(弱)极性
流动相	非(弱)极性	极性
出峰次序	极性大的组分 t_R 大	极性大的组分 t_R 小
流动相极性的影响	极性增加,k'减小	极性增加,k'减小

一、液相色谱仪

通常由输液系统、进样、分离系统、检测器、控制系统和数据处理系统六部分组成，如

图 5-11 所示。

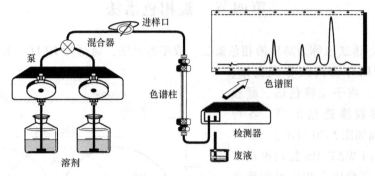

图 5-11　液相色谱仪的流程图

（一）输液系统

由储液瓶、过滤器和输液泵组成。储液瓶用来储存流动相溶剂。在输液泵的入口和出口端都装有过滤器，以防止流动相内固体颗粒、纤维等杂质进入输液泵和色谱柱内。输液泵是仪器的关键部件，现代液相色谱仪广泛采用恒流泵。

（二）进样

进样方式可分为定量阀进样和自动进样，定量阀常采用六通阀结构，进样体积由定量管决定，能保证较好的进样重复性。自动进样是按一定的程序，仪器自动定量地将样品注入色谱系统。

（三）分离系统

由色谱柱、保护柱和柱温箱组成。保护柱安装在色谱柱之前，柱长约 2cm~4cm，柱内装有与色谱柱同类或相近的填料，防止样品和流动相中不溶性微粒进入色谱柱，起到保护色谱柱并延长寿命的作用，缺点是增加了色谱峰的保留时间、分离效率稍有下降。液相色谱大多是在室温下工作的，适当提高柱温可以降低流动相黏度、增加样品溶解度、缩短组分的保留时间。将柱子放在柱温箱里，柱温通常控制在室温至 55℃ 之间。

（四）检测器

测量色谱柱流出组分浓度变化的装置，常用的检测器有紫外分光光度检测器、示差折光检测器，它们的主要性能见表 5-5。

表 5-5　液相色谱常用检测器的主要特性

检测器名称	紫外分光光度检测器	示差折光检测器
检测器类型	选择型	通用型
检测信号	吸光度，A	折光指数，n
温度的影响	较小	较大
是否能梯度淋洗	适合	不适合
基线噪声	0.1mAU	0.1μRIU
线性范围	2.5×10^4	1×10^4
最小检测限	0.1ng/mL	0.1μg/mL

紫外检测器灵敏度高、选择性强、应用最广，是通过测定流动池中溶质吸收的紫外线强度来确定其含量的，流动池中的溶质吸收服从光吸收定律。紫外检测器有固定波长式和可变波长式以及二极管阵列式。

示差折光检测器是通过测量色谱柱流出物折射率的变化来测定组分的浓度，又称折光指数检测器。流动池中溶液的折射率等于流动相和样品组分的摩尔折射率之和。因物质的折射率对温度很敏感，示差折光检测器必须要恒温。

（五）控制系统

可以由色谱工作站来监控色谱各系统的工作参数和状态。

（六）数据处理系统

多采用色谱数据处理系统，配备色谱软件包，在线或脱机进行功能强大的数据处理。

二、高效液相色谱分析条件的确定与优化

根据样品的组成和特性，首先对样品做必要的前处理（如称量溶解、离心过滤、分馏、萃取、浓缩等），然后确定合适的分离测定条件。

（一）选择合适的分离方式和色谱柱

对一般小分子混合物首先用反相色谱进行试验，不理想再用离子对或正相色谱试验。色谱柱可先选通用的 C18 键合相柱。

（二）选择流动相溶剂和配比

HPLC 流动相溶剂既有运载作用，又和固定相一样参与对组分的竞争，因此溶剂的选择对分离十分重要。通常实验室备有乙腈、甲醇、水、四氢呋喃、正己烷、二氯甲烷就可能解决 70%~80% 以上的问题。HPLC 流动相常用溶剂的性质见表 5-6。溶剂与样品的极性越相近，溶解性越好。

表 5-6　HPLC 流动相常用溶剂的性质

溶剂名	UV 吸收下限 /nm	折光指数 25℃	沸点 /℃	黏度 20℃/(10^{-3}Pa·s)	极性参数 P'	水中溶解度
甲醇	190	1.329	65	0.60	5.1	互溶
乙腈	190	1.344	82	0.37	5.8	互溶
四氢呋喃	212	1.408	66	0.55	4.0	互溶
水	170	1.333	100	1.00	10.2	互溶
醋酸	—	1.372	118	1.22	6.0	互溶
异丙醇	190	1.378	82	2.30	4.0	互溶
正己烷	190	1.375	69	0.31	0.01	—
二氯甲烷	233	1.424	40	0.44	3.1	0.17

溶剂的强度反映了溶剂溶解样品的能力。在一定条件下，能减少保留时间 t_R（或缩短分析时间）的溶剂，即洗脱能力较强的为强溶剂，反之为弱溶剂。正相色谱中溶剂的强度与极性顺序基本一致，而反相色谱中溶剂的强度与极性相反，如图 5-12 所示。在反相色谱中水是弱溶剂。在甲醇/水体系中增加甲醇的百分比，流动相洗脱能力变强，组分出峰快，分离度下降；增加水的比例则结果相反。常用溶剂的强度次序：己烷>异辛烷>甲苯>三氯甲

烷>二氯甲烷>四氢呋喃>乙醚>乙酸>丙酮>乙腈>异丙醇>甲醇>水。

反相色谱中使用最广的流动相系统是甲醇和水、乙腈和水以及四氢呋喃和水。不同溶剂和配比可得到宽范围的溶剂强度和较大的选择性。

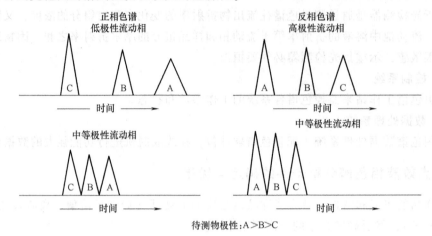

图 5-12　正、反相色谱中流动相极性和组分保留时间的关系

当样品中组分较多并极性相差较大时，通常的等比例流动相即等度淋洗已不能很好分离，可采用梯度淋洗。所谓梯度淋洗就是按照设定的程序连续改变流动相的配比和极性，达到有效分离和快速分析的目的。

在 HPLC 分析中，有时要在流动相中加入适量的盐或酸，都是为防止峰形拖尾。加入盐类是为了减少待测物与键合相表面的残留硅醇基作用；加入酸是抑制酸类待测物的离解，抑制游离酸在柱内分离。

（三）紫外检测器波长的选择

样品组分只要有紫外吸收就可用紫外检测器来测定，关键是确定合适的检测波长。一般都选择对所测组分有最大吸收的波长，以获得最大的灵敏度和抗干扰能力。组分分子中吸光性强的基团叫发色基团，它与分子的外层电子或价电子有关。典型的发色基团的最大吸收波长 λ_{max} 和摩尔吸收系数 ε 见表 5-7。

表 5-7　一些发色基团的最大吸收波长和摩尔吸收系数

发色基团	峰一		峰二	
	λ_{max}/nm	ε	λ_{max}/nm	ε
醚基　—O—	185	1000	—	—
硫醚基　—S—	194	4600	215	1600
二硫化物　—S—S—	194	5500	255	400
硫醇基　—SH	195	1400	—	—
胺基　—NH₂	195	2800	—	—
溴化物　—Br	208	300	—	—
碘化物　—I	260	400	—	—
腈基　—CN	160	—	—	—
乙炔化物　—C≡C—	175~180	6000	—	—
砜　—SO₂	180	—	—	—

（续）

发色基团	峰一		峰二	
	λ_{max}/nm	ε	λ_{max}/nm	ε
肟　—NOH	190	5000	—	—
叠氮化物　—N₃	190	5000	—	—
烯烃类　—C=C—	190	8000	—	—
酮　—C=O	195	1000	270~285	18~30
硫酮　—C=S	205	强	—	—
酯　—COOR	205	50	—	—
醛　—CHO	210	强	280~300	11~18
羧酸　—COOH	200~210	50~70	—	—
亚砜　—S=O—	210	1500	—	—
硝基化物　—NO₂	210	强	—	—
亚硝酸酯　—ONO	220~230	1000~2000	300~400	10
偶氮　—N=N—	285~400	3~25	—	—
苯　C_6H_6	184	46700	202	6900
联苯基　$C_6H_5—C_6H_4$—	—	—	246	20000
萘　$C_{10}H_8$	220	112000	275	7900
蒽　$C_{14}H_{10}$	252	199000	375	7900

选择波长时必须注意流动相溶剂的组成，因为各种溶剂都有一定的透过波长下限值，超过该下限波长，溶剂的强吸收就会干扰样品的测定。测定多组分样品时，首先选择对各组分都有较强吸收的波长，兼顾到各组分都能被检测；其次要选择高于流动相的紫外吸收下限的波长，以避免和减少干扰。

三、影响色谱分析准确度的因素

样品处理、称样配液、分析操作各环节及仪器的性能和状态都会影响到测定的准确度。

样品处理是色谱分析中必不可少的一部分。进行色谱分析时，一般进入色谱仪的试样量很少，所以采样要有代表性，样品如不均匀则需将样品粉碎、混匀，或从不同部位取样，使所取样能代表被测样的全体。样品组分比较复杂时，则需进行必要的溶解、萃取、超声、离心、分馏、提取、过滤、浓缩等分离，除去干扰测定的组分，如金属粉、无机物等，使被测组分能均匀地溶解在同一溶剂体系中，尽量做到规范操作、分离完全、定量转移。

单点外标法或单点内标法定量时，应尽量使标样浓度与相应组分浓度一致或相近。稀释应使用检定过的容量瓶和吸量管等。称样和配液精度应与组分含量及对分析的要求相一致。

进样前应用至少3倍以上进样量的样液冲洗进样针，还要冲洗液相色谱进样定量环和连接管道。应保证每次进样量的重复性好、误差小。

建立方法时，应确保各组分的分离度大于1.5以上。达到基线分离时用色谱峰面积定量精度会高一些。分离度小于1.5时，用峰高法定量比较准确。

分析检测过程中应尽量保持流动相的配比组成、流速、柱温及检测器温度稳定，以降低噪声、减小基线漂移、保持定量校正因子的恒定。通常采用标样和样品相间进样的方式来消除或减小因系统波动所引起的测量误差。

四、建立色谱分析方法

(一) 方法要点

建立色谱分析检测方法时，在调节色谱条件达到分离度和灵敏度较好的基础上，需验证方法的重复性、准确性和检测浓度范围等。

重复性试验即精密度试验，就是同一样品测定 6 个~10 个数据，用测定值的标准偏差来表示方法的精密度。

常用回收率试验来评价方法的准确度，在试样中加入已知量的组分，用该方法的测定值与加入已知量进行比值，回收率越接近 100% 准确度越高。

配制不同浓度的待测组分的标样，分别检测色谱峰面积，以组分浓度 c_i (mg/mL) 和相应色谱峰面积 A_i (mAU·s，或峰高 mAU) 作线性回归方程 $A_i = a + bc_i$，其中 a 和 b 分别是截距和斜率。截距 a 应越小越好，此时直线应该或基本过零点，表示方法的系统误差小；b 越大说明方法的灵敏度越高。方程的相关系数 r 越接近 1 说明线性度越好。

(二) 应用实例

某样品含有黑索今 (RDX)，样品经丙酮洗提、定容，用反相液相色谱紫外检测器测定黑索今，色谱柱是 C18 柱 ($\phi4.6mm \times 200mm$，粒径 $10\mu m$)。

1. 确定流动相比例试验

因为丙酮有紫外吸收也会出峰，会干扰黑索今的色谱峰检测。用不同体积比例的甲醇和水组成流动相，测试丙酮和黑索今的分离效果，实验数据见表 5-8。可以看出流动相中水的比例越高，保留时间越长，丙酮和黑索今就分离得越好。兼顾完全分离和快速分析，确定甲醇：水 (体积比) 为 60：40。

表 5-8　确定流动相比例实验数据

甲醇：水(体积比)	$t_{丙酮}$/min	$t_{黑索今}$/min	分离度 R
90：10	2.62	2.62	0
70：30	2.75	3.33	1.37
60：40	2.85	4.25	2.95
55：45	2.84	5.16	4.13
50：50	2.98	6.02	5.05

2. 确定检测波长试验

用 0.58mg/mL 黑索今溶液，在不同波长下检测色谱峰的响应值，如图 5-13 所示。可见随着波长的增加，丙酮峰升高而黑索今峰却下降。可以选用 220nm~230nm 中任一波长检测，既保证黑索今有足够的色谱响应值，又能避免丙酮峰的干扰。

3. 确定线性范围试验

该样品中黑索今含量约 18%，分离提取后测定试液的浓度控制在 0.7mg/mL 左右。在此浓度附近配制 8 个不同浓度的黑索今标样，分别进样测定色谱峰面积，结果见表 5-9。以黑索今浓度 c (mg/mL) 和相应色谱峰面积 A (mAU·s) 可得线性回归方程为 $A = 71602c + 1893.5$，相关系数 r 是 0.9992，如图 5-14 所示。从图 5-14 可以看出截距几乎为零，直线基本过原点，说明系统误差小；相关系数是 0.9992，表明该测定方法在浓度 0.1mg/mL~1.2mg/mL 范围内黑索今含量与色谱峰面积线性相关。

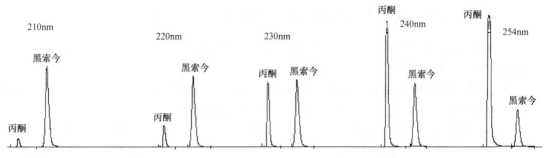

图 5-13　确定检测波长试验

表 5-9　黑索今线性试验数据

瓶号	RDX 标样浓度/(mg/mL)	色谱峰面积/(mAU · s)	瓶号	RDX 标样浓度/(mg/mL)	色谱峰面积/(mAU · s)
1	1. 2055	86129.68	5	0. 4079	30952.84
2	1. 0242	76248.82	6	0. 3626	27550.56
3	0. 8067	60977.50	7	0. 2085	16423.91
4	0. 6073	46548.59	8	0. 1088	9099.09

4. 准确度试验

在 8 个 3 号滤杯中分别称取 8 个模拟样，每个模拟样中都称有与该样品组分含量相近的黑索今及其他组分。用丙酮回流提取分离、定容后测定 8 个黑索今含量，计算回收率，见表 5-10，可以看出回收率在 99.40% ~ 100.59% 范围内，表明该测定方法准确度高。

5. 精密度试验

将黑索今含量 17.65% 的样品，分别提取测定 9 个平行样，结果为 17.78%、17.82%、17.78%、17.76%、17.74%、17.65%、17.74%、

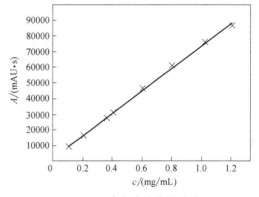

图 5-14　确定线性范围试验

17.71%、17.76%，RDX 含量平均值 17.75%，实验相对标准偏差 RSD 为 0.3%（$n=9$），表明方法精密度比较好、测量系统稳定。

表 5-10　准确度试验数据

瓶号	配制的 RDX 含量(%)	检测的 RDX 含量(%)	回收率(%)
1	18. 58	18. 51	99. 62
2	18. 75	18. 81	100. 33
3	18. 56	18. 64	100. 43
4	18. 69	18. 80	100. 59
5	18. 44	18. 29	99. 19
6	18. 91	18. 83	99. 58
7	18. 70	18. 80	100. 53
8	18. 33	18. 22	99. 40
平均值	18. 62	18. 61	99. 96

五、液相色谱法在火炸药分析中的应用实例

火炸药的组分材料除了金属粉、难溶解的高聚物外，凡是能在某种溶剂中溶解的有机组分原则上都能用液相色谱来分离和检测。以下举例说明它们的应用。

（一）某发射药中硝基胍（NQ）、黑索今（RDX）、叠氮硝胺（DIANP）、硝化甘油（NG）、Ⅱ号中定剂（C₂）、苯二甲酸二辛酯（DOP）含量的测定

反相色谱法：试样用丙酮溶解、加水滴析分离出硝化棉（或用乙醚提取、分离掉硝化棉，再加丙酮水溶液）制成试样溶液，分离和测定各组分。采用梯度淋洗，流动相为甲醇：水，由 50∶50 至 95∶5；C18 色谱柱；检测波长为 210nm～220nm 中根据仪器情况任选一波长。色谱图如图 5-15 所示。

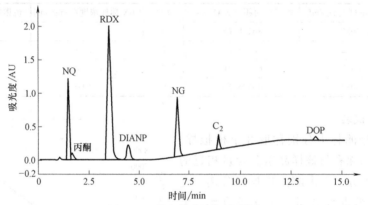

图 5-15　某发射药液相色谱图

（二）双基药中硝化甘油（NG）、Ⅱ号中定剂（C₂）、苯二甲酸二丁酯（DBP）和二硝基甲苯（DNT）含量的测定

（1）正相色谱法　试样用 1∶1 的异丙醇：二氯乙烷溶液萃取，过滤掉硝化棉，加石油醚配成试样溶液，以苯二甲酸二甲酯（DMP）为内标，分离和测定各组分。流动相为石油醚：异丙醇=98.5∶1.5；健合相 CN 基色谱柱；检测波长为 208nm～213nm 中任选一波长。

（2）反相色谱法　试样用丙酮溶解，加水滴析分离出硝化棉（或用乙醚提取、分离掉硝化棉），加甲醇制成试样溶液，以苯二甲酸二乙酯（DEP）或二苯胺（DPA）为内标，分离和测定各组分。流动相为甲醇：水=（75∶25）～（80∶20）；C18 色谱柱；检测波长 223nm。

（三）NEPE 推进剂中硝化甘油（NG）和丁三醇三硝酸酯（BTTN）的含量和比值的测定

样品经驱除溶剂、恒重除水，称量配制成试液。以 NG 与 BTTN 比值约为 1∶1 的火炸药计量标准物质为外标，反相色谱分离测定。流动相为甲醇：水 = 50∶50；C18 色谱柱；检测波长 208nm。

（四）3-硝基—1,2,4-三唑—5-酮（NTO）含量的测定

外标法反相色谱分离测定。流动相为水：冰醋酸：三乙胺=800∶2∶1；C18 色谱柱；检测波长为 207nm～220nm 中任选一波长。

（五）硝胺发射药组分硝化棉（NC）、黑索今（RDX）、改性剂（GX）、硝基胍（NGU）、硝化甘油（NG）、Ⅱ号中定剂（C₂）、苯二甲酸二辛酯（DOP）含量的测定

试样用体积比为 1∶1 的四氢呋喃：甲醇溶解，加水滴析分离掉硝化棉，加内标和溶剂、

离心定容制成试液。分别以苯二甲酸二乙酯（DEP）、苯二甲酸二壬酯（DNP）为内标，反相色谱分离测定。流动相为乙醇：水＝35：65（测 DOP 时用 75：25）；C18 色谱柱；检测波长为 210nm～220nm 中任选一波长。

第五节　原子吸收光谱法

原子吸收光谱法也称原子吸收分光光度法，简称原子吸收法。它是以测量气态基态原子外层电子对共振线的吸收为基础的分析方法，是一种成分分析方法，可对六七十种金属元素及某些非金属元素进行定量测定，这种方法目前广泛用于低含量元素的定量测定。

一、基本原理

一束特定波长的入射光通过待测元素的基态原子蒸气，则待测元素的基态原子蒸气会对入射光产生吸收，称为原子吸收。待测元素的浓度越大，吸收的光越多，透过的光强度越弱，在一定的条件下，符合光吸收定律，依此关系进行定量分析。

原子吸收线往往不是一条线，而是具有一定宽度的谱线（或频率间距），其形状如图 5-16 所示。图中 ν_0 为吸收线的中心频率，I_0 为入射光强，$\Delta\nu$ 是指最大吸收值一半处的频率宽度，简称谱线宽度。

当原子化条件一定时，气态原子浓度与溶液中待测元素浓度 c 成正比，则吸光度 $A=k_r c$。此式是原子吸收光谱分析的基本关系式，它表明原子吸收光谱分析遵守光吸收定律。即原子的吸光度与待测元素的浓度成正比，通过测定吸光度，可求得待测元素的浓度。

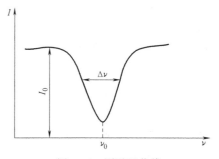

图 5-16　原子吸收线

二、原子吸收光谱仪

原子吸收光谱仪主要由光源系统、原子化系统、分光系统、检测显示系统组成，如图 5-17 所示。

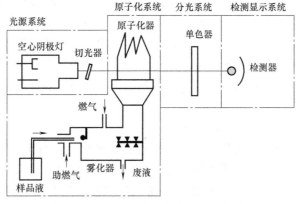

图 5-17　原子吸收光谱仪组成示意图

由光源发射的待测元素的锐线共束（共振线）通过原子化器，被原子化器中的基态原子吸收，再射入分光系统的单色仪中进行分光后，被检测器接收，即可测得其吸收信号。原子吸收光谱仪按光束分，有单光束与双光束型；按调制方法分，有直流和交流型；按波道分有单道、双道和多道型。

（一）光源系统

原子吸收线的半宽度很窄，要求光源发射出比吸收线半宽度更窄的强度大而稳定的锐线光谱，才能得到准确的结果。光源系统的主要设备是阴极灯。目前广泛使用的是空心阴极灯，其灵敏度高、选择性好、准确度也较高，使仪器比较简单。不足之处是测定每种元素需相应的空心阴极灯，使用不便，且发射线仍有一定宽度，对测定灵敏度和线性浓度范围仍有一定影响。

（二）原子化系统

将样品中的待测元素转化为气态的基态原子，入射光束在这里被基态原子吸收。原子化系统的主要设备是原子化器。原子化器主要有两类：火焰原子化器和非火焰原子化器。

1. 火焰原子化器

火焰原子化器由雾化器、雾化室和燃烧器三部分组成。雾化器又称喷雾器，使试样溶液雾化变为细雾，雾粒越细，在火焰中生成的基态自由原子就越多。雾化室又称预混室或膨胀室，有两方面的作用：一是使助燃气、燃气及雾滴混合均匀；二是使雾滴均匀化，大雾滴下沉聚积由废液管排出。燃烧器又称为燃烧头，助燃气、燃烧气及试液的雾状混合物由此喷出，燃烧形成火焰。在火焰温度和火焰气氛的作用下，试样气溶胶经过干燥、蒸发、离解等过程，形成大量的基态原子和少量的激发态原子，以及部分离子和分子等。燃烧器的缝宽和缝长应根据所用燃料来确定。

2. 非火焰原子化器

非火焰原子化器又称为无火焰原子化器，是利用电热、阴极溅射、等离子法或激光等方法使试样中待测元素形成基态自由原子。非火焰原子化器包括石墨炉原子化器、氢化物发生器及冷蒸气原子化器。目前石墨炉原子化器应用较广泛，此法的优点是取样量少，绝对灵敏度比火焰法高几个数量级，但精密度比火焰法差。石墨炉原子化器由电源、炉体、石墨管三部分组成，工作时要经过干燥、灰化、原子化和除渣四个步骤。

（三）分光系统

原子吸收光谱法应用的波长范围一般是紫外-可见光区，即从铯 852.1nm 至砷 193.7nm。分光系统主要仪器是单色器。常用的单色器为光栅。单色器主要是将光源发射的被测元素的共振线与其他发射线分开。由于采用空心阴极灯作光源，发射的谱线大多为共振线，故比一般光源发射的光谱简单。一般在原子吸收光谱法中，采用中等色散率的单色器。当单色器的色散率一定时，则应选择合适的狭缝宽度来达到谱线，既不干扰吸收，又处于最大值的最佳工作条件。

（四）检测显示系统、数据处理系统

检测系统的主要设备是检测器，通常采用光电倍增管为检测器。为了提高测量灵敏度，消除待测元素火焰发射的干扰，需要使用交流放大器。电信号经放大后，即可用读数装置显示出来。现在原子吸收光谱仪一般都配备专用工作软件，具有自动进行读数、自动计算的功能。

三、干扰及其消除

（一）物理干扰

物理干扰指试样黏度、表面张力使其进入火焰的速度或喷雾效率改变引起的干扰，可通过配制与试样具有相似组成的标准溶液或标准加入法来克服。

（二）化学干扰

化学干扰指待测元素与共存元素发生化学反应生成难挥发的化合物所引起的干扰，主要影响原子化效率，使待测元素的吸光度降低。可加入释放剂、保护剂（配合剂）、缓冲剂、基体改进剂或通过化学分离（溶剂萃取、离子交换、沉淀分离）等方法消除。

（三）电离干扰

高温导致原子电离，从而使基态原子数减少，吸光度下降。可加入消电离剂（主要为碱金属元素），产生大电子，从而抑制待测原子的电离。如大量 KCl 的加入可抑制 Ca 的电离。

（四）光谱干扰

（1）谱线重叠干扰　由于光源发射锐线，谱线重叠干扰较少，一旦发生重叠干扰，可另选分析线。

（2）非吸收线干扰　来自被测元素自身的其他谱线或光源中杂质的谱线。可减小狭缝和灯电流或另选分析线。

（3）火焰的直流发射干扰　火焰的连续背景发射，可通过光源调制消除。

（4）燃烧气的背景干扰　因干扰主要来自燃烧气，因此可通过空白进行校正。

（5）样品基体的背景干扰　可通过更换燃气（如用 N_2O）、改变测量参数、加入辐射缓冲剂消除，如果知道干扰来源，可在标准液和样品中加入同样的干扰物质。

四、定量分析方法

（一）标准曲线法

需要配制一系列标准溶液，在相同测量条件下，分别测定标准溶液和试样溶液的吸光度，绘制吸光度与浓度关系的标准曲线，从标准曲线上查出待测元素的含量。标准曲线法的精密度对火焰法而言约为 0.5%～2%（变异系数）；最佳分析范围的吸光度应在 0.1～0.5 之间；浓度范围可根据待测元素的灵敏度来估计。

（二）标准加入法

为了减小试液与标准溶液之间的差异（如基体、黏度等）所引起的误差，可采用标准加入法进行定量分析。这种方法又称"直线外推法"或"增量法"。

以 c_x、c_0 分别表示试液中待测元素的浓度及试液中加入的标准溶液浓度，则 $c_x + c_0$ 为加入后的浓度；以 A_x、A_0 分别表示试液及加入标准后溶液的吸光度，根据比尔定律得到

$$A_x = kc_x \text{ 和 } A_0 = k(c_0 + c_x)$$

计算得到

$$c_x = \frac{A_x}{A_0 - A_x} c_0 \tag{5-19}$$

标准加入法只能在一定程度上消除化学干扰、物理干扰和电离干扰，但不能消除背景干扰。标准加入法建立在吸光度与浓度成正比的基础上，因此要求相应的标准曲线是一根通过原点的直线，被测元素的浓度也应在此线性范围内。

原子吸收光谱法在火炸药分析中可用于检测火炸药样品中铅、钙、镁、铜、钴、钾、铝、镍等元素或化合物的含量，具体操作情况见相关章节。

第六节　近红外吸收光谱法

一、基础理论与原理

近红外（Near Infrared，NIR）光是指波长介于可见区与中红外区之间的电磁波，其波长范围约为 $0.8\mu m \sim 2.5\mu m$，对应波数范围约为 $12500cm^{-1} \sim 4000cm^{-1}$，是人们认识最早的非可见光谱区域。

近红外光谱主要是由于分子振动的非谐振性使分子振动从基态向高能级跃迁时产生的，记录的主要是含氢基团 C-H、O-H、N-H、S-H、P-H 等振动的倍频和合频吸收。由于不同基团或同一基团在不同化学环境中的近红外吸收波长与强度有明显差别，所以近红外光谱具有丰富的结构和组成信息，可用于有机物质定性、定量分析。

近红外光谱分析技术是光谱测量技术、计算机技术、化学计量学技术与基础测试技术的有机结合，是将近红外光谱所反映的样品基团、组成或物态信息与标准或认可的参比方法测得的组成或性质数据采用化学计量学技术建立校正模型，然后通过对未知样品光谱的测定和建立的校正模型来快速预测其组成或性质的间接分析方法。

由于近红外光谱分析技术具有简便、快速、高效、准确和成本较低，不破坏样品，不消耗化学试剂，不污染环境等优点，已经在石油化工、危险化学品泄漏检测、环境监测、生物工程、制药工业、临床医学和生命科学等领域得到了广泛应用。

利用火炸药分子中的 C-H、O-H、N-H 等化学键在近红外光谱区的吸收特性，采用多元校正方法建立火炸药近红外光谱与其组分含量或性质数据之间的分析模型，可以计算火炸药组分含量。

二、近红外光谱分析仪

近红外光谱分析仪主要由光源系统、分光系统、样品室、检测器、控制与数据处理系统及记录显示系统组成，如图 5-18 所示。

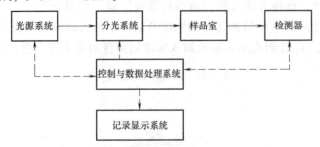

图 5-18　近红外光谱分析仪基本组成示意图

（一）光源系统

光源系统主要由光源和光源稳压电路组成。对光源系统的基本要求是在测量谱区有足够的强度和稳定性。常见的光源为钨灯、卤钨灯，其发光范围决定了仪器的工作波长范围。

（二）分光系统

分光系统的作用是将光源发射的连续光变成单色光。对分光系统的要求是获得的单色光波长准确、单色性好。其直接影响仪器的分辨率、波长准确性和重复性，是近红外光谱分析仪器的核心部件。根据分光原理不同，近红外光谱分析仪器主要分为滤光片型、光栅色散型、傅立叶变换型、声光可调型四种类型。

（三）样品室

样品室用以放置样品。材料一般为玻璃或有机玻璃，根据需要可加恒温、低温、旋转或平移装置。近红外分析仪器中常用光纤和积分球直接作为测样附件。

光纤附件主要有漫反射光纤探头、透射光纤探头、透反射光纤探头、漫透射光纤探头等。

（四）检测器

检测器的作用是将光信号转变为电信号，检测器一般由光敏元件构成，光敏元件的材料不同其工作范围也不同，从而决定了仪器的检测波长范围。常用的光敏材料及波长范围见表 5-11。检测器按工作方式可分为单通道和多通道两种类型。多通道检测器类型主要有二极管阵列（PDA）和电荷耦合器件（CCD）。

表 5-11　常用的检测器光敏材料及波长范围

光敏材料	波长范围/nm	光敏材料	波长范围/nm
Si	700~1100	InSb	1000~5000
Ge	700~2500	InAs	800~2500
PbS	750~2500	InGsAs	800~2500

（五）控制与数据处理系统

控制系统一般由计算机配以相应的软件和硬件组成。用以控制仪器各部分的工作状态，设定光谱采集的有关参数，如光谱测量方式、扫描次数、扫描范围等，设定检测器的工作状态并接受检测器的光谱信号。

数据处理系统主要对采集的光谱进行分析处理，实现定性或定量分析。近红外分析仪器的数据处理软件通常是由光谱数据预处理、校正模型建立和未知样品分析三大部分组成，其核心是校正模型建立部分。

（六）记录显示系统

近红外光谱分析仪的记录显示系统能够显示或打印样品光谱或测量结果的仪器装置。

三、近红外定量分析方法

（一）近红外定量分析方法的建立

近红外光谱分析法是通过建立校正模型来实现定量分析的。其分析过程包括：样品的收集、制备，样品定值，光谱采集及预处理，模型建立和模型验证，样品分析。

1. 样品的收集、制备

建立校正模型所用样品的数目、代表性、浓度分布范围、分布规律及组分含量间的相关性直接影响模型的精度及其使用的稳健性，是近红外光谱分析模型实用化的基本保障。

校正样品和验证样品组分含量或性质数据变化范围应满足建立多元校正关系的要求，并在其范围内呈均匀分布。校正样品和验证样品组分含量变化范围应涵盖试样组分含量的变化范围。校正样品组分或性质数据变化范围应涵盖验证样品组分含量或性质数据的变化范围。

校正样品和验证样品可以在生产线上经过长时间、多批次收集。如果直接收集生产样品组分浓度成簇集中于一过窄浓度，不能真实反映样品浓度与其近红外谱图之间的定量关系时，可参照火炸药生产工艺，自行设计、制备样品，与收集的样品一起作为校正样品和验证样品。

各组分不发生化学变化时，校正样品和验证样品可采用称量法或滴定法制备。复杂火炸药应参照生产工艺制备，制备时不应只改变其中某单一组分的含量，同时应避免各组分含量按比例增大或减小，并确保原材料、制备条件、化学组成、物理形态（颗粒大小、颜色、表面特征等）与生产样品保持一致。

样品数目一般至少需要 60 个~80 个样品，对于多组分复杂体系应以所建 PLS 模型主成分数的 3 倍~4 倍作为校正集样品数的最低标准。浓度范围：以国际协调会（ICH）推荐使用不超出正常浓度的 25% 进行配制，最小以能涵盖后续检测样品浓度分布范围为原则。各组分含量范围内的样品分布数目基本均匀一致，以保证所建近红外模型检测精度均匀一致；多组分样品进行共线性考察，组分间相关因子小于 0.7。

2. 样品定值

定值时，应选用国家标准、行业标准或经过认可的测试方法，并且尽量减少人为误差。可以通过增加测定的重复次数或选用精密度较高的仪器来减小误差。对采用称量法或滴定法制备的火炸药校正样品和验证样品，可以按照配制比例计算各组分含量作为校正样品和验证样品的定值结果。

3. 光谱采集

进行光谱采集时，测量时间尽量与化学分析时间一致，以免时间间隔过长引起样品成分变化，特别是受环境影响较大的成分。另外，外界环境的变化也会影响仪器的稳定性，校正集样品的光谱测量最好不在同一时间进行，这样可将时间、温度不同造成的光谱数据变化概括到模型中，从而提高模型自校正能力。良好的校正模型必须对组成的变化非常敏感，而对其他因素，如仪器、环境的变化不敏感。

（1）光谱采集方式的选择　粉末状（如 RDX、HMX）、颗粒状（如造型粉）等固体火炸药样品，可取适量试样直接装入样品杯进行光谱采集；硝化棉按规定压制紧密后进行光谱采集；待测面平整且大于检测光斑的块状、片状均质固体火炸药试样，可直接进行光谱采集。稳定、透明、均质的液体火炸药试样，取适量装入吸收池进行光谱采集；易分层或产生沉淀的液体火炸药试样，搅拌均匀，取适量装入样品杯快速采集；特别容易沉淀的试样可在搅拌过程采用光纤探头进行光谱采集。异形（如管状、多孔状等）或不均质的固体火炸药样品应对试样进行前处理后进行光谱采集。试样前处理方法可采用 GJB 770B《火药试验方法》中的方法 101.1 或其他认可的方法。

固体火炸药可采用漫反射方式进行光谱采集，选用积分球、漫反射光纤探头；均匀透明的液体火炸药可采用透射或透反射方式进行光谱采集，选用透射或透反射探头；乳状、浆状、黏稠状以及含有悬浮颗粒的流动性液体火炸药可采用漫透射或透反射方式进行光谱采集，通常选用漫透射光纤或透反射光纤探头；对于完全不透光的流动性液体火炸药，也可以采用漫反射方式进行光谱采集，通常选用积分球、漫反射光纤探头。

（2）光谱采集条件的优化　根据火炸药试样的近红外光谱吸收特性，以获得具有高效信息的稳定光谱为目的，通过试验确定合适的分辨率和扫描次数。对于组分含量和性质数据随温度变化较大的试样，通过试验确定最佳温度测定范围；使用积分球旋转样品台，应通过试验确定最佳旋转速度；校正样品、验证样品和试样的光谱测量应使用相同的近红外光谱分析仪器、光谱采集方式和光谱扫描条件。

4. 谱图预处理

（1）近红外光谱预处理　近红外光谱谱峰复杂，宽且重叠，特征吸收峰不明显。原始光谱中不但包含与物质化学结构相关的信息，还包含其他干扰因素产生的噪声信号。这些噪声信号会对谱图信息产生干扰，从而影响校正模型的建立和未知样品的预测，因此必须对光谱进行适当的预处理、筛选，以减弱以至消除各种非目标因素对光谱的影响，净化谱图信息，为校正模型的建立和未知样品组成或性质的预测奠定基础。常见光谱预处理方法如下。

1）导数预处理。导数预处理能有效消除基线及其他背景干扰，提高谱图分辨率和灵敏度。一阶导数可以消除基线偏移，二阶导数可以消除基线漂移。导数处理会放大噪声，适合高信噪比光谱使用。

一阶导数表示为：

$$y'_i = y_{i+g} + y_{i-g} \tag{5-20}$$

二阶导数表示为：

$$y''_i = y_{i+2g} - 2y_i + y_{i-2g} \tag{5-21}$$

式中　g——光谱间隔，大小可根据具体情况设定。

2）标准正态变量变换（SNV）。标准正态变量变换主要是用来消除固体颗粒大小、表面散射以及光程变化对 NIR 漫反射光谱的影响。SNV 具体变化算法如下：

$$X_{i,\text{SNV}} = \frac{X_i - \overline{X}_i}{\sqrt{\dfrac{\sum\limits_{i=1}^{n}(X_{i,k} - \overline{X}_i)^2}{(m-1)}}} \tag{5-22}$$

式中　X_i——第 i 样品光谱的平均值（标量）；

　　　k——波长点的序数，$k = 1, 2, \cdots, m$（m 为波长点数）；

　　　i——样品的序数，$i = 1, 2, \cdots, n$（n 为校正集样品数）。

3）多元散射校正技术（MSC）。多元散射校正的目的与 SNV 基本相同，主要是消除颗粒分布不均匀及颗粒大小产生的散射影响。MSC 算法的属性与标准化相同，是基于一组样品的光谱阵进行运算的。MSC 的具体算法如下：

① 计算校正集样品的平均光谱 $\overline{\boldsymbol{X}}$（$l \times m$）（理想光谱）；

② 将 X_i 与 $\overline{\boldsymbol{X}}$ 进行线性回归，$X_i = \boldsymbol{l}\alpha_i + \overline{\boldsymbol{X}}b_i$，求取 α_i 和 b_i；

$$X_{i,\text{MSC}} = (X_i - \boldsymbol{l}\alpha_i)/b_i \tag{5-23}$$

式中　i——样品的序数，$i = 1, 2, \cdots, n$（n 为校正集样品数）；

　　　$\boldsymbol{l}$——校正集样品光谱的单位向量；

　　　m——波长点数。

4）线性补偿差减法。平移光谱将 Y 轴置零。

5）直线差减法。用直线拟合光谱并差减，适用于倾斜的光谱。

6）最小-最大归一法。首先减去一个线性偏移，然后乘以一个常数，光谱数据充分反映了变化信息，所有数据都分布在零点两侧，简化并稳定了后续回归运算。

7）常偏移量消除。在选择的频段区域里，所有光谱减去最低的 Y 值。

此外，还可将不同方法进行组合对原始光谱进行预处理。如：一阶导数+MSC，一阶导数+SNV。

（2）近红外光谱波长的选择 在近红外光谱区域中，不同波长范围的光谱吸收信息对建立模型的贡献值不同。若采用全谱建立校正模型，不仅计算量很大，而且会由于某些光谱区域样品的光谱信息与其指标性质间缺乏相关性而带来偏差。因此可通过波长选择简化模型剔除相关或线性变化，获得预测能力强、稳健性好的校正模型。

目前，波长选择方法主要有相关系数法、方差分析法、逐步回归法、无信息变量的消除法（UVE）、间隔偏最小二乘法、遗传算法等。

通常以不同光谱预处理方法与扫描谱区不同波段的各种可能组合分别建模，最后通过模型优化、验证、比较来确定最佳光谱预处理方法和最优建模波段。

5. 建立校正模型

在对光谱进行预处理之后，用多元校正方法将其与化学测定值关联，建立两者之间的对应关系即校正模型。利用校正模型便可通过未知样品的近红外谱图获得其化学成分的含量。

近红外光谱建模常用的多元校正方法主要包括：多元线性回归（MLR）、主成分回归（PCR）、偏最小二乘法（PLS）、拓扑学方法和人工神经网络（ANN）方法等。其中 MLR、PCR 和 PLS 属线性回归方法，而拓扑学方法和 ANN 方法常用于非线性关系的关联。近年来，还有将 ANN 法和 PLS 法结合使用，以改善数据关联的能力。

（1）多元线性回归分析（MLR） MLR 是从对因变量有影响的许多变量中，选择一些变量作为自变量建立"最优"回归方程，对因变量进行预报和控制。所谓"最优"回归方程主要是指希望在回归方程中包含所有对因变量影响显著的自变量而不包含对因变量影响不显著的自变量的回归方程。

多元线性回归模型为

$$y = \beta_0 + \beta_1 X_1 + \beta_2 X_2 + \cdots + \beta_i X_i + \varepsilon \tag{5-24}$$

式中 y——目标变量（因变量）；

$X_1, X_2, \cdots, X_i$——回归变量（自变量）；

i——回归变量个数；

ε——模型误差。

以上方程写为矩阵形式为：

$$y = X\beta + \varepsilon \tag{5-25}$$

回归模型中的回归系数 $\beta_0, \beta_1, \cdots, \beta_i$ 由最小二乘法决定。

MLR 的建模缺点：①参加回归的变量数不能超过校正集的样本数，所使用的变量数受到限制；②无法消除回归中遇到的共线性问题；③对仪器的信噪比要求很高，如果所使用的变量包含了噪声，会影响模型的预测能力。

（2）主成分回归（PCR） 主成分回归的目的是将数据降维，以排除众多化学信息共存中相互重叠的信息。主成分回归可分为两步：第一步是测定主成分数，并由主成分分析将各波长点处的光谱信息变量（$m \times n$ 矩阵）降维；第二步是对于降维的矩阵进行线性回归。

设

$$X = \begin{pmatrix} \chi_{11}\chi_{12}\cdots\chi_{1k} \\ \chi_{21}\chi_{22}\cdots\chi_{2k} \\ \cdots \\ \chi_{m1}\chi_{m2}\cdots\chi_{mk} \end{pmatrix} = \begin{pmatrix} X'_1 \\ X'_2 \\ \cdots \\ X'_3 \end{pmatrix}$$

为 m 个样品 k 个波长上的光谱信息阵。主成分分析是从样品集的光谱信息阵 X 出发构造样品集的原各波长点处的光谱信息变量（$m \times n$ 矩阵）的不相关的线性组合，且具有最大的样本方差。

所谓主成分是指原来变量 x_y 的线性组合。第一个主成分所能解释原变量的方差最大，第二个次之，第三个再次之……，即这些新变量是原变量的线性组合，彼此间互不相关，且用它们来表征原来变量时所产生的方差最小。在组合式中，原变量的系数为与该主成分相应矢量的坐标值。对于某主成分，一个变量的载荷为该变量在组合式中的系数乘以相应于该主成分本征值的平方根，载荷越大，说明此变量与那个主成分越一致，因而载荷可视为变量与主成分相关。在 n 维空间中，可得 n 个主成分。在实际应用中一般可取前几个对方差贡献率大的主成分，这样可使高维空间的数据降到低维，益于数据的观察，同时损失的信息量还不会太大。对于保留主成分个数（k）问题，是以方差贡献率的大小来确定（$k<n$），其依据为

$$T = \frac{\sum\limits_{i=1}^{n} \lambda_i}{\sum\limits_{i=1}^{m} \lambda_i} \times 100\% \tag{5-26}$$

一般推荐 T 值应高于 80%。

主成分回归的优点是：①可使用全谱数据也可使用部分光谱数据，这能充分利用数据信息，增加模型抗噪声干扰的能力；②通过主成分选择，可有效地滤除噪声；③解决了共线问题；④适用于复杂分析体系，不须知道干扰组分的存在就可以预测被测组分。

其缺点是：①计算速度比多元线性回归慢；②模型优化需要进行主成分分析，模型较难理解；③并不能保证参与回归的主成分一定与被测组分或性质有关。

（3）偏最小二乘回归（PLS）　在主成分回归中矩阵 X 的因子数测试中，所处理的仅为 X 矩阵，而对于由各目标构成的数据矩阵 Y 中的信息并未考虑。事实上，Y 中也可能包含非有用的信息。偏最小二乘回归的基本思想是在矩阵 X 因子的测试中同时考虑矩阵 Y 的作用。

为了建立由各因素构成的数据矩阵 X 与由各目标构成的数据矩阵 Y 之间的关系，其中 X 包含 P 个变量，Y 包 P_i 个变量，样本数为 m，传统的处理方法是用最小二乘法建立线性模型

$$Y = XB + E \tag{5-27}$$

式中　E——残差阵。

回归系数矩阵 B 的最小二乘解为

$$B = (X^T X^{-1}) XY \tag{5-28}$$

用偏最小二乘回归处理以上问题时，首先将 X 矩阵作为双线性分解，即：

$$X = TP^T + F \tag{5-29}$$

其中，矩阵 T 含有两两正交的隐变量。

用偏最小二乘回归时，需要用到矩阵 Y 中的信息，矩阵 Y 也可作为双线性分解，即：

$$Y = UQ^T + E \tag{5-30}$$

式中　E——残差阵。

U 矩阵包含 Y 的隐变量 u，即 u 为矩阵 Y 中变量的线性组合。

偏最小二乘回归要求 X 分解得到的隐变量 t 与 Y 分解得到的隐变量 u 最大重叠或相关性最大，因此有

$$u = vt + e \tag{5-31}$$

式中　e——残差矢量；

　　　v——系数，根据最小二乘法确定。

在处理实际问题过程中，由于矩阵 X 中的变量之间存在着相关性，同时还包含有噪声，所以偏最小二乘回归建模时，取 X 矩阵分解后的隐变量个数 h 小于实际个数 p，使得一些包含有噪声的隐变量被删除，因而具有噪声过滤作用，所建立的模型预测能力强。

PLS 是目前最为广泛使用的建模方法。其优点是：充分提取样品光谱的有效信息；消除了线性相关的问题；考虑了光谱矩阵与样品成分矩阵之间的内在联系，模型更稳健；适合于复杂分析体系。

用 PLS 方法建立校正模型，合理的主成分数目的确定至关重要。如果使用的主成分数过少，就不能反映被测组分产生的光谱变化，模型预测准确度就会降低，造成欠拟合。反之，若使用的主成分数过多，就会将一些代表噪声干扰的主成分引入模型，使模型预测能力下降，这种情况称为过拟合。因此只有合理确定建模主成分数才能充分利用光谱信息、滤除噪声，获得高质量的定标模型。

一般采用交互验证方法确定最佳主成分数的步骤为：①设有 n 个校正样品，从 n 个样品中剔除 m 个样品（m 为样品数的公约数，最大为 $n/4$，最小为 1）；②用剩下的 $n-m$ 个样品来计算模型的参数矩阵，用所求得的模型参数矩阵来预测被剔除的 m 个样品的浓度，得到预测值 y 与已知值 y_b 的交互验证方均根误差（RMSECV）；③将被剔除的 m 个样品恢复，再剔除尚未剔除过的 m 个样品，转回步骤②，直到每个样品的浓度在 RMSECV 中出现一次，且仅出现一次；④得到对应总的 RMSECV 最小的主成分数即为最佳主成分数。

通常采用留一交互验证法来确定最佳主成分数，即取 $k=1$。

6. 校正模型的验证分析与优化

对建立的校正模型必须通过检验集样本的测量来判断模型的质量，模型质量的好坏常用以下几个统计数据来评定。

（1）残差（e）　残差即近红外预测值与参考方法测定值之差。其数学表达式为

$$e = y - y_b \tag{5-32}$$

最理想的结果是对于一组样品，它们的残差一部分为负值，一部分为正值，残差分布在零点上下。

（2）相关系数（R）

$$R = \sqrt{\frac{\sum (y_b - y)^2}{\sum (\bar{y}_b - y)^2}} \tag{5-33}$$

式中 y——NIR 预测的含量值；

y_b——标准方法测得的含量值；

$\bar{y}_b$——y_b 的平均值。

（3）交叉验证方均根误差（RMSECV）

$$RMSECV = \sqrt{\frac{\sum (y_b - y)^2}{m-1}}$$ （5-34）

式中 m——校正集样品数目。

（4）预测标准偏差（SEP）

$$SEP = \sqrt{\frac{\sum (y_b - y)^2}{n-1}}$$ （5-35）

式中 n——独立验证集样品数目。

计算 RMSECV 时，y_b 采用留一法对校正集样品做交互验证计算得到；预测标准偏差（SEP）是将已建立的模型用来预测 n 个独立样本（不在校正集内）并比较参考方法测定值和近红外预测值而得出。相关系数（R）是一个小于 1 的统计量，它越接近 1，则表示校正模型的预测值与标准对照方法分析值之间的一致性越好；RMSECV 和 SEP 越小，则模型预测精度越高。

7. 样品分析

一个可靠、稳定的校正模型建立之后，就可用于样品分析。用与建模样品相同的光谱采集方法采集被测样品的近红外光谱，并将其代入所建立的校正模型便可自动计算得到待测样品的组分含量。

（二）近红外定量分析方法的验证

可采用 t 检验、F 检验对所建近红外方法的准确度和精密度进行验证评价。

1. t 检验

分别用所建近红外方法和定值所用标准方法对一组待测样品进行分析，且这一组样品的被测组分的含量不尽相同。对每个样品都有来自两种方法的分析结果，构成对子。如果对子之间的差值 d 很小（平均等于零或接近于零），可以认为这两种方法的分析结果一致，即不存在显著性差异，用近红外分析方法代替参比方法进行分析检测是可靠的。

$$t = d_a \sqrt{n} / s_d$$ （5-36）

式中 d_a——配对结果的差值 d 的平均值；

s_d——配对结果的差值 d 的标准偏差。

如果 $|t|$ 小于 $t_{(\alpha,f)}$，则两种方法的分析结果之间不存在显著差异。$t_{(\alpha,f)}$ 值可通过查 t 分布双侧临界值表获得。通常取 $\alpha = 0.05$，即置信度为 95%。

2. F 检验

分别用所建近红外方法与标准方法对同一样品进行多次分析，评价两种方法的精密度之间是否存在显著性差异。

$$F = \frac{S_1^2}{S_2^2}$$ （5-37）

式中 S_1、S_2——两种方法检测结果的标准偏差。

应使 $F \geqslant 1$，即大者为分子，小者为分母。

查表求临界值 F_n，n（$\alpha = 0.05$），若 F 计算值小于临界值，说明两种方法精密度之间不存在显著性差异。

第七节　红外光谱法

红外光谱法是一种常规的仪器分析方法，在火炸药领域有着广泛的应用。红外光谱技术的优势在于：普适性强，适用于固体、液体和气体样品的测试；样品用量少，通常仅几毫克固/液体或几十毫升气体就可以满足测试需求；操作简便快捷，数据直观可靠，能够提供丰富的化合物结构信息。

近年来，红外光谱的联机技术和功能附件的推广和普及，例如热重-红外联用技术、红外显微镜、变温红外光谱附件等，拓展了红外光谱的应用范围，为火炸药及其相关功能材料的结构、性能研究提供了崭新的技术途径。

本章节简要阐述了红外光谱的方法原理、仪器结构、实验技术及在火炸药领域应用的安全注意事项。

一、方法原理

分子按各自的固有频率振动着，当波长连续变化的红外光照射分子时，与分子振动频率相同的红外光被吸收，如果用仪器记录对应的吸光度变化，就得到红外吸收光谱。红外吸收光谱又称分子振动光谱，简称分子光谱或红外光谱。由于物质对红外光具有选择性吸收，不同物质的红外光谱图是不同的，因此通过未知物的红外光谱图可以获得该物质的化学结构信息，这是红外光谱定性的依据。

红外光谱的纵坐标有两种常用表示方法，即透射率 T 和吸光度 A。透射率 T 是红外光透过样品的光强（I）与入射光强（I_0）的比值，$T = I/I_0$，吸光度 A 和透射率 T 的关系为

$$A = -\lg T \tag{5-38}$$

这两种表示方法在应用上各有特点。透射率红外光谱图是市售标准谱图普遍采用的标准格式，能直观地看出样品对不同波长红外光的吸收情况，吸光度红外光谱图的吸光度值 A 在一定范围内与样品浓度成正比关系，适用于定量分析。

红外光谱的横坐标有两种常用表示方法：波数 $\tilde{v}$（cm^{-1}）和波长 λ（μm）。波数是以厘米为单位的波长的倒数。波数和波长的关系为：

$$\tilde{v}(cm^{-1}) = \frac{10^4}{\lambda(\mu m)} \tag{5-39}$$

广义的红外光谱区划分为近红外区（$0.75\mu m \sim 2.5\mu m$）、中红外区（$2.5\mu m \sim 25\mu m$）和远红外区（$25\mu m \sim 1000\mu m$）。远红外光谱是由分子转动能级跃迁产生的转动光谱，中红外光谱和近红外光谱是由分子振动能级跃迁产生的振动光谱。如果没有特别说明，"红外光谱"通常是指中红外光谱。

二、傅里叶变换红外光谱仪

红外光谱仪的发展经历了四代：棱镜分光红外光谱仪、光栅分光红外光谱仪、干涉分光

傅里叶变换红外光谱仪和激光红外光谱仪。傅里叶变换红外光谱仪是红外光谱仪器的第三代，也是目前商品化程度最高的红外光谱仪。

傅里叶变换红外光谱仪主要由光源、样品仓、测光部分、软件系统、显示器等组成，如图5-19所示。

（1）光源 由光源用发射体、光源用电源组成。

（2）样品仓 由样品池、样品架、可组装附件的样品架组成。

（3）测光部分 由干涉仪、检测器、放大器、A/D变换器、脉冲信号发生器等组成。

（4）软件系统 包括傅里叶变换模块和数据处理模块。

（5）显示器 在屏幕上显示分析结果、数据处理结果。

根据需要可增加衰减全反射装置、漫反射装置、红外显微镜、液体池、气体池等附件。

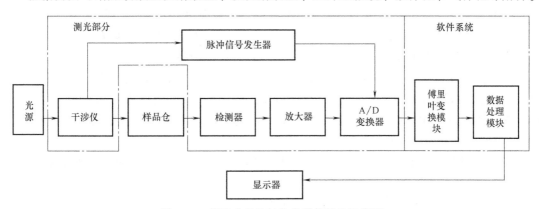

图 5-19 傅里叶变换红外光谱仪结构示意图

三、实验技术

火炸药及其相关材料的试样制备有其特殊要求。首先要了解样品的理化性质、危险性和毒害性，做好安全防护措施；其次用于化学结构鉴定的样品应该是单一组分的纯物质，纯度应大于98%。多组分样品应在测定前用分馏、萃取、重结晶、离子交换或其他方法进行分离提纯，否则各组分光谱相互重叠，难以解析。对含水分的样品要做干燥处理，水本身有红外吸收，会严重干扰样品谱图，且侵蚀盐片。

根据样品的物态和理化性质选择制样方法，试样制备过程要注意避免空气中水分、CO_2及其他污染物混入样品。

1. 固体试样制备技术

固体试样制备方法包括压片法、糊剂法、薄膜法、衰减全反射法、漫反射法和显微红外光谱法。

（1）压片法 压片法适用于粉末状试样，例如黑火药、单质炸药、烟火药、火工品药剂等。易吸水、潮解的试样以及和稀释剂起反应或发生离子交换的试样不宜采用压片法。

将约1mg粉末状固体试样置于玛瑙研钵中，加入约150mg研细干燥的稀释剂，混合均匀并充分研磨，使平均粒度小于2.5μm（注：挑少许粉末于指尖，无颗粒感）。将研磨好的混合物转移至压片模具中，使铺展均匀，用压片机加压至10MPa~15MPa，保持20s后释放压力，制成厚约1mm、直径约13mm的透明或均匀半透明的锭片。实验室空气湿度较大时，可在加压前通过模具上的抽气嘴抽真空，以除去稀释剂吸附的水汽，保证锭片透明、坚实。若试样少于 1mg，可采用微量样品压片模具进行锭片的制备，试样和稀释剂的比例为 1：50~1：200。常用的稀释剂是溴化钾，以盐酸盐形式存在的化合物试样应采用氯化钾作稀释剂。

稀释剂的使用要求如下：

1）稀释剂应采用光谱纯试剂。用溴化钾或氯化钾粉末制成空白锭片，以空气作参比，采集光谱图。谱图基线应大于 75% 透光率；除去在 3440cm^{-1}、1630cm^{-1} 附近因残留或附着水而呈现一定的吸收峰外，其他区域不应出现大于基线 3% 透光率的吸收峰。

2）溴化钾或氯化钾粉末应置于干燥器中保存。在首次开封使用或长期搁置后首次使用时应在 120℃ 烘箱中干燥 2h，以后每次使用前置于红外灯下干燥 0.5h。

（2）糊剂法　糊剂法适用于易吸水、潮解的试样以及采用压片法可能发生离子交换的试样。若需观察和辨别试样谱图中大于 3000cm^{-1} 时出峰的结晶水、羟基或氨基的特征吸收峰，为避免压片法中水峰的干扰，可采用糊剂法进行试样制备。

将约 5mg 粉末状固体试样置于玛瑙研钵中，滴加少许糊剂研磨成糊状，取适量糊状物夹在两枚盐片缝隙间进行测试。液状石蜡在 1300cm^{-1} 以下没有吸收峰（除 720cm^{-1} 处的弱吸收峰），氟油在 4000cm^{-1}~1300cm^{-1} 没有吸收峰，组合这两种方法可获得试样在 4000cm^{-1}~400cm^{-1} 整个中红外波段的红外光谱图。

（3）薄膜法　薄膜法适用于聚合物材料，例如包覆层材料、粘合剂、高聚物钝感剂等原材料。

1）溶液成膜法适用于能溶解于某种易挥发溶剂的聚合物材料。选择适当的溶剂溶解试样，溶液浓度为 1%~3%；将溶液滴在盐片上，挥干溶剂形成薄膜后进行测试。

2）切片成膜法适用于难以溶解、不易粉碎的聚合物材料，采用显微切片机切片成膜后进行测试。

（4）衰减全反射法　衰减全反射法适用于难以溶解、不易粉碎的弹性或黏性试样，例如包覆层材料、粘合剂、高聚物钝感剂等原材料，以及推进剂、发射药、高聚物粘合炸药等火炸药产品。

常见的衰减全反射附件（ATR 附件）包括水平 ATR 附件和单次反射 ATR 附件，试样制备方法如下：

1）水平 ATR 附件适用于形状规则、表面平整的块状、片状、薄膜状试样，试样测试面应与 ATR 晶体表面尺寸相当。将剪裁好的试样覆盖于水平 ATR 附件的晶体表面，通过压力装置施加压力使试样与 ATR 晶体紧密接触，进行试样光谱采集；取下试样、清理晶体表面后，进行背景光谱采集。

2）单次反射 ATR 附件适用于不规则试样，试样与压力杆的接触面为直径 2mm 的圆面。将试样置于单次反射 ATR 附件的晶体表面，通过压力杆施加压力使试样与 ATR 晶体紧密接触，进行试样光谱采集；取下试样、清理晶体表面后，进行背景光谱采集。

（5）漫反射法　漫反射法适用于粉末状试样，特别适用于无法用压片法制样的试样以及试样用量较小时用压片法无法获得试样组分代表性的不均匀试样。

将试样与稀释剂混合均匀、充分研磨，使平均粒度小于 2.5μm。试样与稀释剂质量比一般为 1：20~1：10，混合物总质量约为 300mg。将混合物装入样品池，进行试样光谱采集；研细的空白稀释剂装入样品池，进行背景光谱采集。漫反射谱经过 K-M 变换后可进行定量分析。

（6）显微红外光谱法　显微红外光谱法是红外光通过光学显微镜高度聚焦在试样上，对试样进行检测的光谱技术，适用于微量试样及试样微区的分析。

将试样置于红外显微镜载物台的盐片或反射板上，进行光谱采集。红外光谱显微技术有透射、反射、衰减全反射三种光谱采集模式。

2. 液体试样制备技术

液体试样制备方法包括液膜法、液体池法和衰减全反射法。

（1）液膜法　液膜法适用于液体试样的定性分析。将 1~2 滴液体试样滴在盐片上，取另一枚盐片覆盖于液滴上，试样在两枚盐片缝隙间形成液膜后即可测试。黏稠且不易挥发的液体可用刮刀取少量试样均匀涂抹于盐片上进行测试，液体炸药、含能粘合剂等含能材料宜采用聚四氟乙烯刮刀制备。不含水的试样宜采用溴化钾（适用波数 5000cm^{-1}~400cm^{-1}）或氯化钠（适用波数 5000cm^{-1}~650cm^{-1}）盐片制样，含水试样宜采用氟化钡（适用波数 5000cm^{-1}~800cm^{-1}）或氟化钙（适用波数 5000cm^{-1}~1300cm^{-1}）盐片制样。

（2）液体池法　液体池法适用于液体试样的定量分析。将液体池倾斜 30°，用注射器（不带针头）吸取液体试样，由下孔注入直到上孔看到液体溢出为止，用聚四氟乙烯塞子塞住上、下注射孔，用脱脂棉擦去溢出的液体，进行测试。液体池窗片宜选择溴化钾、氯化钠、氟化钡、氟化钙盐片。

（3）衰减全反射法　适用于液体试样的定性、定量分析，特别适用于含水试样的分析。将液体试样滴在衰减全反射附件的晶体表面，完全覆盖晶体表面，进行试样光谱采集；用溶剂清洗晶体表面后，进行背景光谱采集。常用的清洗溶剂有乙醇、丙酮、水。

3. 气体试样制备技术

火炸药分解、燃烧、爆炸气体产物的测试应采用气体池法。将气体池连接真空泵，抽真空 5min~10min 后进行背景光谱采集；导入待测气体，进行试样光谱采集。

四、红外光谱的应用

（一）定性分析

红外光谱的定性分析，可分为官能团定性和结构定性两个方面。官能团定性是根据红外光谱图的特征吸收峰来鉴定相应化合物中含有的官能团，从而确定该化合物的类别；结构定性是通过对比测试试样的红外光谱与已知纯化合物的红外光谱或标准谱图的相似程度，对化合物进行定性。

定性分析的红外谱图解析应注意以下事项：

1）选择的制样方法不同，获得的红外光谱图不完全相同；选择与标准谱图或数据库中的测试条件一致的方法进行测量，更有利于谱图解析。

2）试样的物态效应、溶剂效应、氢键、共轭效应、诱导效应、空间效应、振动耦合等内外因素都会影响红外光谱特征峰频率、强度和形状，解析谱图时应考虑这些因素。

3）应结合核磁、质谱、紫外、元素分析结果对化合物结构进行定性分析。

（二）定量分析

红外光谱定量分析的依据是朗伯-比尔定律：当一束光通过试样时，任意波长光的吸收强度（吸光度）与试样中各组分的浓度成正比，与光程长（试样厚度）成正比。

定量分析方法包括工作曲线法和多元校正法。

（1）工作曲线法　当试样组成简单，待测组分有独立特征吸收峰且不受其他组分干扰时，可采用工作曲线法。配置一系列待测组分不同浓度的标准试样，绘制特征吸收峰吸光度与浓度的工作曲线，通过工作曲线计算被测试样的浓度；也可用吸光度比作为工作曲线，其优点是试样厚度不必参与计算。用于定量分析的吸收峰的吸光度值应在 0.1~0.9 之间。

（2）多元校正法　当试样中各待测组分的特征吸收峰交叉重叠、互相干扰时，可采用多元校正法。该方法采用测定光谱范围内的一部分或全部光谱数据进行定量分析，适用于多组分的同时测定。采用化学计量学中的多元线性回归、主成分回归法、偏最小二乘法等建立定量校正模型，获得光谱数据与标准试样组分含量之间的相关性。通过定量校正模型计算被测试样的组分含量。

五、注意事项

（一）仪器工作环境

1）工作环境应远离振动源，且附近没有电磁诱导的影响。

2）工作环境中应无腐蚀性气体，防尘。

3）仪器应避免日光直射，不直接面对空调机的排风。

4）工作环境相对湿度不大于 70%，温度为 15℃~30℃。

5）仪器的供电电压为 220V±22V，频率为 50Hz±1Hz。

（二）仪器操作

1）仪器带电状态下不应触摸高电压部分和带电部分，应充分绝缘和接地。

2）避免直视激光。

3）使用 MCT 检测器时，添加液氮应佩戴防护用具，并避免吸入高浓度气体。

4）每周开机 2h 以上。

5）每月检查一次光路准直情况。

6）根据环境相对湿度变化情况，定期更换仪器光学台内部的干燥剂。

7）进行仪器维修、维护和保养后，应做好相关记录。

（三）试样制备

1）试样制备前应观察和了解试样的理化性质、危险性和毒害性，做好安全防护措施。

2）宜使用牛角勺、聚四氟乙烯刮刀，不应使用不锈钢药勺、不锈钢刮刀称取和处理火炸药试样。

3）不应在红外灯下研磨、烘烤火炸药试样。

4）采用溴化钾压片法制备摩擦感度较高的粉末状火炸药试样时，应做好防护措施。

5）对于摩擦感度和撞击感度未知的新型含能材料，应避免采用压片法、衰减全反射法制样，可采用显微红外光谱法直接测试。

6）感度较高的含水试样，宜采用真空烘箱干燥处理后进行试样制备。

7）气体试样的制备应在通风橱中进行。

第八节　热 分 析 法

热分析是测量物质的任意物性参数对温度依赖性的一类有关技术的总称。在恒温条件下反复地进行测量求得对应温度依赖关系的方法称为静态热分析，按照一定程序改变温度的热分析方法称为动态热分析。

不论在军事上还是在民用上都要求火炸药具有良好的热安定性和较低的热感度，因此测定和研究火炸药性能与温度的依赖关系非常重要。热分析方法很多，本章节主要介绍差热分析法（DTA）和差示扫描量热法（DSC），以及它们的仪器校准方法、实验结果的影响因素、在火炸药中的应用。DSC 和 DTA 的主要差别在于 DSC 是测定在温度作用下试样与参比物的能量差，而 DTA 是测定它们之间的温度差。

一、差热分析法

差热分析（DTA）是在程序控温下，测量物质和参比物的温度差与温度的关系的技术。记录为差热分析曲线（DTA 曲线）。温度差 ΔT 为纵轴；时间 t 或温度 T 为横轴。这种关系可用数学式表达为

$$\Delta T = T_S - T_R = f(T \text{ 或 } t)$$

式中　T_S——试样温度；

　　　T_R——参比物温度。

（一）测试原理

差热分析仪的组成如图 5-20 所示。

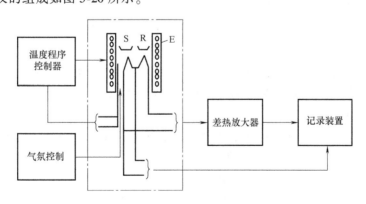

图 5-20　差热分析仪的组成示意图

E—电炉　S—试样　R—参比物

测定时将试样 S 和参比物 R 分别放在两只坩埚里再置于加热炉中的支持器上，然后进行等速升温。若试样不发生热效应，则在理想情况下，试样温度 T_S 和参比物温度 T_R 相等，即 $\Delta T = 0$，差示热电偶无信号输出（因为两对热电偶反向连接）。记录装置上记录的温度差 ΔT 仅为一条直线，称为基线，基线不一定是零线。

当试样在某一温度下发生物理或者化学变化以后，则会放出或者吸收一定热量，此时示差热电势会偏离基线，得到图 5-21 曲线。

实验证明所得差热分析曲线不仅取决于试样的特性，而且还与仪器的结构、升温速率、试验气氛等因素有关。

当试样和参比物质分别置于池中时，如均热块的温度分布是均匀的，试样、样品池、热电偶接点等各处的温度相等；试样和参比物质的热容量分别为 C_S 和 C_R，并不随温度变化；试样和参比物与均热块之间的热传导和温度差成正比，且传热系数 λ 与温度无关。在这样的情况下，设 T_W 为金属块温度，$\Phi = \dfrac{dT_W}{dt}$ 为程序升温速率。当均热块放置在加热炉的恒温带位置，且测量池和参比池在均热块中的几何位置完全对称时，由于试样与参比物质热容量的

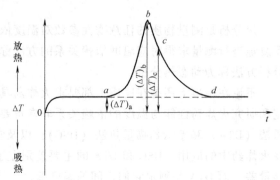

图 5-21 DTA 放热转变曲线
a—反应起始点 b—峰顶 c—反应终点 d—温度回到基线

差别，在程序升温过程中它们之间始终保持有一个恒定的温度差，如图 5-21 中曲线 $0 \sim a$ 之间的 $(\Delta T)_a$ 值，则可以描述为

$$\Delta T = \frac{C_R - C_S}{\lambda} \Phi \left[1 - \exp\left(-\frac{\lambda}{C_S} t \right) \right] \tag{5-40}$$

式中　λ——试样与均热块之间的传热系数；

　　　t——时间。

在试样不发生任何热效应时

$$(\Delta T)_a = \frac{C_R - C_S}{\lambda} \Phi \tag{5-41}$$

由此可见，基线与零线之间的距离 ΔT 与试样和参比物质的比热容之差成正比，与升温速率成正比，与传热系数成反比。当试样分解完并逸出以后，$C_S = 0$，在其他条件不变时，$(\Delta T)_a$ 达到最大值。

在试验过程中，参比物质和试样同时被加热，也就是说它们同时从加热炉中获得能量。当试样产生吸热效应时，试样所得的热量为

$$C_S \frac{dT_S}{dt} = \lambda (T_W - T_S) + \frac{dQ}{dt} \tag{5-42}$$

式中　Q——试样的熔化热。

参比物质所得的热量为

$$C_R \frac{dT_R}{dt} = \lambda (T_W - T_R) \tag{5-43}$$

如果试样和参比物质处于同一温度场中，且加热速率相等时，则

$$\frac{dT_S}{dt} = \frac{dT_W}{dt} = \frac{dT_R}{dt} = \Phi$$

此时基线和零线相同，或者基线偏离零线某一固定值，由式（5-41）可得

$$C_R \frac{dT_R}{dt} = C_S \frac{dT_R}{dt} + \lambda (\Delta T)_a \tag{5-44}$$

结合式（5-43）得

$$C_R \frac{dT_R}{dt} = \lambda (T_W - T_R) - \lambda (\Delta T)_a \tag{5-45}$$

将式（5-42）与式（5-45）相减得

$$C_S \frac{d(\Delta T)}{dt} = \frac{dQ}{dt} - \lambda [\Delta T - (\Delta T)_a] \tag{5-46}$$

由此可以看出，当 $\dfrac{d(\Delta T)}{dt} = 0$ 时，则

$$(\Delta T)_b - (\Delta T)_a = \frac{1}{\lambda} \cdot \frac{dQ}{dt} \tag{5-47}$$

或者

$$\frac{dQ}{dt} = \lambda [(\Delta T)_b - (\Delta T)_a] \tag{5-48}$$

式（5-48）表明，当试样与金属块之间的热传导率不变时，放（吸）热速率与峰高成正比。$\dfrac{d(\Delta T)}{dt} = 0$ 为峰的 b 点，此时 $\dfrac{dQ}{dt}$ 并不等于 0，也就是说反应仍在进行，只不过反应速率在下降，反应放热的速率小于样品池壁向环境散热的速率。所以反应终点位置应该在 b 点到 d 点之间的某一位置上。

当反应达到终点时，$\dfrac{dQ}{dt} = 0$，此时式（5-46）为

$$C_S \frac{d(\Delta T)}{dt} = -\lambda [\Delta T - (\Delta T)_a] \tag{5-49}$$

积分式（5-49）得

$$(\Delta T)_c - (\Delta T)_a = \exp\left(-\frac{\lambda}{C_S} t\right) \tag{5-50}$$

由此可见，反应进行到终点 c 以后，ΔT 将按指数函数的规律回到基线。

将式（5-50）两边取对数并以 $\lg[(\Delta T)_c - (\Delta T)_a] \sim \dfrac{1}{t}$ 作图，便可以得到从开始偏离直线的那一点为反应终点 c。

如果将式（5-46）和式（5-49）分别积分

$$Q = C_S [(\Delta T)_c - (\Delta T)_a] + \lambda \int_a^c [\Delta T - (\Delta T)_a] dt \tag{5-51}$$

$$C_S [(\Delta T)_c - (\Delta T)_a] = \lambda \int_c^d [\Delta T - (\Delta T)_a] dt \tag{5-52}$$

将式（5-52）代入式（5-51）得

$$Q = \lambda \int_a^c [\Delta T - (\Delta T)_a] dt + \lambda \int_c^\infty [\Delta T - (\Delta T)_a] dt \tag{5-53}$$

$$Q = \lambda \int_c^\infty [\Delta T - (\Delta T)_a] dt = \lambda A \tag{5-54}$$

式中　A——差热曲线包围的面积。

由此可见，差热曲线的峰面积与反应热成正比，这是差热分析的定量基础。

（二）差热分析仪的组成

差热分析仪由三大部分组成：①被测物质的物理性质检测装置部分（图 5-20 点画线内部分，也称主体部分）；②温度程序控制装置部分；③显示记录装置部分；④气氛控制和数据处理装置部分。

主体部分包括加热器（炉）E，样品（S、R）容器和支持器以及检测敏感元件。检测敏感元件的作用是把试样的物理参数的变化转换成电量（电压、电流或功率），再加以放大后送到显示记录部分。这是 DTA 装置的核心部分，它决定了仪器的灵敏度和精确度。检测敏感元件是由同种材料做成的两对热电偶，将它们反向连接，组成差示热电偶，并分别置于试样和参比物容器底部。

温度程序控制部分的作用是使试样在要求的温度范围内进行温度程序控制，如升温、降温、恒温和循环等。

显示记录部分的作用是把检测敏感元件所测得的物理参数，经放大后对温度或时间作图，直观地显示或记录下来，现代的差热分析仪器都配有微型计算机进行实验数据处理。

气氛控制部分的作用是为试样提供真空、保护气氛和反应气氛。

二、差示扫描量热法

差示扫描量热法（DSC）的定义：在程序控温下，测量输入试样物质和参比物的功率差与温度的关系的技术。用数学式表示为：

$$\frac{\mathrm{d}H}{\mathrm{d}t} = f(T \text{ 或 } t) \tag{5-55}$$

根据测量方法，将差示扫描量热仪分为两种：一种为功率补偿型差示扫描量热仪，它是记录热流率 $[(\mathrm{d}H/\mathrm{d}t)_{\Delta T} \to 0]$ 的仪器，如美国 Perkin-Elmer 公司生产的仪器；另一种为热流型差示扫描量热仪，它是记录差示温度（$\Delta T \neq 0$）的仪器，如美国 Thermal Analysis（TA）公司生产的仪器。

DSC 的加热方式可分为两种：一种叫外加热，就是用一个炉子来加热，热流式 DSC 只能用外加热；另一种叫内加热，就是不用加热炉，而是靠支持器中的电阻丝（炉丝）进行加热。

（一）热流型 DSC

热流型 DSC 是属于热交换型的量热计，与环境的热量交换是通过热阻进行测量的。测量的信号是温差，其值表示交换的强度，并与热流速率 Φ 成正比。热流型 DSC 因实现热传导的方式不同，主要的基本类型是圆盘式的测量系统和圆柱式测量系统。热流型 DSC 的组成和 DTA 相似。

1. 圆盘式的热流型 DSC

圆盘的材料可以使用金属、石英玻璃或陶瓷。这类仪器的样品池与工作原理如图 5-22。

为减小加热源到试样间热阻随温度的变化，加热源到试样之间的传热主要借助于高热导率的康铜片（热导率随温度的变化小），尽量减少热辐射和热对流传热。同样，为减少加热源辐射给试样和参比物的热量，应采用浅皿的试样盘与参比盘。

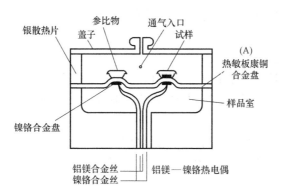

a) 圆盘式测量体系热流型DSC的样品池

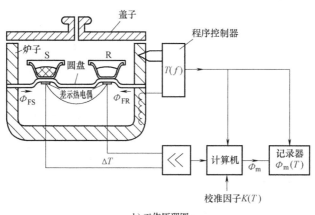

b) 工作原理图

图 5-22 圆盘式热流型 DSC 的样品池与工作原理

S—试样坩埚　　R—参比物坩埚

Φ_{FS}—从炉子到试样坩埚的热流速率　　Φ_{FR}—从炉子到参比物坩埚的热流速率　　Φ_m—测得的热流速率

另外，由 DTA 的理论分析可知，DTA 曲线的峰面积 A 与反应热 Q 之间存在一定的比例关系：

$$Q = KA \tag{5-56}$$

$$K = \frac{1}{\lambda g} \tag{5-57}$$

式中　g——试样形状因子；

　　　λ——热导率。

如果因试样发生转变，则产生与试样和参比物热流速率之差成比例的差示信号：

$$\Phi_{FS} - \Phi_{FR} \sim -\Delta T$$

$$\Delta T = T_S - T_R \tag{5-58}$$

由测得的 Φ_m 和 DSC 曲线峰积分面积，与已知转变热 Q_r 比较可得到代表真正转变热的校正系数 K_Q

$$Q_r = Q_{真正} = K_Q \int (\Phi_m - \Phi_b) \, \mathrm{d}t \tag{5-59}$$

式中　Φ_b——DSC 曲线的基线 （图 5-23）。

这类仪器最高使用温度的技术指标通常是在 725℃，并认为由于热辐射，因此不宜在高温环境工作。

2. **圆柱式的热流型 DSC**

一个块状的圆柱形炉子，带有两个圆柱形的槽，每个槽都装有一个圆柱形盛样的容器，该容器通过若干个热电偶（热电堆）与炉子或直接与另一容器接触，采用热电堆是这类测量体系的特征。

圆柱式测量体系，每个样品容器的外表面与连在一起的大量热电偶相接触，这些热电偶处于容器和炉槽之间，如图 5-24 所示。

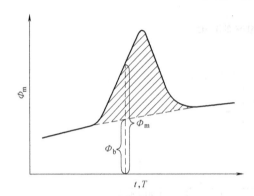

图 5-23　热流速率测定值 Φ_m
与基线的示意图

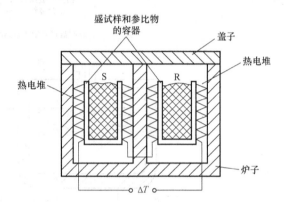

图 5-24　圆柱式测量体系的热流型 DSC
S—试样　R—参比物　ΔT—容器间的温差

带状或线状热电偶既是从炉子到样品的主要热传导途径，又是温差传感器，两个样品容器是热分离的，仅靠整个炉子的一部分进行热交换。测量的信号是两个样品容器表面的平均温差 ΔT，是由两个热电堆的差示关系产生的。

$$\Delta T = \Delta T_{FR} - \Delta T_{FS} = \Delta T_{SR} \tag{5-60}$$

对于稳态的热交换过程，炉子和试样间交换的热流速率 Φ_{FS}，炉子和参比物间交换的热流速率 Φ_{FR}，以及测得的输出热流速率和传给试样的真实热流速率 Φ_m 之间的关系为

$$\begin{cases} \Phi_{FS} - \Phi_{FR} \sim -\Delta T \\ \Phi_m = -K'\Delta T \\ \Phi = K_\Phi \Phi_m \end{cases} \tag{5-61}$$

对于测得的信号能否完全代表真实的热流速率以及峰面积相应的已知转变热，尚需仔细核对。

具有圆柱式测量体系的热流型 DSC 的工作温度范围是从 -190℃ 到 1500℃。

（二）功率补偿型 DSC

如前所述，热流型差示扫描量热法基本上与差热分析区别不大。DTA 和热流型 DSC 曲线记录的是试样和参比物之间的温度差 ΔT，其值可正可负；而功率补偿型 DSC，则要求试样和参比物温度，不论试样吸热或放热都要处于动态零位平衡状态，即使 $\Delta T \rightarrow 0$。测定的是维持试样和参比物处于相同温度所需的能量差 ΔW。

如何实现 $\Delta T \rightarrow 0$？就是通过功率补偿。在功率补偿型 DSC 仪器中，试样支持器与参比物支持器，不论是分开的，还是连成一体的，都有一个独立的热源。

目前功率补偿的方式有以下三种：

1）保持参比物 R 侧以给定的升温速率升温，通过变化试样 S 侧的加热量来达到补偿的作用，如果试样放热，则试样 S 侧少加热；如果试样吸热，则试样 S 侧多加热。此方案最合理，因为从理论上讲可以做到功率补偿而不破坏程序控温。

2）在程序控温过程中，同时变化试样 S 侧与参比物 R 侧的电流来达到 $\Delta T \rightarrow 0$。试样放热时，试样 S 侧少通电流，而参比物 R 侧多通电流。此种方式多少破坏了些程序控温，为此，需采用电子计算机控制输入温度。

3）当试样放热时，只对参比物 R 侧通电流，试样吸热时，只对试样 S 侧通电流，使 $\Delta T \rightarrow 0$。此种方式对程序控温影响最大。

功率补偿 DSC 是属热补偿类量热计，待测的热量几乎全部是由电能来补偿的。

测量系统是由两个同类铂-铱合金制微电炉构成，如图 5-25 所示。每个微电炉都包含一个温度传感器（铂电阻温度计）和一个加热电阻（由铂丝制成）。

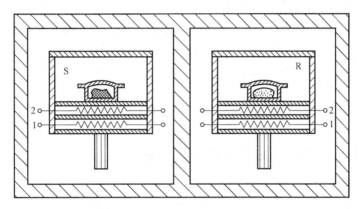

图 5-25　功率补偿型 DSC 测量系统

1—加热丝　2—电阻温度计　S—试样测量系统（包括试样坩埚，微电炉和盖子）

R—参比物系统（与 S 类似，两个相互分离的测量系统是置于一个均温块中）

功率补偿型 DSC 的工作原理如图 5-26 所示。它按着试样相变（或反应）而形成的试样和参比物间温差的方向来提供电功率，以使温差低于额定值。

如果 T_R 为试样炉的温度，T_R 为参比物炉的温度，$\Delta T = T_S - T_R$，ΔP 是补偿加热功率，Φ_m 是测得的热流速率（测量的信号），则这些量之间有如下关系

$$\begin{cases} \Delta P = -k_1 \Delta T \\ \Phi_m = -k_2 \Delta T \end{cases} \quad (5\text{-}62)$$

因子 k_1 是厂家已设计的比例调节器的固定的量，一个给定的补偿加热功率总是相应于一个给定的 ΔT；k_2 可借助电位计随仪器而改变，或通过软件（校准）将其调整。因子 k_2 几乎与测量的参数（如温度）无关，因此原则上 k_2 通过 1 次校准测量便可确定。

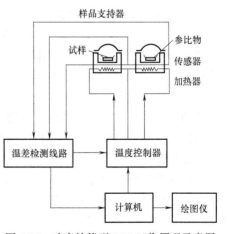

图 5-26　功率补偿型 DSC 工作原理示意图

（三） 差示扫描量热仪的组成

图 5-27 示出的是外加热式功率补偿型差示扫描量热仪的结构组成示意图，由于差示扫描量热法是在差热分析基础上发展起来的，因此，差示扫描量热仪在仪器结构组成上与差热分析仪非常相似。热流型差示扫描量热法，实际上就是定量差热分析，功率补偿型差示扫描量热仪与差热分析仪的主要区别是前者在试样 S 侧和参比物 R 侧下面分别增加一个功率补偿加热丝（或称加热器），此外还增加一个功率补偿放大器。而内加热式功率补偿型差示扫描量热仪结构组成特点是测温敏感元件是用铂电子丝而不是热电偶。

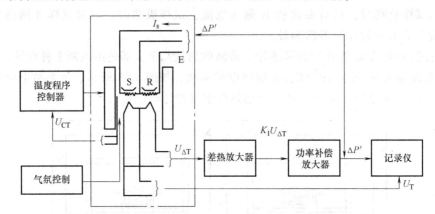

图 5-27　外加热式功率补偿型差示扫描量热仪的结构组成示意图

三、差热分析仪和差示扫描量热仪的校准

（一） 温度校准

温度校准是指将仪器的"示值"核准为"真值"的温度。"真值"温度是借助校准物质由固定点定义的；仪器的"示值"温度取自测量曲线，并尽可能要求外推到零升温速率，以消除或减小仪器和试样参数的影响。

由于测温点不是试样放置点，在升降温实验中将出现与仪器的实验参数有关的系统误差。

在进行 DSC 或 DTA 温度校准的实际操作时，应注意如下各点：

1）至少选择 3 种校准物质，覆盖所需的温度范围，即尽可能与实际的测量范围相互一致（选 3 种校准物质是为了核对是否存在非线性）。

2）为做重复测量，每种校准物质至少准备两个校准试样，试样量相当于一般惯常测试所用的量。

3）须核实对同一物质的第 1 和第 2 个校准试样在相同升温速率测得的特征温度间，是否存在明显差异。如有必要尚须核对温度是否与其他参数（度样量、坩埚装样等）有关。

4）按仪器使用说明书，将按该法测得的特征温度值与各自固定点的 T_{fix} 值（或文献值 T_{lit}）记入校准表格或曲线。

5）如果特征温度不仅与升温速率有关，而且与其他参数有关，尚须表示出这些关系（如与容器装样、测量体系试样容器的位置、敞开或封闭的试样容器、试样量、试样形状、气氛、试样容器的材质等的关系）。

国际热分析协会（ICTAC）设立的标准化委员会选出了 4 种低温标准物质和 10 种温度

范围在 125℃ ～ 940℃ 的标准物质用于温度校正。这 14 种标准物质和它们的相变温度列于表 5-12。在后面 10 种标准物质中，除了高纯金属铟和锡以熔点为标准外，其他 8 种都是以固-固相变温度为标准的。

表 5-12　NBS-ICTAC 标准物质及其 DTA 测定结果

组号	物质	相变	平衡转变温度/℃
—	环己烷	相转变	86.1
—	—	—	4.8
—	二苯醚	熔融	25.4
—	邻联三苯	熔融	55.0
758	KNO_3	固体-固体	127.7
	In	固体-液体	157(156.6)
	Sn	固体-液体	231.9
	$KClO_4$	固体-固体	299.5
759	Ag_2SO_4	固体-固体	430(424)
	SiO_2	固体-固体	573
	K_2SO_4	固体-固体	583
760	K_2ClO_4	固体-固体	665
	$BaCO_3$	固体-固体	810
	$SrCO_3$	固体-固体	925

主要研究有机化合物的工作者可以参考表 5-13 给出的一些有机物质的转变温度。

表 5-13　一些有机物的转变温度

化合物	相变	平衡转变温度/℃	外推起始温度/℃
对硝基甲苯	固体-液体	51.5	51.5
六氯乙烷	固体-固体	71.4	—
萘	固体-液体	80.3	80.4
六甲基苯	固体-固体	110.4	—
苯甲酸	固体-液体	122.4	122.1
己二酸	固体-液体	151.4	151.0
茴香酸	固体-液体	183.0	183.1
2-氯蒽醌	固体-液体	209.1	209.4
咔唑	固体-液体	245.3	245.2
蒽醌	固体-液体	284.6	283.9

为能使差示扫描量热法的温度数据精确度达到 ±0.1℃，还必须采取许多附加的措施：

1）将试样皿放置在试样支持器中的规定位置。

2）对于同一物质，使用的试样量要尽可能少，而且每次所用的试样的质量要基本一致，如果要研究几种不同的物质，选取各试样的质量时，应使每一种试样在熔融时所吸收的热量相同。

3）当研究有机（无机）物质时，应当用标准的有机（无机）物质来校准温度的标度，因为金属校准物质的热导率太大。

4）试样的几何形状必须标准化。

（二）能量（纵坐标）校正

差热分析能量（或量热）校正是以 Speil 公式，即 $\Delta H = KA$ 为基础，ΔH 是比熔变化，常用单位为 J/g 或 mJ/mg；A 是 DTA 曲线与基线包围的面积；K 是比例系数或叫仪器常数，其大小取决于传热系数，单位为 J/（g·mm^2）。

差示扫描量热法的能量（或量热）校正的基础为

$$\Delta H = \int_{t_1}^{t_2} \left(\frac{dH}{dt} \right) dt \tag{5-63}$$

$\int_{t_1}^{t_2} \left(\frac{dH}{dt} \right) dt$ 即 DSC 曲线峰面积，所以试样的比熔直接与 DSC 曲线下面所包围的面积成正比。在热量与面积的转换中，还要涉及仪器常数、所用仪器量程以及测量面积时所用的单位等。利用这种面积数据，可算出校正常数 K。有了仪器常数 K 以后，可以计算出任何试样的熔融热（或反应热）。

通常人们采用其比熔精确测定过的高纯金属作为能量校正标准，最常用的校准物质是铟，其纯度为 99.999%，熔点为 156.4℃，比熔 $\Delta H = 28.45$J/g。

为了判断是否需要采取多点校准，可以检查在远离校准温度的温度下发生的某些反应的熔值，看它们是否正确。

在能量（量热）校正中选择合适的校正物质是很重要的，目前推荐作为量热校正的标准物质有 14 种（表 5-14），共有 17 个相转变。

DSC 能量（纵坐标）校正的另一种方便方法，是利用测定已知物质的比热容来进行的。

表 5-14　DSC 量热校正的标准物质

化合物	温度/℃	转变	ΔH/（kJ/mol）	平均标准偏差		备注
				±kJ/mol	±%	
H_2O	0	熔点	6.03	0.12	2.0	—
AgI	149	多晶转变	6.56	0.05	0.7	易分解
In	157	熔点	3.26	0.02	0.6	—
$RbNO_3$	166	多晶转变	3.87	0.02	0.6	—
$AgNO_3$	168	多晶转变	2.27	0.01	0.3	易分解
$AgNO_3$	211	熔点	12.13	0.08	0.7	易分解
$RbNO_3$	225	多晶转变	3.19	0.01	0.4	—
Sn	232	熔点	7.19	0.03	0.4	—
Bi	272	熔点	11.09	0.12	1.1	—
$RbNO_3$	285	多晶转变	1.29	0.01	0.5	—
$NaNO_3$	306	熔点	15.75	0.11	0.7	易分解
Pb	327	熔点	4.79	0.07	1.4	—

（续）

化合物	温度/℃	转变	$\Delta H/$(kJ/mol)	平均标准偏差		备注
				±kJ/mol	±%	
Zn	419	熔点	7.10	0.04	0.6	—
AgSO$_4$	426	多晶转变	15.90	0.16	1.0	易分解
CsCl	476	多晶转变	2.90	0.03	1.0	—
LiSO$_4$	576	多晶转变	24.46	0.07	0.3	有吸湿性
K$_2$CrO$_4$	668	多晶转变	6.79	0.10	1.5	基线校正困难

DSC 是测量试样的吸热或放热速率，纵坐标为 dH/dt（单位为 mJ/s），根据式（5-64）计算比热容。

$$c_p = \frac{dH/dt}{m\beta} \tag{5-64}$$

式中　　c_p——恒压比热容（J/kg·K）；

m——试样质量（g）；

β——设定的升温速率。

常用的标准物质是蓝宝石，它的比热容数据已精确测定过。比较已知质量蓝宝石比热容的测定值与文献值，即可对 DSC 纵坐标量程标度进行校正。

四、实验结果的影响因素

（一）仪器方面的影响因素

（1）样品支持器　由于 DTA/DSC 曲线的形状受到热量从热源向样品传递和反应性试样内部放出或吸收热量的速率的影响，所以在 DTA/DSC 实验中，样品支持器起着极其重要的作用。因此要求试样支持器与参比物支持器完全对称，并仔细考虑它们在炉子中的位置及传热情况。

（2）热电偶位置及其形状　目前所用的差示热电偶多数是安放在样品皿底部的一种平板式热电偶，比过去的接点球形热电偶的重复性要好，但仍要注意样品皿底要平（特别是使用多次的铂金样品皿，底部若不平，要用整形器整平后再用）。

（3）试样容器（皿）影响　热分析试样容器所用材料对试样、中间产物、最终产物和气氛应是惰性的，既不能有反应活性，也不能有催化活性。

试样容器的大小、质量和几何形状以及使用后遗留的残余物的清洗程度，对 DTA/DSC基线都会有影响。

（二）操作条件的影响

（1）升温速率的影响　一般来说，DTA/DSC 曲线的形状，随升温速率的变化而改变。当升温速率增大时，峰温（T_i、T_p、T_f）随之向高温方向移动，峰形变得尖而陡。

升温速率不仅影响曲线形状，还影响相邻峰的分辨率。从提高分辨率角度来考虑，采用低的升温速率有利。可用高的升温速率来检测低的升温速率无法检测到的小转变。

（2）气氛的影响　在有气体组分释放或吸收的反应中，峰的温度和形状会受到系统气体压力的影响。如环境气氛与所放出或吸收的气体相同，那么变化更加显著，这可从热力学

上得到说明。转变温度与压力之间的关系可用著名的 Clapeyron 方程表示，该方程给出蒸气压随温度的变化速率

$$\frac{\mathrm{d}p}{\mathrm{d}T} = \frac{\Delta H}{T \Delta V} \tag{5-65}$$

式中　p——气氛中某组分的蒸气压；

　　　ΔH——转变的焓；

　　　ΔV——转变前后体系的摩尔体积差；

　　　T——转变时的绝对温度。

对于不涉及气相的转变，如晶型转变、熔融、结晶以及玻璃化转变等，由于转变前后体积变化不大，则压力对转变温度的影响很小，DTA/DSC 峰温基本不变；但对有气相转变，如固-气热分解、升华、汽化、氧化和氢还原等，压力对平衡温度有明显的影响，峰温有较大的变化。

实验所用气氛一般有两种方式：静态气氛，通常是封闭系统；动态气氛，气体流经炉子或样品。采用前一种方式时，由于包围试样气氛受到试样放出气体和炉内对流现象的影响，浓度不断变化，故实验结果极难重复。目前商业热分析仪器具有很好的控制气氛系统，因此它能在实验中保持和重复所需要的动态气氛。

实验所用气氛的性质如氧化性、还原性和惰性对 DTA/DSC 曲线影响很大。可以被氧化的试样，在空气或氧气中会有很大的氧化放热峰；但在氮气或其他惰性气体中就没有氧化峰。

（三）样品方面的影响因素

（1）试样量的影响　试样用量越多，试样内传热越慢，形成的温度梯度越大，峰形扩张，分辨率要下降，峰顶温度移向高温。

（2）试样的粒度的影响　试样粒度的影响十分复杂，通常大颗粒热阻较大，使得熔化温度偏低，有时这种影响又不太明显，同样与试样特性有关。

（3）样品装填方式的影响　DTA/DSC 曲线峰面积与样品的热传导率成正比，而样品的热传导率又依赖于样品颗粒大小的分布和样品填装的疏密，即与接触的程度有关，所以装填方式也很重要。无机样品可以事先研磨、过筛，高分子样品要尽力做到均匀。

（4）试样结晶度的影响　晶体结构完善程度对检测结果有影响，所得到的图形的清晰度和尖锐程度是随结晶度而增加的。

（5）参比物的影响　目前一般都用 α-Al_2O_3（在高温下煅烧过的氧化铝粉末）作参比物，也可以用与试样性能相近的其他参比物（如 MgO、SiO_2），有机物试样可用硅油、聚苯乙烯、苯、邻苯二甲酸二辛酯等。作为参比物的条件是在实验的温度范围内是热惰性的。

（6）稀释剂的影响　稀释剂是某种惰性物质，大部分稀释剂能与试样均匀混合。稀释就是把参比物以某种方式加入试样中，使试样与参比物热容及热导率接近，使基线变好，从而提高分辨率的作用。稀释剂的另一作用是增加试样的透气性，防止某些试样的喷溅，特别是在试样会突然放出气体的情况下，但稀释剂的加入会降低曲线的灵敏度。

五、在火炸药领域的应用

（一）安定性的研究

固体推进剂的安定性可以通过 DTA 放热峰的形状、反应速率、峰面积、反应灵敏度、爆燃时的温度和活化能等综合指标进行考查。一般安定性好的固体推进剂反应过程缓慢，分解和爆燃分步进行，出现双峰和多峰现象。安定性差的则反应速率快，分解和爆燃同时进行，出现单峰现象。

DSC 测试固体推进剂安定性时，选定安定剂消耗完毕，开始加速分解时的拐点为特征点，测量出固体推进剂初始分解热，以此来评价安定性。固体推进剂在储存过程中进行着缓慢分解，安定剂也在不断地消耗，安定性不断下降。安定剂只能在一段时间内减缓推进剂内分解产物的自催化作用。

（二）相容性的研究

测试中使用含能材料和相关物试样的比例一般情况下为 1：1，升温速率、气氛和试样量均根据具体条件而定。试验时要注意将试样混合均匀，使它们之间充分接触；对于混合炸药来说，试样必须具有足够的代表性。

关于 DTA 法评价相容性的判据问题是比较复杂的。炸药与相关材料混合物同炸药单一组分相比，凡是 DTA 峰值温度提前或者活化能降低、反应级数上升的，不论其数值大小，均认为在试验条件下是不相容的。由于 DTA 法所测得数据与试验条件有关，因此要特别注意保证试验条件具有一致性。

用 DSC 方法评价相容性，大体上可以分为两种方法，第一种方法是比较纯炸药和炸药与相关材料混合物的 DSC 曲线上的起始分解温度、峰值温度差值；第二种方法是比较它们的动力学参数变化值。按照比较后的数值大小，分为相容、轻微不相容、不相容和危险 4 类。

快速筛选配方时炸药与材料相容性的判据见表 5-15。

表 5-15 配方相容性判据

等级	判据		结论
	$\Delta T_m/℃$	$\Delta E/E(\%)$	
1	<2.0	<20	相容性好
2	<2.0	>20	相容性较好
3	>2.0	<20	相容性较差
4	>2.0	>20	相容性差

注：$\Delta T_m = T_{m混} - T_{m单}$；$\Delta E/E = \dfrac{E_混 - E_单}{E_单} \times 100\%$。

相容性问题和使用问题要具体情况具体分析，不能把不相容的结论绝对化。这就是说，相容无疑是可以混合或者接触使用的，不相容只能是在一定的条件下不能混合使用，而在某些条件下仍然是可以使用的。

思 考 题

1. 简述电位法中影响 pH 测定的因素。

2. 朗伯-比尔定律是否适合任何有色溶液，为什么？

3. 某有色溶液在3cm的吸收池中测得透光度为40.0%，求吸收池厚度为2cm时的透光度和吸光度各为多少？

4. 气相色谱中怎样选择热导检测器和氢火焰检测器的温度？

5. 预测下列操作对气相色谱色谱峰的影响：①进样时间超过10s；②加大载气流速；③汽化温度太低；④升高柱温。

6. 原子吸收分光光度计上测定样品中的某组分得到下列数据，计算待测样品中的c_X。

试样号	浓度/(mg/L)	吸光度
标样 1	14.0	0.240
标样 2	21.0	0.330
待测样	c_X	0.280

第六章

物理性能的测定

本章所述的火炸药及其相关材料的物理性能主要是指黏度、密度和堆积密度、熔点和凝固点、药形尺寸、粒度等。

第一节　黏度的测定

黏度是指液体流动的难易程度，又称黏（滞）性或内摩擦。液体流动的难易取决于流体内部分子间的内摩擦力。设想将液体沿着运动方向分成许多层，各层的运动速度不一样，外层慢、内层快。运动较慢的一层对运动较快的一层有一种阻力，也就是内摩擦力。内摩擦力 F 由液体流动牛顿定律描述：

$$F = \eta \frac{vS}{D} \qquad (6-1)$$

式中　v——相对运动速度；

　　　S——接触面积；

　　　D——两层的距离；

　　　η——黏度系数。

黏度的表示方法有两种，一种是绝对黏度（如动力黏度和运动黏度），另一种是相对黏度。

1）动力黏度即黏度系数，简称黏度，它是液体在一定剪切力下流动时内摩擦力的量度，用 η_t 表示，下标 t 表示测定时的温度。动力黏度的单位是帕［斯卡］秒，符号 Pa·s，当相距 1m、面积为 $1m^2$ 的两层液体以 1m/s 的速度相对运动应克服的摩擦阻力为 1N 时，该液体的黏度就等于 1Pa·s。因为 Pa·s 太大，常用 mPa·s 表示。

2）运动黏度是液体的动力黏度 η_t 与相同温度下该液体的密度的比值，它是液体在重力作用下流动时内摩擦力的量度，以 ν 表示，单位符号 m^2/s。

3）相对黏度又称比黏度或条件黏度，是指液体在指定温度下，自黏度计流过的时间和水在规定温度下流过黏度计的时间的比值；或一种高分子溶液的黏度与同温度下纯溶剂的黏度的比值。

一、影响因素

黏度由五个独立的参数 S、T、p、t、D 决定。S 表示该物质的物理化学性质，该性质是影响黏度的主要因素。T 表示测量时的温度，流体的黏度随温度的变化非常大，讲一种流体的黏度时必须注明温度。液体的黏度随温度的升高而变小；气体的黏度随温度的升高而增大。p 表示测量时的压力，液体和气体的黏度都随压力的增加而增大，但气体的黏度受压力的影响比液体大得多。t 表示流体受剪切作用的时间。D 为剪切速率。

与剪切速率 D 无关的流体（即服从牛顿黏性定律的流体）称为牛顿流体。纯液体和相对分子质量小的溶液通常都属于牛顿流体。黏度随剪切速率 D 变化的流体（即不服从牛顿黏性定律的流体）称为非牛顿流体。

二、测量方法

测量黏度的仪器称为黏度计。根据黏度计结构的不同，测量方法分为：毛细管黏度计法、落球法、旋转黏度计法、流出杯法、振动法、平板法和超声波黏度计法等。以下介绍在火炸药领域中常用的几种方法。

（一）毛细管黏度计法

根据哈根-泊肃叶定律，假设毛细管内径均匀、无弯曲、足够长；流体是牛顿流体且不可压缩；管壁处流体不滑动；流体的流动是层流。在此基础上经过修正得到运动黏度 ν 的计算公式：

$$\nu = Ct = \frac{\pi R^4 gh}{8V(L+nR)}t \tag{6-2}$$

式中　C——黏度计常数（mm^2/s^2），$C = \frac{\pi R^4 gh}{8V(L+nR)}$；

R——毛细管内径（mm）；

g——重力加速度（mm/s^2）；

h——上、下液面间平均垂直距离（即液柱高度）（mm）；

V——计时球体积（mm^3）；

L——毛细管长度（mm）；

n——末端修正因数；

t——体积为 V 的液体流经毛细管的时间（s）。

从黏度计常数 C 的表达式知道，一支黏度计常数大小与毛细管半径 R、毛细管长度 L、计时球体积 V 有关。其中 C 随 R 的四次方变化，因此 R 的影响最大。在统一规定计时球体积和毛细管长度后，只要改变毛细管内径，便可加工出常数不等的一系列黏度计，从而满足从 $1mm^2/s$ 到 $10^5 mm^2/s$ 的液体黏度的测量。

毛细管黏度计是用玻璃制作的，通常称为玻璃毛细管运动黏度计，结构如图 6-1 所示。黏度受温度的影响很大，因此一切黏度的测量都必须在恒温的条件下进行。用于毛细管黏度计的恒温槽必须具备一定的控温精度及温场均匀性；槽壁要透明或有观察窗，以便计时及读取温度、调垂直等；槽体应足够深，使置于其中的黏度计上、下都有 2cm 左右的距离。

（二）垂直落球法

当刚性小球在无限广阔的流体中沿容器中心轴线匀速落下时，小球所受到的黏性阻力、小球的重力及小球所受到的浮力达到平衡。经过推导，得到斯托克斯定律式。在实际工作中，小球不可能在无限广阔的流体中运动，其运动将受到盛液体的容器壁的影响，因此对公式进行修正，得到

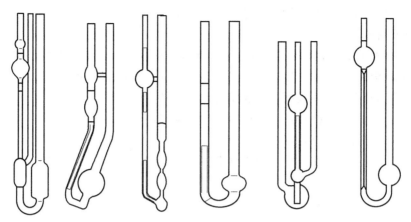

图 6-1 毛细管黏度计的结构

$$\eta = \frac{gd^2(\rho_0-\rho)}{18l}f_w t \qquad (6-3)$$

式中 η——动力黏度（Pa·s）；

　　　g——重力加速度（m/s^2）；

　　　d——小球直径（m）；

　　　ρ_0——小球密度（kg/m^3）；

　　　ρ——流体密度（kg/m^3）；

　　　l——上、下计时标线之间的距离（m）；

　　　f_w——关于容器壁的修正系数；

　　　t——小球在上、下计量标线之间的落下时间（s）。

（三）滚动落球法

当小球沿装有试液的倾斜管的管壁滚下时，其滚落速度与试液的黏度呈反比，可由滚落速度求黏度。由于滚落时的力学过程很复杂，因此只能进行相对测量。流体黏度按照式 $\eta = K(\rho_0-\rho)t$ 计算，K 仍为黏度计常数，日常工作中用标准黏度液检定得到 K 的数值。

（四）旋转法

如图 6-2 所示，当浸入流体中的物体（如圆筒、圆锥、圆板、球等）旋转时，或这些物体静止，使盛流体的容器旋转时，物体将受到流体黏性力矩的作用。通过测量黏性力矩（或固定旋转体的转矩，测量其转速）可求得黏度。

日常的黏度测量是相对测量，一般用式（6-4）~式（6-6）之一进行计算。

$$\eta = K\alpha \qquad (6-4)$$

$$\eta = K'/\omega_i \qquad (6-5)$$

$$\eta = K''\alpha/D_i \qquad (6-6)$$

式中 η——流体的动力黏度（Pa·s）；

　　　ω_i——内筒旋转角速度（rad/s）；

　　　D_i——内筒壁上的剪切速率（s^{-1}）；

　　　α——弹簧的扭转角（°）；

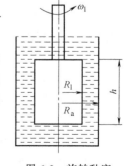

图 6-2 旋转黏度
计示意图

K、K'、K''——仪器常数，可以用标准黏度液检定得到。

（五）流出杯法

流出杯是一种工业分析用的黏度计，不同国家、不同行业有自己习惯使用的流出杯，其种类很多，但结构大同小异。该仪器的主要部分是底部中心有一短管或小孔的杯子（ISO杯）。把液体放入杯中至一定高度或装满整杯，测定杯中的液体流完或流满一定体积的接收瓶所需的时间。直接用流动时间（s）或试液的流动时间与标准液的流动时间之比值表示黏度。由于这些数值是在特定的条件下测量得到的，因此有时称之为"条件黏度"或"相对黏度"。常用流出杯有恩氏黏度计和 ISO 杯。恩氏黏度计如图 6-3 所示，ISO 杯如图 6-4所示。

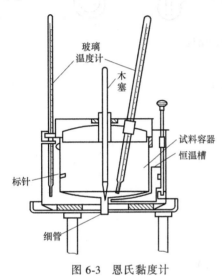

图 6-3　恩氏黏度计

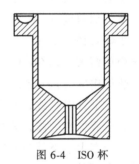

图 6-4　ISO 杯

第二节　密度和堆积密度的测定

密度是单位体积的物质的质量，是表征物体致密程度的一个物理量。每种物质都有一定的密度值，在一定的状态下，物质的密度通常不变，与形状、光泽、质量、体积无关。要测定密度必须测量该物体的质量和体积。对固体物质来说，质量可用天平准确称量，而物体的体积则由于大多数试样不具有规则形状，测量它们的体积就成为测量密度的关键，因此形成了许多密度的测定方法。在表示物质的密度时，除指明物质的有关状态外，还常给出测量时的温度和压力等参数。固体和液体密度的测量可以不考虑压力的影响，但一定要严格控制测定温度。

为适用不同情况，在专业领域中存在一些相关的术语：

（1）实际密度　指材料的质量与体积（不包括"孔隙"体积）的比值，也称为真密度。

（2）相对密度　指在给定的条件下，物质的密度与参考物质（通常指纯水）的比值。在使用时，两种密度的状态条件须分别指明。相对密度过去叫比重，无量纲。

（3）表观密度　指多孔固体材料质量与表观体积（包括"孔隙"体积）的比值，有时也称为假密度。表观密度小于实际密度。

（4）堆积密度　指在特定条件下，在既定容器中，材料质量与所占体积的比值。其中特定条件是指填充材料填充于容器时的填充条件（譬如自然堆积、振动、敲击、施加压力等）。

一、常用的密度测定法

（一）密度瓶法

在一定温度（通常恒温至20℃）下，分别测定同一密度瓶充满介质和盛有试样并充满介质时的质量，可确定试样的体积，根据试样的质量和体积计算出它的密度。该方法适用于小颗粒试样的密度测定，测定装置如图6-5所示。

1. 充满水的密度瓶质量的测定

密度瓶内注满蒸馏水，（20.0±0.5）℃恒温后称量。重复3次~4次，每次需将瓶内的水更换，取平均值。

2. 试样测定

取8g~10g试样置于密度瓶内注入蒸馏水，使液面高出试样约

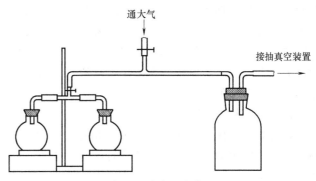

图6-5　密度测定装置

10mm，放入铁钉搅拌器，用三通管将密度瓶与抽真空装置连接，抽出试样药粒内部空气。用磁铁将搅拌针吸出，补加蒸馏水至瓶口，盖塞，置于（20.0±0.5）℃恒温30min~40min后称量。

测量液体时，密度按式（6-7）计算；测量固体时，密度按式（6-8）计算。

$$\rho_t = \frac{m_2 + A}{m_1 + A}\rho_{t1} \tag{6-7}$$

式中　m_1——充满密度瓶所需介质的质量（g）；

　　　m_2——充满密度瓶所需液体试样的质量（g）；

　　　ρ_t——液体试样在20℃时的密度（g/cm³）；

　　　ρ_{t1}——介质在20℃时的密度（g/cm³）；

　　　A——浮力校正因子，一般情况下影响较小，可忽略不计。

$$\rho_t = \frac{m}{m + m_1 - m_2}\rho_{t1} \tag{6-8}$$

式中　ρ_t——在20℃时试样的密度（g/cm³）；

　　　m——试样的质量（g）；

　　　m_1——在20℃时充满介质的密度瓶质量（g）；

　　　m_2——在20℃时盛有试样并充满介质的密度瓶质量（g）；

　　　ρ_{t1}——在20℃时介质的密度（g/cm³）。

3. 注意事项

1）试样中有可溶于水的组分时，选用其他不溶解组分的液体代替水作为测定介质。

2）实验前试样应在室温下放置不少于2h，在存放期间，应避免阳光照射，远离热源；抽真空后及充满介质时，速度要缓慢，避免产生气泡，保证密度瓶内溶液无气泡。

3）密度瓶应干净、干燥，称量前应用滤纸迅速擦干毛细管外部的水分及密度瓶外的水。

4）称量时应迅速，尤其在夏天等室温较高时，称量时间影响测试结果。

5）在密度瓶放入恒温槽中调节确定液柱高度后，不能再使瓶中液体损失。

6）要严格控制测定温度。

4. 黑火药密度的测定

试样倒入计量球中，然后将计量球下端管口处套上麂皮套，插入盛有汞的瓷皿内，上端与弯管相连接，抽真空至水银减压计的两汞面为同一水平面。缓缓打开活塞，使瓷皿内的汞充满计量球并升至弯管内的汞面不动为止。平衡内外压力。将计量球卸下，去掉麂皮套，用毛刷清除掉计量球外部的汞后，称量。在同样的条件下做空白试验。在测定与空白试验时，汞柱的上升速度尽量保持一致，并上升到同一的高度。按式（6-8）计算，此处 ρ_{tl} 为在测定温度下汞的密度值。

（二）液体静力天平法

将具有一定体积的物体（浮子）吊挂于液体中或将待测固体样品挂于已知密度的参考物质中，由所得的浮力可求出样品的密度，该方法主要用于固体推进剂样品的测定。测定装置如图6-6所示。

1. 液状石蜡密度测定

在天平盘上方的跨架上放置盛有液状石蜡的烧杯，将已知体积和质量的玻璃体用金属吊丝悬挂在跨架上，使玻璃体浸没在（20±2）℃的液状石蜡中，深度约10mm，处于烧杯中央，称量。将金属吊丝挂在称盘架上，浸入液状石蜡中称量，按式（6-9）计算。

2. 试样测定

在天平上称取试样质量；将试样用金属吊丝悬挂在跨架上，使试样浸没在（20±2）℃的液状石蜡中，深度约10mm，称量；将金属吊丝挂在秤盘上，浸入液状石蜡中称量，按式（6-10）计算。

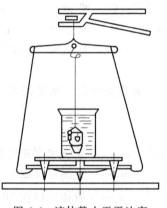

图6-6 液体静力天平法密度测定装置

$$\rho_{tl} = \frac{m_1 - (m_2 - m_3)}{V} \qquad (6-9)$$

式中 ρ_{tl}——液体在温度 t 时的密度（g/cm³）；

$\quad m_1$——浮子的质量（g）；

$\quad m_2$——带金属吊丝的浮子在液体中的称量值（g）；

$\quad m_3$——金属吊丝在液体中的称量值（g）；

$\quad V$——浮子的体积（cm³）。

$$\rho_t = \frac{m}{m - (m_4 - m_3)} \rho_{tl} \qquad (6-10)$$

式中 ρ_t——固体试样的密度（g/cm³）；

ρ_{t1}——液体在温度 t 时的密度（g/cm^3）；

　m——固体试样在空气中的质量（g）；

m_3——金属吊丝在液体中的称量值（g）；

m_4——试样和金属吊丝在液体中的质量（g）。

3. 注意事项

1）实验前，试样应在室温下放置不少于 2h；

2）试样在存放期间，应避免阳光照射，远离热源；

3）采用纯水作密度参考介质时，应用新制备并放置 24h 以上的蒸馏水；

4）应在恒温房间进行，温度波动在 ±2℃ 范围内。

二、堆积密度的测定

火炸药的堆积密度影响火炸药的流散性，从而影响火炸药的装药工艺和成形性。如堆积密度大、粒度分级好的炸药装药工艺容易控制，成形药柱的密度大、均匀，则其性能好，使用安全；反之，其威力将受到影响。如果药柱内含有空隙或质量不均匀，会使炮弹发生早炸、膛炸等，严重影响使用安全。因此对火炸药有堆积密度指标分析要求。

（一）干法

干法适用于低感度粒状火炸药堆积密度的测定。将已知质量的试样置于量筒中，用软木塞或橡胶塞塞住量筒。将装有试样的量筒从规定高度在纸筒内垂直自由跌落在硬皮革或橡胶垫上，如此反复跌落多次，轻轻敲打量筒壁，使量筒内试样表面平齐，读出体积，计算堆积密度。

（二）湿法

湿法适用于敏感粒状火炸药堆积密度的测定。将已知质量的试样置于盛有液体介质的量筒中，静置规定时间后，测定试样的体积，求出试样的堆积密度。常用液体介质为 50% 乙醇水溶液。

（三）标准容器法

标准容器法适用于低感度粒状火炸药堆积密度的测定。在一定温度下，试样自一定高度自由落入规定体积的容器（标准杯）中，求出容器内试样的质量与其所占体积之比，即为试样在该条件下的堆积密度。对于黑火药来讲，堆积密度则称为表观密度。

（四）黑火药的表观密度的测定

在平稳工作台上组装好仪器，并关闭挡板，用铲子将试样装入漏斗中，以满为度。小心缓慢地全部打开挡板，此时试样将自由落入接收器中，待满后小心关闭挡板（切勿振动），轻轻移去漏斗，用直尺水平贴于接收器口部，刮去多余的药粒，用毛刷清除壁外的浮药后称量。按式（6-11）计算。

$$\rho = \frac{m_1 - m_2}{V} \tag{6-11}$$

式中　ρ——黑火药表观密度（g/cm^3）；

　m_1——接收器与试样的质量（g）；

　m_2——接收器的质量（g）；

　　V——接收器的容积（cm^3）。

注意所用的铲子和直尺均为青铜制品。

第三节　熔点和凝固点的测定

物质的熔点是升温时该固态物质和它的熔化物互相平衡时的温度，凝固点是降温时该物质的液态和固态互相平衡时的温度。

加热晶体物质，开始时物质温度逐渐升高，当达到某一温度时开始出现液体，从出现第一滴液体开始，在一段时间内，液固两相共存，虽然仍在加热，但物体温度保持固定并不上升，到固体全部熔化后，物体温度才逐渐升高。物质熔化过程中的这个固定温度就是熔点。非晶体物质受热时，随着温度的上升而逐渐软化，最后变成液体，没有一定的熔点。和熔化的情况类似，只有凝固成晶体的液体才有一定的凝固点，而凝固成非晶体的液体没有确定的凝固点。

实际测量时，人们常常简单地将熔点定义为在大气压下，由固体变成液体的温度，而把开始出现液体的温度叫作初熔点，把全部熔化时的温度称为终熔点，终熔点与初熔点的差值叫作熔距。纯净物质的熔距常在1℃以内。

杂质会降低纯物质的熔点或凝固点，在杂质含量不多的情况下，熔点的降低值大致与杂质含量成正比，因此熔点或凝固点可用于表征物质的纯度。TNT、DNT、RDX、HMX、PETN等单质炸药以及火炸药中的许多其他添加组分都规定有熔点或凝固点的技术指标和测定方法。由于所规定的测定方法不同，判断标准有别，测得熔点（或凝固点）的结果会不一致。

一、熔点的测定

（一）毛细管-目测法

1. 装置及测定方法

毛细管-目测法测定熔点常用的装置有高型烧杯熔点测定装置（图6-7a）、改良型赫息堡熔点测定装置（图6-7b）、双浴式熔点测定仪（图6-7c）、提勒管式熔点测定仪（图6-7d）。

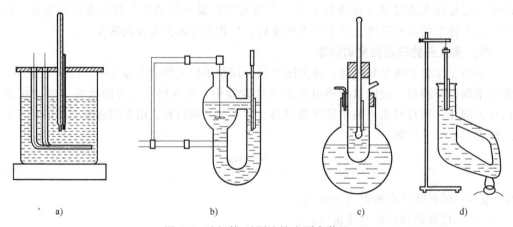

图6-7　毛细管-目测法熔点测定装置

加热介质有浓硫酸、液状石蜡、甘油、有机硅油等。230℃以下可用液状石蜡或甘油，但它们在加热时有烟而且颜色容易变黄，使用时需注意更换。温度超过250℃时，浓硫酸会产生白烟，影响读数，可加入硫酸钾，加热使之成为饱和溶液。

将试样研细、充分干燥后装入毛细管内，然后在长约800mm玻璃管内垂直跌落5至6次，使毛细管内试样装填密实，高达3mm~4mm左右。将专用温度计悬于熔点测定装置中，其感温泡离加热浴底不少于25mm（若用全部浸入式校正的专用温度计，则在该温度计上贴附一个辅助温度计，辅助温度计的感温泡位于专用温度计露出液面的汞柱的中部）。加热介质温度升到规定温度时，将装好试样的毛细管贴附在专用温度计上，使试样位于感温泡中部。控制升温速度。对于熔化明显的试样，其熔点为毛细管中试样熔化形成的弯月面时的温度。对于熔化不明显的试样，其熔点为毛细管中试样开始上升时的温度。对于在某一温度范围内熔化的试样，毛细管内壁的线条变模糊时的温度为熔区开始温度，试样全部熔化时的温度为熔区终了温度。

若用工作浸入式校正的熔点温度计，试样的熔点按式（6-12）计算；若用全部浸入式校正的熔点温度计，试样的熔点按式（6-13）计算。

$$T_m = T_{m1} \tag{6-12}$$

$$\begin{cases} T_m = T_{m1} + \Delta T_m \\ \Delta T_m = \alpha h(T_{m1} - T_{m2}) \end{cases} \tag{6-13}$$

式中　T_m——试样的熔点（℃）；

T_{m1}——熔点温度计经补正后的温度（℃）；

ΔT_m——熔点温度计露出液面部分汞柱的修正值（℃）；

α——温度计内的汞视膨胀系数（℃$^{-1}$），$\alpha = 0.00016$℃$^{-1}$；

T_{m2}——辅助温度计读数（℃）；

h——熔点温度计露出液面部分汞柱的高度（℃）。

2. 注意事项

1）测定熔点时毛细管内样品不能太多或太少。样品太少不便观察，而且熔点偏低；样品太多会造成熔距范围变大，熔点偏高。

2）升温速度应按照标准要求进行控制，在升温过程中，控制升温速度，让热传导有充分的时间。升温速度过快，造成熔点偏高。

3）毛细管管壁太厚，热传导时间长，会造成熔点偏高；测定熔点的毛细管管壁应为0.1mm~0.3mm。

4）样品不干燥或含有杂质，会使熔点偏低，熔距变大。

3. 某些单质炸药熔点测定的条件及判断标准

（1）太安　加热介质为液态石蜡或甲基硅油，低于熔点5℃（136℃）放样，升温速率0.4℃/min~1℃/min，熔点为毛细管中出现试样熔化形成的弯月面或出现一条液平面时的温度。

（2）黑索今　低于熔点20℃（180℃）放样，升温速率每3min不小于1℃及每1min不大于1℃，熔点为试样开始沿毛细管向上移动时的温度。

（3）奥克托今　传热介质为工业硫酸，专用温度计刻度范围262℃~285℃，低于熔点5℃放样，升温速率为1.5℃/min，观察药柱收缩、软化、熔化冒气泡并沿毛细管壁上升等变化，最初出现气泡时的温度作为其熔点。

（二）毛细管数字熔点仪法

将装入试样的毛细管放入熔点仪的加热炉中加热，用光照射毛细管中的试样，根据透过光的曲线确定熔点。物质在固态时反射光线，在熔融状态时透射光线。因此在熔化过程中随着温度的升高会产生透光度的跃变，经计算机记录、显示熔化曲线及初熔和终熔温度。图 6-8 是典型的熔化曲线，图中 T_A 称为初熔点，T_B 称为终熔点。

（三）显微镜温台法

试样在显微镜温台上按一定升温速率加热，观测试样完全熔化成液体时的温度，此温度即为试样的熔点。

（1）试样制备　单质炸药试样研细，在 55℃ 烘干 2h 后于干燥器内备用。

（2）放样温度：具有敏锐熔点的试样，放样温度比预测熔点低 10℃；易分解或易脱水试样及奥克托今等熔化分解的试样，放样温度比预测熔点低 15℃。

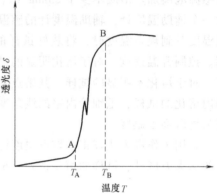

图 6-8　典型的熔化曲线

（3）方法提要

1）调整光栅，使目镜呈现出合适的亮度。调节温度控制器，以 10℃/min ~ 15℃/min 的升温速率加热温台至 100℃ ~ 130℃，除尽温台小室内的水汽，将温台的温度控制到规定温度。

2）打开保温玻璃罩，将制备好的试样放到温台的载玻片上，盖好盖玻片，调整试样薄膜使其正好覆盖着光孔。调节显微镜使之聚焦。测定部分结晶聚合物时，调节偏振器，从目镜中观察到暗视场后，可再次调节偏光显微镜聚焦，直到暗视场中出现清晰的亮点。调节温度控制器，使温台以 1℃/min 的速率连续升温。观测并记下试样晶体开始熔化时的温度和全部熔化时的温度，以后一个温度作为熔点观测值。试样的熔点按式（6-14）计算。

$$\begin{cases} T_m = T_{m1} + \Delta T \\ \Delta T = T_{m2} - T_{m3} \end{cases} \qquad (6-14)$$

式中　T_m——试样的熔点（℃）；

　　　T_{m1}——熔点观测值（℃）；

　　　ΔT——显微镜温台的仪器补正值（℃）；

　　　T_{m2}——用显微镜温台测得的标准物质熔点（℃）；

　　　T_{m3}——标准物质熔点（℃）。

（四）差示扫描量热法

差示扫描量热法适用于熔化温度区间内不发生分解的炸药熔点和熔融焓的测定，也适用于熔化时发生部分分解的炸药熔化分解点的测定。

方法提要：

1）固体炸药试样可处理成粉末状或小颗粒状，也可以整体上切取具有代表性的合适片状试样。参比物氧化铝在 1200℃ 加热处理 10h。

2）可按需要确定升温速率，但温度校正时要采取相同升温速率；试验气氛采用氮气，流量 40mL/min，也可在静态空气中试验；热量校验选择与被测试样熔点相近的温度标准物质校验。

3）熔点在 500℃ 以下的试样，设置试验温度区间的下限应比预测熔点低约 20℃；熔点在 500℃ 以上的试样，下限应比预测熔点低约 30℃。试验温度的上限比预测熔点高约 10℃。低于室温的熔点测定，应用内冷却器或液氮或其他制冷剂。

4）称取试样于铝制坩埚内（固体试样用卷边式，挥发性试样用密封式），加盖，在压片机上加盖卷边或密封，再置于 DSC 仪器的试样支持器中。将另一空坩埚置于参比物支持器中。快速升温至试验温区下限值，然后按设定的速率升温至试验温区上限，得一条完整的 DSC 曲线。熔点或分解点 T_m 按式（6-15）计算。

$$\begin{cases} T_m = T_{m1} + \Delta T \\ \Delta T = T_{m0} - \overline{T}_{m0} \end{cases} \tag{6-15}$$

式中　T_{m0}——标准物质的熔点（℃）；

　　　$\overline{T}_{m0}$——标准物质的熔点 n 次测定的平均值（℃）；

　　　T_{m1}——熔点测定值（℃）。

二、凝固点测定

（一）方法提要

1）凝固点测定装置如图 6-9 所示。将试样装入清洁干净的小试管中，放入油浴中至试样完全熔化后，将小试管从油浴中取出，擦去外壁的甘油，并将带有专用温度计及搅拌器的塞子插入小试管中（温度计的感温泡应浸入试样中，但不得接触试管壁），然后再将小试管装入预热的大试管中。此时熔化后的试样温度应比测定装置中甘油的温度稍高。

2）加速搅拌熔化后的试样，当温度由下降转为上升时，停止搅拌，同时提起搅拌器，固定在小试管上部。当温度上升至最高点而又开始下降时，记录专用温度计最高点温度及辅助温度计的温度。

3）若用工作浸入式校正的凝固点专用温度计，凝固点 T_s 按式（6-16）计算；若用全部浸入式校正的凝固点专用温度计，按式（6-17）计算。因工作浸入式温度计较全浸式温度计的精度低，测定凝固点的温度计建议最好使用全浸式温度计，并进行露出液面部分汞柱的修正；重复测定时，应将温度计拿出后再在 95℃ 左右的甘油浴中加热，否则易使温度计中水银充进安全泡，如此反复引起温度计读数误差。

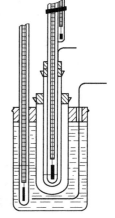

图 6-9　凝固点测定装置示意图

$$T_s = T_{s1} \tag{6-16}$$

$$\begin{cases} T_s = T_{s1} + \Delta T_{s1} \\ \Delta T_{s1} = \alpha h (T_{s1} - T_{s2}) \end{cases} \tag{6-17}$$

式中　T_{s1}——专用温度计经补正后的温度（℃）。

　　　ΔT_{s1}——专用温度计露出液面部分汞柱的修正值（℃）；

　　　α——温度计内的汞视膨胀系数（℃$^{-1}$），$\alpha = 0.00016$℃$^{-1}$；

　　　h——专用温度计露出液面部分汞柱的高度（℃）；

T_{s2}——辅助温度计读数（℃）。

（二）部分炸药样品凝固点测定方法

1. 测定 TNT 的凝固点

（1）方法　在清洁干燥的小试管中装满干燥的试样，放入95℃左右的甘油浴中加热至试样完全熔化。取出小试管并擦净外部的甘油，把带有专用温度计和搅拌器的塞子插入小试管，装入预热至82℃～85℃的凝固点测定器中。加速搅拌熔化后的试样，当温度由下降转为上升时，停止搅拌，当温度上升至最高点而又开始下降时，记录专用温度计最高点温度及其辅助温度计的温度。

（2）注意事项

1）TNT 凝固点测定影响的因素：油浴的温度应高于被测试样凝固点温度10℃～15℃。熔化后的试样温度应比测定装置中甘油的温度稍高；插入小试管中的专用温度计的感应泡应浸入试样中，但不得接触试管壁；专用温度计必须定期检定；测定凝固点时，当温度回升时，要把搅拌器提起，是因为搅拌器导热，会使试管中温度不稳定，导致测定结果偏低；测定凝固点的试管清洗不干净会造成结果偏低。

2）TNT 凝固点试验后样品处理：将试管中样品熔化后倒出，收集于废药桶中，定期送销毁厂销毁。

2. 测定混合二硝基甲苯的凝固点

在30g试样中加入适量无水氯化钙，放入烘箱中60℃～70℃干燥30min后进行凝固点测定。温度计的测温范围为40℃～60℃。

3. 测定 2,4-二硝基甲苯的凝固点

先将30g试样在约40℃条件下干燥4h，然后进行凝固点测定。温度计的测温范围为55℃～85℃。

第四节　药形尺寸的测量

火药药形尺寸是影响其弹道性能的重要因素之一，包括药柱的长度、内径、外径、弧厚、弧厚差、弯曲度、圆度、偏心度等。

一、小型药的药形尺寸测量

发射药和小型推进剂的药形尺寸的测量工具有药形尺寸测量仪或比较仪（测量显微镜）、游标卡尺、百分表、专用千分尺等。应根据火药的药形选择合适的量具，一般按以下要求进行选择：

1）药形尺寸测量仪或比较仪用于燃烧层厚度、孔径和外径的测量。

2）游标卡尺用于粒状药长度、带状药和片状药宽度的测量。

3）千分尺用于片状药、带状药和环状药的厚度的测量。

4）直尺用于各种药形长度、宽度，环状药的内径和外径的测量。

5）透影仪用于小粒药的测量。

6）百分表用于燃烧层厚度的测量。

二、大型药柱的药形尺寸测量

压伸成形的固体推进剂药形尺寸的测量采用直尺、游标卡尺、工型平尺、千分尺、塞尺等量具,按规定测定药柱的长度、内径、外径、弧厚、弧厚差、弯曲度、圆度、偏心度等。

第五节 颗粒粒径的测量

颗粒的粒径是指颗粒所占据空间大小的尺度。表面光滑的球形颗粒的粒径即是它的直径,但非球体或表面不光滑颗粒的粒径表征就复杂得多。在对颗粒尺寸进行比较时,需标明采用的是什么仪器和什么直径,不同方法测量到的颗粒粒径可能是不同的,相互之间不能直接比较。本节介绍筛分法(干筛法和水筛法)、显微镜法、激光衍射法。

一、筛分法

(一)概述

筛分测量结果是以质量表示的粒径分布,常称为粒度,主要用于粒径较大颗粒的测量,主要表征颗粒的二维尺度。一般情况下,它并不反映颗粒的第三维尺度(长度或高度),颗粒形状对筛分测量结果有较大的影响。筛分法适用范围:颗粒粒径较粗,且细粉很少,测量精度要求不是很高,需要进一步将试样按粒径分级供以后分析用,粉体具有较好的流动性及分散性。

筛分法是用一定大小筛孔的筛子将被测试样分成两部分:留在筛面上粒径较粗的不通过量(筛余量)和通过筛孔粒径较细的通过量(筛过量)。实际操作时,按被测试样的粒径大小及分布范围,一般选用 5 个~6 个不同大小筛孔的筛子叠放在一起。筛孔较大的放在上面,筛孔较小的放在下面。最上层筛子的顶部有盖,防止筛分过程中试样的飞扬和损失,最下层筛子的底部有一容器,收集最后通过的细粉。被测试样由最上面的一个筛子加入,经规定的筛分时间后,依次通过各个筛子后即可按粒径大小被分成若干个部分,称量并记录下各个筛子上的筛余量,即可求得被测试样以质量计的颗粒粒径分布。

影响筛分测量结果的因素主要是筛分时间和试样量。

筛分过程分三个阶段。在起始阶段,筛过量大致与时间呈正比增加;之后是过渡段,随着筛分时间的增加,相同时间间隔内的筛过量不断减少;在第三阶段,筛过量虽然随着时间的增加而继续增大,但其增加量已十分缓慢,远小于第一阶段。从理论上说,要把每一个可以通过筛孔的颗粒都筛下去,并达到真正意义上的筛分终止时间是不太可能的,所需时间很长,也没有这个必要。粗颗粒的筛分时间较短,细颗粒的筛分时间较长。

试样量的多少对筛分测量结果也有很大的影响。理想情况下,试样量应该是薄薄的一层,均匀地分布在整个筛面上。但试样量太少会影响到称量时的相对误差。粗颗粒时约为 100g~150g,细颗粒时约为 40g~60g。

筛分操作可分为干筛和水筛。颗粒较粗时,常用干筛。干筛的操作比较简单,使用较多,但当颗粒较小时,由于颗粒表面能增大,颗粒表面带有静电以及空气湿度等可能造成颗粒的团聚,使测量结果偏差和失真。对干筛时难以完全避免团聚现象的颗粒或原本就悬浮在液体中的物料可以采用水筛法。水筛法是以一定压力的水经特制的喷头,沿筛面径向移动喷水，使比筛孔小的药粒通过筛孔。为了防止团聚现象的产生，可在测量之前在试样中加入润湿剂，以提高颗粒试样的分散性和流动性。常用的润湿剂有十二烷基硫酸钠、十二烷基苯磺酸钠、十二烷基磺酸钠。一般建议 200 目（约 75μm）以上的物料可采用干筛，200 目以下的采用水筛。

（二）典型火炸药样品的粒度测定

1. 干筛法测定黑火药粒度

按表 6-1 选用试验筛，配好筛底和筛盖。称取 1 类黑火药试样 200g、其余类黑火药100g，放入试验筛的上筛中，盖上筛盖，置于振筛机上，打开电源振筛 3min，对上筛的筛上物和下筛的筛下物分别进行称量。

表 6-1 不同类别的黑火药与筛号的对照表

黑火药类别		1	2	3	4	5	6	7	8
筛孔基本尺寸/mm	上筛	10	5.6	4	2.24	1.18	0.85	0.5	0.25
	下筛	5	2.8	2	1	0.63	0.4	0.28	—

2. 水筛法测定黑索今粒度

称取试样 50g 加入 3g/L 十二烷基磺酸钠水溶液充分浸润后转移到试验筛的最上层。乳胶管一端接水龙头，另一端接喷头，水压控制在约 0.04MPa，水流在筛面上移动的速度为每秒钟横过筛子直径 1 次~2 次，反复淋洗直至筛上仅剩比筛孔大的单个晶粒为止。取下此层筛子，用洗瓶将筛网背面的试样冲洗到下层筛中。用洗瓶冲洗筛子上的试样，使之进入已知质量的滤杯中抽滤。抽净以后加乙醇浸泡、抽滤，将滤杯烘干、冷却、称量。

二、显微镜法

显微镜法能对单个颗粒同时进行观察和测量，常被用来作为对其他测量方法的一种校验甚至标定。

三、激光衍射法

（一）原理

激光遇到颗粒后以各种角度散射，由于散射光的强度会随着粒子不断的热运动或布朗运动而形成一个运动的斑纹，由多元探测器测量这些光束，并且记录散射图上相应的数值用于随后的分析。激光衍射技术不能分辨是由单颗粒还是由单颗粒聚集成的团粒产生的散射，因此测量前必须将试样分散成原始颗粒。测量范围至少能达到 0.1μm~300μm。

图 6-10 是一个典型的激光衍射装置。在常规衍射装置中，光源（一般是激光）用来产生单色的、相干的和平行的光束，随后是光束处理单元，通常是带有积分过滤器的一个光束放大器，产生近乎理想状态的光束来照射分散的颗粒。

（二）方法提要

试样应具有代表性和合适的体积，干粉末可在液体中分散，经常使用的分散液体（介质）是水，加入低泡沫的表面活性剂，可以降低水的表面张力，容易润湿颗粒。另外一种常用的分散剂（聚电解质）用于稳定分散效果。还可选用其他有机溶剂。可以采用制成膏剂、搅拌和超声等方法使液体中的颗粒很好地分散，配制试样浓度与颗粒粒度有一定比例。

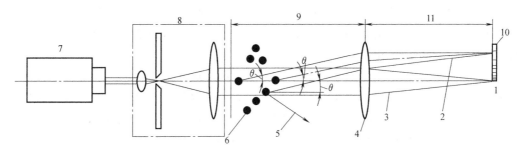

图 6-10　激光衍射装置示例

1—浊度探测器　2—被散射光　3—直射光　4—傅里叶透镜　5—未被透镜 4 收集的散射光　6—颗粒粒子
7—激光源　8—光束处理单元　9—透镜 4 的工作距离　10—多元探测器　11—透镜 4 的焦距

对于较小颗粒，需要较低的浓度，例如在带有 2mm 测量路径的镜头内，直径约为 1μm 的颗粒，需要的测量浓度约为 0.02g/L；颗粒直径为 100μm 的颗粒需要大约 2g/L 的浓度。加入样品检测池检测，作分散试样散射图，将散射图转换成颗粒粒径分布。

（三）举例

激光粒度仪法测量奥克托今、黑索今的粒径：用无水乙醇润湿适量样品，滴入 2 滴 ~ 3 滴分散剂（OP 类非离子型表面活性剂），加入适量蒸馏水，用手摇动或经超声波使其完全分散后，加入样品检测池检测。

第六节　比表面积的测定

比表面积指单位质量颗粒的总表面积，用符号 S_w 表示。颗粒的总表面积指外表面的面积加上与外表面连通的孔所提供的内表面面积之和。比表面积有时用真实体积为 $1cm^3$ 的试样的总表面积代替，用符号 S_V 表示。表面致密的球形颗粒，比表面积越大，意味着颗粒的粒度越小。但是多孔表面颗粒情况并不一定如此，粒径较大时，它也可能有较大的比表面积。颗粒的比表面积在化学反应中是很重要的，如催化剂的比表面积直接影响到推进剂的燃烧速度。测定比表面积的方法很多，常用的是气体吸附法（BET 法）、空气渗滤法。

气体吸附法是根据气体的低温吸附特性，通过测量气体吸附量计算粒子比表面积。常用的吸附气体为氮气。影响颗粒尺寸准确度的主要因素是颗粒形状及缺陷，如气孔、裂纹等。该法采用的是 BET 吸附理论。

空气渗滤法又称空气透过法，用于球扁药、小粒药等试样比表面积的测定。将定量的试样装填入渗滤管内，测量其装填高度和减压下一定量空气渗滤通过物料层的时间，根据泊肃叶-默尔定律计算试样的比表面积。

第七节　爆热和燃烧热的测定

火药的爆热和燃烧热是将一定量试样在定容下，于没有空气的环境中燃烧，并将其燃烧产物冷却至一定温度时所放出的热量，以 J/g 计。它标志着火药所含的能量。

火药爆燃后，生成的产物几乎全是气体，其中主要有：CO_2、CO、H_2O（气）、H_2、N_2。这些气体混合物的组成不但随火药的成分而变，而且随着爆燃后气体的温度而变，这四种气体间存在着可逆的化学反应

$$CO_2 + H_2 \rightleftharpoons CO + H_2O(汽) - Q。$$

向右的反应是个吸热反应。从反应方程可以知道，不管反应向左或向右，气体的总体积不变，即容器内的压力不变，故压力大小不影响这个可逆反应的方向。但温度高低却影响反应的方向，温度越高反应越向右。在一定温度下，这四种气体的混合气体组成不变，达到一个动态平衡。在爆热量测定中，量热弹中的高温气体很快地冷却，可以粗略地认为在量热弹中混合气体的组成除水蒸气冷凝为液态水外，基本保持着高温状态下的比例。

根据水套温度的不同控制方式，形成两种类型的量热计：

（1）绝热式量热计　以适当方式使水套温度在试验过程中始终与水筒保持一致，也就是当试样点燃后水筒温度上升过程中，水套温度也跟着上升，当水筒温度达到最高点而呈现平稳时，水套温度也达到这个水平保持恒定。整个试验过程中，由于水筒与水套温度基本保持一致，因此对其微小的热交换可忽略不计。

（2）恒温式量热计　以适当方式使水套温度保持恒定不变，以便用较简便的计算公式来修正热交换的影响。

一、绝热法

绝热法适用于火药、火工药剂和硝化棉爆热或燃烧热的测定。将定量试样放入密闭定容的氧弹中点燃，测出内筒中水的温升值，再根据量热系统的热容量，计算出试样的爆热值或燃烧热值。

（一）用苯甲酸标定热容量

准确称取干燥苯甲酸，加入已知质量的坩埚中。将氧弹盖置于带环铁架上，取一段已知质量的金属点火丝，紧绕在两个导电杆上。再取一段已知质量的棉线，一端系在点火丝中间，另一端放入坩埚与苯甲酸接触，往氧弹中注入蒸馏水，拧紧弹盖。

向氧弹中充入氧气，往内筒中注入蒸馏水，然后称量。将称好的内筒放外筒的绝缘架上，再将准备好的氧弹放入内筒的水中，不得有气泡出现。接好点火电极，盖严盖子，将温度计的感温泡插到氧弹主体中部位置，开动搅拌器和控温装置。读取温度计读数为初温。点火，记录最后平衡温度为终温。

打开氧弹，冲洗氧弹的内表面及坩埚等部件，洗涤水收集于烧杯中，煮沸冷却后加入酚酞指示剂，以氢氧化钠标准溶液滴定至终点。取出未燃尽的点火丝，计算出烧掉的质量。量热系统的热容量按式（6-18）~式（6-22）计算。

$$C = \frac{Q_m m + Q_n + Q_1 + Q_2}{\Delta t} \tag{6-18}$$

式中　C——量热系统的热容（J/K）；

　　　Q_m——苯甲酸燃烧热（J/g）；

　　　m——苯甲酸的质量（g）；

　　　Q_n——硝酸的生成热（J）；

　　　Q_1——金属丝放出的燃烧热（J）；

Q_2——棉线放出的燃烧热（J）；

Δt——温升（K）。

$$Q_n = Vc\alpha \times 10^4 \qquad (6-19)$$

式中 V——氢氧化钠标准溶液的用量（L）；

c——氢氧化钠标准溶液的物质的量浓度（mol/L）；

α——1摩尔硝酸的生成热（J/mol），$\alpha = 5.98 \times 10^4 \text{J/mol}$。

$$Q_1 = m_1 Q_d \qquad (6-20)$$

式中 m_1——烧掉的金属点火丝的质量（g）；

Q_d——金属点火丝放出的热值（J/g）。

$$Q_2 = m_2 \beta \qquad (6-21)$$

式中 m_2——棉线的质量（g）；

β——棉线放出的热值（J/g），$\beta = 17500 \text{J/g}$。

$$\Delta t = (t_n + \Delta t_n) - (t_0 + \Delta t_0) \qquad (6-22)$$

式中 t_n——终温（K）；

Δt_n——终温的刻度修正值（K）；

t_0——初温（K）；

Δt_0——初温的刻度修正值（K）。

（二）用标准火药标定热容量

准确称取标准火药，将氧弹盖置于带环铁架上，放好坩埚，将点火丝两端紧绕在两个导电杆上，并将点火丝中间绕成螺旋数圈，将螺旋部分调正，深入坩埚内，但不得碰触坩埚壁，将火药装满坩埚，并盖住点火丝，剩余火药倒入弹筒，拧紧弹盖。

1）若用真空法，将氧弹与抽气系统相连，抽气直至弹内压力降至400Pa以下，抽气中间再将弹盖拧紧一次。抽气过程中和抽气结束时，应检查真空系统和氧弹是否漏气。

2）若用充氮法，将氧弹与充氮系统相连，先以氮气净化氧弹，再充入2.5MPa的氮气。往内筒中注入蒸馏水，然后称量，将称好的内筒放在外筒的绝缘架上，再将准备好的氧弹放入内筒的水中。

接好点火电极，盖严盖子，将温度计的感温泡插到氧弹主体中部位置，开动搅拌器和控温装置。读取温度计读数为初温。点火，记录最后平衡温度为终温。

热量计系统的热容量按式（6-23）和式（6-24）计算。

$$C = \frac{Q_b m_b + E}{\Delta t} \qquad (6-23)$$

式中 C——量热系统的热容（J/K）；

Q_b——标准火药的爆热（J/g）；

m_b——标准火药的质量（g）；

E——点火能量（J）；

Δt——温升（K）。

$$E = tUI \qquad (6-24)$$

式中 t——点火时间（s）；

U——点火电压（V）；

I——点火电流（A）。

（三）试样爆热的测定

称取规定质量的试样按上述"用标准火药标定热容量"方法进行操作。若用真空法时，不执行其中的2）条；若用充氮法，不执行其中的1）条。

（四）试样燃烧热的测定

称取的试样量应能使内筒水的温升达2℃～3℃，将氧弹盖置于带环铁架上，取一段已知质量的金属点火丝，紧绕在两个导电杆上，再取一段已知质量的棉线，一端系在点火丝中间，另一端放入坩埚与苯甲酸接触，往氧弹中注入蒸馏水，拧紧弹盖。向氧弹中充入氧气。

往内筒中注入蒸馏水，然后称量，将称好的内筒放在外筒的绝缘架上，再将准备好的氧弹放入内筒的水中。接好点火电极，盖严盖子，将温度计的感温泡插到氧弹主体中部位置，开动搅拌器和控温装置。读取温度计读数为初温。点火，记录最后平衡温度为终温。

打开氧弹，冲洗氧弹的内表面及坩埚等部件，洗涤水收集于烧杯中，煮沸冷却后加入酚酞指示剂，以氢氧化钠标准溶液滴定至终点。取出未燃尽的点火丝，计算出烧掉的质量。

（五）结果计算

未加标准火药的试样爆热按式（6-25）计算，加有标准火药的试样爆热按式（6-26）计算，试样燃烧热按式（6-27）计算。

$$Q_s = \frac{\Delta t C - E}{m_s} \tag{6-25}$$

式中　Q_s——试样的爆热（J/g）；

　　　Δt——温升（K）；

　　　C——量热系统的热容（J/K）；

　　　m_s——试样的质量（g）；

　　　E——点火能量（J）。

$$Q_s = \frac{\Delta t C - (Q_b m_b + E)}{m_s} \tag{6-26}$$

式中　Q_b——标准火药的爆热（J/g）；

　　　m_b——标准火药的质量（g）；

　　　其他符号同式（6-25）。

$$Q_c = \frac{\Delta t - (Q_1 + Q_2 + Q_n)}{m_s} \tag{6-27}$$

式中　Q_c——试样的燃烧热（J/g）；

　　　Q_n——硝酸的生成热（J）；

　　　Q_1——金属丝燃烧放出的热量（J）；

　　　Q_2——棉线燃烧放出的热量（J）；

　　　其他符号同式（6-25）。

二、恒温法

恒温法适用于火药、火工药剂和硝化棉爆热或燃烧热的测定。将定量试样放入密闭定容的氧弹中点燃，测出内筒中水的温升值，再根据量热系统的热容，计算出试样的爆热值或燃烧热值。

思 考 题

1. 测量密度时为什么要注明温度？
2. 火药的爆热量的定义是什么？
3. 表面致密的球形颗粒，其比表面积与粒度有什么关系？
4. 激光衍射法测颗粒的粒径时，为什么测量前必须将试样分散成原始颗粒？

第七章

火炸药的安定性、相容性和寿命预估

火炸药化学反应的基本形式——分解、燃烧、爆炸，决定了它本身具有潜在的危险性。即使在正常储存和生产加工条件下，火炸药也常以缓慢的速度进行着分解反应。反应速度主要取决于温度、湿度等环境条件。随着温度的升高，分解反应速度迅速增加，并释放出大量的热能和分解产物。在一定条件下，反应产物的自加热、自催化作用会使分解反应迅速发展，转变为燃烧和爆炸。

火炸药的生产加工要有相应的温度、湿度、应力等条件的保证，现场使用时又会遇到高温、日晒、碰撞等环境刺激，为了满足战时的大量需要，还必须有充足的弹药储备，火炸药需要大量、长期的储存。在生产加工、长期储存及现场使用过程中，火炸药能否经受住环境的考验不发生物理性能和化学性能的显著变化，不出现意外的燃烧和爆炸事故，是火炸药研究和应用中十分重要的问题。

火炸药的安定性、相容性和寿命预估研究实质上是研究火炸药老化规律，采取有效措施，防止其老化，最终达到安全储存和可靠使用的目的。通过对火炸药热分解规律的研究和相关测试，以定性或定量的形式提供安定性、相容性和安全寿命的评价，能够尽早预测、预防，最终避免在使用和储存过程中发生事故，减少销毁弹药造成的经济上的巨大损失。

第一节　火炸药的安定性和相容性

一、火炸药的安定性

火炸药安定性是指在一定条件下，火炸药保持其物理、化学性能变化不超过允许范围的能力，分为物理安定性和化学安定性。物理安定性是指火炸药维持其物理性质不发生超过允许范围变化的能力，影响物理安定性的因素主要有火炸药的吸湿、挥发、升华、组分迁移、晶析、液析等。化学安定性是指火炸药延缓发生分解、防止自催化化学性能变化的能力，影响化学安定性的因素主要有组分的分解、水解、氧化、降解、固化、交联等。

通常采用升高温度的办法，使分解反应加速，测定火炸药达到一定分解程度时物理、化学性能变化情况（如质量变化、分解气体组分及放出量、热分解温度等），来判断储存和使用时的安定性。相同条件下，性能变化越小，安定性越好。目前国内使用的安定性测试方法见表 7-1。

表 7-1 火炸药安定性测试方法

类型		方法名称	适用范围	试验条件	检测内容	已建标准
量气法	测压法	真空安定性试验	火炸药	90℃、100℃、120℃，48h，5g	分解气体体积	GJB 772A 方法 501.1，501.2
		布鲁顿压力计法	火炸药	尚未形成标准	分解气体体积	—
		压力法	无烟药，火药	120℃、130℃，1g	加速分解拐点、定压点	GJB 770B 方法 503.5
	气体分析	气相色谱法	火炸药	90℃～120℃，2.5g	NO_2，NO，CO，CO_2，N_2O	GJB 772A 方法 502.4
		化学发光法	火炸药	尚未形成标准	NO_x	—
		贝克曼-荣克法	硝化棉，火药	132℃，2h，2g～5g	氧化氮的体积	GJB 770B 方法 503.4
	试纸变色	甲基紫试验	火药，硝化棉	134.5℃，120℃，2.5g	试纸变色时间，5h 爆燃	GJB 770B 方法 503.3
		维也里试验	火药，无烟药	106.5℃，普通法，10g	试纸变色	GJB 770B 方法 503.1
		阿贝尔试验	硝化甘油，火药	NG72℃，火药 82℃	试纸出现棕色线条	GJB 770B 方法 503.2
量热法		热重分析法	火炸药	等温或程序升温	热重曲线	—
		差热分析法	火炸药	程序升温，5mg～30mg	差热曲线	GJB 772A 方法 502.1
		差示扫描量热法	火炸药	程序升温，5mg～30mg	DSC 曲线	GJB 772A 方法 502.1
		微热量热法	火炸药	恒定温度，0.3g～3g	放热速率，热流曲线	GJB 772A 方法 502.2
		热减量法	火炸药	95℃ 或 100℃	热分解的累积减量分数	GJB 772A 方法 505.1

　　量气法是对火炸药在热作用下分解放出气体的量及气体组分进行测试的方法。有测量分解气体产生的压力计算气体体积的真空安定性试验、布鲁顿压力计法以及直接测量压力的压力法；有用试纸变色反映氮氧化物气体放出量的甲基紫试验、维也里试验和阿贝尔试验；有直接测量分解气体组分的气相色谱法、化学发光法、贝克曼-荣克法。

　　量热法是在等速升温或恒定温度等的作用下，测量火炸药熔化热、分解热。有热重分析法、差热分析法（DTA）、差示扫描量热法（DSC）、微热量热法及热减量法等。

二、火炸药的相容性

　　火炸药相容性是指火炸药与相关材料混合或接触时，体系的物理性质和化学性质与原组分相比，不发生超过允许范围变化的能力。通常分为组分相容性和接触相容性。组分相容性指的是火炸药配方中各组分之间的相容性，又称内相容性；接触相容性指的是火炸药与接触材料如金属壳体、高分子涂层、包覆层以及包装材料之间的相容性，又称外相容性。相容性研究属安定性研究，所用测试方法也与安定性测试方法类似，主要区别在于样品的配比及最终的评价：通过对火炸药及相关材料单独进行安定性测试，再与火炸药和材料混合后的安定性试验结果做对比，给出两者是否相容的评价。

相容性评价问题非常复杂，对同一组材料用不同的试验方法测试，得到的结果有时不完全一致。原因是每种方法侧重点不同。根据具体的使用要求，确定评价方法，或几种方法同时使用，综合比较，做出较为准确的判断。

第二节 安定性和相容性测试方法

一、真空安定性试验

真空安定性试验简称 VST，是目前国内外研究和测试火炸药安定性和相容性应用最广泛的一种方法，它具有装置简单、操作方便、取样量较多、结果稳定的优点。

定量试样在定容、恒温和一定真空条件下受热分解，用压力传感器测量其在一定时间内放出气体的压力，再换算成标准状态下的气体体积，以评价试样的安定性和相容性。气体体积的测量最早采用汞压力计法，后来为了克服汞害，改进为压力传感器法。

（1）安定性试验试样量 火药、一般炸药 $5.00g\pm0.01g$；火工药剂 $1.00g\pm0.01g$；耐热炸药 $0.20g\pm0.01g$。

（2）相容性试验试样量 火药、炸药单一试样 $2.50g\pm0.01g$，混合试样 $5.00g\pm0.01g$，混合质量比 $1:1$；火工药剂单一试样 $0.50g\pm0.01g$，混合试样 $1.00g\pm0.01g$，混合质量比 $1:1$。

（3）安定性试验温度 一般炸药 $100.0℃\pm0.5℃$ 或 $120.0℃\pm0.5℃$，耐热炸药 $260.0℃\pm0.5℃$，单基药 $100.0℃\pm0.5℃$，双基药和三基药 $90.0℃\pm0.5℃$，火工药剂 $100.0℃\pm0.5℃$。

（4）相容性试验温度 炸药、单基药和火工药剂 $100.0℃\pm0.5℃$，双基药和三基药 $90.0℃\pm0.5℃$。

（5）安定性试验加热时间 火药、一般炸药和火工药剂连续加热48h，耐热炸药连续加热140min。

（6）相容性试验加热时间 连续加热40h。

（7）方法提要 定量试样置于反应器加热试管中，反应器的真空活塞与加热试管磨口之间用高真空密封脂密封。将反应器接到测试仪上抽真空。抽好真空的反应器置于恒温浴中加热到规定时间后取出，自然冷却至室温。冷却后的反应器接到真空安定性试验仪上，测量分解气体的压力。试样标准状态下释放的气体体积按式（7-1）计算，相容性按式（7-2）计算。

$$V_{H} = \alpha \frac{P}{T}(V_0 - V_G) \tag{7-1}$$

式中 V_H——试样在标准状态下释放的气体体积（简称放气量），mL；

α——标准状态下温度与压力的比值（K/Pa），$\alpha = 2.69 \times 10^{-3}$ K/Pa；

P——试样释放的气体压力（Pa）；

T——室温（K）；

V_0——反应器和测压连接管路容积之和（mL）；

V_G——试样所占体积（质量除以真密度）（mL）。

$$R = V_C - (V_A + V_B) \tag{7-2}$$

式中　R——反应净增放气量（mL）；

V_C——混合试样放气量（mL）；

V_A——火药、炸药或火工药剂试样放气量（mL）；

V_B——接触材料放气量（mL）。

（8）评价安定性　每克试样放气量不大于 2mL，安定性合格。

（9）评价火药、炸药相容性　$R < 3.0$ mL，相容；$R = 3.0$ mL ~ 5.0 mL，中等反应；$R > 5.0$ mL，不相容。

二、试纸变色法

试纸变色法是指以一定温度下试纸变色的时间来表征火药安定性的试验方法，也是最经典的火药安定性试验法。但判断终点以试纸变色为准，全靠人眼观察，人为误差较大。

（一）甲基紫试验

适用于火药及硝化棉的化学安定性测定。将试样放在装有甲基紫试纸的玻璃试管中，在规定温度下加热，用试纸由紫色变为橙红色或试样发生爆炸所需的时间来表示试样的化学安定性。

方法提要：将 2.5g 试样装入专用试管中，试管中放入一张甲基紫试纸，将试纸横向微弯垂直放入试管内卡于试管壁上，并使试纸下端距试样 25mm，盖上软木塞。将该试管放入恒温器加热（单基药 134.5℃，双基药、三基药 120℃）。试样在接近终点前约 5min 时，快速地将试管提起观察试纸颜色，观察后迅速轻轻放回，其后每隔 5min 观察一次，直至试纸完全变成橙色，停止试验。如果需要，可继续加热至 5h，记录试样在 5h 内是否爆炸或燃烧。对某些火药试样试验时，试纸上可能出现绿色或棕色的细线条，应继续加热至试纸完全变成橙色为止。

每个样品平行测定 5 个结果，以试纸完全变成橙色所经历的最短加热时间和试样加热 5h 是否爆炸燃烧表示试验结果。

（二）维也里试验

试样放在专用仪器中在规定温度下加热分解，放出氧化氮气体，和水作用生成硝酸和亚硝酸，以使蓝色石蕊试纸变为红色或试样出现棕烟所经过的时间来表示试样的化学安定性。

1. 试验方法

试验分为普通法（加热一次）、加速重复法十次试验、正常重复法十次试验、加速重复法至 1h 试验、正常重复法至 1h 试验，适用不同状态和种类的火药。

（1）普通法试验　这种方法只加热一次，工时短。但是它只能将不含安定剂和安定剂已基本丧失作用的非常不安定的火药和其他情况的火药区别开来，对一般情况的火药并不能区分其安定性好坏。

（2）加速重复法十次试验　这种方法先后加热共 10 次，每次加热后，冷却 30min 卸药，在风干柜内风干 2h，再进行下一次加热。由于是重复多次加热，可以根据各次试纸受试样分解产物作用而变色的情况，看出它大致的分解规律。而且试样每次加热前都保持一定的水分，比较接近实际储存的条件。这种方法在一定程度上能反映火药安定性好坏情况。

（3）加速重复法至 1h 试验　操作同加速重复加热十次试验，但加热次数不限，直到一次加热 1h 内出现终点为止。这种方法由于重复加热次数更多，而且一直加热到安定剂基本失去作用为止，能比较全面地看出在试验条件下试样的整个分解规律，也能较好地反映其安定性，但是工时太长。

（4）正常重复法十次试验及正常重复法至 1h 试验　所谓正常法和加速法的区别就是风干时间不同。加速法风干 2h，正常法风干时间在 14h 以上［正常法风干时间＝24-（加热+冷却+装药）］，其他操作相同，这种方法工时太长。

维也里法的重复试验，是使试样在风干时保持一定的水分，这样在加热时不仅有热分解，而且有一定的水解作用同时发生，和火药在实际储存期间的缓慢分解作用比较接近，是其他安定性方法所不及的。这种方法能比较普遍地适用于硝化棉、硝化棉软片制品以及大多数单、双基火药的安定性试验。

2. 方法提要

将 10g 火药试样（硝化棉称取 2.5g）倒入装好试纸的专用烧杯中，装样高度不得超过烧杯高度的三分之二处。将套上专用胶圈的不锈钢盖盖上，推上钢圈的提环使之恰好扣在钢盖弹簧中部的凹下处，压紧钢盖使烧杯密闭。

在恒温器的温度稳定在 106.5℃±0.5℃、烧杯架正常转动的情况下，将装好试样的烧杯用提钩经顶盖上的放样孔顺序放入恒温器的烧杯架上。第一个烧杯放入时作为开始加热时间。

试样加热 7h，将烧杯提出。如果试样加热不到 7h 就产生棕烟或试纸达到"红色"终点时，应立即将该烧杯提出。室温下冷却 30min，卸下钢盖，将试样倒入铝盒，放在风干柜内风干 2h。

试样风干到达规定时间后（加热不到 7h 到达终点的试样，风干时间可以延长到 5h）从风干柜中取出，装入烧杯中，根据试验项目的要求，重复加热十次或一直加热到试样在 1h 内出现终点为止。

3. 结果判定

以实测加热的时间总数表示试样的安定性结果，如 65h20min。其中加速（正常）重复法十次试验和加速（正常）重复法至 1h 试验，最后一次加热不到 1h 的时间不计入结果内。

4. 注意事项

1）烧杯装配后的密闭程度如何，是维也里试验能否得出正确结果的一个极为重要的因素。烧杯的密闭程度不同时，常常出现颜色及终点反常、结果跳动、误差大等情况。影响烧杯装配后密闭性的因素很多，应注意烧杯口、胶圈、弹簧及装配的松紧程度等是否符合要求。

2）在试样加热过程中，不允许再加入新的试样，以免引起温度变化。加热温度高低对试样的热分解情况有很大影响，因此整个试验过程中，要严格控制温度在规定范围内。

3）维也里试纸是一种特殊加工的专用蓝色石蕊试纸，石蕊的变色范围为 pH＝5～8。当这种试纸所遇介质的 pH 小于 8、大于 5 时，它的颜色也会随 pH 的逐渐减小（即酸度逐渐加大）而逐渐变化。这些颜色的逐步出现表示着烧杯中酸度的逐渐增加，也表示着试样分解速度的情况。

4）试样风干的目的是驱除试样表面残留的二氧化氮等分解产物，并使之保持适量水分。试样在加热过程中，其水分含量对分解情况影响很大。因为火药的自催分解主要是由酸引起的，干燥的二氧化氮的作用很小，而二氧化氮在与水相遇时，才能生成硝酸和亚硝酸。因此水分含量高的试样，由于分解的二氧化氮能生成较多的酸，其分解速度显然比水分含量低的增加得要快。另一方面试纸颜色的变化也主要是由介质中的酸度引起的，干燥的二氧化氮几乎没有影响。

（三）阿贝尔试验

阿贝尔试验以试样在规定温度（一般硝化甘油为 72℃、无烟火药为 82℃）的恒温浴中加热至碘化钾-淀粉试纸在润湿和非润湿界面处出现黄棕色线条所经历的时间，表示硝酸酯类火药制品的化学安定性。详细内容见第八章"硝化甘油"中的相关内容。

三、热重分析法

热重分析法广泛地用于火炸药热安定性和相容性研究。火炸药在储存过程中，由于微量分解气体的产生、放出，个别组分的挥发、升华等，导致试样质量逐渐减小。

在加热速度可调的环境中，把物质的重量作为时间或者温度的函数来记录的方法称为热重分析法，所得到的记录曲线称为热重（TG）曲线。如果将热重曲线对时间或温度一阶微商，则称为微商热重法，简称 DTG，记录曲线称为 DTG 曲线。

热重分析仪法快速、简便，能自动记录热重曲线，但由于试样量太少，对火药和混合炸药来说试样的代表性较差，因此目前仍普遍使用等温间断称量法。

方法提要：称 5g~20g 试样放入专用反应管中，定期取出称重，以时间为横坐标，失重百分数为纵坐标绘制失重曲线。

该曲线反映了火炸药热分解的全过程，标示出加速分解的时间（拐点），它综合客观地反映了火炸药的质量变化，一般出现加速分解意味着火炸药已失效。在几个温度下的等温间断称量法，可以描述火炸药试样的热分解反应动力学，虽然周期长，操作烦琐，但数据切合实际使用、加工和储存情况，常用来评价火炸药试样的热安定性和相容性。

四、75℃加热法

（1）适用范围　75℃加热法适用于炸药的安定性的测定。在大气压下定量试样受热变化，测出一定温度、一定时间内试样减少的质量，以减少的质量分数评价试样的安定性。

（2）试样量　炸药试样 10g，精确至 0.0005g；火工药剂试样 2g，精确至 0.0002g。

（3）方法提要　试样置于 75℃±1℃ 已恒量的无嘴烧杯内，在温度为 55℃±2℃、真空度为 9kPa~12kPa 的真空烘箱中加热 2h，冷却，称量。将装有试样的无嘴烧杯置于 75℃±1℃ 的油浴烘箱内连续加热 48h，冷却，称量。

计算试样减少的质量分数，同时报出无嘴烧杯内是否散发出酸性气味、试样是否变色、在试样上部是否出现有色烟雾。

五、100℃加热法

（1）适用范围　100℃加热法适用于各种不挥发炸药的安定性和相容性的测定。在大气压下定量试样受热分解，测出一定温度、一定时间内试样减少的质量，以减少的质量分数评价试样的安定性或相容性。

（2）试样量　安定性试验试样为 0.6000g±0.0005g；相容性试验试样量：炸药和材料试样各为 0.6000g±0.0005g，均匀混合。粉状试样直接采用，块状试样应进行粉碎。

（3）方法提要

1）安定性的测定：试样 4 份分别装入已恒量的两个加热试管和未恒量的两个加热试管中。将 4 个加热试管同时放入 100℃±1℃ 的油浴烘箱内的防爆均热块的孔中。连续加热 48h 后取出两个已恒量的加热试管在干燥器内冷却后称量，再将这两个加热试管重新放入防爆均热块内连续加热 48h，取出放在干燥器内冷却后称量。两个未恒量的加热试管在烘箱内连续加热 100h，观察是否有燃烧或爆炸现象。

2）相容性的测定：按规定称取混合试样 4 份分别装入已恒量的两个加热试管和未恒量的两个加热试管中。随后按上述"安定性的测定"中方法操作。计算试样每个 48h 加热周期减少的质量分数。

六、差热分析法和差示扫描量热法

差热分析法和差示扫描量热法适用于火炸药及其相关物的安定性测定和相容性优劣的快速筛选。

差热分析法是 20 世纪 50 年代中期用于火炸药安定性研究的，是一种良好的定性或半定量的热分析方法。试样在程序控制的温度下，由于发生化学或物理变化产生热效应，引起试样温度的变化，用热分析仪记录试样和参比物的温度差与温度关系的方法，称为差热分析法（DTA），记录图形称为差热分析曲线。

差示扫描量热法是 20 世纪 60 年代初在 DTA 基础上发展起来的，它可直接测定热焓变化，使定性的差热分析发展到了定量分析。

将试样和参比物在可调加热环境中置于相同的温度条件下，记录使两者的温度差保持为零时所需要补偿能量与时间关系的方法，称为差示扫描量热法（DSC），记录的曲线称为 DSC 曲线。

DSC 与 DTA 主要差别在于前者是测定在温度作用下试样与参比物的能量差，后者是测定它们之间的温度差。

DSC 测相容性的方法提要：称取试样置于专用坩埚内，在压片机上加盖卷边或密封，置于试样支持器中。称取与试样等量的参比物置于另一专用坩埚内，在压片机上加盖卷边或密封，置于参比物支持器中。在 1K/min～20K/min 范围内选一合适的加热速率，在静态空气或氮气流量 30mL/min～50mL/min 条件下操作仪器，得一条完整的单独体系的 DSC 曲线。支持器冷却至室温后取出坩埚，将 2 倍于所用试样量的混合试样放于新的坩埚里，在压片机上加盖置于试样支持器中。

称取与混合试样等量的参比物置于坩埚内，在压片机上加盖置于参比物支持器中。用相同的加热速率和气氛条件重复本方法的操作，得混合体系的 DSC 曲线。

在 1K/min～20K/min 范围内选用另外三种合适的加热速率（一般选 2K/min、5K/min、10K/min 和 20K/min）分别重复上述操作。

DSC 法用加热速率为零时的 DSC 曲线峰温（ΔT_p）来评定试样的安定性，火药、炸药

和火工药剂的 T_{P0} 值越高其安定性越好；用单独体系相对于混合体系分解峰温的改变量（ΔT_P）和这两种体系表观活化能的改变率（$\Delta E/E_a$），综合评价试样的相容性。评价相容性的推荐性等级：

1）$\Delta T_P \leqslant 2.0$℃，$\Delta E/E_a \leqslant 20\%$，相容性好，1 级。

2）$\Delta T_P \leqslant 2.0$℃，$\Delta E/E_a > 20\%$，相容性较好，2 级。

3）$\Delta T_P > 2.0$℃，$\Delta E/E_a \leqslant 20\%$，相容性较差，3 级。

4）$\Delta T_P > 2.0$℃，$\Delta E/E_a > 20\%$ 或 $\Delta T_P > 5$℃，相容性差，4 级。

七、微热量热法

微热量热仪是近 30 年发展起来的热分析仪器，适合于火药、炸药、火工品药剂及相关物安定性和相容性的测定，测定方法执行 GJB 772A。微热量热法灵敏度高，稳定性好，试样量较 DTA 和 DSC 大。微热量热仪测得试样或混合体系的热流曲线，以热流曲线前缘上斜率最大点的切线与外延基线的交点所对应的时间或某一时刻的放热速率判定试样的安定性。以理论热流曲线与混合体系实测热流曲线的位置关系，判定混合体系的相容性。

（一）恒温条件下的相容性试验

试样置于反应器内，将与试样等量的参比物置于另一反应器内，两个反应器同时置于微热量热仪的测量池和参比池内。在规定温度下，连续记录规定时间，得到一条完整的试样的热流曲线。

从微热量热仪的测量池和参比池内取出两个反应器，冷却至室温后，从盛有试样的反应器中倒出试样并清洗干净。盛有参比物的反应器置于盛有硅胶的干燥器内备用。取接触材料置于同一个清洗干净的反应器内，重复本方法操作即得接触材料的热流曲线。取试样和等量的接触材料的混合试样，置于同一个清洗干净的反应器内，重复本方法操作，得到混合体系的热流曲线。

（二）一定温度条件下的相容性试验

取高于试验温度 5℃ 的饱和溶液（试验温度下氯化钠、硫酸钠或硫酸钾过饱和溶液的相对湿度分别为 75%、85% 和 96%，视试验要求选择一种）置于加湿反应器的玻璃管中。

取试样置于加湿反应器坩埚内，取高于试验温度 5℃ 的饱和溶液置于另一加湿反应器内的玻璃管中，取试样等量的参比物置于另一加湿反应器坩埚内。重复操作，同时推开盛有试样的加湿反应器和盛有参比物的加湿反应器的中隔板，再重复操作，得到一定湿度条件下的试样的热流曲线。

从微热量热仪的测量池和参比池内取出两个加湿反应器，冷却至室温后，从盛有试样的加湿反应器中倒出试样和过饱和溶液并清洗干净。盛有参比物的加湿反应器置于盛有硅胶的干燥器内备用。取接触材料置于加湿反应器坩埚内，重复操作，得到一定湿度条件下接触材料的热流曲线。

取试样和等量的接触材料的混合试样置于加湿反应器坩埚内，重复操作，得到一定湿度条件下混合体系的热流曲线。

恒温条件下的安定性试验和一定湿度条件下的安定性试验按上述方法操作。取热流曲线上的数个点，绘制成功率-时间曲线。将两条纯组分热流曲线绘制成一条叠加的理论热流曲线。

（三）恒温条件下的安定性实验

试样置于反应器内，将与试样等量的参比物置于另一反应器内，两个反应器同时置于微热量热仪的测量池和参比池内。在规定温度下，连续记录规定时间，得到一条完整的试样的热流曲线。

（四）一定湿度条件下的安定性实验

取高于试验温度5℃的饱和溶液（试验温度下氯化钠、硫酸钠或硫酸钾过饱和溶液的相对湿度分别为75%、85%和96%，视试验要求选择一种）置于加湿反应器的玻璃管中。

取试样置于加湿反应器的坩埚内，取高于试验温度5℃的饱和溶液置于另一加湿反应器内的玻璃管中，取试样等量的参比物置于另一加湿反应器的坩埚内。重复操作，同时推开盛有试样的加湿反应器和盛有参比物的加湿反应器的中隔板，再重复操作，得到一定湿度条件下的试样的热流曲线。

（五）结果判定

（1）相容性　若理论热流曲线位于混合体系实测热流曲线之上或两者基本重叠，则混合体系是相容的；若理论热流曲线位于混合体系实测热流曲线之下或混合体系热流曲线位于试验基线以下，则判定该混合体系为不相容。

（2）安定性　以热流曲线前缘上斜率最大点的切线与外延基线的交点所对应的时间或某一时刻的放热速率判定试样的安定性。

第三节　火炸药寿命预估

火炸药的寿命可以分为安全储存寿命和安全使用寿命。安全储存寿命就是在正常储存条件下，火炸药能够安全储存不发生危险的时间。安全使用寿命是指火药丧失使用性能以前的时间。通常安全使用寿命要比安全储存寿命短。

将火炸药长期在自然温度湿度等环境条件下储存并定期检测，给出火炸药储存和使用寿命的估计值，可以对火炸药长期储存过程中的安定性做出评价。这种方法和实际情况比较吻合、数据可信度很高，但检测周期太长。为了缩短时间，常采用热加速老化法预估火炸药寿命。

在高于室温的几个不同温度下储存火炸药试样，定期对反映性能变化的特征量进行分析测试，研究火炸药性能变化随温度、时间变化规律，选择合适的临界点和数学模拟方程进行处理，外推至常温，预测火炸药试样的储存寿命。

方法提要：通常使用恒温加速老化的办法老化试样，在60℃~100℃范围内选择4个~5个温度点。选择温度越接近常温，预估数据越准确，但试验周期越长，60℃以下试验周期至少需2年~3年。选择的温度高，试验周期短，但由于高温下火炸药反应机理与中低温下的不尽相同，过高温度外推会引起较大误差。

一般用于火药老化的温度点有65℃、75℃、85℃、95℃，用于炸药老化的温度点有60℃、70℃、80℃、90℃、100℃，耐热炸药的老化温度均超过100℃。测定的性能参量有火药安定剂含量、粘合剂老化降解、火炸药试样的质量、炸药药柱尺寸、药柱力学性能、火炸药燃烧性能等，见表7-2。

表 7-2　火炸药寿命预估性能参数测定方法

方法名称	适用范围	试验条件	检测内容	已建标准
有效安定剂含量	硝酸酯火药	60℃~100℃,约一年	有效安定剂含量	GJB 770B 506.1
热减量	火炸药	60℃~100℃,约一年	失重百分数	GJB 770B 505.1
体积变化率及探伤	火炸药药柱	目前尚无标准	尺寸,裂纹	—
粘合剂降解	火药,混合炸药	目前尚无标准	相对分子质量,交联密度	—
动、静态力学性能	火炸药	无统一标准	强度,模量等	—

通常选择有效安定剂降低 50% 作为硝酸酯火药安全储存寿命临界点；火药常以失重拐点的半衰期作为储存寿命临界点，炸药以其失重量 1% 作为储存寿命的临界点。以火炸药药柱尺寸变化率不大于 1% 和裂纹出现的半衰期作为预测使用寿命的临界点，可以用 X 衍射探伤对这种尺寸变化加以监视，找出其与温度和时间之间的关系。

思　考　题

1. 火炸药的安定性通常分为哪两种？

2. 真空安定性试验（VST）工作原理是什么？

3. 在 90℃ 40h 条件下对一种火药和一种材料进行真空安定性相容性测试，测得火药的放气量为 1.98mL，材料的放气量为 0.87mL，混合试样的放气量为 5.2mL。试判断火药与这种材料是否相容？

4. 微热量热法测定相容性和安定性有什么异同？

5. 一般用于火药老化的温度点是哪几个？

第八章

特种原材料

第一节 硝 化 棉

一、概述

硝化棉是硝酸和棉纤维作用后，硝基取代纤维素分子羟基上的氢而生成的一种化合物，是一种不均一的高聚物，外形呈白色纤维状，密度为 $1.65g/cm^3 \sim 1.67g/cm^3$，闪点 12.78℃，自燃点170℃。它具有下列理化性质：

（1）吸湿性 氮含量越高，在同一条件下能吸附水蒸气的量越少。在室内空气温度和湿度的正常变化范围内，低氮量硝化棉最多可吸收本身质量约 4%~5% 的水分，高氮量硝化棉可吸收约 2%~3% 的水分。

（2）吸附性 能比较容易地吸附一些有机溶剂分子、金属离子（如铁、铬、铜、锌等）和金属氧化物，也能很好地吸附一些碱性染料和酸性染料而牢固地染色。与硝化甘油有较大的亲和力。

（3）双折射性 随着硝化度的增加，双折射的正值逐渐减小，当硝化度在 190mL/g 左右时，其双折射值即成为负值，以后硝化度再增加，双折射的负值逐渐加大。因此在偏光显微镜下观察时，不同硝化度的硝化棉呈现不同的偏振色彩。

（4）酸的作用 浓度较大的强酸可使其强烈水解。硝化棉中存在的少量酸，能促使硝化棉的安定性显著下降。它的分解产物氧化氮和二氧化氮形成酸后，又能进一步加速它的分解。

（5）碱的作用 硝化棉对碱的作用很敏感。10g/L~20g/L 的氢氧化钠溶液在室温下也能使硝化棉脱硝，100g/L 的氢氧化钠溶液在沸腾时，能强烈破坏硝化棉，使其成为可溶于水的物质。硝化棉与碱作用，不像一般酯类的皂化反应生成纤维素和硝酸盐，而是一个包括氧化还原在内的复杂过程。

（6）氧化剂和还原剂的作用 硝化棉很容易被还原剂还原，但对氧化剂的作用稳定，只有少数像浓硝酸、高氯酸一类的强酸性氧化剂才能使硝化棉氧化而发生分解。

（7）溶解性 硝化棉不溶于水，在水中也几乎不溶胀。硝化棉能很好地溶解在含有极性和非极性两种基团的溶剂中，同时也能很好地溶解在一种为极性另一种为非极性或弱极性的两种溶剂的混合物中。丙酮能溶解常用的各种氮含量的硝化棉，但随着酮类分子量的增加，其溶解能力逐渐降低。酯类是硝化棉的良好溶剂，常用的有乙酸乙酯、乙酸丁酯等。芳香族的硝基化合物如苯、甲苯及二甲苯的一硝基衍生物能很好地溶解硝化棉，随着硝基化合物的相对分子质量增大、结构的复杂程度和硝基的增多，其溶解能力逐渐降低。甲醇、乙醇能溶解低氮量的硝化棉。樟脑、乙二醇甲醚（$HOCH_2—CH_2OCH_3$）也是硝化棉良好的溶剂。简单的醚类不能单独溶解硝化棉，但乙醇与乙醚的混合物是中等氮含量硝化棉的优良溶剂。

二、分类和技术指标

硝化棉根据酯化程度进行分类。硝化棉是硝酸和棉纤维酯化作用后生成的一种化合物，酯化程度是指纤维素分子中，有多少羟基上的氢被硝基取代。表示的方法有下列三种，但由于硝化棉的不均一性，所以无论用哪种方法表示，都只能是指平均酯化程度。

1）酯化度：也称为取代度，这是一种理论上的表示方法，实际上很少应用。纤维素大分子中，每个单体中氢被硝基取代的羟基的数目叫作酯化度，以符号 r 表示。

2）氮含量：指硝化棉所含氮元素的质量分数，以符号 $w(N)$（%）表示。

3）硝化度：1g 硝化棉中所含的氮全部生成氧化氮气体，在标准状态下所占有的体积，以符号 $NO(mL/g)$ 表示。

三种表示方法可以进行互换：硝化棉的化学式以 $C_6H_7O_2(OH)_{3-r}(ONO_2)r$ 表示，其相对分子质量为 $162.14+44.998r$，氮的相对原子质量为 14.0067，氧化氮的摩尔体积为 $22394mL/mol$，则

$$酯化度：r = \frac{3.603w(N)}{31.127\%-w(N)} = \frac{0.2254\%NO}{31.13\%-0.06255\%NO}$$

$$氮含量：w(N) = \frac{14.0067r\times100\%}{162.14+44.998r} = \frac{31.127\%r}{3.603+r} = \frac{14.0067\times100\%}{22394}NO = \frac{1\%}{15.988}NO = 0.06255\%NO$$

$$硝化度：NO = \frac{w(N)}{14.0067}\times22394 = 15988w(N) = \frac{497.66r}{3.603+r}$$

从理论上讲，酯化完全的硝化棉 $r=3$，此时 $w(N) = \frac{31.127\%\times3}{3.603+3} = 14.14\%$，$NO = \frac{497.66\times3}{3.603+3}mL/g = 226.1mL/g$。

按照 GJB 3204—1998《军用硝化棉通用规范》分类原则，可将军用硝化棉根据技术指标的不同划分为五个级别，以大写拉丁字母 A、B、C、D、E 表示，质量要求见表 8-1。

A 级硝化棉，简称皮罗棉，氮含量 12.50%～12.70%，用于制造三胍药。

B 级硝化棉，简称 1 号棉，氮含量不小于 13.15%，用于配制混同棉。

C 级硝化棉，简称 2 号棉，氮含量 11.88%～12.40%，用于配制混同棉。

D 级硝化棉，简称 3 号棉，氮含量 11.75%～12.10%，用于制造双基药和推进剂。

E 级硝化棉，由 B 级与 A、C、D 级混合而成，用于制造单基药或单芳药。

表 8-1 军用硝化棉的技术指标

参数	A 级	B 级	C 级	D 级	E 级
氮含量(%)	12.50～12.70	≥13.15	11.88～12.40	11.75～12.10	①
醇醚溶解度(%)	≥99	≤15	≥95	≥98	①

（续）

参数	A 级	B 级	C 级	D 级	E 级
丙酮不溶物(%)	≤0.4		—		
2%丙酮溶液黏度/(mm²/s)		≥20.0		10.0~17.4	≥20.0
132℃安定性试验,NO/(mL/g)	≤2.5	≤3.5	≤2.5	≤2.5	≤3.0
碱度(%)		≤0.25		≤0.20	≤0.25
灰分(%)	≤0.4		≤0.5		
乙醇溶解度(%)		①		≤12	①
细断度			按需方要求		
水分			按需方要求		
黏度			按需方要求		

① A级的氮含量也可由氮含量为 12.45%~12.75%的硝化棉混合而成。E级硝化棉的氮含量和醇醚溶解度、A、B、C、E级硝化棉的乙醇溶解度的具体指标应按合同或发射药技术条件的要求执行。

三、测定方法

（一）试样准备

除水分含量测定和其他有特殊规定的检测外，测定方法执行 WJ35—2005《硝化棉试验方法 试样准备》。

1. 方法提要

将试样装入洁净白布袋内，用小型离心机驱除一部分水分。未经细断的纤维状试样脱水后，用镊子从不同部位取样，撕松后剪碎混匀。经过细断的粉末状试样脱水后，用厚布或绸手套（也可用铝铲）在规定孔径的铜筛上搓擦过筛。处理好的试样，分别按各分析项目的需要量取约 1.5 倍放在铝盒中，放入烘箱进行干燥，干燥后取出放在干燥器中冷却至室温后备用。

2. 注意事项

1）试样放入离心机中时，位置要对称，重量要相近，以免离心时因不平衡使机轴摆动。

2）离心时应将机盖盖上，并要注意检查排水管是否堵塞，机内如有硝化棉粉，要及时冲洗。

3）工作时须带上洁净的绸手套或细纱手套，以防手上的汗沾染试样。

4）硝化棉在干燥状态时，是容易爆炸的物质，因此烘样时，烘箱门不允许扣死，要经常检查温度是否稳定，调节器是否失灵。每个烘箱中放入试样的质量不得超过 100g（以干样计）。每隔约 20min 观察一次试纸颜色，如发现变红，应立即将硝化棉取出。

5）用红外线法测定时，灯光的照射部位要选择适当，不要将强光聚集在试样的某一点上。

6）烘样时应使试样与烘箱内温度计的水银球位于同一水平上。

（二）水分的测定

干燥的硝化棉容易着火燃烧甚至爆炸，很不安全，因此在储存、运输时必须含有约 25%~30%的水分。水分测定方法执行 GJB 770B《火药试验方法》中的方法 108。

1. 方法提要

烘箱法是仲裁法，从离心处理好的试样中，称取试样放入已知质量的称皿中，置于110℃±2℃烘箱内，干燥时间60min。到时间后取出称皿移入干燥器内，冷却至室温下称量，试样经过干燥，损失的质量即为水分。

2. 注意事项

1）既要使试样有代表性，又要尽可能在试样处理过程中不使水分损失，以免影响测定结果的真实性，因此取样的各步操作要迅速，存放试样的磨口瓶磨口应严密。

2）烘样时称量瓶应放在烘箱上层部位，应对称地放在温度计两侧，试样与烘箱内温度计的水银球应位于同一水平处。

3）烘箱门不允许扣死，要经常检查温度是否稳定，调节器是否失灵。每个烘箱中放入试样的量不得超过100g（以干样计）。如发现试纸变红，应立即将其取出。

（三）灰分的测定

硝化棉燃烧后的残渣是无机盐类等杂质形成的，这些杂质主要来源于精制棉，与生产过程中所用水的硬度也有关。在安定处理中加入的少量碱性物质，灼烧后也会以灰分形式存在。灰分含量会影响硝化棉及其制成的火药的能量，当灰分含量过高时，发射弹丸会冒烟，因此硝化棉灰分含量越小越好。

测定方法执行 WJ 49—2006《硝化棉试验方法 灰分灼烧法》，若有争议，以硝酸灼烧法进行仲裁。

1. 方法提要

采用硝酸灼烧法时，干燥试样加少量浓硝酸小心加热分解，加热至不再产生硝烟，蒸干内容物，将残渣进行炭化；采用蓖麻油灼烧法时，干燥试样加少量蓖麻油丙酮溶液，用无灰滤纸卷成小圆筒搅拌，连同无灰滤纸点火燃烧使缓慢炭化，将盛有已炭化残渣的坩埚移入高温炉中灼烧，剩余物即为灰分。

2. 注意事项

1）加入的硝酸或蓖麻油丙酮溶液必须使试样全部润湿，加热至不再产生硝烟，内容物蒸干和残渣完全炭化。

2）炭化时，由于产生大量硝烟，因此必须在通风柜中进行，但通风不能过大过猛，防止炭化后的残渣被吹跑；试样快蒸干及炭化时，注意防止内容物溅出损失。

（四）硝化度的测定

硝化度是用于表示硝化棉酯化程度的一种方法，它以 1g 硝化棉中放出的氧化氮气体在标准状态下的体积（mL）表示。硝化度决定了硝化棉的能量，是一项主要的技术指标，对其溶解度、黏度和安定度都有很大的影响。必须根据不同武器的用途，将硝化度控制在适当的范围内。

测定方法分别执行 GJB 337—1987《硝化棉含氮量测定方法 干涉仪法》和 WJ 36—2005《硝化棉试验方法 含氮量 狄瓦尔德合金还原法》。

1. 干涉仪法

（1）原理 将硝化棉在密闭容器中爆燃，不同硝化度的硝化棉由于其分子组成不同，爆燃后气体的组分不同，因而引起混合气体折射率的微小差异，在气体干涉仪中，测量出它相对的折射率差，就可换算出硝化棉的硝化度。

（2）方法提要　干涉仪的装置示意如图8-1所示，干燥的试样倒入专用钢瓶中，盖上钢瓶盖，拧紧扣环，钢瓶没入冷却水槽中。通低压电流使试样爆燃，冷却至室温取出擦干，使测试气体进入干涉仪的测量管中测定其折射率。

$$N_0 = N - N_1 - T - p \tag{8-1}$$

式中　N_0——20℃、101.325Pa（760mmHg）时的折射率；

　　　N——测定时室温和大气压力下干涉仪的读数；

　　　N_1——干涉仪的零点；

　　　T——温度修正值；

　　　p——压力修正值。

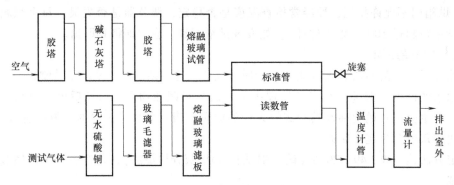

图8-1　干涉仪的装置示意图

将测定的折射率用对应标准曲线换算为硝化度。

（3）注意事项

1）标准曲线的制定：标准曲线是用各种已知硝化度（用合金还原法和五管氮量法测出硝化度）的试样，测出其爆燃气体的干涉仪读数后绘制的。硝化度与直接读出的干涉仪鼓轮刻度值是线性关系。因为存在着季节波动，因此除选用标准样和生产样品，对其他参加制定基准曲线的试样，应该采用不同季节所测硝化度的平均值，绝不能只以某一季节（特别是冬、夏季）的结果为基准，否则曲线本身会存在一定偏差。曲线制定后，应该用相当数量已知各种硝化度的生产试样检验校正。

2）钢瓶应在单独的房间和适当的防爆装置内引爆。

3）无水硫酸铜、变色硅胶及碱石灰定期更换，干涉仪定期进行清洗。

4）定期检查仪器的零点。零点的变化与大气的温度、湿度有关，正常情况下变化不大，只有在仪器的零点机构某些部位有松动时，才会发生较大的变化。

5）点火用电阻丝不宜用铁丝等在高温下易氧化的金属丝代替，因为它们在通电赤热时，能消耗钢瓶内空气中的氧，使结果偏低。

6）读数时，鼓轮应朝刻度值减小的方向旋转，以防止读数装置的松动而引起空转现象。

7）排往室外的废气管路尾部可连接一个体积稍大些的空瓶，以免室外气候条件突变时，废气不能顺利排出。

2. 合金还原法

该方法直接测定硝化棉中的硝酸酯基，应用范围较广，可以测定各种硝化棉、硝酸盐和铵盐的氮含量。

（1）原理　在过氧化氢催化作用下，用氢氧化钠溶液皂化硝化棉，使硝酸酯基直接转化成硝酸盐，用铜铝锌合金（又名狄瓦尔德合金）还原成氨而被蒸出，用硼酸吸收生成硼酸铵，再以盐酸标准溶液滴定，通过消耗盐酸标准溶液的体积，计算出硝化棉的氮含量。

（2）方法提要　称取约 0.5g 干燥试样，置于 1000mL 的反应瓶中，分别加入定量的乙醇、过氧化氢和氢氧化钠溶液，放到可控电炉上皂化反应 15min，取下冷却至室温。安装冷凝装置，吸收瓶内加入硼酸溶液并将冷凝器下端插入其中，向反应瓶内倒入狄瓦尔德合金，迅速与飞沫扑集器连接并水封，接通蒸气发生器，调节到合适流量进行还原反应，完成后取下吸收瓶，加入混合指示剂，用盐酸标准溶液滴定溶液至酒红色即为终点。同样条件做空白试验。按式（8-2）计算。

$$NO = \frac{c(V-V_0)V_m}{m} \tag{8-2}$$

式中　NO——硝化棉的硝化度（mL/g）；

c——盐酸标准溶液的摩尔浓度（mol/L）；

V_0——空白试验消耗盐酸标准溶液的体积（mL）；

V——滴定试样消耗盐酸标准溶液的体积数（mL）；

V_m——氧化氮在标准状态下的摩尔体积（L/mol），$V_m = 22.394L/mol$；

m——试样质量（g）。

（3）注意事项

1）加入乙醇可以使硝化棉溶胀，有利于碱液的渗透。加入过氧化氢目的是氧化皂化反应时生成的还原性有机物。碱液皂化时，应经常摇动瓶底，以防局部过热引起分解，溶液澄清后继续加热至产生大气泡，以破坏多余的过氧化氢。

2）狄瓦尔德合金应在粉碎后，将 0.25mm 以下、0.25mm~0.5mm 和 0.5mm~1.0mm 不同粒度各取三分之一混合使用，其中的铝和锌在碱液中与水作用放出新生态氢，将硝酸根还原为氨，铜的作用是缓和反应速度并使合金具有较大密度，沉入溶液更好地反应。

3）蒸气发生器的压力调节，开始时要小，控制反应速度不宜过快，以后逐步加大至溶液反应完全；冷凝装置连接处应严密，接口用水封，若用玻璃磨口瓶，则不要使用胶塞，以防被生成的气体被污染。

4）要控制反应瓶吸收液的体积，吸收液太少，氨没有被完全吸收，造成结果偏低；体积过大，滴定时不易摇晃均匀，影响终点颜色的判断。使用的滴定管应用特制的，读数部分的分度值为 0.01mL，以缩小误差，提高分析精度。

（五）黏度的测定

黏度是硝化棉的一项重要指标，它直接影响到生产过程中加工的难易和所制成产品的力学性能。黏度是指它在规定条件下在某种溶剂中溶解后，其溶液所具有的黏度。黏度大小由它的聚合度决定，聚合度高的硝化棉，它的溶液黏度就较大；聚合度相同时，硝化度高其黏度也较大。各种不同用途的硝化棉对其黏度有不同的要求。

测定方法执行 WJ 47—2006《硝化棉试验方法 黏度 黏度计法》，其中包括黏度计法、落球黏度计法和滚动落球黏度计法。由于软片和涂料用硝化棉的黏度不到 1°E，故用落球黏度计法测定。本节只介绍黏度计法和落球黏度计法。

1. 黏度计法

（1）原理　在规定条件下，将硝化棉丙酮溶液从专用的毛细管黏度计中流出，根据一定体积的溶液流出时间计算其黏度。

（2）方法提要　黏度计装置如图8-2所示，加入丙酮使试样在黏度计中完全溶解，使溶液的温度稳定在20℃±0.5℃的范围内。将装置调整成严格的垂直状态，使溶液从黏度计的毛细管中流出。记录溶液流经上、下刻线所需时间，按式（8-3）~式（8-5）计算。

$$\eta = K\rho t \tag{8-3}$$

式中　η——硝化棉溶液的动力黏度（mPa·s）；

　　　K——黏度计常数（mm²/s²）；

　　　ρ——被测溶液的密度（g/cm³），2%硝化棉丙酮溶液的密度为 0.80g/cm³；

　　　t——溶液流过黏度计上下刻线所需时间（s）。

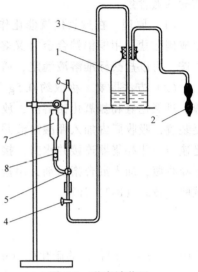

图 8-2　黏度计装置
1—溶剂瓶　2—打气球　3—虹吸管
4—直通旋塞　5—三通旋塞　6—计量管　7—黏度计　8—球开关

$$E = \frac{\eta}{\alpha} = \frac{\nu}{\beta} \tag{8-4}$$

式中　E——用恩氏度表示的黏度（°E）；

　　　α——经验常数（mPa·s/°E），$\alpha = 5.928$mPa·s/°E；

　　　β——经验常数 [mm²/(s°E)]，$\beta = 7.41$mm²/(s·°E)；

　　　ν——运动黏度（mm²/s）。

当 ν 值在 1mm²/s~120mm²/s 时，按表查出相应的恩氏度（°E）。当 ν 值大于 120mm²/s 时，按式（8-5）进行计算。

$$\nu = Kt = \frac{\eta}{\rho} \tag{8-5}$$

式中　ν——运动黏度（mm²/s）；

　　　K——黏度计常数（mm²/s²）；

　　　t——溶液流过黏度计上下刻线所需时间（s）；

　　　η——硝化棉溶液的动力黏度（mPa·s）；

　　　ρ——被测溶液的密度（g/cm³），2%硝化棉丙酮溶液的密度为 0.80g/cm³。

（3）注意事项

1）丙酮中的水分对硝化棉黏度影响很大，硝化棉黏度越高，影响越大。测定硝化棉黏度的丙酮，其纯度为98.0%~99.5%，密度（20℃）为 0.791g/cm³~0.795g/cm³，试剂丙酮要经过调配才能达到上述要求。

2）加入丙酮时操作要迅速，振摇要用力得法，使试样很好地摇散，不形成胶块状。

3）溶样时不得有阳光直射，溶样时间不得过长，溶完后应立即保温测定，硝化棉溶解后存放时间影响测试结果，溶液在存放期间，黏度会随着时间的增长逐渐降低。

4）为了加速试样溶解，可以在黏度计中加钢球、玻璃球或镍铬丝绕成的弹簧。也可在锥形瓶中溶解后，再将溶液加入黏度计中。

5）测定时溶液流出的温度对黏度测定结果有很大影响，相差1℃可影响结果约5%。黏度下降的速度，与硝化棉的类型有关，本身黏度越高，黏度降低越快，室温高时，其下降速度也较快。

2. 落球黏度计法

在规定条件下，将硝化棉乙醇丙酮溶液注入落球黏度计，专用钢球在其中滑动下落，根据经过两刻线间的时间计算硝化棉的黏度。

（六）溶解度的测定

硝化棉的溶解度是指在一定条件下，在某种溶剂中能溶解的硝化棉部分在整个硝化棉中所占的质量分数。它的特点是由所用溶剂种类和硝化棉本身的性质决定，而与所用溶剂的量关系不大，当可溶部分已溶解后，再加入溶剂也不会使不溶部分再溶解。目前分为醇醚溶解度和乙醇溶解度两种。

当配制单基药用的混同棉时，要根据所需的硝化度和醇醚溶解度来计算1号和2号硝化棉的用量。而混同棉的醇醚溶解度直接影响单基药的胶化、成形等生产工艺。溶解度过高，胶化时所需溶剂用量增加，成形后火药的力学强度下降。溶解度过低，则成形困难，药条容易产生未胶化好的白点。

乙醇溶解度表示硝化棉中能溶于乙醇的低氮量硝化棉的多少，乙醇溶解度高，酒精驱水时硝化棉损失大，给驱水操作带来困难，因此乙醇溶解度控制得低一些较好。

由于制造单基火药时，用95%（体积分数）的酒精进行脱水，用体积比1:2醇醚溶剂进行胶化，因而测定这两种溶解度时，分别采用和生产工艺相同的溶剂。

测定方法执行 GJB 770B《火药试验方法》中的方法109。

1. 原理

（1）已溶物质量法 将硝化棉用溶剂溶解后，测定溶液中已溶物的质量，计算溶解度，该法为仲裁方法。

（2）不溶物质量法 将硝化棉用溶剂溶解后，测定不溶物的质量，返算溶解度。

2. 注意事项

1）除乙醇浓度的影响外，乙醇中某些杂质（主要是指对硝化棉具有一定溶解能力的某些有机溶剂，如酮类、醇类、醚类、酯类等）的存在，对硝化棉的乙醇溶解度也有一定影响。乙醇中杂质含量多，测定结果明显增大，因此必须使用符合规定的乙醇。

2）室温对硝化棉的醇醚溶解度有明显影响。室温升高，测得的醇醚溶解度结果低。室温对乙醇溶解度的影响很小，但有随着温度升高而增加其溶解度的趋势。因此要严格控制溶解试样时的温度范围。

3）溶剂用量及溶解时间。溶剂用量在一定范围内变化时，对测定结果影响不大，但乙醇溶解度略有偏低趋势。溶解时间30min和60min没有多大差别。

4）滤杯的质量，特别是滤板孔径的影响比较明显。测定硝化棉的乙醇溶解度时，可选用孔径稍小的；测定硝化棉的醇醚溶解度时，选用孔径稍大的，分别固定不要混用。使用一段时间后，最好用标准硝化棉检查，因为经常用洗液浸泡滤杯，滤板可能受到腐蚀，滤板孔径变大。

（七）细断度的测定

细断度是指硝化棉细断的程度，细断得好的硝化棉比表面积大，容易将残酸浸出而洗去，也有利于其他不安定杂质的去除。细断得不好的硝化棉，其安定性往往较差。

测定方法按 WJ 37—2005《硝化棉试验方法 细断度 沉降法》。

1. 原理

将定量硝化棉试样放入专用具塞量筒中加水振荡、静置，以试样沉降物所占的体积表示其细断度。这种方法对以切断为主的硝化棉比较适合，不大适用于以磨碎为主的产品。因为端面毛刺的影响，特别是很细的颗粒在水中处于悬浮状态，其堆积体积较大，甚至磨得越碎，体积反而越大。

2. 注意事项

1）振摇操作与测定结果的准确性有很大关系。因为试样在过筛、干燥后，很多仍呈小颗粒状，在颗粒中的硝化棉粉相互结合得较紧密，沉降后的体积较小，因此一定要用力将其完全摇散，使试样呈粉末状分布在水中后自由沉降。振摇时，用力小的可使结果偏低 2mL～3mL，对以磨碎为主的硝化棉试样则相差可达 4mL～5mL。

2）静置时，不得碰撞量筒和试验台，以免因振动而影响体积读数。一般静置 15 min～20 min 后，体积即不变化。以切断为主、细断度较低的试样只需 5 min～10 min。室温及水温高时，沉降速度较慢，约 20 min～25 min 体积才不变化，而且体积也有稍高的趋势。

（八）安定性的测定

硝化棉是一种在常温下能自行缓慢分解的化合物，它的分解将使其硝化度、黏度等降低且逐渐变质，可能会引起自燃和爆炸。硝化棉能够经历多长储存时间而不发生显著分解的能力叫作安定性，安定性是硝化棉主要的质量指标，在军工产品生产中直接关系到火药的安全和长期储存，因此是必不可少的检验指标。

测定硝化棉安定性方法很多，一般都是基于硝化棉的热分解作用，不同安定性的硝化棉在加热时的分解速度不同，测定分解出的氧化氮或总气体的体积，以表示其安定性。常用的测定方法有：106.5℃试验、阿贝尔耐热试验、发火点试验（又称爆发点试验）、132℃（或140℃）加热试验。本节介绍 132℃（或 140℃）加热试验，执行标准 WJ38—2005《硝化棉试验方法 安定性 加热法》，它是测定军用硝化棉安定度的标准方法。

1. 原理

将定量试样置于专用试管中，在 132.0℃±0.4℃ 或在 140.0℃±0.4℃ 下加热，用碘量法测定所分解出的氧化氮。试验过程中的主要化学反应如下：

$$硝化棉 \xrightarrow{\triangle} NO, \ NO_2$$

$$2NO + O_2 \longrightarrow 2NO_2$$

$$2NO_2 + H_2O \longrightarrow HNO_3 + HNO_2$$

$$KIO_3 + 5KI + 3HNO_3 + 3HNO_2 \longrightarrow 3KNO_3 + 3KNO_2 + 3H_2O + 3I_2$$

$$I_2 + 2Na_2S_2O_3 \longrightarrow Na_2S_4O_6 + 2NaI$$

2. 方法提要

干燥试样倒入专用试管中，在垫有厚橡胶板的木质台面上将试样蹾实。未经细断的硝化棉则用镊子与平头玻棒将试样压至刻线处。吸收管中注入蒸馏水。将试管放在专用孔中加热。加热到规定时间后，将吸收管中的内容物倒入锥形瓶中，加入碘化钾溶液和碘酸钾溶液，析出的碘用硫代硫酸钠标准溶液滴定。安定性 X（mL/g）以单位质量试样分解出的氧化氮在标准状态下的体积表示，按式（8-6）计算。

$$X = \frac{c(V_1 + V_2) \times V_m}{m} \tag{8-6}$$

式中　c——硫代硫酸钠标准溶液的摩尔浓度（mol/L）；

　　　V_1——试样滴定时所消耗硫代硫酸钠标准溶液的体积（mL）；

　　　V_2——硝化棉的碱度修正值（mL）；

　　　V_m——氧化氮在标准状况下的摩尔体积（L/mol），$V_m = 22.394$L/mol；

　　　m——试样质量（g）。

3. 注意事项

1）在加热初期，试样分解速度比较均匀缓慢，后期由于分解产物的催化作用，分解速度大幅度加快，因此加热时间必须严格按照规定。在140℃进行试验时，由于加热温度较高，时间的影响更为显著。加热中途如果发现棕烟增加得非常迅猛，而且颜色很深，表明试样分解十分剧烈，应立即将试管提出，以防继续加热时发生爆炸。

2）规定每半年应用两支以上同型号温度计检查各油浴孔的温度一次。各孔所指示的温度应符合规定。

3）迅速进行称样、加样，防止试样吸收水分。硝化棉在热分解过程中，水能与它分解出的氮的氧化物生成酸，由于酸的催化作用而使其分解速度显著加快。

4）加热用的试管必须保持干燥。试管洗净后，在110℃的烘箱中干燥3h以上，在烘箱中冷却到不烫手后，取出立即用胶塞塞紧，以免吸潮。

5）有时水不被吸入试管内，主要是由于吸收管和试管装配不好，不够严密。但室温过高，冷却速度慢，吸收罩扩大部分太大时，也容易发生这种现象，这时结果往往偏低。因此操作时要将试管和吸收管装配严密，选择较轻并形状合适的吸收罩。增加吹风加速柜内空气对流，或用冷水、湿布加速试管冷却、稍稍提起吸收罩等方法提高冷却速度。

（九）碱度的测定

在生产工艺上，常常使硝化棉吸附一些能与酸中和的物质（主要是碳酸钙等），最初中和分解生成的少量酸，以减缓硝化棉的自催分解作用。硝化棉中所含这种碱性物质的量，称为"碱度"。如果碱度过高时，将会增加硝化棉的灰分和杂质，对其燃烧弹道性能也有影响，一般多控制在0.1%以下。测定方法执行 WJ 39《硝化棉试验方法 碱度 碘量法》。

1. 原理

以过量的酸中和试样中所含的碱性物质，用碘量法测定剩余的酸，计算其碱度。

2. 方法提要

干燥试样准确地加入一定量硝酸溶液，使硝化棉中所含的碳酸盐等物质与硝酸作用，然后加入蒸馏水，加入碘化钾溶液和碘酸钾溶液，使剩余的硝酸与碘酸钾、碘化钾作用而将碘析出。析出的碘用硫代硫酸钠标准溶液滴定。同样条件做空白试验。按式（8-7）计算。

$$w = \frac{c(V_3 - V_4)M}{1000m} \times 100\% \tag{8-7}$$

式中　w——硝化棉碱度（以碳酸钙的质量分数计）（%）；

c——硫代硫酸钠标准溶液的摩尔浓度（mol/L）；

V_3——空白试验消耗硫代硫酸钠标准溶液的体积（mL）；

V_4——滴定试样消耗硫代硫酸钠标准溶液的体积数（mL）；

M——$\frac{1}{2}CaCO_3$ 的摩尔质量（g/mol），$M=50g/mol$；

m——试样质量（g）。

3. 注意事项

1）加入指示剂的量不宜过多，指示剂在颜色变化时要消耗一定量的滴定溶液，加入指示剂过多会造成误差。

2）取样量要根据试样的实际酸度决定，使滴定时消耗的滴定剂体积不要小于0.1mL。

3）滴定接近终点时，滴定速度不宜过快。

第二节 二 苯 胺

一、概述

二苯胺化学式为 $(C_6H_5)_2NH$，相对分子质量169.23，密度1.160 g/cm^3，熔点52.9℃，沸点302℃。纯净的二苯胺是白色晶体，在保存期间也不会变色。工业品大多为浅灰色或黄色鳞片状，长期储存可变为更深的颜色。这是因为工业上制造二苯胺是用苯胺为原料，二苯胺中含有少量苯胺等杂质，苯胺在光线影响下，能缓慢地被空气中的氧氧化而生成一系列有色化合物。

在火药中，二苯胺主要用作单基火药安定剂，因为二苯胺的碱性极其微弱，不会使硝化棉皂化；另一方面，它却可以吸收火药在缓慢自行分解中产生的二氧化氮气体，减轻了它们的自催化分解作用，因而可以显著延长火药的保存期。但加入量不能过多，规定为1%~2%，一般多控制在中限偏下。

二苯胺易溶于乙醇、乙醚、苯、三氯甲烷、醋酸等溶剂中，在水中基本不溶。二苯胺是一种芳香族仲胺，具有很微弱的碱性，能溶解于浓硫酸等一类强无机酸中，与亚硝酸作用能发生亚硝基反应生成黄色的N-亚硝基二苯胺，可以利用这一原理来测定二苯胺的纯度。邻位和对位上的氢原子很活泼，易被卤族元素置换，这个性质被用来作为溴化法测定火药成品中的二苯胺含量。

二苯胺测定方法执行 WJ 1801—1988《二苯胺》，二苯胺的质量指标见表8-2。本节介绍二苯胺纯度和苯胺含量的测定。

表8-2 二苯胺的质量指标

序号	指标名称	一级品	二级品
1	外观	不深于浅棕色的片状物	棕色片状物
2	二苯胺纯度(%)(≥)	99.0	98.5
3	凝固点/℃(≥)	52.6	52.0
4	乙醇不溶物(%)(≤)	0.05	0.05
5	水提取物反应	中性	中性

二、纯度的测定

1. 原理

在酸性溶液中，二苯胺与亚硝酸反应，生成亚硝基二苯胺，当二苯胺全部反应后，微量过剩的亚硝酸可使碘化钾-淀粉试纸产生碘而呈黄褐色斑点，即为终点。反应式为：

$$2KI+2HNO_2+2CH_3COOH \rightarrow I_2+2CH_3COOK+2NO+2H_2O$$

因为亚硝酸很不稳定，所以采用亚硝酸钠作滴定用的标准溶液，使之与酸反应生成亚硝酸再与二苯胺作用。此法用外指示剂，终点判断比较麻烦，同时如试样中含苯胺等能被亚硝基化的物质也将与亚硝酸作用，所以分析结果往往比实际纯度要高。

2. 方法提要

试样加冰乙酸溶液，加热溶解，冷却并保持温度在20℃～25℃，用亚硝酸钠标准溶液以较慢的速度滴定至终点。按式（8-8）计算，当试样中含有苯胺时则按式（8-9）计算。

$$w_1 = \frac{cVM}{1000m} \times 100\% \tag{8-8}$$

$$w_1 = \frac{McV}{1000m} \times 100\% - \beta w_3 \tag{8-9}$$

式中　w_1——二苯胺的质量分数（%）；

　　　c——亚硝酸钠标准溶液的摩尔浓度（mol/L）；

　　　V——试样消耗亚硝酸钠标准溶液的体积（mL）；

　　　M——二苯胺的摩尔质量（g/mol），$M=169.23$ g/mol；

　　　m——试样质量（g）；

　　　w_3——苯胺的质量分数（%）；

　　　β——苯胺换算为二苯胺的因数，$\beta=1.817$。

3. 注意事项

1）为防止生成的亚硝酸分解而挥发损失，滴定管尖应浸入溶液中，并用玻璃勺不断搅拌溶液，使其及时充分反应，以防止局部亚硝酸盐过浓而引起分解。

2）滴定时要严格控制温度和滴定速度。温度高，亚硝酸较易分解而挥发，而且可与二苯胺发生其他副反应，结果偏高；低于10℃时二苯胺析出。因此通常亚硝基化反应要先冷却并保持温度在20℃～25℃条件下进行。滴定速度如果过快，亚硝酸和二苯胺不能及时反应，溶液中存在大量亚硝酸也容易分解而挥发使结果偏高。

3）应根据经验估计快到终点时才取溶液用碘化钾-淀粉试纸确定，即大致估计需要消耗的标准溶液体积，同时细心观察滴定过程中溶液颜色的变化情况，否则不但操作麻烦，而且损失溶液过多影响结果。

三、苯胺含量的测定

1. 定性原理

取做完水提取物反应的滤液放入比色管内，加入次氯酸钠饱和溶液。如有苯胺存在，则受次氯酸钠的氧化而呈现蓝紫色，出现这种情况时，应进行苯胺的定量测定，如不变色，可认为试样中无苯胺存在。

2. 定量原理

苯胺在酸性条件下与亚硝酸钠定量地起重氮化反应，终点用碘化钾-淀粉试纸确定。

3. 方法提要

试样加入盐酸溶液加热熔化，冷却，滤液倒入分液漏斗内，用乙醚洗涤，再用蒸馏水洗去乙醚，当溶液内乙醚全部挥发后，加入溴化钾溶液，在5℃以下用亚硝酸钠标准溶液，按测定二苯胺纯度的操作方法进行滴定，按式（8-10）计算。

$$w_3 = \frac{McV}{1000m} \times 100\% \tag{8-10}$$

式中　w_3——苯胺的质量分数（%）；

　　　c——亚硝酸钠标准溶液的摩尔浓度（mol/L）；

　　　V——试样消耗亚硝酸钠标准溶液的体积（mL）；

　　　M——苯胺的摩尔质量（g/mol），$M = 93.13$ g/mol；

　　　m——试样的质量（g）。

4. 注意事项

1）试样中的苯胺与盐酸作用生成能溶于水的盐酸苯胺而溶解，二苯胺因为在水中的溶解度很小，冷却后，差不多全部成为小颗粒的固体凝聚。用乙醚洗涤以除去水中溶有的少量二苯胺。用蒸馏水洗去乙醚，以溶解提取其中可能含有的少量盐酸苯胺。

2）采用较低的滴定温度是因为盐酸苯胺的量很少，它重氮化的反应速度很慢，在低温下可以防止亚硝酸因分解而挥发损失。但是低温时，它的重氮化速度更慢，加入溴化钾作促进剂可加快反应速度，同时可使终点比较灵敏。

第三节　中　定　剂

一、概述

中定剂是双基火药的一种安定剂，有Ⅰ号中定剂（二乙基二苯脲）和Ⅱ号中定剂（二甲基二苯脲、甲基中定剂）两种，其结构式及相对分子质量如图8-3所示。

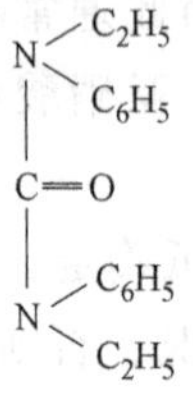

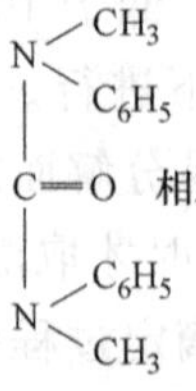

图8-3　Ⅰ号中定剂和Ⅱ号中定剂分子结构式及相对分子质量

Ⅰ号中定剂是白色固体，密度1.80g/cm³，熔点79℃；Ⅱ号中定剂（甲基中定剂）是白色鳞片状或结晶状固体，密度1.80g/cm³，熔点120℃。高于熔点时二者都易挥发。二者都不溶于水和煤油，而能很好地溶于硝化甘油、乙醇、乙醚、丙酮、二氯甲烷、二氯乙烷及60%以上醋酸溶液中。中定剂还对硝化棉起辅助溶剂的作用，它溶解于硝化甘油时，形成均匀的溶液，对制造双基火药的低氮量硝化棉有胶化能力。因其碱性极弱，对硝化甘油不起皂化作用，是双基火药比较理想的安定剂、胶化剂及缓燃剂。

在冷的酸性介质中，中定剂也能缓慢分解，生成相应的 N-乙基苯胺或 N-甲基苯胺。这种物质遇到氧化剂能变为红色。常利用这个性质进行中定剂的定性分析，常用的试剂是浓硫酸与硝酸的混合物，或硫酸高铈的浓硫酸溶液。

双基火药中主要组分硝化纤维素和硝化甘油在一般条件下都有自行缓慢分解的性质，放出二氧化氮，遇水生成硝酸和亚硝酸，能加速硝酸酯的分解。而中定剂则能与这些分解产物作用，消除了这些酸性和氧化性分解物，阻止了硝酸酯的加速分解，从而保证了火药在长期储存时有较稳定的化学安定性。

甲基中定剂是在 N-甲基苯胺（也称甲苯胺）中通入光气反应生成的。中定剂中往往含有少量游离的 N-甲基苯胺，这种杂质较易挥发，中定剂所带的特殊气味，主要是由它产生的。它能逐渐被空气所氧化，使中定剂在保存期间变浅蓝、紫、褐色，使外观不合格。它的碱性较强，能使工业二硝基甲苯变红（芳香族的多硝基化合物遇碱变红），造成生产中的火药颜色不正常，而且较强的碱性能皂化硝化甘油，故要求中定剂中的游离胺越少越好。

中定剂中除了不与中定剂共熔的机械杂质（如尘土等，不溶于乙醇）外，还有能与中定剂共熔的杂质（如 N-甲基苯胺等，能溶于乙醇），这些能与中定剂共熔的杂质会使中定剂的凝固点降低，故中定剂凝固点的高低能够反映出这类杂质的多少。不与中定剂共熔的杂质一般属于无机物，灼烧后成灰分。

测定方法执行 GJB 110A—2020《甲基中定剂规范》，本节重点介绍胺类的测定方法。甲基中定剂的质量指标见表 8-3。

表 8-3 甲基中定剂的质量指标

指标各称	规格要求	指标各称	规格要求
外观	白色或浅黄色的鳞片结晶	灰分的质量分数(%)	≤0.08
凝固点/℃	120.5~122.0	酸度（以 HCl 计）(%)	≤0.004
挥发物的质量分数(%)	≤0.20	胺类的质量分数(%)	≤0.20
乙醇不溶物的质量分数(%)	≤0.09	可水解氯化物（以氯离子计）(%)	≤0.01

二、胺类含量的测定

（一）方法一提要

方法一为仲裁法。试样置于碘量瓶内加入热苯溶解，准确加入乙酸酐-二甲苯溶液，塞紧瓶塞静置后准确加入氢氧化钠标准溶液，充分摇动后用分液漏斗将水层分入锥形瓶中。用蒸馏水洗涤碘量瓶，洗液倒入分液漏斗中，准确加入盐酸溶液，振摇静置，将水层分入锥形瓶中，连续用蒸馏水洗涤三次，洗液加入分离出的水层内，以酚酞乙醇溶液作指示剂，用氢氧化钠标准溶液滴定，并进行空白试验。按式（8-11）计算。

$$w_5 = \frac{Mc(V_0 - V)}{1000m} \times 100\% - \beta A \qquad (8\text{-}11)$$

式中　w_5——试样的胺含量（以甲苯胺计）的质量分数（%）；

c——氢氧化钠标准溶液的浓度（mol/L）；

V_0——空白试验消耗氢氧化钠标准溶液的体积（mL）；

V——滴定试样消耗氢氧化钠标准溶液的体积（mL）；

A——试样的酸度（以盐酸计）（%）；

m——试样质量（g）；

M——甲苯胺的摩尔质量（g/mol），$M = 107.2\text{g/mol}$；

β——盐酸换算为甲苯胺的因数，$\beta = 2.93$。

（二）方法二提要

试样研细加入盐酸溶液后，再研磨形成糊状。试样内部不溶于水的游离胺（N 甲基苯胺）与盐酸生成能溶于水的 N-甲基苯胺盐酸盐：

$$
\begin{array}{c}
\text{CH}_3 \qquad\qquad\qquad \text{CH}_3 \\
\text{NH} + \text{HCl} \Longrightarrow \quad \text{NH} \cdot \text{HCl} \\
\text{C}_6\text{H}_5 \qquad\qquad\qquad \text{C}_6\text{H}_5
\end{array}
$$

将溶液减压过滤到锥形瓶中。往滤液内加入溴化钾溶液，于15℃~20℃下用亚硝酸钠标准溶液滴定，按式（8-12）计算。

$$w_5 = \frac{McV}{1000m} \times 100\% \tag{8-12}$$

式中　w_5——试样的胺含量（以甲苯胺计）的质量分数（%）；

c——亚硝酸钠标准溶液的浓度（mol/L）；

V——所用亚硝酸钠标准溶液体积（mL）；

m——试样质量（g）；

M——甲苯胺的摩尔质量（g/mol），$M = 107.15\text{g/mol}$。

（三）注意事项

1）亚硝酸钠在酸性溶液中与 N-甲基苯胺反应，生成 N-亚硝基-N-甲基苯胺，反应进行得缓慢，但不能用提高温度的方法来加速反应，因为亚硝酸容易挥发损失，使结果偏高，故加入溴化钾作为催化剂，使反应速度加快。用碘化钾-淀粉试纸检查滴定终点。

2）所用的溴化钾中不能含有溴酸钾，因为在酸性溶液中，溴酸钾能使碘化钾释放出碘，而使试纸在检试时变色，因此所用的溴化钾溶液应预先用试纸检查。

第四节　高氯酸铵

一、概述

高氯酸铵（AP）采用氯酸钠溶液电解，得到高氯钠后加入氯化铵，经过复分解反应制备而成。化学式 NH_4ClO_4，相对分子质量 117.49，外观白色粉状晶体，密度 1.95g/cm^3，熔点 350℃，是一种强氧化剂。遇盐酸、浓硫酸分解，溶于水、丙酮和液氨，微溶于乙醇，不溶于乙醚、苯和烃类。高氯酸铵用于制备改性双基推进剂和复合固体推进剂。

高氯酸铵测定方法执行 GJB 617A—2020《高氯酸铵规范》，理化性能指标应符合表 8-4

的要求,本节叙述纯度、氯化物、氯酸盐、溴酸盐、铬酸盐、热稳定性、十二烷基硫酸钠、脆性八个测定项目。

表 8-4 高氯酸铵的理化指标

项目	指标	
	A 级	B 级、C 级、D 级
高氯酸铵(以 NH_4ClO_4 计)(%)	≥ 99.5	
氯化物(以 NaCl 计)(%)	≤ 0.1	
氯酸盐(以 $NaClO_3$ 计)(%)	≤ 0.02	
溴酸盐(以 $NaBrO_3$ 计)(%)	≤ 0.004	
铬酸盐(以 K_2CrO_4 计)(%)	—	≤ 0.015
铁(以 Fe 计)(%)	≤ 0.001	
水不溶物(%)	≤ 0.02	
硫酸盐灰分(%)	≤ 0.025	
pH	4.3~5.8	
热稳定性(177℃±2℃)	3h 不分解	
十二烷基硫酸钠(%)	—	≤ 0.02
总水(%)	—	≤ 0.05
表面水(%)	≤ 0.06	—

高氯酸铵的纯度以及粒度分布,直接影响推进剂的燃速、密度和力学性能,必须严格控制,实现发动机内弹道性能的稳定。由于高氯酸铵生产过程中,会产生和带入一些杂质,例如氯化物、氯酸盐、溴酸盐、铬酸盐和十二烷基硫酸钠,作为非能量成分降低了高氯酸铵的使用性能,因此各种杂质要降低到最低限度范围。

高氯酸铵的脆度(性)是指容易破碎的程度,因为 AP 的粒度对推进剂的工艺性能、力学性能和弹道性能影响较大,所以为了在混合、浇注工艺过程中使 AP 不易破碎,要求 AP 的脆性尽可能小,一般其破碎率小于 2%,最大不允许大于 7.5%,见表 8-5。

表 8-5 B 级、C 级脆性指标表

粒度类别	I 类	II 类	III 类
指标(%)	1.5	7.5	2.6

高氯酸铵的水分过高时,既容易改变 AP 粒形和粒径,又使 AP 表面形成单分子水层,影响粘合剂对 AP 表面的涂敷,会产生脱湿现象,同时水分子将与固化剂发生反应,放出二氧化碳,使推进剂药柱内部产生气孔,导致固化不完全,降低力学性能。生产实践证明,AP 水分含量控制在 0.03%~0.05%范围,对推进剂质量无显著影响。

高氯酸铵本身的熔点较高,但受到温度的影响较大,有研究表明:纯 AP 在 130℃下开始升华和分解,分解期间产生离解和升华,从而影响推进剂的物理和化学安定性,所以必须进行热稳定性试验,以期尽早发现不安定的因素。

二、纯度的测定

高氯酸铵纯度的测定方法有分解吸收法和甲醛法,其中分解吸收法为仲裁法。

(一) 分解吸收法

1. 原理

试样水溶液中加入碱，加热煮沸；高氯酸铵分解释放出定量的 NH_3，用过量的硫酸溶液吸收，再用氢氧化钠标准溶液滴定剩余的硫酸。

2. 方法提要

试样加水溶解，迅速注入氢氧化钠溶液加热煮沸。吸收瓶中预先准确加入硫酸溶液。反应完后，吸收瓶中加入甲基红-亚甲基蓝无水乙醇混合指示剂，用氢氧化钠标准溶液滴定至溶液呈绿色，同时做空白试验，按式（8-13）计算。

$$w = \frac{Mc(V_1 - V_2)}{1000m} \times 100\% \tag{8-13}$$

式中　w——高氯酸铵的质量分数（%）；

　　　M——高氯酸铵的摩尔质量（g/mol），$M = 117.5 \text{g/mol}$；

　　　c——氢氧化钠标准溶液浓度（mol/L）；

　　　V_1——空白消耗氢氧化钠标准溶液的体积（mL）；

　　　V_2——试样消耗氢氧化钠标准溶液的体积（mL）；

　　　m——试样的质量（g）。

3. 注意事项

1）冷凝装置、凯式定氮瓶和吸收瓶的连接处要用玻璃磨口，以防产生漏气，冷凝器出口端要插入吸收瓶内的硫酸溶液中。

2）停止加热前，先把冷凝器出口端移出液面，以防止溶液倒吸。

3）要保持溶液的煮沸时间 40min～50min，如果反应时间太短，高氯酸铵不能全部生成氨被硫酸吸收，造成测定结果偏高，如果反应时间过长，试样中的氯化物、氯酸盐等杂质易被蒸出，遇水生成酸性物质，滴定时消耗氢氧化钠溶液，造成测定结果偏低。同时吸收溶液的体积过大，会带来滴定操作时的困难，影响终点颜色的判断。

(二) 甲醛法

1. 原理

甲醛与铵盐作用生成等物质的量的酸，其中包括氢离子和质子化的六次甲基四胺，选用酚酞指示剂，用氢氧化钠标准溶液滴定。反应式为

$$4NH_4ClO_4 + 6HCHO = (CH_2)_6N_4 + 4ClO_4 + 6H_2O$$

$$HClO_4 + NaOH = NaClO_4 + H_2O$$

2. 方法提要

试样用水溶解，加入甲醛水溶液，酚酞乙醇溶液为指示剂，用氢氧化钠标准溶液滴定至微红色并维持 5min。按式（8-14）计算。

$$w = \frac{McV}{1000m} \times 100\% \tag{8-14}$$

式中　w——高氯酸铵的质量分数（%）；

　　　M——高氯酸铵的摩尔质量（g/mol），$M = 117.5 \text{g/mol}$；

　　　c——氢氧化钠标准溶液的摩尔浓度（mol/L）；

　　　V——试样消耗氢氧化钠标准溶液的体积（mL）；

　　m——试样的质量（g）。

　　3. 注意事项

　　1）甲醛中含有甲酸，使用前必须先用氢氧化钠中和，否则会使测定结果偏高。

　　2）加入甲醛溶液后，锥形瓶要置于阴凉的暗处，甲醛与高氯酸铵反应速度较慢，故放置时间要大于30min，使甲醛与铵盐充分反应，生成氢离子和质子化的六次甲基四胺。

　　3）所用的蒸馏水应不含二氧化碳，如果水中有二氧化碳，则一部分氢氧化钠会转化成碳酸钠，会多消耗氢氧化钠标准溶液。滴定时接近终点前要充分摇匀，溶液呈微红色并保持5min即为终点。

三、氯化物的测定

（一）方法一

　　1. 原理

　　方法一适用于试样中氯化物质量分数小于或等于0.03%时，向对照标准溶液中滴加氯化钠标准比浊溶液，直至对照标准溶液的浊度与试样溶液的浊度相同。

　　2. 方法提要

　　试样用少量水溶解，加入浓硫酸和硝酸银溶液，定容、混匀为试样溶液。在另一比色管中加入浓硫酸和硝酸银溶液，定容即为对照标准溶液。向对照标准溶液中滴加氯化钠标准比浊溶液，直至对照标准溶液的浊度与试样溶液的浊度相同时为止。按式（8-15）计算。

$$w = \frac{V\rho}{m} \times 100\% \tag{8-15}$$

式中　w——氯化物（以NaCl计）的质量分数（%）；

　　　　V——滴定对照标准溶液消耗氯化钠标准比浊溶液的体积（mL）；

　　　　ρ——氯化钠标准比浊溶液的质量浓度（g/mL）；

　　　　m——试样的质量（g）。

　　3. 注意事项

　　1）使用的奈式比色管要检定合格，加入试剂量要准确，溶液摇晃均匀后方可比色。

　　2）比色管底部要用黑纸映衬，在日光灯的照射下，自上而下观察溶液颜色。

（二）方法二

　　1. 原理

　　方法二适用于试样中氯化钠质量分数大于0.03%时，加过量Ag^+与Cl^-生成AgCl沉淀，在含Ag^+的酸性溶液中，加入铁铵钒指示剂，用硫氰酸钾标准溶液直接滴定。

　　2. 方法提要

　　试样加水溶解，加入硝酸溶液，准确加入硝酸银溶液进行沉淀，加入硝基苯、铁铵钒指示剂，用硫氰酸钾标准溶液滴定至粉红色。同样条件下做空白试验。按式（8-16）计算。

$$w = \frac{Mc(V_1 - V_2)}{1000m} \times 100\% \tag{8-16}$$

式中　w——氯化物（以NaCl计）的质量分数（%）；

　　　　M——氯化物（NaCl）的摩尔质量（g/mol），$M = 58.5$g/mol；

　　　　c——硫氰酸钾标准溶液的摩尔浓度（mol/L）；

V_1——空白试验消耗硫氰酸钾标准溶液的体积（mL）；

V_2——试样消耗硫氰酸钾标准溶液的体积（mL）；

m——试样的质量（g）。

3. 注意事项

1）加入硝基苯后要用力摇动，硝基苯密度大，沉在底部，可以将氯化银沉淀表面覆盖，以避免硫氰酸钾标准溶液与氯化银进行沉淀反应。

2）加入硝酸溶液可以控制在 0.2mol/L～0.5mol/L 酸度范围。否则 Fe^{3+} 离子水解生成红棕色的 $Fe(OH)_3$ 沉淀，影响观察终点的颜色。

3）滴定过程中，必须充分摇匀溶液，使被吸附的 Ag^+ 及时被释放出来，否则会产生终点过早出现，使得测定结果偏低。

4）铁铵矾指示剂加入量不宜过多，否则溶液容易产生橙黄色，影响滴定终点的观察。

四、氯酸盐的测定

1. 原理

试样中氯酸盐与硫酸亚铁反应，剩余硫酸亚铁用高锰酸钾标准溶液滴定。

2. 方法提要

试样加水溶解，准确加入硫酸亚铁溶液加热反应。冷却后用高锰酸钾标准溶液滴定至微红色，30s 内不褪色即为终点，同样条件下做空白试验，按式（8-17）计算。

$$w = \frac{Mc(V_1 - V_2)}{1000m} \times 100\% \tag{8-17}$$

式中　w——氯酸盐（以 $NaClO_3$ 计）的质量分数（%）；

　　　M——$\frac{1}{6}NaClO_3$ 的摩尔质量（g/mol），$M = 17.74$ g/mol；

　　　c——高锰酸钾（$1/5KMnO_4$）标准溶液的浓度（mol/L）；

　　　V_1——空白试验消耗高锰酸钾标准溶液的体积（mL）；

　　　V_2——试样消耗高锰酸钾标准溶液的体积（mL）；

　　　m——试样的质量（g）。

3. 注意事项

1）加入的硫酸亚铁溶液必须准确，溶液要煮沸 3min 以上，使氯酸盐与硫酸亚铁溶液充分反应完全。

2）高锰酸钾是强氧化剂，当开始滴定时，要等第一滴 $KMnO_4$ 溶液褪色后，再加第二滴。随着反应的进行，可以逐渐加快滴定速度，但不能过快，否则加入的 $KMnO_4$ 溶液来不及与硫酸亚铁反应，导致测定结果偏低。

3）高锰酸钾溶液滴定至溶液微红色 30s 不褪色即为终点，如果放置时间过长，空气中还原性物质能使高锰酸钾还原而褪色。

五、溴酸盐的测定

1. 原理

溴酸盐在酸性环境中与碘化钾反应生成碘，用硫代硫酸钠标准溶液滴定。

2. 方法提要

试样加水溶解，加入硫酸溶液、碘化钾溶液暗处反应后取出用硫代硫酸钠标准溶液滴定，同样条件下做空白试验，按式（8-18）计算。

$$w=\frac{Mc(V_1-V_2)}{1000m}\times100\%$$

（8-18）

式中　w——溴酸盐（以 $NaBrO_3$ 计）的质量分数（%）；

M——$\frac{1}{6}NaBrO_3$ 的摩尔质量（g/mol），$M=25.15g/mol$；

c——硫代硫酸钠（$Na_2S_2O_3$）标准溶液的浓度（mol/L）；

V_1——试样消耗硫代硫酸钠标准溶液的体积（mol）；

V_2——空白试验消耗硫丹硫酸钠标准溶液的体积（mL）；

m——试样的质量（g）。

3. 注意事项

1）由于溴酸盐本身与还原剂反应速率慢，常加入过量碘化钾，加入硫酸的目的是使溶液酸化，溴酸盐与过量碘化钾反应还原出 I_2。整个反应过程较慢，而 I_2 本身被空气氧化的反应随光照而加快，故放置暗处30min，反应后立即调节酸度进行滴定。

2）淀粉必须是可溶性的，淀粉指示剂的加入一定要在临近终点前，即大部分析出的 I_2 与硫代硫酸钠反应完成之后，溶液呈现淡黄色时加入。过早加入淀粉会与 I_2 生成蓝色配合物吸附部分 I_2，易使终点提前到达。

3）在酸性溶液中生成的 I_2 易被空气中的 O_2 氧化，应该使用碘量瓶，滴定操作时不要剧烈晃动，否则会造成 I_2 挥发性损失，使得测定结果偏低。

六、铬酸盐的测定

1. 原理

铬酸盐在硫磷混酸环境中与二苯碳酰二肼乙醇溶液显色，用比色法测定铬酸盐质量分数。

2. 方法提要

向数个比色管中分别准确加入铬酸钾标准比色溶液，加硫磷混酸，冷却后，加二苯碳酰二肼乙醇溶液，用水稀释至刻度，制备标准系列。将试样置于另一比色管中，加水溶解，加硫磷混酸，冷却后，加二苯碳酰二肼乙醇溶液，用水稀释至刻度，与标准系列比色。

3. 注意事项

1）要按照本法规定的加入顺序，准确加入各种溶液且充分的混匀。

2）六价铬是强氧化剂，与二苯碳酰二肼反应的溶液酸度，应控制在 0.05mol/L ～ 0.15mol/L 之间，当酸度为 0.1mol/L 时溶液显色最稳定。

3）本方法15min显色反应完成，可稳定90min，最适宜的比色时间为 15min～30min。

七、热稳定性的测定

1. 原理

试样在高温下加热分解，释放出氯和氧化氮气体，遇见水生成酸性物质，与碘化钾反应

还原出 I_2 分子，使淀粉指示剂呈现紫色或蓝色。

2. 方法提要

称取试样四份，分别置于规定温度的鼓风烘箱内。2h 后取出一份试样，以后每隔一小时再取出一份。冷却，加水、碘化钾和淀粉溶液，搅拌溶解，溶液应为无色，如果呈现紫色或蓝色则表明试样易发生水解。

3. 注意事项

1）在 177℃±2℃下恒温加热时注意不要超温和超时，否则高氯酸铵易分解和爆炸。

2）应准确称取试样，加入水、碘化钾和淀粉溶液。如果溶液加入量不准，溶液浓度太稀，颜色无变化，测定结果偏高；溶液浓度太浓，颜色过早出现使测定结果偏低。

八、十二烷基硫酸钠的测定

1. 原理

在酸性介质中，十二烷基硫酸钠与亚甲基蓝作用生成蓝色络合物。三氯甲烷将形成的络合物从水溶液中定量萃取，在 650nm 波长处测定吸光度，用标准工作曲线法测定十二烷基硫酸钠的含量。

2. 方法提要

不同质量的十二烷基硫酸钠分别用水溶解，加入不含十二烷基硫酸钠的高氯酸铵，放入分液漏斗中，加浓盐酸、亚甲基蓝溶液和三氯甲烷，振荡萃取，放出三氯甲烷层于另一个分液漏斗中。用相同的方式制备空白溶液。将洗涤后的三氯甲烷层溶液和空白溶液分别在 650nm 测定吸光度，绘制工作曲线。试样用适量水溶解，放入分液漏斗中，加浓盐酸、亚甲基蓝溶液和三氯甲烷，振荡萃取。以相同的方式制备空白溶液。用与绘制工作曲线相同的操作测定试样吸光度。对照工作曲线查出试样中含十二烷基硫酸钠的质量，按式（8-19）计算。

$$w = \frac{m_1}{50m} \times 100\% \qquad (8\text{-}19)$$

式中　w——十二烷基硫酸钠的质量分数（%）；

　　　m_1——对照工作曲线查得的十二烷基硫酸钠的质量（mg）；

　　　m——试样的质量（g）。

3. 注意事项

1）用移液管准确移取溶液，加入盐酸调节至酸性，振荡时间至少 1min，静置时间至少 5min，使两相液层完全分离开。

2）要检查分液漏斗是否泄漏，活塞要涂油但盖子不能涂油。振荡时要有力度，使两相液层充分摇匀接触，由于未反应的亚甲基蓝溶于水，一定要洗涤至水层无颜色。

3）三氯甲烷层溶液从分液漏斗的下部放出，水层溶液从分液漏斗的上部倒掉，分液漏斗在使用过程中不要用水洗，要避免三氯甲烷层中混入水珠，否则影响吸光度的测定。

4）因为三氯甲烷与水互不相溶，吸收池要干燥不能带水珠。本法显色反应完成迅速，颜色可稳定 90min，但三氯甲烷挥发性较强，因此溶液萃取后应立即测定。

九、脆性的测定

1. 原理

向盛有试样的试验筛中加入玻璃球介质，在振筛机上振荡一定时间，通过称取筛网上物料的质量，求出试样的脆性。

2. 方法提要

称取试样于配有底和盖的规定孔径试验筛上，按规定时间在振筛机上振动。从保留在试验筛上的物料中称取规定质量的试样再加到试验筛上，加入玻璃球，装好筛底和盖，再次固定在振筛机上振动。称量第二次振动后通过试验筛筛网落入底盘内的物料质量，计算其占试样质量的百分比为脆性质量分数。

3. 注意事项

试验筛的孔径必须检定合格，振筛机的频率和振动时间必须符合试验规定要求，如果振动时间过长，会造成试样破碎率增加和脆性不合格。

第五节　端羟基聚丁二烯

一、概述

端羟基聚丁二烯（HTPB）简称丁羟胶，一种液体预聚物。通过链延长和交联固化反应，可制成有三维网络结构的弹性体，由自由基聚合、阴离子活性聚合和阴离子配位聚合制备。

端羟基聚丁二烯的化学通式为 $HO(CH_2—CH═CH—CH_2)_nOH$，相对分子质量 2000~20000。外观无色或淡黄色液体，有 I 型和 T 型系列产品。密度 0.913g/cm^3，折射率 1.5126，闪点 113℃，玻璃化温度 -78℃。易溶于吡啶、苯、石油醚、环己烷、四氢呋喃、二甲基甲酰胺和乙酸乙酯，不溶于水、甲醇、二甲基亚砜和二甲基乙酰胺溶剂。用于制备复合固体推进剂。

端羟基聚丁二烯测定方法执行 GJB 1327A—2003，其理化性能指标应符合表 8-6 要求，本节叙述羟值、过氧化物、数均相对分子质量三个指标的测试方法。

表 8-6　HTPB 理化性能指标

项目	I 型	I 型-改	II 型	III 型	IV 型
羟值/(mmol/g)	0.47~0.53		0.54~0.64	0.65~0.70	0.71~0.80
水(%)	≤0.050				
过氧化物(以 H$_2$O$_2$ 计)(%)	≤0.040			≤0.050	
黏度(40℃)/Pa·s	≤9.5		≤8.5	≤4.0	≤3.5
数均分子量(×10^3)(VPO)(GPC)	3.80~4.60	4.00~4.60	3.30~4.10	3.00~3.60	2.70~3.30
挥发物(%)	≤0.5			≤0.65	

HTPB 作为推进剂的骨架，弹性母体，可以容纳氧化剂和金属燃烧剂，经混合的药浆浇注到燃烧室壳体内，固化后成为具有良好性能的药柱，因此是一种非常重要的粘合剂。

HTPB 产品对理化性能指标有严格要求。羟值、相对分子质量和相对分子质量分布反映出 HTPB 高分子微观结构，以及官能度分布对药浆的工艺性能、推进剂力学性能的影响规律。黏度反映在适宜的加工条件下，药浆具有合理的流动性和加工性，能安全顺利地进行浇铸或挤压成形。残留水分会与固化剂发生反应，放出二氧化碳，导致推进剂药柱内部产生气孔；过氧化物是 HTPB 在生产中加入的引发剂，其残留量会影响推进剂的化学安定性。因此水分和过氧化物必须控制至最低限度。

二、羟值的测定

1. 原理

过量的乙酸酐在对甲苯磺酸催化下与试样作用，反应完毕后，水解剩余的乙酸酐，用氢氧化钾-乙醇标准溶液滴定生成的乙酸。

2. 方法提要

试样加入乙酸酐-对甲苯磺酸-乙酸乙酯酰化剂完全溶解后加热反应。冷却后加入水和吡啶溶液，继续加热反应。冷却后，加入苯和酚酞指示剂，用氢氧化钾-乙醇标准溶液滴定。按同样测定步骤做空白试验。按式（8-20）计算。

$$X = \frac{(V_0 - V)c}{m} \tag{8-20}$$

式中　X——试样的羟值（mmol/g）；

　　　V_0——空白试验消耗氢氧化钾-乙醇标准溶液的体积（mL）；

　　　V——测定试样消耗氢氧化钾-乙醇标准溶液的体积（mL）；

　　　c——氢氧化钾-乙醇标准溶液的实际摩尔浓度（mol/L）；

　　　m——试样的质量（g）。

3. 注意事项

1）要保证试样和空白酰化剂加入量的一致性，取酰化剂时移液管在每个反应瓶中停留不少于 15s。乙酰化试剂最好现配现用，发现试剂颜色变黄不能使用，否则会导致测定结果偏低。

2）酰化反应的时间要大于 30min，经常性摇动防止溶液结块，酰化反应不完全结果偏低。水解的目的是把过量的未参加酰化反应的乙酸酐与水反应生成乙酸，如果水解反应不完全造成结果误差偏大。

3）由于室温下乙酸酐与试样反应速度较慢，所以采用提高温度加快反应的方法，需要用橡皮筋箍紧反应瓶塞，以防瓶口漏气造成测定结果偏低。

4）室温对羟值有影响，温度越高测得的羟值越大，因此空白试验和试样试验要充分冷却至室温，温度必须保持一致。同时温度也影响试样的酸值，会造成羟值数据波动，试样酸值越大，测定的结果偏低。

5）试样中水分含量大于 0.2% 时，应将试样先脱水干燥后再进行测定。因为试样中过多的水，会和酰化剂反应生成更多的乙酸，会导致测定结果偏低。

三、过氧化物的测定

1. 原理

在一定条件下，过氧化物与碘化钾反应生成碘，用硫代硫酸钠标准溶液滴定生成的碘，计算出过氧化物的含量。

2. 方法提要

试样加入三氯甲烷、冰乙酸和碘化钾甲醇溶液，加热回流，立即冷却，用硫代硫酸钠标准液滴定。按式（8-21）计算。

$$w = \frac{MVc}{1000m} \times 100\% \tag{8-21}$$

式中　w——试样中过氧化物的质量分数，以过氧化氢计算（%）；

　　　V——试样试验消耗硫代硫酸钠标准溶液的体积（mL）；

　　　c——硫代硫酸钠标准溶液的实际浓度（mol/L）；

　　　m——试样的质量（g）；

　　　M——$\frac{1}{2}H_2O_2$ 的摩尔质量（g/mol），$M = 17g/mol$。

3. 注意事项

1）制备碘化钾-甲醇溶液的碘化钾必须不含还原的 I_2，否则影响测定结果。

2）因为过氧化物在微酸性介质中氧化能力强，可将溶液中碘离子氧化成 I_2，满足定量分析要求，所以反应介质加入冰乙酸。

3）HTPB 在水中不溶解，在三氯甲烷中全部溶解，所以反应在以三氯甲烷为溶剂的介质中进行。

4）HTPB 中过氧化物与碘离子反应速度慢，为满足分析要求，必须加热以加快反应。

5）滴定反应一定要在室温下进行，硫代硫酸钠溶液在热的酸性介质中会加速分解，碘也易挥发，会引起滴定的误差。

6）淀粉必须是可溶性的，淀粉指示剂的加入一定要在临近终点前，即大部分析出的 I_2 与硫代硫酸钠反应完成之后，溶液呈现淡黄色时加入。过早加入淀粉会与 I_2 生成蓝色配合物吸附部分 I_2，易使终点提前到达。

四、数均相对分子质量的测定

数均相对分子质量的测定方法有凝胶渗透色谱法（GJB 1965—1994）和蒸气压渗透（VPO）法（GJB 1327A—2003），其中 VPO 法为仲裁法。本节介绍 VPO 法。

1. 原理

在一精确恒温并有溶剂蒸气饱和的密闭容器中，于两个热敏电阻探头上悬置相同温度的溶剂和溶液各一滴。

由拉乌尔定律得知，试样溶液的饱和蒸气压低于纯溶剂饱和蒸气压，溶剂分子从饱和蒸气相向溶液液滴表面凝聚，释放出凝聚热，使溶液液滴的温度升高。当溶液滴与溶剂滴温差平衡后，温差与溶液的摩尔浓度成正比，用已知相对分子质量的标准试样与待测试样进行对比测定，由此得到待测试样的数均相对分子质量。

2. 方法提要

分别制备联苯酰（或八乙酰蔗糖）标准样-苯（或三氯甲烷）溶液和试样-苯（或三氯甲烷）溶液。联苯酰（或八乙酰蔗糖）标准样-苯（或三氯甲烷）溶液：浓度范围 0.10g/kg～2.50g/kg［或 0.5g/kg～6.5g/kg］；试样-苯（或三氯甲烷）溶液：浓度范围 5.50g/kg～

28.50g/kg。

仪器常数的标定：按照 JJG 877—2011 中规定方法进行标定。每年至少一次，检测室温度、升温时间和操作时间应符合说明书要求。

试样的测定：配制至少四个浓度不同的试样溶液，按浓度由低到高的顺序依次进行测定。测定时应先用被测溶液约 5 滴~6 滴，冲洗测定溶液用热敏电阻探头。

按 VPO 仪说明中规定的方法进行计算。数均相对分子质量的测定结果取三位有效数字，最大测定误差允许±10%。

3. 注意事项

1）数均相对分子质量和溶液中溶质的分子数目有关，如果有小分子杂质（水分）存在，对于测定结果有很大影响，所以试样的纯度和干燥必须要保证。

2）要严格控制每次试样的预热温度、进样量、进样顺序和进样速度。

3）液滴尺寸对 VPO 的读数有重要的影响。溶液浓度越高，由于凝聚的热效应超过了液滴蒸发的冷却效应，测定的电阻值随液滴尺寸的减少而增大，而低浓度溶液对液滴尺寸效应影响较小。

4）仪器的汽化室密闭性要严密，室内各处温度要均匀和恒定，否则会造成各部分溶剂蒸气的化学势不同，使测定结果产生极大的误差。

5）仪器的热敏电阻头装置应向上，顶端有一金属网或环，它能控制在热敏电阻上的液体量，减少液滴尺寸的影响。

第六节 特细铝粉

一、概述

特细铝粉由纯铝锭加入少量润滑剂，经捣击压碎和抛光制备而成。

铝的化学式为 Al，相对分子质量 26.98。特细铝粉为外观银白色金属粉末，密度 2.55g/cm³，熔点 685℃，沸点 2065℃，自燃温度 5900℃，一种强氧化剂。常温下易溶于稀硫酸、硝酸、盐酸、氢氧化钠和氢氧化钾溶液，难溶于水，可以与热水缓慢反应生成氢氧化铝。用于制备改性双基推进剂和复合固体推进剂。

特细铝粉测定方法执行 GJB 1738—2015《特细铝粉规范》，特细铝粉的理化性能指标应符合表 8-7~表 8-9 的要求，本节介绍活性铝含量的测定方法。

表 8-7　特细雾滴状铝粉的中位径 D_{50} 和大颗粒粉末的含量规定

牌号	粒度分布		
	中位径 D_{50} /μm	≥45μm，质量分数（%）	≥71μm，质量分数（%）
FLT1	29+3	≤25	≤5
FLT2	24±3		
FLT3	13+3	—	—
FLT4	6±2	—	—

表 8-8 特细球形铝粉的中位径 D_{50} 和大颗粒粉末的含量及振实密度的规定

牌号	粒度分布			振实密度/(g/cm^3)
	中位径 D_{50} /μm	$\geqslant 45\mu m$,质量分数 (%)	$\geqslant 71\mu m$,质量分数 (%)	
FLQT0	43+7	—	—	—
FLQT1	29+3	≤25	≤5	≥1.6
FLQT2	24±3			
FLQT3	13+2	≤5	—	≥1.5
FLQT4	6±1.5	—	—	≥1.4
FLQT5	2+1	—	—	—

表 8-9 特细铝粉的化学组分含量的规定

牌号	活性铝,不小于(%)	杂质,不大于(%)			
		Fe	Cu	Si	H_2O
FLT1	98.0	0.2	0.015	0.2	0.10
FLT2	98.0	0.2	0.015	0.2	0.10
FLT3	98.0	0.2	0.015	0.2	0.10
FLT4	96.0	0.2	0.015	0.2	0.10
FLQT0	98.0	0.2	0.015	0.2	0.10
FLQT1	98.0	0.2	0.015	0.2	0.10
FLQT2	98.0	0.2	0.015	0.2	0.10
FLQT3	98.0	0.2	0.015	0.2	0.10
FLQT4	98.0	0.2	0.015	0.2	0.10
FLQT5	97.0	0.2	0.015	0.2	0.10

铝粉在推进剂中充作燃料,称其为能量添加剂,不但提高密度和比冲,还可以提高能量和改善燃烧性能,它在燃烧时放出的大量热量,可起到抑制推进剂不稳定燃烧的作用。铝粉的含量、颗粒形状、粒度大小及其分布对工艺特性、燃烧速度和力学性能有较大影响,必须予以严格控制,以期实现生产工艺的稳定。

由于铝粉在生产过程中,不可避免地带入其他杂质,例如铁、铜等金属,它们的燃烧热值较低,产生残渣影响推进剂的能量,因此必须控制在最低限度范围。

二、活性铝含量的测定——气体滴定法

1. 原理

活性铝与氢氧化钠反应放出氢气,根据反应释放出氢气的体积计算活性铝的含量。

2. 方法提要

将试样置于称量管中,移入预先盛有氢氧化钠溶液的锥形瓶中,拧紧胶塞,转动量气管活塞,使量气管与活塞的排气孔相通,提升水准瓶,排净管内空气,转动活塞使量气管与反应瓶相通,将水槽中的冷却水的温度调至与量气管夹层中的水的温度一致,每隔 7min 对一

次起点，两次不变记录起点读数，轻轻摇晃锥形瓶，使试样与氢氧化钠溶液反应，待反应结束，每隔7min对一次终点，两次不变记录终点读数。同时记录温度和气压。按式（8-22）计算活性铝含量。

$$w_1 = \frac{(p_1 - p_2 - p_3)V\alpha}{(273+t)m} \times 100\% \qquad (8-22)$$

式中　　w_1——活性铝的质量分数（%）；

　　　　p_1——气压计读数（kPa）；

　　　　p_2——气压计读数温度订正值（kPa）；（查气象常用表《气压读数温度订正表》）；

　　　　p_3——测定温度时水的饱和蒸气压（kPa）；

　　　　V——生成氢气的体积（mL）；

　　　　t——测量时量气管内的温度（℃）；

　　　　α——氢换算为活性铝的换算因数，$\alpha = 0.00216$；

　　　　m——试样的质量（g）。

3. 注意事项

1）测定系统必须密封，不得漏气，每隔7min对一次读数，两次读数不变时记录。

2）测试过程保持室内温度、气压稳定，关闭门窗防止空气对流。

第七节　硝化甘油、硝化二乙二醇和硝化三乙二醇

一、概述

（一）硝化甘油

硝化甘油的化学名为丙三醇三硝酸酯，相对分子质量227.09，分子结构式为

$$\begin{array}{l} CH_2-ONO_2 \\ | \\ CH_2-ONO_2 \\ | \\ CH_2-ONO_2 \end{array}$$

纯硝化甘油在常温下为无色透明油状液体，工业产品由于原料的纯度和制造条件的影响，常呈淡黄色或淡棕色。生产中的硝化甘油一般含有0.2%~0.4%水分，呈半透明乳白色，在长时间静置或用干燥滤纸吸去水分后，又变透明。

硝化甘油在常温下的密度为1.671g/cm³，20℃时的黏度为36mP·s，吸湿性很小。硝化甘油在常温下挥发性很小，50℃以上时显著挥发。

20℃时硝化甘油在水中的溶解度为1.8g/L，硝化甘油微溶于二硫化碳，能溶解于乙醇、乙醚、苯、甲苯、二氯甲烷、二氯乙烷、三氯甲烷、丙酮、0.6g/mL以上浓度的醋酸等多种溶剂中；它能溶解多种芳香族硝基化合物，并能与硝化度为188.8mL/g~195.2mL/g的低氮量硝化纤维素混溶而形成胶状的高聚物溶塑体，还能与中定剂等有机物生成低共熔物，这些特性被广泛用于制造双基火药。

硝化甘油分子中的硝酸酯基（—ONO_2）是不安定的基因，使硝化甘油对于热、光、机械冲击、摩擦及振动等作用都很敏感，在一定的机械作用下，会引起剧烈爆炸，爆炸的冲击

波会引起附近的硝化甘油殉爆。硝化甘油用木屑、硅藻土吸收后冲击感度大为降低。

硝化甘油的爆炸分解可以表示为

$$4C_3H_5(ONO_2)_3 = 12CO_2 + 10H_2O + 6N_2 + O_2$$

生成的气体里有氧（正氧平衡）。每千克硝化甘油爆炸后的气体生成物在标准状态下的体积为 715L，爆热量达 6217.4kJ/kg。

硝化甘油有两种结晶，稳定型结晶的熔点为 13.0℃，不稳定型结晶的熔点为 1.9℃，硝化甘油在冻结或熔化过程中，比液态硝化甘油敏感得多，稍受轻微冲击、振动、摩擦即可发生爆炸，因此切勿使硝化甘油的温度低于 15℃。

硝化甘油能被苛性碱溶液皂化破坏，在酒精溶液中皂化得更快，这个性质可用来处理少量废硝化甘油。

（二）硝化二乙二醇

硝化二乙二醇的化学名为一缩二乙二醇二硝酸酯，相对分子质量 194.10，分子结构式为

$$O \begin{cases} CH_2CH_2ONO_2 \\ CH_2CH_2ONO_2 \end{cases}$$

硝化二乙二醇为无色或淡黄色油液体，20℃密度为 1.385g/cm³；在 160℃下沸腾，同时伴有分解；20℃时黏度为 8.1mPa·s；60℃时挥发度为 0.19mg/(cm²·h)，60h 挥发量为 6.0%；它的爆热实测值为 4458.94kJ/kg；它对于热、光、机械冲击、摩擦及振动等作用都比硝化甘油钝感得多；在水中的溶解度较大，在 25℃时为 4g/L；能溶于硝化甘油、硝化乙二醇、乙醚、甲醇等有机溶剂中，但不易溶于乙醇、四氯化碳和二硫化碳等物质中；硝化二乙二醇也有两种结晶，稳定型结晶的熔点为 2℃，不稳定型结晶的熔点为 -10.9℃，凝固点为 -11.3℃。它的化学安定性与硝化甘油类似。与水共热时，它比硝化甘油水解进行得更慢；在有酸或氢氧化钠存在时，水解也比较困难。另一方面，它与废酸作用时比硝化甘油更易分解，其原因可能是分子结构中存在着醚氧链（—C—O—C—），酸的浓度越大，分解越加剧。但它的热稳定性比硝化甘油好。

硝化二乙二醇可用在火炸药各方面，在猛炸药方面它是硝化甘油的良好添加剂，加入 8% 即可制得难冻混合炸药，并能获得更大的爆炸威力。它同样能溶解多种硝基化合物，能与硝化甘油任意混溶，它溶解低氮量硝化纤维素的能力比硝化甘油好，因此它是用来制造低热量、烧蚀性小的火药的比较理想的原材料。硝化二乙二醇常与硝化甘油按一定比例混合以制造双基火药，加工较安全。

（三）硝化三乙二醇

硝化三乙二醇的化学名为二缩三乙二醇二硝酸酯，是硝化乙二醇和硝化二乙二醇的同系物，但挥发性比它们小，是目前已知多元醇硝酸酯中对硝化纤维素具有最好增塑性的物质，其性质与硝化二乙二醇相似。化学式 $C_6H_{12}O_8N_2$，结构式

$$CH_2ONO_2-CH_2-O-CH_2-CH_2-O-CH_2-CH_2ONO_2$$

相对分子质量 240.17，为淡黄色油状液体。硝化三乙二醇常温下密度为 1.335g/cm³；凝固点 -40℃；20℃时黏度为硝化甘油的 2.5 倍；60℃、60h 挥发 0.4%。爆热值 3140.1kJ/kg；爆发点 233℃（5s）；硝化三乙二醇对撞击不太敏感，其撞击感度与二硝基甲苯相当，比硝

化二乙二醇低，2kg 落锤，100cm 落高，爆炸百分数 40%~50%。硝化三乙二醇溶于乙醚、丙酮、醋酸，难溶于乙醇；在 20℃时，100g 水中能溶解 0.7g 硝化三乙二醇。能与硝基异丁醇三硝酸酯、吉纳、硝化二乙二醇、苯二甲酸二丁酯、二硝基甲苯和中定剂等互溶。其毒性比硝化甘油小。

硝化三乙二醇可以替代硝化甘油用于火炸药，可单独使用，也可和其他硝酸酯混合使用。在改性双基配方中，大多含硝化三乙二醇，其应用范围较广。

（四）硝化甘油、硝化二乙二醇和硝化三乙二醇的质量指标

硝化甘油、硝化二乙二醇和硝化三乙二醇的质量指标见表 8-10。

表 8-10　硝化甘油、硝化二乙二醇和硝化三乙二醇的指标

指标名称	硝化甘油	硝化二乙二醇	硝化三乙二醇
外观	无色或淡黄色透明液体	无色或淡黄色油状透明液体	无色或淡黄色油状透明液体
酸值	无	无	无
碱值（以 Na_2CO_3 计）(%) ≤	0.01	0.01	0.01
72℃阿贝尔试验/min ≥	30	16	30

二、测定方法

硝化甘油采用 GJB 2012A—2020 中的方法测定，硝化二乙二醇采用 WJ 20486—2018 中的方法测定，硝化三乙二醇采用 WJ 20487—2018 中的方法测定。

（一）外观

将试样通过干燥滤纸滤入无色试管，用干燥滤纸吸收多余的水分，观察滤下试样的颜色和透明度。

（二）酸度和碱度的测定

1. 酸度测定方法提要

试样加中性蒸馏水充分混合、静置、分层后，将水层倾入锥形瓶中，加入指示剂，硝化甘油采用 0.2g/L 的甲基橙，硝化二乙二醇、硝化三乙二醇采用甲基红、亚甲基蓝混合指示剂（0.12g 甲基红和 0.82g 亚甲基蓝溶于 100mL 的乙醇中），如果水溶液呈酸性颜色，则认为有酸性，如果呈碱性颜色，即认为无酸性或合格。

2. 碱度方法提要

试样加中性蒸馏水充分混合、静置、分层后，将水层倾入锥形瓶中，加入指示剂，硝化甘油采用 1g/L 的甲基红乙醇溶液与 1g/L 溴甲酚绿乙醇溶液（按 1+3）混合指示剂，硝化二乙二醇、硝化三乙二醇采用甲基红、亚甲基蓝混合指示剂（0.12g 甲基红和 0.82g 亚甲基蓝溶于 100mL 的乙醇中），用盐酸标准溶液滴定，碱度按式（8-23）计算。

$$w = \frac{cVM}{1000m} \times 100\% \tag{8-23}$$

式中　w——碱度（以 Na_2CO_3 的质量分数计）(%)；

　　　c——盐酸标准溶液的摩尔浓度（mol/L）；

　　　V——所用盐酸标准溶液的体积（mL）；

M——$\frac{1}{2}Na_2CO_3$ 的摩尔质量（g/mol），$M = 52.99g/mol$；

m——试样的质量（g）。

3. 注意事项

1）硝化甘油、硝化二乙二醇等对摩擦、撞击敏感，特别硝化甘油对摩擦敏感，因而在酸度、碱度分析过程中操作硝化甘油、硝化二乙二醇和硝化三乙二醇，应避免产生摩擦、撞击。

2）采用具塞锥形瓶萃取时，应采用橡胶塞。

（三）阿贝尔试验

硝化甘油等硝酸酯的化学安定性采用阿贝尔法进行测定。

1. 原理

将定量试样至于专用试管中，在规定的温度下加热分解，测定释放出的气体使碘化钾试纸在干湿分界处出现黄棕色所经过的加热时间，以表示硝化甘油等硝酸酯的化学安定性。

2. 试验室和专用仪器的要求

阿贝尔试验应在与其他工房隔离一定距离的专用实验室中进行，室内应通风良好，不受其他试验室及工房污浊气体的影响。阿贝尔试验室一般应有：①洗涤室，用于仪器的清洗与干燥；②准备室，用于试样的准备；③加热室，用于试样的加热，要求光线充足，但不得有阳光直射；④暗室，用于存放试纸及涂甘油水。各室在工作前应通风，操作时一般不开窗户，要经常检查室内空气是否洁净。检查的方法是将一张按要求涂有甘油水的试纸挂在室内，暗室内45min不显色，其他房间内30min不褪色。

阿贝尔试验专用仪器有：①阿贝尔试管；②专用漏斗；③专用恒温水浴；④专用温度计；⑤穿孔板（玻璃板或陶瓷板）及锥孔；⑥涂甘油水的微量注射器及瓶；⑦标准色管，其中是一张10mm×20mm的滤纸，滤纸中央用焦糖溶液画一横线，作为颜色标准，焦糖溶液的色度须与含有$NH_3 0.000075g$的100mL水中加涅斯勒试剂所呈的颜色相同。

3. 方法提要

1）液体试样如硝化甘油、硝化二乙二醇、硝化三乙二醇等，取5mL~10mL试样，用单层或双层干燥的中性滤纸过滤到专用试管中，至2mL刻度线处。为了更好地去除水分，漏斗内可放入一些碎纸片。

2）胶质炸药，用牛角刀切成不大于3mm的小块，称取3.24g，在乳钵中用木质研杵与6.48g中性滑石粉仔细混合，然后称取3.24g混合物，称准至0.01g，通过漏斗装入专用试管。

3）小片状或粒状发射药可以不处理，其他发射药先切成长条，再切成小块，用3mm及1mm两个筛子筛选，取1mm的筛上物，称取1.30g，称准至0.01g，通过漏斗装入专用试管。

4）准备试样时，应戴上干净手套，避免用手接触试样。试样装入试管时应注意勿使试样附在试管壁上，并及时塞上橡胶塞。

5）操作时戴上手套和口罩，在暗室中用洁净的镊子取出专用试纸，放在带孔板上，用刺孔锥在试纸一端距边缘约2mm处的中间刺一孔，再用镊子夹住有孔的一端，使试纸直立，用微量注射器吸取一定量的甘油水溶液（标准药为3μL~4μL其他产品以浸润后不超过试纸边缘为准），注射在试纸下边缘中间处。取下橡胶塞，将涂好甘油水的试纸挂在玻璃钩（或铂丝钩）上，迅速塞紧试管，使试纸自然下垂，不碰管壁，试纸的下部边缘距试管底部约76mm。

6）将试管插入已到达所需温度的水浴孔中。记下开始时间。试管插入水浴孔中，管内试纸应保持垂直，且试纸下部边缘应与水浴盖在同一水平面上。在试验的前期，可以在试管上罩以黑罩，以免试纸受到光线照射。

7）在试验过程中，经常搅拌水浴内的水，使水浴温度均匀，调节温度在规定温度的±0.5℃范围内。测定硝化甘油等硝酸酯时，温度为72℃；测定发射药时，温度为82℃。

8）观察试纸的颜色，当试纸的干湿分界线处出现黄棕色，即为终点，停止试验，记录时间。如加热至30min不出现线条，应延续加热10min，到40min仍不出现线条时，方可将试管提出。

9）以试样在规定温度下开始加热至试纸在干湿分界线处出现黄棕色所经过的时间表示试样的安定性。每份试验平行测定两个结果，试验结果应表示至整数位，以最低值表示其试验结果。

4. 阿贝尔试验的影响因素

（1）加热时的化学反应　硝化甘油等硝酸酯在加热时，有热分解和水解两种化学反应产生。单纯热分解的初始阶段是单分子反应，包括硝酸酯基—O—NO$_2$键吸热断裂，同时形成醛式化合物。以硝化甘油为例来说明：

$$\begin{array}{l} CH_2\text{—O—}NO_2 \\ | \\ CH\text{—O—}NO_2 \\ | \\ CH_2\text{—O—}NO_2 \end{array} \xrightarrow{\triangle} \begin{array}{l} CHO \\ \\ CH\text{—O—}NO_2 \\ | \\ CH_2\text{—O—}NO_2 \end{array} + HNO_2$$

$$2HNO_2 \xrightarrow{\triangle} NO_2 + NO + H_2O$$

$$2NO + O_2(空气) = 2NO_2$$

然后再进行分子间反应，醛基被氧化，生成羧基，继续被氧化，则生成水和其他简单化合物，其中包括二氧化碳，在加热情况下，水分能水解硝化甘油，有酸存在时，反应尤其迅速，反应式为

$$\begin{array}{l} CH_2\text{—O—}NO_2 \\ | \\ CH\text{—O—}NO_2 \\ | \\ CH_2\text{—O—}NO_2 \end{array} + H_2O \xrightarrow{\triangle} \begin{array}{l} CH_2\text{—OH} \\ | \\ CH\text{—}ONO_2 \\ | \\ CH_2\text{—}ONO_2 \end{array} + HNO_3$$

生成的酸加速硝化甘油的分解。

（2）试纸的变色反应　用涂有甘油水的碘化钾-淀粉试纸来检验试管中微量的二氧化氮，这是个相当灵敏的反应。二氧化氮与碘化钾有两种可能的反应：

1）二氧化氮溶于水，生成硝酸和亚硝酸：

$$2NO_2 + H_2O = HNO_3 + HNO_2$$

在有硝酸存在的酸性介质中，亚硝酸氧化溶液中的碘离子（碘化钾），生成碘：

$$2HNO_2 + 2KI + 2HNO_3 = 2KNO_3 + 2NO + 2H_2O + I_2$$

氧化氮又被空气所氧化，生成二氧化氮：

$$2NO + O_2 = 2NO_2$$

继续与碘化钾反应。故其总的反应方程式可写为：

$$2NO_2 + O_2 + 2KI \xrightarrow{H_2O} 2KNO_3 + I_2$$

2）二氧化氮直接与中性水溶液中的碘离子反应，生成碘：

$$2NO_2+2KI \xrightarrow{H_2O} 2KNO_2+I_2$$

很可能这两种反应是同时存在的。生成的碘极易溶于碘化钾水溶液中，生成三碘化钾：

$$I_2+KI \xlongequal{\quad} KI_3$$

碘易挥发，在热空气中尤其容易。但形成三碘化钾之后，其挥发程度显著降低，能保持其颜色不褪。

（3）甘油水溶液的作用　碘化钾-淀粉试纸上必须要有水参加反应，但单纯用水，易被试管中的热空气蒸干，故采用甘油水溶液，利用甘油易吸湿的性质，使之不易干燥。（1+1）甘油水的黏度约 8.9mPa·s（20℃），在试纸上渗透不困难。甘油水必须呈中性，所用甘油必须选用合格的特种甘油。使用还原物不合格的甘油会使结果偏低 1min~2min。在试纸上注射甘油水后，整个湿界内的甘油水借着毛细管作用向干界渗透上升。碘化钾易溶于甘油水，也随着甘油水的上升而上升，富集于试纸的干湿分界线上，因此在干湿分界线上所富集的碘化钾量就是试纸干湿分界线上升高度内的碘化钾量。

试纸上干湿分界线是有一定宽度的，其宽度由试纸的物理性质（紧密度、厚度、吸水性）和所涂甘油水量所决定。随着加热时间的延长，干湿分界线上的水分越来越少，当水分少至一定程度时，由于碘离子减少，与二氧化氮的反应越来越不敏感，即使出现黄色线条，也比水分较多时颜色浅。

（4）硝化甘油的酸碱度和水分　硝化甘油受热分解出来的二氧化氮，一部分溶解于硝化甘油中，或者与硝化甘油中存在的碱性物质反应，或者继续与硝化甘油反应；另一部分则从硝化甘油中逸出，进入试管空间。如果硝化甘油的碱度较大，生成的二氧化氮绝大部分与碱性物质反应，保留在硝化甘油中，二氧化氮在硝化甘油中所引起的自催分解作用小，从硝化甘油中逸出的量很少，保留在硝化甘油中的亚硝酸钠很容易用格利斯试剂检验出来（与未加热硝化甘油中所含亚硝酸根空白比较）；如果硝化甘油不含碱度，则二氧化氮在硝化甘油中所引起的自催分解作用大，绝大部分二氧化氮逸出，保留在硝化甘油中的量不多。

硝化甘油所表现的安定度，与硝化甘油中所含的碱度和微量有害杂质的量及其存在状态有关，也和所含水分的量有关。因此要全面衡量硝化甘油的安定度，单看阿贝尔试样结果是不够的，碱度的大小是个重要的参考数据，在进行阿贝尔试验前，硝化甘油必须用干燥的滤纸过滤除去多余的水分，否则试管中的水分过多，试管壁上凝结大量水珠，试纸的干湿分界线继续上升，试验无法进行。在用一张滤纸过滤水分较多的硝化甘油试样时，往往第一支试管内的试样透明，第二支试管内试样不很透明。第二支试管的结果一般偏低。对于中性或酸性、安定度不好的试样，影响较明显。

（5）碘化钾-淀粉试纸的作用　试管的下部浸没在水浴中受热，上部暴露在空气中，因此试管内的空气形成冷热对流。从硝化甘油中逸出的二氧化氮由于扩散和空气对流，被带到试管上部，一部分溶于试纸湿界的甘油水中，与碘化钾反应，但因试纸呈半透明状，无法观察其颜色变化；还有一部分则在试纸的干湿分界线上与富集的碘化钾反应，成为一黄色线条，被白色干界所衬托，颜色比较明显，便于判断。淀粉能与溶于碘化钾的微量的碘生成黄色吸附物，由于这个性质，淀粉被用作碘的指示剂。但在阿贝尔试纸上，只有在用 10%（体积分数）醋酸水溶液检验试纸的有效性时，淀粉才起到了指示剂的作用，而在进行安定性试验时，实际上并没有起到指示剂的作用。实验证明，甘油水溶液是碘-碘化钾的良好溶剂，虽然在室温下，（1+1）甘油水才能使碘-碘化钾与淀粉的胶态高分子所生成吸附物的蓝色部分消褪，但在温热的情况（50℃~60℃）下，即使甘油水的浓度低到只有（1+10），蓝色也很快褪净。其原因一方面是由于蓝色吸附物本身并不稳定，受热后容易解吸；另一方面，甘油水在受热后，其溶剂作用有所增强，这就是试纸在受热的试管中只出现黄色线条，而并不出现蓝色线条的缘故。当线条呈现的黄色极浅，不易判断时，将试管自水浴中取出放冷，这时线条才逐渐恢复蓝色，颜色变深。试纸中淀粉含量多少对试纸感度似无明显影响。但如果试纸只用碘化钾，不加淀粉，试纸较柔软，非常钝感，出现的线条颜色极淡，仅能勉强辨认，试管冷却后颜色也不加深。在这里，淀粉虽然不起指示剂的作用，但它能加深线条的颜色，仍然是不可缺少的。

据有人研究，使阿贝尔试验专用试纸出现黄色线条所需二氧化氮的质量为 0.13μg，相当于 0.65μL NO 所生成的二氧化氮。由以上分析可知，试管空间内二氧化氮必须达到一定浓度才能使试纸出现一定颜色深浅的线条。同时，液体试样内已溶解有一定浓度的二氧化氮，气液两项存在着动态平衡。

（6）影响阿贝尔试验结果的因素　关键问题有两个：一是试纸的感度，二是涂甘油水。前者属于标准问题，后者属于操作问题。碘化钾-淀粉试纸是将一定量的滤纸均匀吸收一定量的碘化钾和淀粉溶液，经过干燥，切成 10mm×20mm 大小的矩形，每张试纸所含的碘化钾和淀粉的量是一定的。要求所用的滤纸不含酸、碱性，表面平滑、洁白，除此以外，其吸水性、紧密度和厚度等物理性质必须均匀一致。如滤纸含有碱度，会中和酸性分解产物，使试纸的感度降低；如滤纸不平滑，所制成的试纸涂甘油水后，厚处保留的碘化钾量较多，薄处保留的碘化钾量较少，造成不均匀现象；如滤纸吸水性太好，会造成涂甘油水困难；滤纸的厚度影响所吸收的碘化钾-淀粉溶液的量和所吸收甘油水的量；试纸中碘化钾含量越多，感度越高。因此滤纸的生产工艺条件和试纸制造的工艺条件要求十分严格，否则都会影响到试纸的感度。

为避免光线和空气的影响，试纸应保存在棕色带磨口塞的瓶中。试纸在保存期间，在使用前，可检验其有效性，方法是：用干净的玻璃棒蘸一滴 100g/L 醋酸水溶液于试纸上，如在 1min 内出现棕色或蓝色斑点，该批试纸即应作废；稍长于 1min，则试纸应提前使用。使用单位收到新批试纸后，应用标准药或硝化甘油与旧批试纸进行对照试验，并有详细记录，作为试纸标准传递的历史记载。

涂甘油水这一步操作之所以重要，因为它直接影响到试纸上的甘油水量和富集在干湿分界线处的碘化钾量。实践证明，甘油水量如不足，使试纸湿界均匀湿透的时间会长，安定度结果就要偏高，甚至时间会延长 10min；甘油水量如果太多，安定度结果就要偏低。现在用微量注射器将 4μL 左右（其量根据试纸吸水性及空气的相对湿度而定）甘油水注射到试纸下部边缘正中，使甘油水自行向上渗透，直到形成一条高约 7mm 的弧形干湿分界线。在渗透过程中，湿界的碘化钾大部随着甘油水移动，富集到干湿分界线上和试纸两侧（碘化钾在干湿分界线处的浓度是不均匀的，两端的浓度最高，中间最低），由于这个方法比原来用玻璃棒涂甘油水富集到干湿分界线上的碘化钾量高得多，因此试纸的感度就灵敏得多。这个方法的优点是：①容易掌握，不需要花费很多时间练习就能熟练操作；②由于所用甘油水量可以控制得严格一致，测得结果比较稳定；③出现线条颜色明晰，容易观察，可以减少判断的主观误差；④给试纸制造的标准化程度提供了活动的余地，试纸制造容易达到合格，可以调节碘化钾用量，以得到合适的感度。国外也有类似的方法，例如瑞典，是用一支拉尖的玻璃棒蘸取适量甘油水溶液，在试纸正中与试纸接触（所用甘油水量约 $1\mu L \sim 1.2\mu L$），形成一个直径不大于 5mm 的湿圆斑，干湿分界线为一个圆圈。

阿贝尔试验的结果并不一定表示受试物质本身分解的开始，往往表示有比受试物质更易分解的不安定杂质或不安定副产物存在，或者是有微量有害杂质促使受试物质分解。对于硝化甘油、硝化二乙二醇等烈性爆炸物来讲，微量有害杂质的存在就可能导致它们催化分解，从生产安全的角度考虑，阿贝尔试验的高度敏感性适应了这种要求，加上试验的简易性，就成为这个方法的特点和优点。

5. 注意事项

1）为避免光线和空气的影响，试纸应保存在棕色带磨口塞的瓶中。使用前应检验试纸的有效性：用干净的玻璃棒蘸一滴 100g/L 醋酸水溶液于试纸上，如在 1min 内出现棕色或蓝色斑点，该批试纸应作废。

2）甘油水量如不足以使试纸湿界均匀湿透，安定度结果就要偏高；甘油水量如果太多，安定度结果就要偏低。

3）阿贝尔试验的结果有时并不一定表示受试物质本身分解的开始，往往表示有比受试物质本身更易分解的不安定杂质或不安定副产物存在，或者是有微量有害杂质促使受试物质分解。

第八节 硝 基 胍

一、概述

硝基胍代号为 NQ，化学式 $CH_4N_4O_2$，相对分子质量 104.1，结构式为

$$NH = C \overset{\displaystyle NH_2}{\underset{\displaystyle NHNO_2}{\big<}} \quad 或 \quad O_2N \cdot N = C \overset{\displaystyle NH_2}{\underset{\displaystyle NH_2}{\big<}}$$

硝基胍为白色结晶，有 α 及 β 两种晶型，α 型是常用的。不吸湿，不挥发；溶于硫酸、热水、二甲基亚砜和二甲基甲酰胺；微溶于冷水、甲醇、丙酮；密度 $1.715g/cm^3$，熔点 232℃（分解）；爆发点 275℃（5s），密度 $1.58cm^3$ 时爆热 3.40MJ/kg（气态水），密度 $1.55g/cm^3$ 时爆速 7.65km/s，爆温约 2400K，全爆容 900L/kg，做功能力 $305cm^3$ 或 104% TNT 当量，猛度 23.7（铅柱压缩值）mm，撞击感度 0%，摩擦感度 0%；100℃加热 24h 失重 0.08%；150℃分解 1% 需 55min；易溶于碱而分解，形成氨和硝基脲。

硝基胍是三胍发射药的能量组分之一，定容火药力大，爆发温度低，所产生的炮管烧蚀比较小。它也可用于气体发生器等民用产品。

硝基胍的主要分析项目有纯度、灰分、硫酸盐、水不溶物、平均粒度等，执行标准 GJB 1441A—2005《硝基胍规范》。本节重点介绍硝基胍纯度的测定。

二、原理

硝基胍与过量的浓硫酸反应生成硫酸铵，硫酸铵与过量的氢氧化钠反应生成氨，加热将

氨蒸出，用硫酸标准溶液吸收，再用氢氧化钠标准溶液滴定过量的硫酸标准溶液，以计算出硝基胍的含量。

三、方法提要

干燥试样加入浓硫酸，加热溶解及反应，变成透明溶液冷却。连接蒸馏装置，逐滴加入氢氧化钠溶液，加热蒸馏。硫酸吸收液中加入甲基红-亚甲基蓝混合指示剂，以氢氧化钠标准溶液滴定到灰绿色即终点。按上述步骤进行空白试验，按式（8-24）计算。

$$w_1 = \frac{(V_1 - V_2)cM}{1000mw_2} \times 100\% \qquad (8-24)$$

式中　w_1——硝基胍的质量分数（%）；

　　　w_2——硝基胍转化为氨的理论含氮量（质量分数）（%），$w_2 = 26.92\%$；

　　　V_1——空白试验所消耗氢氧化钠标准溶液体积（mL）；

　　　V_2——滴定试样所消耗氢氧化钠标准溶液体积（mL）；

　　　c——氢氧化钠标准溶液浓度（mol/L）；

　　　M——氮原子的摩尔质量（g/mol），$M = 14.01\text{g/mol}$；

　　　m——试样的质量（g）。

四、注意事项

1) 样品消解过程中要严格按照标准要求控制电炉的温度；
2) 必须确保蒸馏装置的密闭性，否则漏气后导致结果偏低。

第九节　二硝基甲苯

一、概述

二硝基甲苯也称地恩梯（DNT），淡黄色片状固体，凝固点为 65.5℃ ~ 70.5℃。对人体有致高铁血红蛋白血症作用，急性中毒时出现发绀、头痛、头晕、虚弱、恶心、呕吐、气短等症状，易经皮肤吸收引起中毒。检测项目执行标准 WJ 1958—1999《军用二硝基甲苯》，检测项目主要是一硝基甲苯含量、酸度或碱度等。

二、一硝基甲苯含量的测定

（一）原理

地恩梯、一硝基甲苯的各种异构体及 2, 4, 6-三硝基甲苯在色谱固定液及载气中有不同的分配系数，汽化后在色谱柱中进行多次气液分配平衡达到分离，然后用氢火焰离子化检测器（FID）进行测定。

（二）方法提要

1. 色谱仪器条件

（1）色谱柱　SE-54，长 30m×ϕ0.32mm。

（2）气相色谱仪操作参数　柱温180℃，汽化温度280℃，检测器（FID）温度280℃，载气（N_2）压力 0.1MPa，燃气（H_2）压力 0.02MPa，助燃气（空气）压力 0.05MPa，尾吹气压力 0.05MPa，定量方法为外标法。

2. 样品的测定

用天平称取 125mL 具塞锥形瓶的质量，精确至 0.0002g，向该锥形瓶中加入 5g 试样后，再次称量，精确至 0.0002g，两次质量之差即为试样的质量 m_1。用移液管加入 25.00mL 三氯甲烷，溶解后摇匀。用 10μL 注射器吸取 1.0μL 样品溶液，注入气相色谱仪，得到邻、间、对硝基甲苯的峰面积 A_1、A_2、A_3，用作结果计算和外标试验的空白。

用天平再次称量上述锥形瓶，精确至 0.0002g，加入 20.0μL 外标物邻硝基甲苯，摇匀后再次称量锥形瓶，前后质量之差即为外标物邻硝基甲苯的质量 m_2。再用 10μL 注射器吸取 1.0μL 溶液，注入气相色谱仪，测得外标物的峰面积 A。

$$w_1 = \frac{m_2}{m_1} \times \left(\frac{A_1}{A-A_1} + \frac{A_2}{A-A_2} + \frac{A_3}{A-A_3} \right) \times 100\% \tag{8-25}$$

式中　w_1——试样中一硝基甲苯的质量分数（%）；

　　　m_1——试样的质量（g）；

　　　m_2——外标物邻硝基甲苯的质量（g）；

　　　A_1——邻硝基甲苯的峰面积；

　　　A_2——间硝基甲苯的峰面积；

　　　A_3——对硝基甲苯的峰面积；

　　　A——加入外标物邻硝基甲苯后，邻硝基甲苯的峰面积。

两次平形测定外标物峰面积之差不得大于其平均值的 5%，当测定结果之差不大于 0.2% 时，取其平均值作为报出结果，精确至 0.1%。

（三）注意事项

检测时人员需做好皮肤接触和吸入等的防护。

三、酸度或碱度的测定

（一）原理

将试样用溶剂溶解后，用水萃取出其中的酸或碱，用酸或碱标准溶液滴定，计算出酸度或碱度。

（二）方法提要

1. 混合二硝基甲苯酸度和碱度

除以下规定外，其他均按 GJB 772A—1997 中方法 101.1 执行。

1）选用氢氧化钠标准滴定溶液浓度为 $c(\text{NaOH}) = 0.01\text{mol/L}$，选用质量分数为 0.1% 的溴百里酚蓝酒精溶液作为指示剂。

2）若样品呈酸性，平行测定两次结果的允许差不大于 0.002%。当两次测定值之差不大于允许差时，取其平均值，精确至 0.001%。若试样呈碱性，则直接报出分析结果为"有碱度"而不必进行碱度值的测定。

2. 2,4-二硝基甲苯酸度和碱度

除以下规定外，其他均按 GJB 772A—1997 中方法 101.1 执行。

1）选用氢氧化钠标准滴定溶液浓度为 $c(\text{NaOH}) = 0.01\text{mol/L}$，选用质量分数为 0.1% 的溴百里酚蓝酒精溶液作为指示剂。

2）选用苯作为溶剂，加入量为 30mL，再加入无二氧化碳的蒸馏水 100mL。

3）若样品呈酸性，平行测定两次结果的允许差不大于 0.002%。当两次测定值之差不大于允许差时，取其平均值，精确至 0.001%。若试样呈碱性，则直接报出分析结果为"有碱度"而不必进行碱度值的测定。

第十节　硫　黄

一、概述

硫的元素符号为 S，相对原子质量为 32.07，密度为 $1.99g/cm^3 \sim 2.07g/cm^3$，常温下为黄色晶体，通常称为硫黄。硫黄在黑火药中主要起粘合剂的作用，同时也兼起可燃剂的作用。测定方法执行标准 GB/T 2449.1—2014《工业硫黄　第 1 部分：固体产品》，通过扣除杂质（灰分、酸度、有机物和砷）的质量分数总和的方法，计算工业硫黄中的硫的质量分数。

二、有机物质量分数的测定

工业硫黄中有机物质量分数的测定分为两种，一种为滴定法，也为仲裁法，另一种为重量法。

（一）滴定法

1. 原理

试样在氧气流中燃烧，生成二氧化硫、三氧化硫，在铬酸和硫酸溶液中被氧化吸收。试样中的有机物燃烧生成二氧化碳，用氢氧化钡溶液吸收，然后以酚酞和亚甲基蓝作指示剂滴定。

2. 方法提要

先将盛有试样的瓷舟，送至燃烧管中位于管式炉前不加温的部位，通入氧气，并使管式炉升温至规定温度。向瓷舟方向缓慢移动管式炉，使硫黄燃烧，而微量的含碳物留在瓷舟和燃烧管内。硫黄缓慢燃烧完后，将管式炉移至加热瓷舟的位置，继续升温至规定温度，加热燃烧管和瓷舟使残留的碳燃烧和碳酸盐分解。以酚酞指示液为指示剂，用盐酸标准溶液滴定吸收溶液所吸收的二氧化碳。

然后往每个洗气瓶中加甲基红-亚甲基蓝混合指示液，加入一定体积过量的盐酸标准溶液摇匀，用氢氧化钠标准溶液返滴定。同时做空白试验。按式（8-26）和式（8-27）计算有机物的质量分数。

$$\begin{cases} V_0 = V_1 - V_2 \\ V_3 = V_4 - V_5 - V_0 \end{cases} \tag{8-26}$$

式中　V_0——空白试验耗用的盐酸标准溶液的体积（mL）；

V_1——空白试验中加入的盐酸标准溶液的体积（mL）；

V_2——空白试验中返滴定消耗的氢氧化钠标准溶液的体积（mL）；

V_3——测定时消耗的盐酸标准溶液的体积（mL）；

V_4——测定试样时加入的盐酸标准溶液的体积（mL）；

V_5——测定试样时返滴定消耗的氢氧化钠标准溶液的体积（mL）。

在计算中如果盐酸和氢氧化钠标准溶液的实际浓度不恰为 0.05000mol/L，应将 V_4 和 V_5 换算为盐酸和氢氧化钠标准溶液的浓度为 0.05000mol/L 时的体积。

$$w_1 = \frac{[V/1000]cM/2}{m(1-w_2)/100} \times 1.25 \times 100\% = \frac{VcM}{1600m(1-w_2)} \times 100\% \tag{8-27}$$

式中　V——测定所消耗的盐酸标准溶液的总体积［即式（8-28）中的 V_3］（mL），在计算中如果盐酸和氢氧化钠标准溶液的实际浓度不恰为 0.05000mol/L，应换算为盐酸和氢氧化钠标准溶液的浓度为 0.050mol/L 时的体积；

　　w_1——有机物的质量分数（%）；

　　c——盐酸标准溶液的实际浓度（mol/L）；

　　m——试样的质量（g）；

　　w_2——水分的质量分数；

　　M——碳的摩尔质量（g/mol），$M = 12.012$g/mol；

　　1.25——碳换算为有机物的因数。

3. 注意事项

1）试验前将试验过程中不动的洗气瓶，尤其靠近燃烧管的洗气瓶全部用凡士林密封，以防止大量 SO_2、SO_3 气体通过时将塞冲开而漏气。

2）SO_3 吸收较慢，浓硫酸洗气瓶应使用三孔洗气瓶，以增加气体接触面，提高吸收效果，缩短试验时间。

3）试验时两个样品称样量应相近，两个瓷舟放置位置应一致，否则燃烧时燃烧速度不同，可能出现这些情况：硫黄受热液化喷溅在燃烧管壁上；SO_2、SO_3 气体大量产生，氧气大量消耗后气流变小甚至发生气体倒流现象；大量 SO_2、SO_3 气体来不及被完全吸收，溢入 $Ba(OH)_2$ 吸收瓶中导致溶液反酸，影响试验结果。

4）试验前后，应充分通氧，保持气路清洁，防止铂石棉污染后失效。试验完毕，铂石棉颜色、外观不变，说明 SO_2、SO_3 等气体已完全通过，燃烧管与吸收装置相接的乳胶管变黑变脆，应及时更换。

5）CrO_3 溶液在试验结束后颜色变深，再次试验时应更换。

（二）重量法

1. 原理

硫黄试样在温度为 250℃ 和 800℃ 两次灼烧后，所得残余物的质量差即为燃烧过程中有机物损失的质量。

2. 方法提要

先将试样置于预先灼烧至恒量的石英皿中，在砂浴（可调温电炉）上熔融并燃烧试样，再在烘箱中 250℃ 下烘 2h，以除去微量硫。将石英皿与残余物移入干燥器，冷却至室温，准确称量。将带有残余物的石英皿在高温炉内于 800℃ ~850℃ 灼烧 40min，取出，在干燥器中冷却，称重，重复操作直至恒量。由 250℃ 和 800℃ 两次灼烧后称重的质量差计算出有机物的质量分数。按式（8-28）计算。

$$w_3 = \frac{m_1 - m_2}{m(1 - w_2)} \times 100\% \tag{8-28}$$

式中　w_2——水分的质量分数（%）；

　　　w_3——有机物的质量分数（%）；

　　　m_1——250℃灼烧后石英皿和残余物的质量（g）；

　　　m_2——800℃灼烧后石英皿和残余物的质量（g）；

　　　m——试样的质量（g）。

3. 注意事项

在砂浴上熔融并燃烧试样时，注意控制温度不要高于250℃，也可以在点燃后从砂浴上拿开。

三、砷质量分数的测定

砷质量分数的测定分为二乙基二硫代氨基甲酸银分光光度法（仲裁法）和砷斑法。

（一）二乙基二硫代氨基甲酸银分光光度法

1. 原理

试样溶解于四氯化碳中，用溴和硝酸氧化。在硫酸介质中，用金属锌将砷还原为砷化氢，用二乙基二硫代氨基甲酸银的三乙醇胺-三氯甲烷溶液或吡啶溶液吸收砷化氢，生成紫红色胶态银溶液，然后对此溶液进行吸光度测定。反应式为

$$AsH_3 + 6Ag(DDTC) \Longrightarrow 6Ag + 3H(DDTC) + As(DDTC)_3$$

2. 方法提要

试样加入溴-四氯化碳溶液，静置45 min后，在轻微搅拌下分数次加入硝酸，以防止亚硝酸烟逸出太快。直至加完硝酸而烧杯内剩余少量的溴为止。溶液水浴加热呈无色透明，除去多余的溴、四氯化碳和硝酸。用少量水冲洗烧杯，加热蒸发至逸出白色硫酸烟雾，冷却。如此重复数次，以除去痕量的亚硝酸化合物。然后根据试样中砷含量的多少，对溶液分别做以下处理：

1）当试样中砷的质量分数小于0.0001%时，将试液转移至定砷仪的锥形瓶中，加热浓缩至体积约为40mL。

2）当试样中砷的质量分数在0.0001%～0.001%之间时，将试液移入100mL容量瓶中，用水稀释至刻度，摇匀，量取溶液20.00mL，置于定砷仪的锥形瓶中，加入10mL硫酸溶液和10mL水。

3）当试样中砷的质量分数大于0.001%时，将试液移入500mL容量瓶中，用水稀释至刻度，摇匀。量取该溶液20.00mL，置于定砷仪的锥形瓶中，加入10mL硫酸溶液和10mL水。

绘制工作曲线：向定砷仪的锥形瓶中分别量取一定体积砷标准溶液，再向每一个定砷仪的锥形瓶中加入10mL硫酸溶液，加水至体积约为40mL，加入2mL碘化钾溶液和2mL氯化亚锡溶液，摇匀，静置15min。在每支连接导管中塞入少量乙酸铅棉花，并在磨口玻璃接头上涂上薄薄一层真空油脂，量取5.0mL二乙基二硫代氨基甲酸银三氯甲烷溶液或二乙基二硫代氨基甲酸银吡啶溶液于连球吸管中，静置15min后，借助漏斗往定砷仪的锥形瓶中加入5g金属锌粒，并迅速连接仪器，放置45min，使反应完全。拆开连球吸管，摇晃此吸收管，

使在较低部位形成的红色沉淀溶解，用三氯甲烷或吡啶将吸收液体补充到 5.0mL，摇匀。在 540nm 波长处，用 1cm 吸收池，以不加砷标准溶液的空白溶液作参比，用分光光度计测定溶液的吸光度。

此种溶液在暗处可以稳定约 2h，因此必须在 2h 内完成测定。以上述溶液中的砷的质量（μg）为横坐标，对应的吸光度值为纵坐标，绘制工作曲线或根据所得吸光度值用线性回归方程计算出砷的质量。

测定试液时，向盛有 40mL 溶液的定砷仪的锥形瓶中，加入 2mL 碘化钾溶液和 2mL 氯化亚锡溶液，摇匀，静置 15min。然后重复上述"在每支连接导管中塞入少量乙酸铅棉花……测定溶液的吸光度"的步骤。

根据试液和空白试验溶液的吸光度差从工作曲线上查得相应的砷的质量或用线性回归方程计算出砷的质量。砷的质量分数 w_4 按式（8-29）计算。

$$w_4 = \frac{m_1 \times 10^{-6}}{m(1-w_2)} \times 100\% \tag{8-29}$$

式中　w_2——水分的质量分数（%）；

　　　w_4——砷的质量分数（%）；

　　　m_1——从工作曲线上查得的或用线性回归方程计算出的砷的质量（μg）；

　　　m——试样的质量（g）。

3. 注意事项

1）基于吡啶的毒性和难闻的气味，操作时应小心，并应在良好的通风橱内进行。溶解试样时应戴医用手套。

2）向试样中加硝酸时，第一次加约 5mL 硝酸，将表面皿盖在烧杯上，摇匀，细心观察，待烧杯口稍有棕色烟冒出时，立即将烧杯置于冰水浴中，不断摇动，直至无明显棕色烟冒出。然后按相同步骤再加入硝酸，直至加完硝酸而烧杯内剩余少量的溴为止。如果硫黄未能完全溶解，应再用数毫升溴-四氯化碳溶液和硝酸继续溶解。

3）如果溶液加热时浑浊，则冷却后加一些硝酸，蒸发至不再有亚硝酸烟逸出，且溶液无色透明，以除去痕量的亚硝酸化合物。

（二）砷斑法

1. 原理

试样溶解于四氯化碳中，用溴和硝酸氧化，在硫酸介质中，用金属锌将砷还原为砷化氢，砷化氢在溴化汞试纸上形成棕色砷斑，与标准色阶比较，测定砷的质量。

2. 方法提要

标准色阶的制作：测定前将溴化汞试纸夹在玻璃管上端管口及玻璃帽之间，用橡胶圈或其他方法将玻璃帽和玻璃管的上端管口固定。分别量取一定体积砷标准溶液，置于定砷瓶中，加入 10mL 硫酸溶液，加水至体积约为 40mL，加入 2mL 碘化钾溶液和 2mL 氯化亚锡盐酸溶液，摇匀，静置 15min，加入 5g 金属锌粒，并迅速按照 GB/T 610—2018 连接仪器，放置 45min，使反应完全。取出溴化汞试纸并注明相应的砷质量，用熔融石蜡浸透，储存于干燥器中。

将定砷瓶中的试液按上述"加入 2mL 碘化钾溶液……使反应完全"的步骤进行处理。取出溴化汞试纸，用熔融石蜡浸透，将所得色斑与上述制作标准色阶比较查得试样中砷的质量。砷的质量分数 w_5 按式（8-30）计算。

$$w_5 = \frac{m_1 \times 10^{-6}}{m(1-w_2)} \times 100\% \tag{8-30}$$

式中　w_2——水分的质量分数（%）；

　　　w_5——砷的质量分数（%）；

　　　m_1——与标准色斑比较，试样中砷的质量（μg）；

　　　m——试样的质量（g）。

3. 注意事项

硝酸应少量多次加入，一方面保证溶样完全，另一方面可缩短溶样时间。

四、铁质量分数的测定

铁质量分数的测定分为邻菲啰啉法（仲裁法）和原子吸收分光光度法。

（一）邻菲啰啉法（仲裁法）

1. 原理

试样燃烧后，残渣溶解于硫酸中，用氯化羟胺还原溶液中的铁，在 pH 为 2~9 的条件下，二价铁离子与 1，10-菲啰啉反应生成橙色络合物，对此络合物做吸光度测定，在 510 nm 处测量溶液的吸光度，计算铁的质量分数。

2. 方法提要

在数个容量瓶中按规定分别加入一定体积铁标准溶液，对每只容量瓶依次加入少许水、加氯化羟胺溶液、乙酸-乙酸钠缓冲溶液、5min 后加邻菲罗啉溶液，用水定容，放置（15~30）min 显色。在分光光度计 510 nm 波长用 1cm 吸收池，以不加铁标准溶液的空白溶液作参比，用分光光度计测定上述溶液的吸光度，以上述溶液中铁的质量为横坐标，绘制工作曲线。

准确称取试样置于瓷坩埚中，在砂浴（可调温电炉）上缓慢地加热，燃烧去掉硫黄，灼烧后，移至高温炉中在 600℃下灼烧 30min，取出冷却，加 5mL 硫酸溶液，在砂浴（可调温电炉）上加热使残渣溶解、蒸干硫酸，冷却，再加盐酸溶液和水，再加热溶解残渣，冷却后移入容量瓶中定容为试液。

量取一定体积的试液于容量瓶中，使其相应的铁质量在 50μg~100μg 之间，加水稀释至约 25mL。加氯化羟胺溶液、乙酸-乙酸钠缓冲溶液、加邻菲罗啉溶液，用水定容，放置显色。在分光光度计 510 nm 波长处测量溶液的吸光度。从工作曲线上查得相应得铁质量或用线性回归方程计算出铁的质量，试样中铁的质量分数 w_6 按式（8-31）计算。

$$w_6 = \frac{m_1 \times 10^{-6}}{m(1-w_2)} \times 100\% \tag{8-31}$$

式中　w_2——水分的质量分数（%）；

　　　w_6——铁的质量分数（%）；

　　　m_1——从工作曲线上查得的或用线性回归方程计算出的铁的质量（μg）；

　　　m——试样的质量（g）。

3. 注意事项

硫黄样品应静静缓慢燃烧，防止剧烈燃烧影响试验结果；工作曲线绘制时应根据硫黄样品的铁含量调整，以保证试样吸光度处于工作曲线有效部位。

（二）原子吸收分光光度法

1. 原理

将硫黄灼烧后的灰分溶解于稀硝酸中，用原子吸收分光光度计在波长 248.3nm 处，以空气-乙炔火焰测定溶液的吸光度，用标准曲线法计算测定结果，硫黄中的杂质不干扰测定。

2. 方法提要

在数个容量瓶中按规定分别加入一定体积铁标准溶液，各加入一定体积硝酸溶液，用水定容。在原子吸收分光光度计，按仪器工作条件，用空气-乙炔火焰，以不加入铁标准溶液的空白溶液调零，于波长 248.3 nm 处测定溶液的吸光度。以上述溶液中的铁的质量（单位为 μg）为横坐标，对应的吸光度值为纵坐标，绘制工作曲线。

准确称取试样置于瓷坩埚中，在砂浴（可调温电炉）上缓慢地加热，燃烧坩埚中的硫黄，燃烧完毕后，移至高温炉中在 600℃ 下灼烧 30min，取出冷却，加 5mL 硫酸溶液，在砂浴（可调温电炉）上加热使残渣溶解、蒸干硫酸，冷却后，加硝酸溶液分多次溶解残渣，冷却后移入容量瓶中定容为试液。

在原子吸收分光光度计上，按仪器工作条件，用空气-乙炔火焰，以不加入铁标准溶液的空白溶液中调零，于波长 248.3μm 处测定溶液的吸光度。同时做空白试验。然后根据试液和空白试验溶液的吸光度差从工作曲线上查出或根据线性回归方程计算出被测溶液中铁的质量。铁的质量分数 w_7 按公式（8-32）计算。

$$w_7 = \frac{m_1 \times 10^{-6}}{m(1-w_2)} \times 100\% \qquad (8-32)$$

式中　w_2——水分的质量分数（%）；

　　　w_7——铁的质量分数（%）；

　　　m_1——从工作曲线上查得的或用线性回归方程计算出的铁的质量（μg）；

　　　m——试样的质量（g）。

3. 注意事项

硫黄样品应静静缓慢燃烧，防止剧烈燃烧影响试验结果；工作曲线绘制时应根据硫黄样品的铁含量调整，以保证试样吸光度处于工作曲线有效部位。

第十一节　木　炭

一、概述

木炭在黑火药中是一种可燃剂，是借助外界氧的作用能够燃烧的物质。改变木炭的含量、性质等就可以改变黑火药的各种性能。木炭大致可分为三大类：黑炭、褐炭、栗炭，制造黑火药所用，大部分是介于三种木炭之间。如黑褐炭、褐栗炭。测定方法执行标准 GB/T 17664—1999《木炭和木炭试验方法》。本节重点介绍全水分含量和灰分含量的测定。

二、全水分含量的测定

1. 原理

称取一定质量的试样，在 102℃～105℃ 下干燥至恒量，以所失去的质量占试样原质量的百分数作为全水分含量。

2. 方法提要

将试样迅速混匀后,称取 100g,(准确到 0.1g) 于已知质量的直径为 190mm 的玻璃表面皿中。试样连同表面皿置于已预热到 102℃~105℃ 的烘箱内,干燥 2~3h 取出,放入玻璃干燥器中,冷却至室温 (约 30min) 并称量。然后进行检查性的试验,每次 30min,直到试样的减量小于 0.1g 或质量增加时为止。在后一种情况下,必须采用增量前的一次质量作为计算依据。

全水分含量 w 为

$$w = \frac{m - m_1}{m} \times 100\% \qquad (8\text{-}33)$$

式中 w——全水分含量 (%);

m——试样的质量 (g);

m_1——试样干燥后的质量 (g)。

3. 注意事项

1) 测定全水分含量的试样要求颗粒小于 10mm。

2) 全水分含量必须平行测定两次,两次测定结果的平行差不能大于 0.5%。

三、灰分含量的测定

1. 原理

称取一定质量的试样,经干燥称量后放入高温炉内灰化,然后在 800℃±20℃ 的条件下灼烧至恒量 (冷却后称量)。以残留物的质量占试样原质量的百分数作为灰分。

2. 方法提要

在已于 800℃下灼烧至恒量的带盖瓷坩埚中称取试样 1g (准确到 0.0002g),将坩埚连同试样一道送入温度不超过 300℃ 的高温电炉中,敞开坩埚盖,使炉温逐渐升到 800℃,并在 800℃±20℃ 的条件下灼烧 2h,取出坩埚,盖上坩埚盖,在空气中冷却 5min,放入干燥器,冷却至室温 (约 30min) 称量。然后进行检查性灼烧,每次 30min,直到试样的减量小于 0.001g 或质量增加时为止。在后一种情况下,必须采用增量前的一次质量作为计算依据。

灰分含量为

$$A = \frac{m_2}{m_A} \times 100\% \qquad (8\text{-}34)$$

式中 A——灰分含量 (%);

m_2——恒重后灼烧残留物的质量 (g);

m_A——试样的质量 (g)。

3. 注意事项

进行灼烧试验时,要戴好防护手套,用坩埚钳取放坩埚,防止烫伤。

第十二节 硝 酸 钾

一、概述

硝酸钾,相对分子质量 101.10,为无色透明晶体或白色粉末,无臭、无毒。密度

$2.019 g/cm^3$，熔点 334℃，易溶于水，能溶于液氨和甘油，不溶于无水乙醇和乙醚。测定方法执行标准 GB/T 1918—2021《工业硝酸钾》，测试项目有纯度、氯化物、硫酸盐、吸湿率、铁含量等，本节介绍纯度、氯化物的测定。

二、纯度的测定

1. 原理

在中性介质中，钾离子与四苯硼钠进行反应，生成四苯硼钾沉淀，根据生成四苯硼钾的质量，确定硝酸钾含量。如有铵离子存在，可加入甲醛溶液消除铵离子的干扰。

2. 方法提要

试样加水溶解、定容 500mL，干过滤，弃去前 25mL 滤液，用移液管移取 25mL 置于烧杯中，加水和指示剂，调节 pH。恒温水浴加热溶液至 45℃，在搅拌下滴加四苯硼钠-乙醇饱和溶液，静置 30min 进行沉淀反应。然后用预先干燥恒重的玻璃砂芯坩埚抽滤，并用四苯硼钾乙醇饱和液转移沉淀至玻璃坩埚中，最后用 2mL 无水乙醇溶液洗涤沉淀一次，抽干。于 120℃±2℃ 电热恒温烘箱中烘至质量恒定，硝酸钾的质量分数为

$$w = \frac{m_1 \alpha}{\frac{25}{500} m (1-w_2)} \times 100\% - \beta w_3 \tag{8-35}$$

式中　w——硝酸钾的质量分数（%）；

$\quad\quad w_2$——水分的质量分数（%）；

$\quad\quad w_3$——碳酸盐的质量分数（%）；

$\quad\quad m_1$——四苯硼钾沉淀的质量（g）；

$\quad\quad m$——试样的质量（g）；

$\quad\quad \alpha$——四苯硼钾换算为硝酸钾的因数，$\alpha = 0.2822$；

$\quad\quad \beta$——碳酸盐转换为硝酸钾的因数，$\beta = 3.37$。

3. 注意事项

1）试验中所用四苯硼钠应为乳白色规则片状物质，如外观为粉色将影响沉淀反应。

2）沉淀反应前在水浴中将溶液温度加热至 50℃，确保沉淀反应过程中温度保持在 45℃。

三、氯化物的测定

硝酸钾中氯化物含量的测定分为两种，一种为汞量法，也为仲裁法，另一种为目视比浊法。

（一）汞量法

1. 原理

在微酸性的水或乙醇-水溶液中，用强电离的硝酸汞标准溶液将氯离子转化为弱电离的氯化汞，用二苯偶氮碳酰肼指示剂与过量的 Hg^{2+} 生成紫红色络合物来判断终点。

2. 方法提要

（1）试样溶液 A 的制备　准确称取 100g 试样于 500mL 烧杯中，加约 360mL 水，加热溶解，冷却至室温。全部移入 500mL（V_1）容量瓶中，用水稀释至刻度，摇匀，此溶液为

试验溶液 A，以备后用。

（2）参比溶液的制备　在 250mL 锥形瓶中加 50mL 水加 3g 尿素加热溶解。在微沸下滴加硝酸（1+1）溶液至无细小气泡产生冷却。加 2 滴~3 滴溴酚蓝指示液用氢氧化钠（1mol/L）溶液调至溶液呈蓝色，再用硝酸（1mol/L）溶液调至溶液由蓝色变黄色再过量 2 滴~6 滴。加入 10mL 二苯偶氮碳酰肼指示液。以微量滴定管用浓度 $c[1/2Hg(NO_3)_2]$ 为 0.05mol/L 的硝酸汞标准滴定溶液滴定至紫红色。记录所用硝酸汞标准滴定溶液的体积（V_0）。此溶液使用前制备。

（3）试验　用移液管移取 50mL（V_2）上述试验溶液 A 置于 250mL 锥形瓶中，加 3g 尿素加热溶解。在微沸下滴加硝酸（1+1）溶液至无细小气泡产生，冷却。加 2 滴~3 滴溴酚蓝指示液用氢氧化钠（1mol/L）溶液调至溶液呈蓝色再用硝酸（1mol/L）溶液调至溶液由蓝色变黄色再过量 2 滴~6 滴。加 1.0mL 二苯偶氮碳酰肼指示液用浓度 $c[1/2Hg(NO_3)_2]$ 为 0.05mol/L 的硝酸汞标准滴定溶液滴定至溶液由黄色变为与参比溶液相同的紫红色为终点。含 Hg 废液的处理按相关标准进行操作。氯化物以氯（Cl）的质量分数 w_4 计，按式（8-36）计算。

$$w_4 = \frac{(V-V_0)cM}{1000m(V_2/V_1)} \times 100\% \tag{8-36}$$

式中　w_4——以氯含量计的氯化物的质量分数（%）；

　　　V——测定时消耗的硝酸汞标准滴定溶液体积（mL）；

　　　V_0——制备参比溶液时消耗的硝酸汞标准滴定溶液的体积（mL）；

　　　c——硝酸汞标准滴定溶液的浓度（mol/L）；

　　　m——试样溶液 A 中所含样品的质量（g）；

　　　M——氯化物（以 Cl 计）的摩尔质量（g/mol），$M(Cl)=35.45$g/mol；

　　　V_2——试验中移取试验溶液 A 的体积（mL）；

　　　V_1——试样溶液 A 中试验溶液 A 的体积（mL）。

取平行测定结果的算术平均值为测定结果，两次平行测定结果的绝对差值不大于 0.002%。

3. 注意事项

硝酸汞为含汞有毒试剂，使用过程中注意戴好手套，防止滴在皮肤上。

（二）目视比浊法

1. 原理

在硝酸介质中，氯离子与银离子生成难溶的氯化银。当氯离子含量较低时，在一定时间内氯化银呈悬浮体，使溶液浑浊，可用于氯化物的目视比浊法测定。

2. 方法提要

用移液管移取 5ml 上述试验溶液 A 置于 50mL 比色管中，加水约至 40mL，加 1.0mL 硝酸溶液和 1.0mL 硝酸银溶液，用水稀释至刻度，摇匀，静置 10min。所产生的白色浑浊不深于标准比浊溶液。

标准比浊溶液是移取（Ⅰ类 1.00mL；Ⅱ类Ⅰ型、Ⅱ类Ⅱ型、Ⅲ类 2.00mL）氯化物标准溶液 [1mL 含氯（Cl）0.010mg]，与试验溶液同时同样处理。

3. 注意事项

硝酸是强氧化性酸，使用过程中注意安全。

第十三节　甲苯二异氰酸酯

一、概述

甲苯二异氰酸酯也称 TDI，无色至淡黄色透明液体，有强烈刺激性气味，与酸碱起剧烈放热反应，密度 1.22g/cm³，凝固点 13.2℃，沸点 118℃～120℃，闪点 121℃，能溶于醚和丙酮，与水反应生成二氧化碳。检测执行标准 GB/T 32469—2016，检测项目有外观、TDI含量等，本节只介绍 TDI 含量的测定方法，甲苯二异氰酸酯理化性能应符合表 8-11 要求。

表 8-11　甲苯二异氰酸酯理化性能要求

序号	项目	I 级
1	外观	清澈透明液体，无可见机械杂质
2	TDI 含量(%)	≥99.5

二、原理

甲苯二异氰酸酯中的 2,4-甲苯二异氰酸酯、2,6-甲苯二异氰酸酯及其他组分经气相色谱柱分离，通过 FID 检测器检测，以面积归一法计算 2,4-甲苯二异氰酸酯和 2,6-甲苯二异氰酸酯之和，得到纯度检测结果。

三、方法提要

1. 气相色谱仪的条件

（1）色谱柱　采用毛细管色谱柱，固定相为 5% 苯基—甲基聚硅氧烷，或其他类似固定相。

（2）气相色谱仪操作参数　柱温 150℃ 保持 6min，以 20℃/min 速度升至 260℃ 保持 3min，汽化室 280℃；检测器（FID）280℃；分流比 1∶40；载气流速 1mL/min，氢气流速 40mL/min，空气流速 400mL/min。

2. 试样的测定

取 0.2μL 试样进样，由色谱工作站自动采集各组分峰面积。按式（8-37）计算 TDI 含量。

$$w = \frac{A_i}{\sum A_i} \times 100\%$$ (8-37)

式中　w——TDI 含量（%）；

A_i——试样中 TDI 组分（2,4-TDI、2,6-TDI）的峰面积之和；

$\sum A_i$——试样中所有组分峰面积之和。

四、注意事项

1）样品应妥善保存，避免接触酸、碱和水。

2）分析人员应当做好防护措施，佩戴护目镜、防毒口罩、涂胶手套等防护器具，避免皮肤接触和吸入中毒。

第十四节　硝化混酸及废酸

一、概述

制造硝化棉及硝化甘油、硝化二乙二醇、吉纳等硝酸酯所用的硝化剂是硝酸。但工业上实际不采用单一的硝酸作为硝化剂（酯化剂），而是采用硝酸与硫酸的混合物（简称硝-硫混酸，用于各种硝酸酯的生产），或采用硝酸与无机盐（例如硝酸镁）的混合物（可用于硝化纤维素及吉纳的生产）。本节仅讨论最常用的硝-硫混酸及其废酸的组分分析。

在硝-硫混酸中，硫酸主要起脱水剂的作用，硫酸能与水生成多水合物，比硝酸生成水合物容易得多，因此硝化反应时生成的水先与硫酸生成水合物，使混酸中的硝酸不致被稀释，有助于硝化反应继续进行。硝酸中加入硫酸后，对设备的腐蚀作用大幅度降低；减少了硝酸的挥发损失和副反应损失，降低了生产成本；用硝-硫混酸硝化，在工艺上容易控制，适于工业生产；在制造硝化纤维素时，硫酸能增加纤维素的膨润，加快混酸向纤维素内部的扩散作用，从而提高硝化反应速度和反应的均匀性；硫酸还可以减少混酸中硝酸对于纤维素的氧化作用。但是硝酸中加入硫酸后，会使纤维素降解；在硝化过程中生成硫酸酯、硝-硫混合酯和低级硝化物等不安定杂质，给硝化纤维素的安定处理带来一定困难，在这点上，硝-硫混酸不及硝酸和无机盐的混合物。

混酸中的氮氧化物（以 N_2O_4 计）不是惰性物质，它在含水少的混酸中，与硫酸起作用，生成硝酸和亚硝基硫酸，但在水分含量超过 10% 的混酸中，它与水生成硝酸和亚硝酸。反应生成的硝酸有利于硝化反应，但生成的亚硝酸是有害的。四氧化二氮能起催化作用，使硝酸的氧化作用加强，对纤维素起破坏作用，生成不安定杂质，使纤维素的黏度和得率均降低。混酸中氮的氧化物的存在是不可避免的，它除了从原料浓硝酸中带来外，部分硝酸受热后分解也能生成。在硝化反应的同时，由于氧化还原副反应，也能生成氮的氧化物。冬季气温较低时，混、废酸中氮的氧化物含量较低；夏季气温升高，其含量也随之增高。因为它的存在，弊大于利，必须控制其含量最高不得超过 2.5%，一般是在 1% 以下。

混酸中的水分含量直接影响到硝化纤维素的硝化度和醇醚溶解度。一般来说，水分含量增加，硝化度降低，溶解度增加。为制得合格的硝化纤维素，在生产工艺上控制混酸各组分含量，最重要的是控制水分含量，这就必然对分析提出准确测定水分含量的要求。

制造硝化纤维素所用的混酸是由循环使用的废酸补加部分浓硝酸、浓硫酸（必要时用一部分发烟硫酸）配制而成。其中含有一定量有机杂质，并未加以分析，在生产工艺稳定的情况下，它的含量大致稳定在一定范围内（可能随季节发生变化）。当改用新原料酸配制混酸时，由于不含或少含有机杂质，其情况和正常情况不同，所得分析结果就会出现与正常情况不同的偏差，应用化学法进行对照检查。

调整硝-硫混酸中硝酸、硫酸和水分的比例，可制得不同硝化度的各种硝化纤维素。

制造硝化甘油的混酸组分大致是硝酸和硫酸各占 50%，水分含量接近于 0，甚至含有不大于 2% 的游离三氧化硫（即含有"负水分"）。由于安全问题，要求硝化甘油中的四氧化二氮含量小于 0.6%。配制硝化甘油的混酸不得使用制造炸药的废酸回收制成的浓硫酸，因为它里面含有微量硝基甲烷（CH_3NO_2），混入硝化甘油中，会造成硝化甘油安定度虚假现象或不合格。

工业上要处理硝化甘油废酸，以回收其中的硝酸和硫酸。但这种废酸中含有硝化甘油，在没有稀释之前，甚至还存在着游离硝化甘油。为保证处理的安全，必须预先测定废酸中的硝化甘油含量。

二、混酸、废酸的化学分析法

（一）总酸度的测定

1. 原理

利用酸碱中和法测定以硫酸计量的总酸度。

2. 方法提要

1）用称酸瓶减量法称取试样至盛有蒸馏水的带塞锥形瓶内，要注意不使酸水溅出来。

2）侧转锥形瓶，用蒸馏水润湿瓶壁，以吸收瓶内的酸气，并用少量蒸馏水沿锥形瓶内壁淋洗，加入甲基-次甲基蓝混合指示液，以氢氧化钠标准溶液滴定。

3）混、废酸的总酸度（以硫酸计）的质量分数数值 w_1 按式（8-38）计算。

$$w_1 = \frac{cVM}{1000m} \times 100\% \tag{8-38}$$

式中　c——氢氧化钠标准溶液的浓度（mol/L）；

$\quad\quad V$——所用氢氧化钠标准溶液的体积（mL）；

$\quad\quad m$——试样的质量（g）；

$\quad\quad M$——$\frac{1}{2}H_2SO_4$ 的摩尔质量，$M = 49.04$g/mol。

3. 注意事项

1）称酸管称量时不能靠近锥形瓶内壁，否则会使称量不准确。

2）滴定速度为 6mL/min～8mL/min。

（二）硫酸含量的测定

1. 原理

利用硫酸比硝酸及亚硝酸沸点高得多的性质，加热除去硝酸及亚硝酸，根据中和法测定硫酸成分的含量。

2. 方法提要

1）用称酸瓶减量法称取试样，滴入干燥烧杯中（硝化甘油混酸，因其可能含有挥发性的游离三氧化硫，烧杯中预先加有蒸馏水，使三氧化硫转变成为难挥发的硫酸）。

2）将烧杯放入 120℃±2℃ 油浴内加热，蒸发十分钟后加入20%甲醛溶液1mL～2mL，使易挥发的硝酸和氮的氧化物逸出，而硫酸则因不易挥发仍留在烧杯内。

3）加热完毕后，将烧杯取出放冷，沿烧杯壁加入蒸馏水及甲基红-次甲基蓝混合指示液，以氢氧化钠标准溶液滴定。混酸、废酸中硫酸的质量分数 w_2 按式（8-39）计算。

$$w_2 = \frac{cVM}{1000m} \times 100\% \tag{8-39}$$

式中各符号的意义同式（8-38）。

3. 注意事项

1）在加热过程中，必须将烧杯压下使整个烧杯壁在油浴中受热，以免挥发出来的硝酸蒸气遇冷凝结流下。

2）烧杯的大小、温度的高低、加热时间的长短等条件应经试验确定。温度太低、时间太短，容易造成硝酸挥发不尽，使结果偏高；温度太高、时间太长，则一部分硫酸也随之挥发，使结果偏低。

3）还可以在加热后期向烧杯内滴加甲醛溶液，加速破坏残留的硝酸

$$4HNO_3+3HCHO \longrightarrow 4NO+3CO_2+5H_2O$$

甲醛内往往含有甲酸，但不必预先中和，因为甲酸容易挥发，并不干扰滴定。

（三）氮氧化物含量（以 N_2O_4 计）的测定

1. 原理

利用氧化还原法进行测定。

2. 方法提要

1）用减量法从称酸瓶中称取试样，滴入盛有蒸馏水的锥形瓶中。

2）为加速氧化还原反应，将溶液加热至 $40℃ \sim 50℃$，迅速以高锰酸钾标准溶液滴定至淡粉色。其反应式为

$$N_2O_4+H_2O \longrightarrow HNO_3+HNO_2$$

$$5HNO_2+2KMnO_4+3H_2SO_4 \longrightarrow 5HNO_3+2MnSO_4+K_2SO_4+3H_2O$$

混酸、废酸中四氧化二氮质量分数的数值 w_3 按式（8-40）计算。

$$w_3 = \frac{cVM}{1000m} \times 100\% \tag{8-40}$$

式中　c——高锰酸钾标准溶液的浓度（mol/L）；

　　　V——所用高锰酸钾标准溶液的体积（mL）；

　　　m——试样的质量（g）；

　　　M——$\frac{1}{2}N_2O_4$ 的摩尔质量（g/mol），$M=46.01g/mol$。

混酸、废酸中硝酸的质量分数 w_4 按式（8-41）计算，混酸、废酸中水的质量分数 w_5 按式（8-42）计算。

$$w_4 = 1.285(w_1-w_2)-1.37w_3 \tag{8-41}$$

$$w_5 = 100-(w_2+w_3+w_4) \tag{8-42}$$

式中　1.285——硫酸换算为硝酸的因数；

　　　1.37 ——四氧化二氮换算为硝酸的因数。

3. 注意事项

由于氮氧化物含量低，前期快速滴定，近终点时放慢滴定速度。

（四）游离三氧化硫含量

如果硝化甘油混酸中水的质量分数 w_5 为负值，即表明混酸中不含水分，而含有游离三氧化硫，其质量分数 w_6 按式（8-43）计算。

$$w_6 = (1-w_5) \times \frac{80.06}{18.02} \tag{8-43}$$

式中 80.06——三氧化硫的相对分子质量；

18.02——水的相对分子质量。

三、硝化甘油废酸中硝化甘油含量的测定

在制造硝化甘油的废酸中溶解了一定量溶解的硝化甘油、甘油的低级硝酸酯和甘油的硝-硫混合酯，还可能含有少量游离状的硝化甘油。废酸在存放期间，低级硝酸酯能继续被废酸硝化，生成硝化甘油，上浮到废酸面上。这种游离硝化甘油的存在是很不安全的，往往在废酸储存、运输和脱硝处理时，造成急剧分解以致爆炸。测定硝化甘油废酸中硝化甘油含量可以了解废酸成分，以杜绝不安全事故的发生；还可为物料平衡、提高产率提供数据。测定废酸中硝化甘油含量的方法大致可分为萃取法、重铬酸钾氧化法、氮量法，这几种方法测定废酸中硝化甘油含量结果并不相同，重铬酸钾氧化法>氮量法>乙醚萃取法>三氯甲烷提取法。

（一）萃取法

用三氯甲烷或乙醚萃取试样中的硝化甘油、蒸干后，选择下面的方法之一测定硝化甘油含量。

1. 称量法

（1）原理 用已知质量的蒸发皿，将溶剂蒸干后，称其增加的质量，即作为硝化甘油的质量。

（2）注意事项 蒸干溶剂时要在低于45℃的水浴上进行，否则硝化甘油会分解，使得结果偏低。

2. 苏兹-提曼氮量法

（1）原理 溶解在醋酸水溶液中的硝化甘油在强酸性介质中与过量的亚铁盐反应，硝化甘油的硝酸酯基被亚铁盐还原为一氧化氮，测得生成的一氧化氮气体的体积即可计算出硝化甘油的含量。

（2）方法提要

1）在蒸发皿中加入醋酸溶液，将硝化甘油溶解。

2）其余执行 GJB 770B《火药试验方法》中的方法 212.1 。

（3）注意事项

1）本项目的试样取样量因不同的硝化甘油含量而异，控制所发生气体的体积小于70mL，否则会使结果偏高。

2）加热烧瓶的过程中，要放 3~4 颗玻璃珠，防止溶液过热爆沸。

3）读取量气管气体体积时要迅速。

3. 气相色谱法

（1）原理 将试样制成溶液，注入色谱柱内进行组分分离，用内标法或外标法进行定量，计算硝化甘油含量。

（2）方法提要

1）此法所用废酸试样和三氯甲烷按比例减半，萃取液不必蒸干，加三氯甲烷定容，混匀，用纯硝化甘油配制外标标准溶液。

2）执行 GJB 770B《火药试验方法》中的方法 216.1。

（3）注意事项

1）标准溶液要与待测组分相近。

2）分析过程的操作条件要稳定，进样重复性好。

3）标准溶液和试样溶液要密封。

4. 比色法

（1）原理　废酸中硝化甘油含量低于 0.05%，硝化甘油在浓硫酸存在下，能与过量硫酸亚铁铵作用，生成暗棕色的亚硝基硫酸亚铁络合物，利用分光光度法在 520nm 处测定其吸光度。

（2）方法提要

1）移取试样，置于磨口锥形瓶中。

2）用另一支移液管加入无酒精三氯甲烷，塞紧，萃取。

3）在三支洁净的比色管中，各加入 98% 硫酸至 10 毫升刻度线上，用移液管各加入 1.5mL 硫酸亚铁铵溶液，制成标准显色剂。

4）以标准显色剂作参比在 520nm 处测定样品的吸光度。

（3）注意事项

1）硝化甘油越多，生成的颜色越深。硝酸也有同样的反应，因此在萃取后必须用蒸馏水将萃取液及分液漏斗中附着的废酸洗净。

2）因三氯甲烷易溶解油脂及橡胶类有机物而带黄色，试验中不应使用油脂及橡胶塞。分液漏斗的旋塞可用浓硫酸作为润滑剂。

（二）重铬酸钾氧化法

1. 原理

在强酸介质中，重铬酸钾能将废酸中所有有机物（包括甘油的三硝酸酯、二硝酸酯及硫酸酯等）以及溶解的氮氧化物（以 N_2O_4 计）全部氧化。

2. 方法提要

1）废酸试样准确加入重铬酸钾硫酸溶液混匀、加热。

2）冷却后用水稀释，加入碘化钾溶液使碘化钾与过量的重铬酸钾反应。

3）以硫代硫酸钠标准溶液滴定。同时进行空白试验。硝化甘油的质量分数 w 按式（8-44）计算。

$$w = \frac{c(V_0 - V)M_1}{1000m} \times 100\% - \frac{M_1}{M_2}w' \tag{8-44}$$

式中　c——硫代硫酸钠标准溶液的摩尔浓度（mol/L）；

　　　V_0——空白试验时所消耗的硫代硫酸钠标准溶液体积（mL）；

　　　V——滴定试样所消耗的硫代硫酸钠标准溶液体积（mL）；

　　　w'——废酸中 N_2O_4 的质量分数（%）；

　　　m——试样的质量（g）；

　　　M_1——$\frac{1}{14}C_3H_5N_3O_9$（硝化甘油）的摩尔质量（g/mol），$M_1 = 16.22g/mol$；

　　　M_2——$\frac{1}{2}N_2O_4$ 的摩尔质量（g/mol），$M_2 = 46.01g/mol$。

3. 注意事项

此法测得废酸中有机物总含量，全部作为硝化甘油计算，测得结果显然比实际硝化甘油含量高。

（三）氮量法

用苏兹-提曼氮量法或五管氮量法测得废酸试样的总氮含量。另行取样测得其硝酸含量及氧化氮含量。然后用总氮含量减去硝酸及氧化氮的氮含量，计算出硝化甘油含量。

四、测定硝-硫混酸组分的物理方法

用化学方法测定硝-硫混酸的组分，只能取样间断分析，分析工时较长，不能适应连续硝化及配酸工艺要求。物理方法能够弥补化学方法的不足，它的发展前景是可以在配酸装置中随时反映出混酸的组成，有足够的精确度和稳定性，因而为控制混酸质量和进一步自动配酸提供了必要条件。但是目前所用物理方法的建立标准是以化学法的结果为准，二者不能偏废。

原理：硝化混酸的主要组分包括硝酸、硫酸和水，除此以外，还有溶解的氮的氧化物（以 N_2O_4 计）、不溶于酸的硝化棉等固体悬浮物、溶于酸中的有机物以及无机盐类等多种杂质。把这几种杂质认为是常量，或其中某项另行设法加以测定修正，就可以只测定两个选定的物理参数 x 和 y，设法预先求得混酸中主要组分和这两个参数的函数关系：

$$w(H_2O) = f(x,y)$$

$w(HNO_3) = \varphi(x,y)$，则 $w(H_2SO_4) = 100\% - w(H_2O) - w(HNO_3) - w(N_2O_4)$；

或 　　　　$w(H_2SO_4) = \varphi(x,y)$，则 $w(HNO_3) = 100\% - w(H_2O) - w(H_2SO_4) - w(N_2O_4)$。

即可求得混酸各组分的百分含量。

硝化混酸的几种主要组分中，以水分含量的变化对产品性能，特别是硝化度影响最大，因此应准确测定其水分含量。在物理方法的测定中，可选择一种对水分含量变化比较敏感的物理参数，来满足生产工艺对分析测试的要求。

本节主要介绍混酸的电阻率、密度、超声及声环频率等几项物理参数的测定方法。

（一）电阻率的测定

1. 原理

混酸是能够导电的液体，在一定温度下，它的电阻率或电导率随混酸的组成而改变。电极由光亮的铂片制成，不镀铂黑，与铂丝焊接，固定在玻璃管上，有多种形状。混酸有很大的电阻温度系数，它的电阻率随温度增高而显著地降低。其温度系数与混酸的组成及温度范围有关。为消除温度的影响，可以用两种方法。第一种方法是用超级恒温槽输送恒温水在测试装置的夹套中循环，以达到恒温的目的。第二种方法是用一支参比电极进行温度补偿。

2. 方法提要

废酸样品在 25℃±2℃ 恒温；以铂电极测其电导率；计算废酸组分含量。

3. 注意事项

1）在正常情况下，溶于混酸的有机物含量大致在一定范围内波动，对于电阻率的测定没有可察觉的影响。但如果发现结果不正常，或试样经振摇后重新测定，与原结果不一致时，就应考虑有机物的影响。应用溶剂或洗液冲洗测试电极。

2）与混酸接触的测试装置均不得有橡胶、塑料等有机物；旋塞不得涂润滑脂，可直接用混酸润滑。

（二）密度测定

1. 密度计法

（1）原理　密度计在液体中处于平衡状态时，其所受到的浮力等于重力，利用阿基米德定律计算液体的密度。

（2）方法提要　废酸样品在 25℃±2℃ 恒温，以密度计测其密度。

（3）注意事项

1）读数误差较大，不能连续测定。

2）密度计长期使用后，上面可能沉积固体杂质，因此应定期清洗。所以本法不适于配酸设备中自动测定。

2. 差动变压器法

（1）原理　利用浮子在定液面的混酸内，随混酸的密度不同而产生垂直位移，带动在差动变压器中心的铁芯产生垂直位移，因而由差动变压器所输出的信号随密度而改变，也即随混酸的组分而改变，成为混酸组分的一个物理参数。

（2）方法提要　将带铁心的密度计浸入一定温度的废酸样品中，测得铁心的移动行程或差动变压器的输出电压。

（3）注意事项　注意温度变化的影响。

（三）近红外光谱法

1. 原理

废酸中的 C-H、O-H 等化学键在近红外光谱区（780nm~4000nm）具有特征吸收，采用多元校正方法分别建立废酸近红外光谱与其中组分含量之间的关系的校正模型，利用校正模型通过测定废酸样品的近红外光谱计算其中各组分的含量。

2. 方法提要

1）收集具有代表性的样品，其组成及其变化范围接近于待测样品，然后采集废酸样品的光谱数据，组成校正样品集和验证样品集。

2）利用化学法测得收集样品中各组分的含量。

3）应用化学计量学的方法建立光谱数据与组分含量标准值的对应关系，即校正模型。

4）用验证样品对所建模型是否适合分析待测样品进行验证。

5）用与建模光谱相同的光谱条件扫描样品的近红外光谱，应用已经建立的数学模型计算废酸样品中各组分的含量。

3. 注意事项

1）在一台光谱仪上建立的校正模型不应直接在另一台光谱仪上应用，应进行模型传递。模型传递是在两台仪器上同时测量一组样品，用于建立光谱或模型的转换函数，传递后的模型应通过模型验证。

2）对仪器的分析结果要定期进行日常对比，对比方法是采用参比方法分析样品，将参比值与近红外检测结果相比较，考察两种检测结果的偏差是否在标准范围内。

3）近红外光谱的建模样品应在 60 个~80 个之间。

第十五节　叠氮硝胺

一、概述

叠氮硝胺化学名称为 1，5-二叠氮基-3-硝基-3-氮杂戊烷，英文简称 DIANP，化学式

$C_4H_8N_8O_2$。相对分子质量 200，氮含量 56.00%，黏度（25℃）19.5mPa·s，凝固点（20℃/min）-7℃，结构式

$$O_2N-N\begin{array}{c}CH_2CH_2N_3\\[4pt]CH_2CH_2N_3\end{array}$$

叠氮硝胺主要用作发射药的含能增塑剂。可溶于二氯甲烷、丙酮、乙酸乙酯、DMSO、DMF 等溶剂中，不溶于水、乙醇等溶剂。

叠氮硝胺质量指标见表 8-12，各项指标的测定方法详见 WJ 20481—2018《1,5-二叠氮基-3-硝基氮杂戊烷（DIANP）规范》，本节重点讲述纯度（外标法）、碱度的测定内容。

表 8-12 叠氮硝胺的质量指标

指标名称	规格要求	指标名称	规格要求
外观	淡黄色油状透明液体、无明显可见杂质	折光率 $n_{20}D$	1.5260~1.5280
		碱度(%)（以 Na_2CO_3 计）	≤0.03
纯度(%)	≥98.0	密度 $\rho_{20}/(g/cm^3)$	1.330~1.339

二、纯度的测定

1. 原理

试样用甲醇溶解，制成试样溶液，注入液相色谱仪内进行组分分离，经紫外检测器检测，采用外标法进行定量，计算其含量。

2. 方法提要

（1）标准溶液的制备 称取叠氮硝胺参比样，置于容量瓶中，用流动相（甲醇/水或乙腈/水）稀释至刻度，摇匀。

（2）试样溶液的制备 称取试样于容量瓶中，用流动相（甲醇/水或乙腈/水）稀释至刻度，摇匀。

（3）试样测试 用标准溶液校正仪器，当峰高值稳定后，吸取相同体积的试样溶液和标准溶液分别交替注入色谱仪内，每个溶液重复注射 2 次~3 次，测峰面积计算平均值，按式（8-45）计算。

$$w=\frac{m_sA_1}{m_1A_s}\times100\% \tag{8-45}$$

式中 w——试样中叠氮硝胺的纯度（%）；

m_s——标准溶液中叠氮硝胺的质量（g）；

m_1——试样溶液中叠氮硝胺的质量（g）；

A_1——试样溶液中叠氮硝胺峰面积的平均值（mAv·s）；

A_s——标准溶液中叠氮硝胺峰面积的平均值（mAv·s）。

3. 注意事项

1）锥形瓶中加入叠氮硝胺和甲醇后，应使用玻璃杯充分搅拌使二者混合均匀，静置 3min 后再进行测定，以防被测溶液浓度分布不均匀对测定结果产生影响；

2）液相色谱法测定纯度，使用归一化法对测量液谱图进行积分计算时，应扣除溶剂（甲醇）峰所占百分比；若溶剂峰为倒峰，应手画基线进行积分，以减小测量的系统误差。

三、碱度的测定

1. 原理

试样用水萃取，萃取液用盐酸标准溶液滴定，以碳酸钠的质量分数表示碱度。

2. 方法提要

称取试样置于锥形瓶中，加水，摇 1min 以上，充分混合，静置 30min 以上，取上层清夜倒入锥形瓶中；再加水，摇 1min 以上，充分混合，静置 30min 以上，取上层清夜倒入锥形瓶中，加入 3 滴甲基红-亚甲基蓝混合指示剂，用盐酸标准溶液滴定至溶液呈淡紫红色为终点。碱度按公式（8-46）计算。

$$w = \frac{cVM}{1000m} \times 100\% \tag{8-46}$$

式中　　w——试样中碱的质量分数（%）；

M——$\frac{1}{2}Na_2CO_3$ 的摩尔质量（g/mol），$M = 53g/mol$；

c——盐酸标准溶液的浓度（mol/L）；

V——试样消耗的盐酸标准溶液的体积（mL）。

3. 注意事项

1）锥形瓶中加入叠氮硝胺和蒸馏水后，应充分振荡使溶液呈乳白浆状后静置，待溶液分层后再次振荡，如此反复 3 次后再取上层清液滴定，以减少测量误差。

2）使用盐酸标准溶液滴定时，应将滴定管内剩余的盐酸标准溶液排尽，然后重新加入盐酸标准溶液进行滴定，以防止滴定管内的氯化氢气体挥发，造成测量值偏大。

第十六节　工业用季戊四醇

一、概述

工业用季戊四醇，外观为白色粉末状结晶，可燃，熔点为 262℃，易溶于水、乙醇甘油等溶剂。检测标准执行 GB/T 7815—2008，检测项目有干燥减量、纯度（季戊四醇的质量分数），指标应符合表 8-13 要求。

表 8-13　季戊四醇理化性能技术指标

级　别	98 级	95 级	90 级	86 级
干燥减量(质量分数)(%) ≤	0.20	0.50		
纯度(季戊四醇的质量分数)(%) ≥	98.0	—	—	—

二、干燥减量的质量分数

1. 原理

根据样品干燥前和干燥后的质量之差，计算干燥减量的质量分数。

2. 方法提要

在已恒量的称量瓶中，用电子天平称取一定量试样放入 103℃～107℃ 的烘箱中，烘干

3h。放入干燥器内冷却至室温后称量。计算烘干前后损失的质量分数即为干燥减量的质量分数。

3.注意事项

样品应当密封保存。恒重的要求是质量变化小于等于0.0004g。

三、季戊四醇的质量分数

1.原理

试样中的季戊四醇及杂质组分与硅烷化试剂反应，生成沸点较低的硅烷化衍生物，在选定的色谱工作条件下，硅烷化衍生物经汽化通过色谱柱，使其中的各组分分离，用氢火焰离子化检测器检测，用面积归一化法定量。

2.方法提要

按下列条件将色谱仪调整至最佳状态：

1）色谱仪带有氢火焰离子化检测器（FID），具备二阶以上程序升温。

2）色谱柱材质为不锈钢，填充柱 2m×ϕ3mm；载体为 Chromosrb　G-AWDMCS，180μm～250μm；固定液为10%OV-101。

3）柱温120℃保持1min，以12℃/min的速率升至270℃，恒温10min。

4）汽化室温度270℃，检测器温度280℃。

用四分法取样，玛瑙研钵研细至全部能通过74μm试验筛。取研磨后的试样5mg～6mg置于2mL制样瓶中，依次加入0.1mL的N,N-二甲基甲酰胺、0.5mL的双（三甲基硅基）三氟乙酰胺，盖上瓶塞摇匀，在70℃～80℃的烘箱中加热10min，取出后冷却至室温。调节色谱仪确保基线稳定，用10μL玻璃注射器取1μL制备样品进样分析，谱图用面积归一化法定量计算，得出组分最终结果。

3.注意事项

（1）基线不稳　基线不稳通常有以下原因。

1）气路漏气。检查气路是否存在漏点，检查进样口隔垫是否完好。

2）载气纯度达不到要求。更换载气后运行一段时间，观察基线是否恢复正常。

3）进样口、检测器污染。清洗两个部件后观察基线是否恢复正常。

4）色谱柱污染。按照老化条件进行老化，观察基线是否恢复正常，如不能恢复，需要更换色谱柱。

5）信号线接触不良或采集卡故障。可用更换信号线和采集卡的方法进行排查，确定是线路问题后，再进行修复。

（2）不出峰　不出峰通常有以下原因。

1）色谱柱连接问题，例如色谱柱接错进样口。

2）气路不通、堵塞。需将每个气路连接处断开进行分段排查，确认堵塞点再进行疏通。

3）检测器未正常工作，例如检测器未点火，极化电压加载不正常等。

4）信号传输故障，例如采集卡故障，信号线断开等。

5）进样针堵塞。疏通或更换进样针。

（3）出峰异常　出峰异常通常有以下原因。

1）峰拖尾。一般是进样量过大，柱温较低或是色谱柱柱效差。

2）峰展宽。一般是载气流速过慢或柱温较低。

3）峰面积小，响应值低。一般是检测器灵敏度较低或进样口隔垫漏气。

4）出"鬼峰"。一般是进样口或检测器污染，需进行清洗。

5）前沿峰。一般是柱温较低，适当提升柱温。

6）重叠峰。一般是色谱柱柱效差或柱温过高，适当降低柱温解决不了时，需更换色谱柱。

（4）点不着火　检查气阀是否打开，氢气压力是否处于规定值，空气与氢气的气流比是否符合要求。可适当提高氢气的压力，点火后再降回规定值。

（5）压力达不到预期值　检查气路是否漏气，进样垫是否破损。漏气检测方法：将检漏液涂抹在气路有接口的地方，若有气泡产生，则证明该处漏气。检漏完毕后应立即将检漏液擦干。

（6）其他注意事项

1）开机时升温的等待时间为10min，目的是让载气充分置换气路中的空气，防止微量氧气氧化固定相。

2）FID检测器温度升至100℃以上后才可以点火，否则会引起检测器内部积水。

3）载气应通过干燥管及分子筛，目的是除去微量水分及油。

4）正确开关钢瓶减压阀的步骤：先开总阀，后开分压阀调节压力至所需值；先关总阀等两个表压力降为零后，关闭分压阀。

5）钢瓶气不得用尽，一般保留0.2MPa。

第十七节　工业六次甲基四胺

一、概述

工业六次甲基四胺，白色晶体，升华温度280℃，易溶于水，对皮肤有刺激性。检测执行GB/T 9015—1998。检测项目主要为纯度、水分，理化性能应符合表9-12要求。

表8-14　六次甲基四胺理化性能指标（摘自GB/T 9015—1998）

检测项目	指　标		
	优等品	一等品	合格品
纯度（%）　≥	99.3	99.0	98.0
水分（%）　≤	0.5	0.5	1.0

二、纯度的测定

1. 原理

用强酸滴定弱碱时，终点不明显，在浓盐存在时，提高了氢离子活度系数，因而可用酸标准溶液直接滴定六次甲基四胺，达到终点时pH产生突变。

2. 方法提要

称取0.5g试样，于100mL锥形瓶中，加入15g氯化钠，加2滴~3滴甲基黄-次甲基蓝混合指示液，用硫酸标准溶液滴定至淡桃红色为终点。

3. 注意事项

1）加入氯化钠的目的是增加氢离子活度。

2）滴定开始时，滴速为 8mL/min～12mL/min，接近终点时滴速为 3mL/min～4mL/min。

三、水分的测定

1. 原理

存在于试样中的任何水分（游离水或结晶水）与已知水当量的卡尔-费休试剂（碘、二氧化硫、吡啶和甲醇组成的溶液）进行定量反应。以纯水的滴定度为基准，计算试样的水分含量。

2. 方法提要

将试样用甲醇溶解，以 KF 试剂为滴定液进行试样中水分的滴定，当溶液的导电性突然增大，并且稳定在设定的阈值上面，即可判断到了滴定终点，卡尔-费休滴定仪自动停止滴定，通过消耗的 KF 试剂的体积计算出试样的含水量。

3. 注意事项

试样应当密封保存，样品称量完毕应当立即进行测定。

思　考　题

1. 如何制定干涉仪法测定硝化度的工作曲线。
2. 简述测定硝化棉安定性的重要性和测定方法。
3. 端羟基聚丁二烯在复合固体推进剂中的作用。
4. 分解吸收法测定高氯酸铵纯度时的注意事项。
5. 简述数均相对分子质量测定方法的原理。
6. 简述甲醛法测定高氯酸铵纯度的原理及注意事项。
7. 简述二硝基甲苯的物理性质。
8. 简述二硝基甲苯组分分析的色谱分离原理。
9. 简述二硝基甲苯酸碱度的测定方法原理。
10. 简要说明滴定法测定硫黄有机物质质量分数的原理，及其与重量法测定有机物质量分数的区别。
11. 硫黄中砷质量分数测定和铁质量分数测定的仲裁法分别是什么？其测定原理分别是什么？
12. 硝酸钾纯度测定大致分几个步骤？
13. 简述甲苯二异氰酸酯的物理化学性质。
14. 甲苯二异氰酸酯样品如何保存？
15. 简述甲苯二异氰酸酯纯度测定的方法原理。
16. 硝化混酸和废酸化学分析的项目有哪些？简述各项目的测定原理。
17. 简述工业季戊四醇的物理性质。
18. 某分析员在分析季戊四醇的纯度时，发现色谱图上仅有溶剂峰，季戊四醇和杂质均未出峰。请分析可能存在的原因。
19. 简述季戊四醇干燥减量法测定水分含量的原理。
20. 简述六次甲基四胺的物理性质。
21. 简述测定六次甲基四胺水分的方法原理。

第九章

发　射　药

发射药属于火药。火药是指无外界供氧时在适当的外界能量作用下,自身能进行迅速而有规律的燃烧,同时生成大量热和高温气体的一类物质。现代战争中所使用的武器主要是枪、炮和火箭、导弹。在枪、炮等身管武器中利用火药燃烧的高温高压气体在身管中的膨胀,推动弹丸向前运动,将弹丸从武器身管中发射出去飞向目标,所以称枪、炮用的火药为发射药。火箭、导弹是利用装在火箭发动机中的火药燃烧产生的高温高压气体从喷管喷出,对火箭产生反作用推力,推动火箭向前运动,将战斗部发射到目标地,故称用于火箭发动机中的火药为固体推进剂。

按组成的均匀性可分为均质火药和异质火药。

(1) 均质火药　均质火药又叫溶塑发射药,以硝化棉等高能量物质为主要成分,经过塑化、压实、成形等步骤加工制成,质地比较均匀一致。根据其基本能量成分的种类又可分为单基发射药、双基发射药和三基发射药。

1) 单基发射药只有硝化棉一种基本能量成分 (硝化棉含量一般在95%左右),因所用醇醚混合溶剂在成形后随即驱除,故又称为挥发性溶剂发射药。

2) 双基发射药以硝化棉与另一种能量物质 (如硝化甘油、硝化三乙二醇) 为基础组成。这种能量物质,对硝化棉起溶剂作用,不易挥发,成形后不驱除,故又称为难挥发性溶剂发射药。

3) 三基发射药由三种或三种以上的能量物质组成,一般是在硝化棉、硝化甘油的基础上添加另一种高能量的物质 (如硝基胍)。

(2) 异质火药　又称混合火药,有黑火药、复合推进剂、改性双基推进剂、橡胶火药、塑料火药等。相对于均质火药而言,异质火药的组分分布不均匀,更应注意选取代表性样品进行理化分析测试。

第一节　单基发射药

单基发射药 (习惯上简称单基药) 主要由含能物质 (硝化棉)、溶剂 (醇醚溶剂)、安定剂 (二苯胺) 组成,还可根据不同要求分别加入钝感剂 (樟脑)、光泽剂 (石墨)、增孔剂 (硝酸钾)、消焰剂 (硫酸钾、松香)、降温剂 (地蜡) 等。硝化棉是单基药的唯一能量成分。制造单基药的混合硝化棉应具有一定的氮含量以满足发射能量的要求;具有相当的醇醚溶解度、细断度和2号硝化棉含量,使塑化和成形质量良好,并能节约溶剂用量;具有适当的黏度和较小的黏度差,以保证火药有一定的力学强度;化学安定性良好,使火药能长期保存。

单基药分为枪用、炮用两大类，根据其药型分为粒状药、管状药、片状药、带状药、多气孔药等。

单基药的表面比较光滑，未经钝感处理和光泽处理的一般呈淡黄色或黄色，随着硝化棉的分解并与二苯胺作用，逐渐变成绿色，甚至暗黑色。经过钝感处理或光泽处理的药呈有光泽的黑色，表面粗糙度减小。

单基药的密度一般在 $1.58g/cm^3 \sim 1.64g/cm^3$ 之间，比硝化棉的密度（$1.66g/cm^3$）小，说明它有一定的疏松性，在其空隙中充有空气或微量的残留挥发性物质。密度是影响单基药燃烧速度和燃烧性质的一个重要因素，密度过小的单基药气孔多，容易吸湿，燃烧不稳定。密度过大，则火药燃速较低。对某些短管武器（如手枪、冲锋枪），为了使其速燃，要求制造密度小的多孔性发射药。

单基药的堆积密度与药粒大小、形状和表面特性有关。枪药的堆积密度一般为 $0.80kg/L \sim 0.95kg/L$，粒状炮药一般为 $0.65kg/L \sim 0.75kg/L$。堆积密度影响发射药在药室（药筒）内的最大装量。

单基药是电的不良导体，药粒与空气或其他绝缘体摩擦，都能产生静电。当空气的相对湿度小，发射药比较干燥时，静电效应更显著。单基药的水分含量超过 1% 或表面用导电性良好的石墨光泽处理后，均可降低其带电性质。

单基药有一定程度的吸湿性，它所含水分的多少与周围空气中的相对湿度有关。在相对湿度为 100% 的大气中，吸湿量可达 2.0% ~ 2.5%，所以作外挥的试样必须保存在磨口严密的瓶中。单基药的吸湿性与其氮含量和药的表面状况有关，氮含量低、表面粗糙或多孔时吸湿性大，在药中加入樟脑、苯二甲酸二丁酯等能降低吸湿性的物质和用石墨处理药粒的表面，都能降低它的吸湿性。

单基药是以硝化棉为主体制成的，因此它的很多化学性质和硝化棉近似。它能溶解于丙酮、1∶2 的醇醚及其他能溶解硝化棉的溶剂中。强碱能使单基药中的硝化棉皂化。单基药中的成分分析往往利用这一性质，在加热下用强碱皂化，将欲测定的成分分离出来。酸能加速单基药的分解。浓酸（如硫酸、硝酸）能溶解单基药并使其脱硝。灰分的测定就是用硝酸在加热下使单基药完全分解。

一、表示方式

1）粒状药和管状药用分式表示，分母表示其孔数，分子表示其燃烧层近似厚度，以 0.1mm 为单位。带花边的粒状药可在分数后加一"花"字。管状药则在分式后加一横线和数字，横线后的数字表示药管长度，以 cm 为单位。如："5/7 花"表示 7 孔带花边粒状药，燃烧层厚度约 0.5mm；"18/1-46"表示单孔管状药，燃烧层厚度约 1.8mm，药管长 46cm。

2）片状药或带状药用"$A-B \times C$"标志表示。标志中 A 为近似厚度，以 0.01mm 为单位，B 为近似宽度，C 为近似长度，均以 mm 为单位。如："$10-1 \times 1$"表示燃烧层厚度约为 0.1mm，宽度和长度约为 1mm 的片状药。

3）多气孔药用"多"字表示，横线后的数字表示胶化时加入的硝酸钾为硝化棉干量的近似百分数。如："多-45"表示在胶化时加入约硝化棉干量 45% 的硝酸钾制成的多气孔药。

4）根据所用硝化棉氮含量的不同，或含有其他附加物，在上述标志后，分别用文字表示。由不同硝化度的混合硝化棉制成的两种药型近似的药，在其中一种的标志后加"高"

或"低"字以示区别。如"5/7 高"表示这种火药所用硝化棉硝化度比一般 5/7 用的硝化棉要高。含有松香、硫酸钾、苯二甲酸二丁酯、地蜡等成分的火药，分别在标志后加"松""钾""苯""蜡"等字。用樟脑钝感处理过的药，在标志后加"樟"字。用石墨光泽处理过的药，在标志后加"石"字。

单基药分析项目分别是灰分、挥发分含量、药形尺寸、组分（二苯胺、樟脑、松香、硫酸钾、硝酸钾、地蜡、石墨）含量、维也里安定性、真密度、爆热量等 15 项。本节重点讲述挥发分含量、组分含量的测定方法。

二、试样准备

准备方法执行 GJB 770B《火药试验方法》中的方法 101.1。

注意事项：

1) 单基药的样品，应放在具有严密磨口、洁净干燥的深色瓶中妥善保管，以防止易挥发组分的损失或吸收空气中的水分，同时要避免阳光直射。较长的管状药可放在内衬白布的防潮袋子中束紧袋口存放。

2) 室内外温差大时，样品应在试验室内放置一定时间，使样品温度和室温平衡。

3) 处理试样时，所用的设备要清洁、干燥，以免混入杂质。操作要仔细，防止摩擦产生火花，引起燃烧事故。撒落在台面、地面上的样品要及时清理。

三、挥发分含量的测定

挥发分含量是单基药成品交验的主要指标之一。含氧很少的醇醚溶剂和不能燃烧的水分存在发射药内，会影响燃烧时的化学平衡而使其能量减小，因而降低发射弹丸时的初速和膛压。另一方面，单基药中存在少量溶剂，可以保证火药的结构稳定，并保持一定的力学强度和密度。同时乙醇能吸收部分氧化氮气体，对单基药的安定性也有一定好处。适量水分的存在，可使单基药在保存期间水分含量不致变化过大，以保持其弹道性能的相对稳定。因此应将挥发分含量控制在一定范围内。

单基药挥发分的组成主要是水和乙醇、乙醚等溶剂，此外二苯胺和樟脑等也都具有一定的挥发性。工艺上一般都只将水分（看作外挥发分）和溶剂（看作内挥发分）作为挥发分。理化分析中将在一定条件下，单基药中所能挥发出来的某些组分称为挥发分，并根据不同测试条件下挥发出来的物质区分为外挥发分（简称外挥）、内挥发分（简称内挥）和总挥发分（简称总挥）。这样划分的"挥发分"所包含的化学组分相当复杂。在测出的外挥、内挥、总挥中，都包括有水分、溶剂、二苯胺或樟脑。

（一）总挥含量

常用的测定方法是 GJB 770B《火药试验方法》中的方法 106.3。测定的外挥和内挥之和作为总挥含量。

（二）外挥含量

没有破坏的单基药在一定温度下加热一定时间后所挥发出来的组分，简称外挥。这些可挥发组分存在于火药的表面，容易从火药中驱除出来。其中主要是水分，也包含少量溶剂、二苯胺，含樟药则还有少量樟脑。测定方法执行 GJB 770B《火药试验方法》中的方法 104.3。

注意事项：烘样时称量瓶应对称地放在温度计两侧，试样与烘箱内温度计的水银球应位于同一水平；放入时打开盖子，并相应地放在称量瓶旁边；烘箱门不允许扣死，要经常检查温度是否稳定，调节器是否失灵；每个烘箱中放入试样的质量不得超过 200g（以干样计）。

（三）内挥含量

内挥是指单基药在破坏后所挥发出来的组分。这部分挥发分存在于火药结构的内部，因而不易驱除出来，主要是乙醇和乙醚溶剂。生产时用醇醚溶剂（乙醇和乙醚混合液）将硝化棉溶解或溶胀成为可塑物，以制成一定形状、尺寸，并具有一定密度和力学强度的火药。它们在单基药中不是能量物质，也容易挥发，因此成形后要将其大部驱除出去，使发射药具有足够的能量和稳定的弹道性能。残留在药中的溶剂即为内挥。

测定单基药内挥含量执行 GJB 770B《火药试验方法》中的方法 104.1。比色法测出的内挥完全是溶剂，但此法不适用于含苯二甲酸酯类（如苯二甲酸二丁酯）的发射药，因为苯二甲酸二丁酯等水解后会生成醇类，影响测定结果。

1. 原理

用氢氧化钠溶液皂化试样，蒸馏出的溶剂被硫酸吸收，用重铬酸钾硫酸溶液氧化后比色。乙醇、乙醚被重铬酸钾硫酸溶液氧化时的反应为

$$3CH_3CH_2OH+2K_2Cr_2O_7+8H_2SO_4 =\!=\!=\!= 2K_2SO_4+2Cr_2(SO_4)_3+3CH_3COOH+11H_2O$$

$$3C_2H_5OC_2H_5+4K_2Cr_2O_7+16H_2SO_4 =\!=\!=\!= 4K_2SO_4+4Cr_2(SO_4)_3+6CH_3COOH+19H_2O$$

重铬酸根离子本身为黄色，当它被有机溶剂还原后，生成的三价铬离子（Cr^{3+}）为蓝绿色，因此可以根据反应后溶液呈现的颜色，来判定加入的重铬酸钾量是否与其中的溶剂量相当。比色时，将几支比色管同时比较，以绿中微微带有黄色的一支（相邻的前一支应完全是蓝绿色不带黄色）作为加入的重铬酸钾硫酸溶液恰与其中的溶剂含量相当。记下这支比色管所加入的重铬酸钾溶液体积，并以此计算其内挥含量。

2. 方法提要

测定装置如图 9-1 所示，试样加入氢氧化钠溶液润湿，在吸收管中准确加入浓硫酸，按规定连接好测定装置。加热碱液以皂化试样。蒸馏到达规定时间后，取下吸收管放于试管架上准备比色。

根据试样内挥含量范围，于 3 支～5 支比色管中，分别加入规定体积的吸收酸液，用微量滴管分别加入与试样内挥含量大致相当的不同体积的重铬酸钾硫酸标准溶液，仔细摇匀，在沸水中加热 5min。

比色时，将几支比色管同时比较，以绿中微微带有黄色的一支（相邻的前一支应完全是蓝绿色不带黄色）作为加入的重铬酸钾硫酸溶液恰与其中的溶剂含量相当，按式（9-1）计算内挥含量。

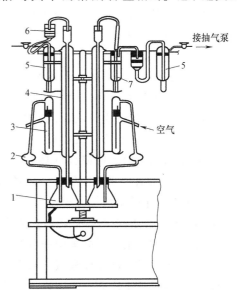

图 9-1 比色法内挥测定装置

1—锥形瓶　2—安全球　3—流量计　4—冷凝器
5—浓硫酸吸收管　6—硫酸铜干燥管　7—石蜡油管

$$w = \frac{V_1 FK}{\dfrac{V_2}{5} m \times 1000} \times 100\% \tag{9-1}$$

式中　w——内挥发分（溶剂）的质量分数（%）；

　　　V_1——比色消耗重铬酸钾硫酸溶液的体积（mL）；

　　　V_2——所取硫酸吸收液的体积（mL）；

　　　F——重铬酸钾硫酸溶液修正因数；

　　　K——试样所含溶剂中的醇醚比例换算系数（g/L）；

　　　m——试样的质量（g）；

　　　5——硫酸吸收液的总体积（mL）。

根据各品号火药实测数据，对不同品号火药的 K 值分别规定如下：

　　　　燃烧层厚度小于 1.0mm 以及 1.5mm～2.7mm　　　　$K = 1.8$g/L

　　　　燃烧层厚度 1.0mm～1.5mm　　　　$K = 1.7$g/L

　　　　2/1 樟、3/1 樟及松钾药　　　　$K = 2.0$g/L

其他未规定的品号应根据实测醇醚比计算。

　　3. 注意事项

　　1）加热皂化蒸馏时间应按照规定，不能过长。因为加热皂化过程中，硝化棉能产生少量还原性物质，并进入浓硫酸被其吸收，参与以后的氧化显色反应而消耗重铬酸钾溶液。

　　2）流量计应定期检查校正。

　　3）安装内挥测试装置的房内，不得进行有溶剂挥发的其他工作。

　　4）所用试剂浓硫酸中不得含有可氧化物，检查方法：于 60mL 蒸馏水中加入 20mL 被检查的硫酸，冷却后，加入 0.01mol/L 高锰酸钾溶液 0.5mL，如试液所呈现的粉红色经 5min 不消失，则符合要求。若检查出硫酸中含有可氧化物时，可加入几滴过氧化氢，混合均匀，煮沸 30min，重新检查。

　　5）每月需用标准样或乙醇硫酸标准溶液检查设备一次，如重新安装设备或更换微量移液管时，应经上述检查合格后才能使用。

　　6）浓硫酸黏度较大，从滴定管中放出硫酸及重铬酸钾溶液时，均应控制好流速。

　　7）每经两次测定后，仪器有关部件分别清洗：冷凝器用热水冲洗，以除去二苯胺等附着物，必要时用长柄毛刷或棉球擦洗；铜丝网用硫酸或铬酸洗液浸泡，用水冲洗后干燥备用；干燥管 U 形管洗涤洁净后，干燥备用。

　　8）干燥管中的硫酸铜，测定 2 次后需更换。

　　4. 液状石蜡法测定含樟脑单基药中内挥含量

　　含有樟脑的单基药不能采用一般的重铬酸钾比色测定内挥。因为樟脑是一种容易挥发的物质，皂化蒸馏时，部分樟脑蒸气被空气带出，和醇醚气体一起进入吸收管被浓硫酸吸收。比色时，具有很强氧化能力的重铬酸钾硫酸溶液在加热时将樟脑氧化，使结果增高，而且樟脑在测定过程中进入硫酸吸收管的量很不固定，不易控制，造成测定结果跳动。

　　液状石蜡法是在重铬酸钾比色法的基础上，在测定装置的冷凝管和干燥管之间加一支内装 7mL 液状石蜡的洗气管，以除去气体中所含的樟脑，其余操作及计算均按重铬酸钾比色法进行。根据实测结果，2/1樟的 K 值平均为1.96，3/1樟为1.94，故 K 值均定为2.0。

液状石蜡是从石油中分离出来的相对分子质量较大的液体烃类混合物，无毒、沸点高（330℃~390℃），能很好地吸收樟脑，对醇醚完全不吸收。液状石蜡按规定可以连续使用两次。

盛液状石蜡的吸收管用过后，将其浸泡在热的洗衣粉水溶液内，洗去油污后，用水洗净烘干备用。用过的液状石蜡可以通过孔径 75μm~420μm 的硅胶柱除去其中吸收的杂质后回收。回收的液状石蜡应按测内挥时的比色操作与重铬酸钾硫酸溶液进行空白试验，证明不含有参与氧化还原作用的杂质后方能使用。

四、安定剂、钝感剂和增塑剂的测定

二苯胺是单基药中一种安定剂，它可以吸收单基药缓慢分解放出的氧化氮，结合生成系列的二苯胺衍生物。这样就减缓单基药分解速度，延长了储存期限。由于二苯胺是一种弱碱，加入量过多会与硝化棉发生皂化反应，影响火药的安定性，单基药中加入量为 1%~2%。

樟脑是一种含氧很少的碳氢化合物，燃烧速度缓慢，加入枪药中作为钝感剂（缓燃剂），当火药燃烧时，其燃烧速度随樟脑含量减少而加快，形成渐猛性燃烧。同时樟脑可以增加火药的物理安定性，但它又是一种非能量成分，加入量过多会降低火药能量，引起初速的下降。单基药中加入量为1%。

邻苯二甲酸二丁酯在双基火药中是辅助剂，主要是起增塑作用。它与硝化纤维素相互作用的结果，削弱了硝化纤维素分子间的作用力，增加其可塑性，在火药制造时容易成形。

邻苯二甲酸二丁酯的相对分子质量比较大，分子结构中 C—H 的组成部分较多，沸点高，挥发性较低，化学稳定性好。它能降低火药的爆温，减少对炮膛的烧蚀作用。它在一定程度上还起安定作用，因为它不亲水，能阻止硝酸酯类分解出的酸性产物扩散。

单基药中二苯胺含量测定方法主要是溴化法、气相色谱法。溴化法执行 GJB 770B《火药试验方法》中的方法 201.1，是测定单基药二苯胺含量的化学方法。

气相色谱法执行 GJB 770B《火药试验方法》中的方法 215.1，具有分离和测定迅速、准确度高的优点，该方法可以同时测定单基药中二苯胺、樟脑、Ⅱ号中定剂、二硝基甲苯、三硝基甲苯和苯二甲酸二丁酯类的含量。

（一）溴化法

1. 原理

二苯胺由于氨基的存在，它的苯环上邻位和对位的氢原子很活泼，很容易被卤素取代。将二苯胺分离出来，在酸性溶液中，溴酸钾和溴化钾反应生成溴，溴与二苯胺充分作用生成四溴二苯胺，剩余的溴与碘化钾作用而将碘还原出来，用硫代硫酸钠标准溶液迅速滴定还原的碘。反应式如下：

$$5KBr+KBrO_3+6HCl \longrightarrow 6KCl+3Br_2+3H_2O$$
$$(C_6H_5)_2NH+4Br_2 \longrightarrow (C_6H_3Br_2)_2NH+4HBr$$
$$2KI+Br_2 \longrightarrow 2KBr+I_2$$
$$I_2+2Na_2S_2O_3 \longrightarrow Na_2S_4O_6+2NaI$$

2. 方法提要

在锥形瓶内加入醇醚混合溶剂，将试样和氢氧化钠溶液加入烧瓶，按图 9-2 将仪器装置好，加热使试样皂化。二苯胺在水蒸气的带动下进入锥形瓶，被醇醚混合溶剂吸收。往锥形瓶中准确加入溴酸钾-溴化钾标准溶液，在 20℃±3℃ 下恒温。然后加入盐酸水溶液，立即盖上瓶塞以防溴损失，并摇晃约 30s。然后加入碘化钾溶液，充分摇匀，用硫代硫酸钠标准溶液迅速滴定还原的碘，接近终点时，加入淀粉指示液，继续滴定至蓝色消失为止。在相同条件下进行空白试验。按式（9-2）计算。

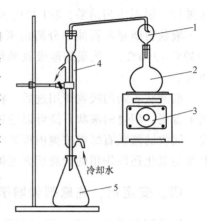

图 9-2　二苯胺皂化装置
1—安全球　2—烧瓶　3—电炉
4—冷凝管　5—锥形瓶

$$w = \frac{c(V_0 - V)M}{1000m} \times 100\% \qquad (9\text{-}2)$$

式中　w——二苯胺的质量分数（%）；

c——硫代硫酸钠标准溶液的浓度（mol/L）；

V_0——空白试验消耗硫代硫酸钠标准溶液的体积（mL）；

V——试样消耗硫代硫酸钠标准溶液的体积（mL）；

M——$\dfrac{1}{8}$（C_6H_5）$_2$NH（二苯胺）的摩尔质量（g/mol），$M = 21.15$ g/mol；

m——试样的质量（g）。

3. 注意事项

（1）溴化时的温度　溴是一种化学性质很活泼的元素，是一种较强的氧化剂，它能和很多物质发生加成、取代和氧化作用。乙醇、乙醚和溴可起下列反应：

$$C_2H_5OH + Br_2 =\!=\!= CH_3CHO + 2HBr$$

$$CH_3CHO + Br_2 + H_2O =\!=\!= CH_3COOH + 2HBr$$

上述反应随温度的上升而加快，反应产物随作用时间的增长而增多，反应速度和醇、醚及溴的浓度成正比。虽然有空白试验，但由于在试样测定中，很大一部分溴已和二苯胺作用，剩余的溴的浓度比空白试验中小得多，因此在其他条件相同时，空白试验由于副反应消耗的溴比样品要多，在温度高时，影响更显著。

温度对样品测定消耗硫代硫酸钠溶液的体积影响小，对空白试验的影响则很大，而且温度越高影响越大。因此加盐酸时，溶液的温度控制得低些有利。但考虑到温度太低，溴与二苯胺的反应速度减慢，需要较长的反应时间，因此现在规定加盐酸前，溶液在 20℃±3℃ 下保温。但是要注意，空白试验时，溶剂中的乙醇和水混合而产生稀释热，使溶液温度升高较多，恒温时应使溶液的温度冷却下来。

（2）溴化反应的时间　溴与二苯胺的反应速度很快，30s 内足可反应完全，但是溴对酒精的氧化作用速度要慢得多，因此在振摇 30s 后，应立即加碘化钾使剩余的溴将碘还原出来，否则中间停留时间过长，会使消耗于副反应的溴增多而使结果偏低。还原出的碘则在一般条件下几乎不与酒精起反应。

（3）空白试验　前面已经说过，溴与乙醇的副反应与溴及乙醇的浓度有关，因此空白试验必须采用和试样测定相同体积的醇醚和蒸馏水。加入蒸馏水多的消耗硫代硫酸钠要多一些，这是因为溴与乙醇被稀释，副反应进行得较慢些所致。

（4）乙醚中过氧化物　乙醚在长期保存时，由于空气中的氧和阳光作用，很容易生成过氧化物。它也是一种强氧化剂，能使碘化钾中的碘被还原而参与滴定反应。当乙醚中过氧化物过多时，不但干扰测试结果，而且易使终点返回而不稳。因此乙醚应储存在茶色瓶中，放置暗处，有条件时，可放在冰箱或其他温度较低的地方。在乙醚瓶中放一些纯铜屑（丝），也可减少过氧化物的生成。

检查乙醚过氧化物含量：通常是取 50mL 乙醚注入锥形瓶中，在 50℃~55℃ 水浴上蒸至约剩 2mL~3mL，然后按空白试验操作步骤进行。所消耗的硫代硫酸钠的体积与空白试验消耗的体积相差不得超过 0.5mL。也可以用试管取 20mL 乙醚，加入 2mL10% 碘化钾溶液，摇混均匀后不显色或呈轻微的淡黄色，即认为合格。

（二）气相色谱法

1. 原理

样品经丙酮溶解后，用水将硝化棉析出并离心分离，取其澄清液注射入色谱仪内进行组分分离，用外标法或内标法进行定量，分别计算试样中各组分的含量，参考色谱图如图 9-3 所示。因单基药中二苯胺和樟脑含量较少，样品制备困难，选用氢火焰离子化检测器，参考色谱条件见表9-1。

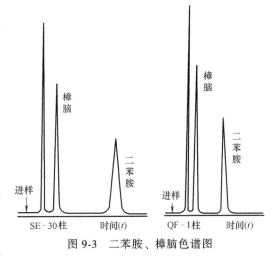

图 9-3　二苯胺、樟脑色谱图

表 9-1　钝感剂、安定剂和增塑剂的气相色谱法参考条件

色谱条件	樟脑、二苯胺	二苯胺、二号中定剂、苯二甲酸二丁酯	二苯胺、二硝基甲苯、苯二甲酸二丁酯
不锈钢色谱/cm	内径 0.3~0.4，长度 100	内径 0.3，长度 100	内径 0.3，长度 100
色谱固定相	硅烷化 101 载体：SE-30：硬脂酸=87：12：1　或硅烷化 101 载体：QF-1：硬脂酸=100：10：1	硅烷化 101 载体：0F-1=90：10	喀姆沙伯 G 上涂3%~5%的OV-225　或硅烷化 101 载体：SE-30：硬脂酸=100：10：1
柱箱温度/℃	170~180（SE-30 柱）155~165（QF-1 柱）	180~200	160~190
汽化室温度/℃	250~300	200~250	250~300
检测室温度/℃	250~300	200~250	250~300
载气（N_2）流速/（mL/min）	70~90	60~80	45~100

2. 方法提要

加入蒸馏水润湿试样，准确加入丙酮，在电动振荡器上振摇至试样完全溶解，滴加蒸馏水，使硝化棉呈粉状析出，离心分离，澄清液为试样溶液。

按试样配方中各待测组分的含量计算，准确称取适量的各待测组分加入适量干燥硝化棉，然后加入丙酮溶解、滴析、离心，澄清液为标准溶液。

内标法定量时还应准确称取选定的内标物加入。测定樟脑和二苯胺时可选用2，4-二硝基甲苯为内标物。测定单芳型药中2，4二硝基甲苯和苯二甲酸二丁酯时，可选用Ⅱ号中定剂为内标物。

用外标法测定时，分别吸取相同体积的试样溶液或标准溶液交替注射入色谱仪内进行测定。由式（9-3）计算。

$$w = \frac{m_0 \bar{h}}{m \bar{h}_0} \times 100\% \tag{9-3}$$

式中　w——单基药中樟脑或二苯胺的质量分数（%）；

　　　$\bar{h}$——试样中樟脑或二苯胺的峰高或峰面积的平均值；

　　　$\bar{h}_0$——标准溶液中樟脑或二苯胺的峰高或峰面积的平均值；

　　　m——试样的质量；

　　　m_0——标准样中樟脑或二苯胺的质量。

用内标法测定时，分别吸取含有内标物的标准溶液或试样溶液注射进色谱仪内，按式（9-4）计算各待测组分的校正因子f_i，试样中各组分的质量分数w_i按式（9-5）计算。

$$f_i = \frac{\bar{h}_{0s}}{m_{0s}} \times \frac{m_{0i}}{\bar{h}_{0i}} \tag{9-4}$$

式中　$\bar{h}_{0s}$——内标溶液中内标物的峰高的平均值或峰面积；

　　　m_{0i}——内标溶液中i组分的质量；

　　　m_{0s}——内标溶液中内标物的质量；

　　　$\bar{h}_{0i}$——内标溶液中i组分的峰高或峰面积的平均值。

$$w_i = \frac{m_s \bar{h}_i f_i}{m \bar{h}_s} \times 100\% \tag{9-5}$$

式中　$\bar{h}_i$——试样溶液中组分i的峰高或峰面积平均值；

　　　$\bar{h}_s$——试样溶液中内标物的峰高或峰面积的平均值；

　　　m_s——试样溶液中内标物的质量；

　　　m——试样的质量。

3. 注意事项

1）配制好的标准溶液的有效期依保存条件和使用频率而定，通常为一个月。

2）汽化室的进样垫片一般至少可进样20次，如果发现漏气，应及时更换。

3）在检测器不点火时严禁通氢气，通了氢气后要及时点火，以免发生危险。

4）注射器吸取量要比所需的样品量多，拔出针头，把注射器倒立，针头朝上，令气泡排出。将注射器举起使所需刻度线与眼的视线平行，细心地慢慢推动针钮使栓杆的顶端恰好停留在所需进样量的刻度线上，同时观察注射器中的液体应清亮和无气泡。用滤纸很快地擦去针头外部附着的液体。

5）向汽化室进样时，右手拿住针管的上部，在左手的协助下，立刻把针头刺进样口内垫片中（针头刺入进样口的动作要快而有力，慢慢刺进时容易把针头弄弯），针尖要伸到汽化室中，推动栓钮进样，动作要快并避免把栓杆弄弯，进样后立即拔出针头。

6）测定完毕后，先降温，再切断电源，最后关气。

7）安装色谱柱管时，要注意色谱柱的方向性，在接口处放 1 个 ~ 2 个密封垫圈，然后用螺钉扣紧。

8）新买的色谱柱需经老化处理才能使用。老化的目的一是彻底除去填充物中的残留溶剂和固定液中低沸点、低相对分子质量的杂质；二是在老化温度下，使固定液在担体表面有一个再分布过程，使固定液在担体表面涂渍得更加均匀牢固。先将装好的色谱柱的一端与汽化室气路的接头相连，另一端与通往室外的橡胶管或塑料管相连。通入载气，流速 5mL/min ~ 10mL/min，在高于使用温度 5℃ ~ 10℃的柱温下进行老化 4h ~ 8h，这样可以避免老化过程中将检测器污染。然后再把色谱柱一端和检测器气路接头相接，再按上述方法继续进行老化操作，直至基线平直。

9）气路系统密封性的检查，把气体出口堵死，通入载气，要求在气体入口压力等于或大于 0.2MPa 情况下，半小时内压力降不超过 5kPa。实际工作中，一般多以转子流量计的转子无流量指示为标准。但应注意，气体入口压力一定要等于或大于 0.2MPa，否则是不可靠的。试漏点可以采用肥皂水涂抹的办法检查。涂抹时要堵住气体出口，防止皂液带入气路系统，试漏完后应及时将皂液擦干净。打开堵头放气时要缓慢，以防止转子流量计、柱前压力表及其他部件的损坏。

五、地蜡、石墨、炭黑含量的测定

地蜡是常用的降温剂，用于某些炮药中，降低膛内燃烧温度，以减少对炮膛的烧蚀作用，并可部分起到消焰和防潮作用。石墨是最常用的光泽剂，是一种光滑和导电性能良好的物质，裹覆在药粒表面可以提高药的流散性和堆积密度，便于装弹并可增加药粒的导电性，防止因静电聚集造成的燃烧爆炸等事故，主要用于枪药中，现在也有某些炮药使用。炭黑作为燃速调节剂及弹道改良剂。石墨与炭黑均是碳的同素异形体之一，石墨、炭黑、地蜡都是非能量物质，它的存在会降低发射药的威力，因此单基药中地蜡的加入量为 2.6% ~ 3.0%，炭黑或石墨的加入量为 0.05%。

（一）地蜡与石墨含量的测定——称量法

1. 原理

试样用氢氧化钠溶液加热皂化，在酸性溶液中析出地蜡，以提取方法将地蜡与石墨分离，称量，分别计算其含量。

2. 方法提要

测定方法执行 GJB 770B《火药试验方法》中的方法 205.1。试样加入氢氧化钠溶液缓慢加热皂化。冷却后滴加盐酸溶液至 pH 为 5 ~ 6，这时地蜡析出。用已恒量的滤杯抽滤。用乙醇浸泡残渣数分钟，再抽滤。将滤杯置于烘箱中干燥、恒重，可得地蜡、石墨的和量。将滤杯置于提取器中，用三氯甲烷在恒温水浴中回流提取。取出滤杯蒸去三氯甲烷，置于烘箱中干燥、冷却、恒重，可得石墨的质量。通过计算可得石蜡的含量。

3. 注意事项

1) 皂化时不要沸腾过剧，反应时，液面距漏斗颈下端口的距离以不超过 20mm 为宜。

2) 滤杯开始过滤时，减压不宜过甚，以防微粒堵塞滤孔，造成过滤困难。

3) 乙醇浸泡是为了置换滤杯附着的水分，以利于以后的干燥。

4) 用三氯甲烷回流时必须在通风柜内，提取时间不得少于 1h，否则地蜡不能除尽。

（二）石墨、炭黑含量的测定——称量法

1. 原理

试样用硝酸分解后，称量分离出的石墨或炭黑。如试样同时含有石墨及炭黑，再用热硝酸将炭黑破坏除去，分别计算出含量。

该方法不适用于含有不溶于硝酸的金属（如锆）及其他化合物的试样中石墨与炭黑含量的测定。双基药中石墨或炭黑含量的测定，与单基药石墨与炭黑含量测定相似，不同之处在于双基火药中常含不被硝酸消解的凡士林等成分，因此试样要先用乙醚提取，然后用硝酸分解提取剩余物，或用溶剂充分洗涤滤杯内反应剩余物，否则测定结果偏高。含有硝酸不溶组分的火药，不能采用本法测定。

2. 方法提要

测定方法执行 GJB 770B《火药试验方法》中的方法 303.1。

（1）试样中只含石墨或只含炭黑　试样（也可使用提取残渣）加入硝酸溶液加热。取下烧杯稍冷后，加入蒸馏水，将烧杯置电炉上加热并用玻棒搅拌，直至炭黑结集。取下烧杯稍冷，将杯中溶液缓缓倒入已恒量的滤杯抽滤。用乙醚-丙酮混合液和蒸馏水交替洗涤滤杯内容物（使用试样提取残渣进行试验时，可不进行此步骤）。将滤杯置于烘箱中干燥、冷却、恒重。

（2）试样中石墨与炭黑共存　将（1）法所得已恒量的残渣和滤杯放入提取器的烧杯中，滤杯、烧杯中加硝酸，加热回流。取出滤杯抽滤、干燥，冷却至室温，恒重称量。

3. 注意事项

1) 当加热反应激烈时取下烧杯，反应欲停时重新加热，如此反复进行，直至试样全部分解；继续微火加热 30min~40min 以上，使樟脑、二苯胺、中定剂等尽可能挥发出去。

2) 使用有机溶剂和蒸馏水交替冲洗，以充分洗去可能沾附在残渣上的试样中其他可溶物组分；开始过滤时，减压不宜过大，以防微小残渣堵塞滤孔，造成过滤困难。

六、硝酸钾含量的测定

硝酸钾在单基药中用作增孔剂，在胶化时以粉末状加入，成形后用水将其浸出，这样在药粒中形成了大量细小而均匀的小孔，使药粒组织疏松，燃速增快。加有硝酸钾的单基药一般称为多气孔药，主要用于冲锋枪、手枪、猎枪等短管武器。这类武器枪管比较短，所以要求所用的药在弹丸飞出枪口之前能够迅速燃完。

单基药在浸水过程中要将硝酸钾完全浸出很困难，残留的硝酸钾含量过多会影响药粒的多孔性，同时也将影响发射药能量。单基药中加入量不能超过 0.2%，实际控制在 0.06%。

1. 原理

采用水溶法，浸煮出试样中的硝酸钾，称量计算含量。如果试样中含有溶于水的其他盐类，不能用这种方法测定。

2. 方法提要

试样置于锥形瓶内，加水煮沸一定时间，过滤至已恒量滤杯里，烘干并冷却称量，计算出硫酸钾含量。

3. 注意事项

1）加热时间必须保证充分将试样中的硝酸钾溶出。

2）在煮沸过程中，根据蒸发情况补加热蒸馏水。

3）应缓慢蒸干烧杯内容物，防止近干时温度过高产生迸溅造成硝酸钾损失。

七、硫酸钾含量的测定

单基药中硫酸钾用作消焰剂，因为硫酸钾能减少火药燃烧产物中一氧化碳等可燃组分的含量，并提高火药的发火点温度，使这些可燃性气体不致在炮口再次燃烧。

硫酸钾是一种无机盐，属于非能量物质，它的存在会减少发射药的威力，因此硫酸钾在单基药中的加入量一般为0.6%~1.2%。另有一种专用的消焰药（即松钾药），其中硫酸钾加入量为44%~48%。这种消焰药不单独作为装药用，与其他主装药配合使用。

单基药中硫酸钾含量的测定方法有硫酸钡法、络合滴定法和称量法。火药中高含量硫酸钾测定方法执行GJB 770B《火药试验方法》中的方法302.3。

1. 原理

采用高温灼烧法，去除试样中的其他有机成分，称量灼烧残渣，计算出硫酸钾含量。该法适用于不含其他无机盐的火药中高含量硫酸钾的测定。

2. 方法提要

试样置于已恒量坩埚内，加入硝酸分解和炭化，在高温炉中灼烧，取出冷却并称量，计算出硫酸钾含量。

3. 注意事项

1）加入的硝酸量必须使试样全部润湿，加热至不再产生硝烟，内容物蒸干，残渣完全炭化；炭化时产生大量硝烟，必须在通风柜中进行，但通风不能过大过猛，防止炭化后的残渣被吹跑。

2）试样快蒸干及炭化时，注意防止内容物溅出损失；灼烧温度最好控制在中限，温度过低炭不易完全除去，温度过高有可能使部分硫酸钾分解。

3）所得结果包含试样中的灰分，因试样中硫酸钾含量高达40%以上，故可忽略不计。

八、松香含量的测定

松香可以降低燃速和火药燃烧温度，减少炮膛的烧蚀，避免炮口焰的产生，常用作单基药中的消焰剂。在消焰火药的生产中，松香作为消焰剂和硫酸钾一起加入。松香是树脂酸的混合物，主要以松香酸、左旋海松酸的形式存在，属于非能量物质，它的存在会减少发射药的威力，因此松香在单基药中的加入量一般为2.6%~3.0%。测定方法执行GJB 770B《火药试验方法》中的方法204.1。

1. 原理

试样被氢氧化钠溶液破坏，游离出松香，用乙醚萃取和干燥，称取松香质量。

2. 方法提要

试样用氢氧化钠皂化、硫酸溶液中和至呈弱酸性，用乙醚萃取析出的松香，然后除去溶剂、干燥，称取所得松香质量。

3. 注意事项

1）由于松香和碱作用生成松香皂，起泡现象严重，为了防止沸腾剧烈时溶液迸溅损失，加热不可过猛，蒸馏水不能补加过多，以防泡沫溢出。

2）松香皂与酸作用后，又以松香酸的形式析出，中和时，酸度应控制适当，酸度太小松香不能完全分离出来，酸性过大会产生硫酸盐沉淀，给乙醚提取时带来麻烦，易造成结果偏低。

3）乙醚萃取松香次数不可少；夏季室温过高时，采取自来水长流冷却等降温措施。

4）乙醚洗涤时要注意将水除尽，因为干燥温度低，水不易蒸发出来，造成恒量困难或影响结果偏高。

5）在水浴上蒸发烧杯内乙醚时，温度不可过高，一定要在通风柜里进行，避免乙醚气体浓度超过极限。

九、残留溶剂含量的测定

测定方法执行标准 GJB 770B《火药试验方法》中的方法 216.1。

1. 原理

用有机溶剂从试样中提取出挥发性溶剂，将提取液注入色谱柱内，对被测溶剂进行分离，用内标法测定其含量。

2. 方法提要

（1）参考色谱条件　见表 9-2。

表 9-2　参考色谱条件

色谱条件	乙醇、丙酮	色谱条件	乙醇、丙酮
不锈钢色谱柱	内径 3mm　长度 2000mm	检测温度/℃	80~110
固定相	硅烷化 102 载体：聚乙二醇=20000：80	检测器	FID
柱箱温度/℃	60~70	载气及流量/(mL/min)	N₂:30~60
汽化温度/℃	100~150	进样量/μL	1~3

（2）内标物的配制　吸取一定量的内标物（推荐的内标物：测定共存的乙醇、乙醚时或测乙酸乙酯时，可选丙酮作内标物；测定共存的乙醇、丙酮时，可选择乙酸乙酯作内标物）用乙腈稀释定容、混匀、密闭保存。

（3）试样溶液的制备　试样加含内标物的乙腈浸泡溶解，加水使硝化棉析出，盖紧瓶盖备用。

（4）标准溶液的配制　取与试样溶液制备中同体积的含内标物的乙腈，准确加入待测组分，再加入与试样溶液制备中相同体积的水，塞紧瓶塞，混匀待用。

（5）校正因子的测定　仪器在规定的条件下操作，待基线稳定后，吸取 1μL~3μL 标准溶液注入色谱柱内，取 2 针~3 针峰高（或峰面积）平均值，按式（9-6）计算。

$$f_i = \frac{m_{0i}\bar{h}_{0s}}{m_{0s}\bar{h}_{0i}} \tag{9-6}$$

式中　f_i——组分 i 的校正因子；

　　　m_{0i}——标准溶液中组分 i 的质量；

　　　m_{0s}——标准溶液中内标物的质量；

　　　$\overline{h}_{0s}$——标准溶液中内标物峰高（或峰面积）平均值；

　　　$\overline{h}_{0i}$——标准溶液中组分 i 的峰高（或峰面积）平均值。

（6）试样的测定　吸取制备的试样溶液中上层清液 $1\mu L \sim 3\mu L$ 注入色谱柱内，每个溶液重复注入两针，取其平均值按式（9-7）计算。每份试样平行测定两个结果，差值不得超过 0.2%，取其平均值，计算精确到 0.01%。

$$w_i = \frac{m_{0s}\overline{h}_i f_{si}}{m\overline{h}_s} \times 100\% \tag{9-7}$$

式中　w_i——试样中组分 i 的质量分数（%）；

　　　f_{si}——组分 i 与内标物的相对校正因子，$f_{si} = \dfrac{m_{si}h_s}{m_s h_{si}}$（$m_{si}$ 为内标溶液中组分 i 的质量，m_s 为内标物的质量，h_s 为内标物的峰高或峰面积，h_{si} 为内标物中组分 i 的峰高或峰面积）；

　　　$\overline{h}_i$——试样溶液中组分 i 的峰高（或峰面积）平均值；

　　　$\overline{h}_s$——试样溶液中内标物峰高（或峰面积）平均值；

　　　m_{0s}——标准溶液中内标物的质量（g）；

　　　m——试样的质量（g）。

第二节　双基发射药

双基药是以硝化棉和另一种硝酸酯（如硝化甘油）为主要能量成分，用于发射炮弹及作为火箭的固体推进剂。双基药按其热力学性质来说，属于负氧平衡系统，燃烧时火药各组分中氧含量不能使其中的碳和氢完全氧化，但可使产物氧化。

双基药采用 D 级（3 号）硝化棉（硝化度 188.0mL/g～193.5mL/g），因为它比 B 级和 C 级（1 号和 2 号）硝化棉易溶于硝化甘油。硝化甘油在其中起溶剂和能源的双重作用。为增加硝化棉在硝化甘油中的溶解度，一般采用工业二硝基甲苯作为不挥发性辅助溶剂，并补加苯二甲酸二丁酯作为增塑剂。为延长储存年限，加入中定剂作为化学安定剂。采用压延压伸工艺成形的双基药，常加入少量凡士林（或凡士林油）、硬脂酸锌等工艺附加物以利于加工成形。火箭用双基药需加入某种金属化合物作为燃烧催化剂与燃烧稳定剂，否则就达不到要求的燃烧性能，有时采用复合催化剂效果更好。有时加入少量硫酸钾作为炮口消焰剂。

在燃速要求不高时，为改善硝化棉的塑化性质，并减小对于火炮的烧蚀作用，用硝化三乙二醇和/或硝化二乙二醇全部或部分代替硝化甘油，这类发射药称为混合酯发射药。混合酯发射药中，硝化甘油、硝化三乙二醇或硝化二乙二醇在其中均能起溶剂、能量、塑化作用，加入的缓蚀剂如二氧化钛或 801（一种无机混合缓蚀剂），可以减少对炮管的烧蚀。检测项目有水分含量和组分含量。

一、试样准备

试样准备执行 GJB 770B《火药试验方法》中的方法 101.1。

1. 方法提要

根据分析测试的要求将样品处理成块状、花片状等。

2. 注意事项

1）试样不要用含增塑剂的塑料制品（例如聚氯乙烯薄膜制品）包装，因为包装物中所含增塑剂邻苯二甲酸二丁酯即使在常温下也会进入试样，而试样中的硝化甘油会进入聚氯乙烯包装物。

2）试样送到试验室后放置一段时间，待温度平衡后，再进行试样处理。不论用何种方法取得的试样，都要混匀，迅速装入带盖的容器，以免在空气中久放，水分含量变化。

二、水分含量的测定

常用的是烘干法和乙炔法。烘干法执行 GJB 770B《火药试验方法》中的方法 105.1，测得的是个近似的条件值，因为所含的水分并不能完全烘去，而一部分挥发物却被烘出。乙炔法执行 GJB 770B《火药试验方法》中的方法 103.3，可用以准确测定水分含量。

（一）烘干法

1. 原理

试样在规定温度下加热一定时间，由失去的质量来计算水分的含量。

2. 方法提要

1）用已知质量的称量瓶称取试样 10g，置于 55℃±1℃ 烘箱中干燥 2h。

2）从烘箱内取出，冷却至室温后称量。

3. 注意事项

该方法测得的是个近似的条件值，因为所含的水分并不能完全烘去，而一部分挥发物却被烘出。

（二）乙炔法

1. 原理

碳化钙与试样中水分作用生成乙炔气体，根据气体的体积计算试样中水分含量。

$$CaC_2+2H_2O =\!=\!= Ca(OH)_2+C_2H_2 \uparrow$$

2. 方法提要

1）称取试样装入干燥的试管中，然后在试样上装 10mm 厚的石英砂，石英砂上装 30mm～45mm 厚的碳化钙。

2）将装好的试管迅速安装在带直角玻璃弯管的胶塞上，打开活塞，记录量气管内反应前气体的体积，应不大于 1mL。

3）将试管放入盛有沸水的烧杯中，杯内水面要高于碳化钙层。

4）量气管内液面停止下降时，记录气体体积。

3. 注意事项

1）应保证测定系统的密封性。

2）碳化钙和石英砂的粒度要符合要求，否则影响反应的速度，当更换一批石英砂或碳化钙时应做空白试验，石英砂和碳化钙应保存在干燥器内备用。

3）烧杯内的溶液应保持均匀沸腾，其水位在加热过程中应略高于试管中碳化钙的高度，如因蒸发损失，应随时补加。

三、硝化棉含量的测定

火药中硝化棉含量测定采用称量法、差减法和测氮法，分别执行 GJB 770B《火药试验方法》中的方法 208.1、208.2、208.3。

（一）称量法

1. 原理

利用硝化棉不溶于乙醚的性质，试样提取后残留物蒸去乙醚，通过称量得出硝化棉的含量。

2. 方法提要

1）将盛有提取后的残留物的滤杯置于 55℃~60℃ 的水浴上蒸去乙醚。

2）将滤杯放入烘箱中干燥 1h~1.5h，取出后放入干燥器，冷却至室温称量，直至恒重。

3. 注意事项

蒸发乙醚不宜太快，否则不易将试样内残留乙醚驱尽，以致不易恒量导致结果偏高。

（二）差减法

1. 原理

分别测定除硝化棉外其他各组分的含量，以试样中的全部组分和为 100%，从中减去测得的其他各组分的质量分数，从而计算出硝化棉的质量分数。

2. 方法提要

测定方法执行 GJB 770B《火药试验方法》中规定的方法，测定除硝化棉以外的各组分的含量。

（三）测氮法

该方法是试样提取后残留物蒸去乙醚，用狄瓦尔德合金还原法测硝化棉含氮量。

四、硝化甘油、硝化三乙二醇和硝化二乙二醇含量的测定

用适当的溶剂（如乙醚、二氯甲烷）将硝化甘油或硝化三乙二醇等组分提取出来，然后再用色谱法或化学法测定含量。化学法有三类：一是测定硝酸酯氧化还原剂的量；二是吸收硝酸酯被还原后放出的气体，然后用酸碱滴定法测定；三是测定硝酸酯还原后生成的氧化氮体积。

本节重点介绍第三类中的苏兹-提曼法，由于各种影响因素的存在，使得实际测得的硝化甘油的氮含量与理论值有一定的偏差，而且有一定季节性的变化。如果试样中含有硝化甘油和硝化三乙二醇的混合酯，用该法只能测得试样中混合酯的总氮含量，还需要知道另一个值——混合酯在试样中的总质量分数或混合酯中二者的质量比，才能分别计算出二者在试样中的百分含量。但由于二者的氮含量数值相差不远，用这种计算法得出的结果误差较大，不如用气相色谱法测定准确。

苏兹-提曼法执行 GJB 770B《火药试验方法》中的方法 212.1。

1. 原理

使溶解在醋酸水溶液中的硝化甘油在强酸性介质中与过量的亚铁盐反应，硝化甘油的硝酸酯基（—ONO$_2$）被亚铁盐还原为一氧化氮：

$$C_3H_5(ONO_2)_3 + 9FeSO_4 + 9HCl \xrightarrow{\triangle} C_3H_5(OH)_3 + 3Fe_2(SO_4)_3 + 3FeCl_3 + 3H_2O + 3NO \uparrow$$

反应所生成的一氧化氮，并不立即逸出反应液面，而是和溶液中过量的亚铁盐反应生成一种暗棕色的络合物亚硝基硫酸亚铁 Fe(NO)SO$_4$，加热分解，才放出一氧化氮气体。测得生成的一氧化氮气体的体积，即可计算出硝化甘油的含量。

$$FeSO_4 + NO \xrightarrow{\triangle} Fe(NO)SO_4$$

2. 方法提要

在蒸发皿中加入醋酸溶液，将硝化甘油溶解；其余执行 GJB 770B《火药试验方法》中的方法 212.1。

3. 注意事项

1）试样取样量因硝化甘油等含量而异，使量气管中的气体体积约为 60mL～70mL，如果气体体积超过 70mL，则由于碱液液柱太短，酸性气体吸收不全，会使结果偏高。

2）试样的乙醚提取液，必须将乙醚去除干净，否则将使结果偏高。

五、中定剂含量的测定

测定方法执行 GJB 770B《火药试验方法》中的方法 210.1。

1. 原理

还原出的溴与中定剂分子中的苯环反应，生成二溴中定剂。过量的溴与碘化钾反应，还原出碘，用硫代硫酸钠标准溶液滴定，根据消耗量计算中定剂含量。

2. 方法提要

1）将试样的乙醚提取物蒸去乙醚，加入乙醇溶解，准确加入溴酸钾-溴化钾标准溶液，保温，加入盐酸水溶液，塞紧瓶塞，以免溴的蒸气逸出。

2）迅速加入碘化钾溶液，塞紧瓶塞，混合均匀，用硫代硫酸钠标准溶液快速滴定。中定剂的质量分数 w 按式（9-8）计算。

$$w = \frac{c(V_0 - V)M}{1000m} \times 100\% \tag{9-8}$$

式中　c——硫代硫酸钠标准溶液的浓度（mol/L）；

　　　V——测定试样所用硫代硫酸钠标准溶液的体积（mL）；

　　　V_0——空白试验时所用的硫代硫酸钠标准溶液的体积（mL）；

　　　M——$\frac{1}{4}$中定剂的摩尔质量（g/mol），I号中定剂 $M = 67$g/mol，II号中定剂 $M = 60$g/mol；

　　　m——试样的质量（g）。

3. 注意事项

1）中定剂不溶于水，应使用乙醇作为溶剂。

2）溴化反应速度快，可以在较低的温度和较短的时间完成，因此现行军用标准规定在 8℃～15℃水浴中保温溴化 10min～15min，以便减少溴与溶剂间的副反应，否则多消耗溴。

六、凡士林或凡士林油含量的测定

测定方法执行标准 GJB 770B《火药试验方法》中的方法 213.1。

1. 原理

利用发射药提取物中只有凡士林不溶于 75%（体积分数）乙酸水溶液而分离测量。

2. 方法提要

1）乙醚提取试样，凡士林或凡士林油与硝化甘油、中定剂、邻苯二甲酸二丁酯、二硝基甲苯等组分均被乙醚溶解，蒸干乙醚，利用乙酸水溶液不溶凡士林或凡士林油而溶解其他组分的性质过滤，将凡士林或凡士林油单独分离出来。

2）在水浴上蒸干醋酸后用称量法测定。

3. 注意事项

过滤时不能抽滤，而用漏斗垫上滤纸过滤，乙酸水溶液过滤后至少要控干 8h，否则有乙酸残留造成结果偏高。

七、硝酸酯、安定剂和增塑剂含量的测定——气相色谱法

测定方法执行标准 GJB 770B《火药试验方法》中的方法 216.1。

1. 原理

用乙醚提取试样中的硝酸酯、安定剂、增塑剂组分，在色谱柱内进行分离，分离后的组分由热导池检测器或氢火焰离子化检测器检测，用外标法或内标法定量，计算各组分含量。

2. 色谱仪器条件

根据试样中待测组分的种类和含量，推荐采用表 9-3 的色谱条件，实际工作中允许变动，使共存组分都能良好分离和快速测定。部分组分气相色谱保留数据见表 9-4。

表 9-3　推荐色谱条件

色谱条件	硝化甘油、硝化三乙二醇、Ⅱ号中定剂、邻苯二甲酸二丁酯
不锈钢色谱柱/mm	内径 2,长度 500
固定相、载体	7%SE-30,硅烷化 101 载体
柱箱温度/℃	140~190
汽化室温度/℃	180~210
检测室温度/℃	200~230
载气流速/(mL/min)	H_2:80~200
进样量/μL	2~4

表 9-4　部分组分气相色谱保留数据

组分	保留时间/min	相对保留值
硝化甘油（NG）	0.61	0.54
邻苯二甲酸二甲酯（DMP）	1.12	1.00
硝化三乙二醇（TEGN）	2.08	1.86
Ⅱ号中定剂（C_2）	4.88	4.36
邻苯二甲酸二丁酯（DBP）	6.89	6.15

3. 内标法

(1) 内标物溶液的配制　用内标法定量时，通常选择邻苯二甲酸二甲酯作为内标物。内标物的加入量应以内标物和试样中主要待测组分的色谱峰的峰面积（或高度）大致相近为宜，用无水乙醇或丙酮乙醇溶液溶解、定容，密闭保存备用。

(2) 内标法标准溶液的制备　按试样配方中各组分的含量，称取各组分标准物质于具塞锥形瓶（或容量瓶）中，准确加入适量的内标物溶液（或准确称量加入适量的内标物），用丙酮乙醇溶液溶解后稀释定容。

(3) 内标法试样溶液的制备　试样提取，提取液在水浴上蒸发除去溶剂后，准确加入内标物溶液（或准确称量加入适量的内标物），其加入量为配制标准溶液时所用的体积，加入与标准溶液相同的溶剂，溶解均匀后稀释与标准溶液相同体积。制备试样溶液时，应使用与标准溶液同一次配制的内标物溶液，且应和配制标准溶液时的室温一致。如室温相差超过2℃时，应将内标物溶液在规定的温度内恒温 30min 以上。

(4) 校正因子的测定　仪器在规定条件下待基线稳定后用微量注射器吸取 $2\mu L \sim 4\mu L$ 内标溶液注入色谱仪内，重复注射 3 次~5 次，取其平均值按式 (9-9) 计算校正因子。

$$f_{si} = \frac{m_{si}A_s}{m_s A_{si}} \qquad (9-9)$$

式中　f_{si}——组分 i 与内标物的相对校正因子；

　　　m_{si}——内标溶液中组分 i 的质量 (g)；

　　　m_s——内标物的质量 (g)；

　　　A_s——内标物的峰面积或峰高 (mm^2)；

　　　A_{si}——内标溶液中组分 i 的峰面积或峰高 (mm^2)。

(5) 试样测定　每个试样溶液注射 2 次~3 次进行检测，取其平均值按式 (9-10) 计算。

4. 外标法

(1) 外标法标准溶液的制备　称取各组分于具塞锥形瓶或容量瓶中，用适量的无水乙醇或丙酮乙醇溶液溶解、定容。

(2) 外标法试样溶液的制备　试样提取，蒸发除去溶剂，加入与标准溶液相同的溶剂，溶解均匀后，稀释到与标准溶液相同体积。

(3) 测定　仪器在规定的条件下操作，待基线稳定后吸取相同体积的试样溶液和标准溶液分别交替注入色谱仪内，每个溶液重复注射 2 次~3 次进行检测，取其平均值按式 (9-10) 计算。

$$w_i = \frac{m_{0i}\overline{A}_i f_{si}}{m\overline{A}_{0i}} \times 100\% \qquad (9-10)$$

式中　w_i——试样中组分 i 质量分数 (%)；

　　　m——试样的质量 (g)；

　　　m_{0i}——标准溶液中加入的组分 i 的质量 (g)；

　　　$\overline{A}_i$——试样溶液中组分 i 的平均峰面积或平均峰高；

　　　$\overline{A}_{0i}$——标准溶液中组分 i 的平均峰面积或峰高；

　　　f_{si}——组分 i 与内标物的相对校正因子。

5. 注意事项

1）色谱柱的温度是决定分离效果及定量精度的重要条件。柱温过高，硝酸酯分解得多，柱温过低，会延长保留时间，降低分离效率，特别是对沸点较高的组分如二苯胺、中定剂等，峰形变宽、变低，不利于定量。可以采用短柱并加大载气的流速，使硝酸酯很快地通过色谱柱，在较高温度时硝酸酯不会有明显的分解现象发生。

2）当其他条件恒定时，热导检测器的灵敏度与桥电流的三次方成正比，桥电流越大，检出灵敏度越高，但桥电流过大时，热丝温度高易烧坏。

3）提取组分蒸干提取剂后用一定量溶剂溶解，配成一定浓度的溶液供色谱分析用。选用溶剂的原则，一是能将被测各组分全部溶解；二是与担体之间的吸附性尽可能小或没有，以免出现色谱峰拖尾现象；三是不要溶解固定液。乙醚易挥发，易改变试样浓度；有水乙醇极性较大，有一定吸附性；石油醚能溶解 SE-30 固定相；无水乙醇能满足以上要求，性能良好可使用。

4）使用的溶剂量多，试样的浓度小，进样的体积可增大，由于进样体积不可避免的差异所带来的误差较小，但溶剂增多后，会因吸附造成色谱峰拖尾严重，降低了被测组分的分离度，故试样的浓度不能太低。

5）进样体积（以及进样部位）的高度重复性是减少定量误差、提高分析精度的重要因素。吸取定量试样溶液，注意不得吸入空气。待准确取好所需体积后，用干净滤纸吸去针外附着的溶液，立即将溶液注入进样口。不宜在取样后停放时间过久，更要防止在读好体积数后，因振动注射器或弯曲注射针造成体积变化。

6）当采用外标法定量时，为了提高测定准确性，可将被测试样和标准溶液交替注入，即：第一个被测试样连续注射 3 针～5 针，接着标准溶液连续注射 3 针～5 针，接着第二个被测试样连续注射 3 针～5 针。也可采用别的次序，目的是做到使被测试样与标准溶液尽可能在相同条件下分离。

7）工业二硝基甲苯在色谱图上至少三个峰，按其出峰前后，依次为 2，6-二硝基甲苯、2，4-二硝基甲苯、2，4，6-三硝基甲苯，其中以 2，4-二硝基甲苯的峰最高。假定这三种组分的比例在工业二硝基甲苯中基本不变，可以用 2，4-二硝基甲苯的峰高或峰面积计算整个工业二硝基甲苯在试样中的含量，而不再分别测定计算其他两个组分。在实际测定中，是测量三个峰高或峰面积的总和，但须事先证明这三个组分在重量相等时，其峰高或峰面积也相等。

8）标准溶液配制后，可用原有效的标准溶液作标准，测定新标准溶液中各组分的含量，也可以同时配制两个标准溶液，任取一个标准测定另一个。各注射 3 针～5 针，取其平均值，测定结果与实际称取的各组分之差不得大于规定。标准溶液应保存在冷藏箱内或置于具有乙醇饱和蒸气的干燥器内，其有效期依保存条件和使用频次而定，通常情况下为一个月。

八、硝酸酯、安定剂和增塑剂含量的测定——液相色谱法

测定方法执行标准 GJB 770B《火药实验方法》中的方法 218.1。

1. 原理

试样经过适当的前处理，其中各种组分与硝化棉分离后制成试样溶液，注入色谱仪，在

流动相的带动下经液相色谱柱分离，分别流入检测器检测，用内标法或外标法进行定量，计算其含量。

2. 方法提要

(1) 液相色谱仪器条件　见表9-5。

表9-5　推荐色谱条件

色谱条件	指标	
不锈钢色谱柱/mm	内径4.6,长度150	
色谱固定相	ODS,粒度为5μm	
流动相流速/(mL/min)	0.8~1	
紫外分光光度检测器波长/nm	223	
进样/μL	2	
流动相甲醇水溶液体积比	65:35	70:30
内标法定量,内标物为	邻硝基甲苯	邻苯二甲酸二乙酯
柱温/℃	40	

(2) 内标物溶液制备

1) 二苯胺甲醇溶液的制备：将二苯胺溶解于甲醇中，密闭保存备用。

2) 邻苯二甲酸二乙酯甲醇溶液的制备：将邻苯二甲酸二乙酯溶解于甲醇中，密闭保存备用。

3) 邻硝基甲苯甲醇溶液的制备：将邻硝基甲苯溶解于甲醇中，密闭保存备用。

(3) 内标法标准溶液制备　根据试样中各组分的含量精确称取各组分，准确称量加入所需的内标物溶液，准确加入丙酮溶解，补加甲醇至甲醇量为规定值（补加甲醇的体积应根据加入内标物溶液中甲醇量计算），逐滴加入规定值蒸馏水使硝化棉呈粉状析出，离心分离，吸取清液按规定稀释备用。

(4) 试样溶液的制备　准确称量试样加入所需的内标物标准溶液，准确加入丙酮溶解，补加甲醇至甲醇量为规定值，之后的试验程序按内标溶液制备的程序进行滴析和稀释，制得澄清溶液备用。

(5) 校正因子的测定　仪器在规定的条件下操作，待基线稳定后，用注射器吸取标准溶液注入色谱仪内，重复进样2次~3次，用峰高或峰面积平均值计算其校正因子，计算公式略。当测定的校正因子稳定后，将试样溶液注射入色谱仪内，重复检测2次~3次，取其平均值。计算公式略。

3. 注意事项

1) 流动相应选用色谱纯试剂、高纯水过滤后使用，过滤时注意区分水系膜和油系膜的使用范围。

2) 水作流动相时需经常更换（一般不超过2天），防止长菌变质。

3) 采用过滤或离心方法处理试样溶液或标准溶液，确保溶液中不含固体颗粒。

4) 用流动相或极性比流动相弱（若为反相柱，则极性比流动相大）的溶剂制备试样溶液，尽量用流动相制备试样溶液。

5) 使用定量管定量时，进样体积应为定量管的3倍~5倍。

6）使用手动进样时，在进样后需要用洗针液洗净进样针筒，洗针液一般选择与试样溶液一致的溶剂，进样前必须用试样溶液清洗进样针 3 遍以上，并排出针筒中的气泡。

7）操作过程若发现压力很小，则可能关键连接有漏，还有可能是泵吸入气体。

8）操作过程若发现压力非常高，则可能管路已堵，应先卸下色谱柱，然后用分段排除法检查，确定何处堵塞。若是保护柱或色谱柱堵塞，可用小流量洗脱能力强的流动相冲洗，还可采用小流量反冲的办法（新柱不提倡），若还是无法通畅，则需修理或更换。

9）使用一段时间后，原本峰形很好的物质检测时变成双峰/肩峰，可能是保护柱或色谱柱入口部分阻塞，保护柱或色谱柱被污染，进样体积太大或样品浓度太高（样品过载），平衡破坏。

九、其他测试项目

1. 测定金属或金属化合物

要先把它们转变成金属离子，制备成溶液，再用配位滴定法或原子吸收法检测，具体参见推进剂部分相应内容。

2. 测定乙酸乙酯含量

以丙酮溶解试样，稀酒精沉出硝化棉，将蒸馏出的乙酸乙酯用定量的碱进行皂化，再用酸滴定剩余的碱，从而求得乙酸乙酯的含量。

3. 测定二氧化钛含量

试样经分解、炭化灼烧后，以残留物计算出二氧化钛含量。本方法适用于不含其他金属氧化物及无机盐的发射药中二氧化钛含量的测定。

第三节 三基发射药

三基发射药是在双基发射药的基础上加入另一种能量的组分如硝基胍、吉纳等而制得，是为了消除大口径榴弹炮、加农炮在使用一般双基火药和单基火药中所产生的炮管烧蚀、炮口焰、炮尾焰而发展起来的。常见的是加入硝基胍而得的三基药（习惯上称为"三胍药"）。硝基胍的加入使硝化棉和硝化甘油的含量明显减少，这种火药的定容爆温（2870K～3080K）高于双基发射药的定容爆温（2400K～2650K），但它可以降低火炮膛内的烧蚀，所以常称三胍药为"冷火药"。

根据 GJB 1529A—2001《三胍发射药通用规范》，三胍药按其组分不同可划分为：三胍-11 发射药、三胍-12 发射药、三胍-13 发射药、三胍-15 发射药、三胍-16 发射药。经涂覆的三胍药在其类别名称后加"A"，如三胍-16A。

三胍药的试验准备同双基药的一致，本节重点介绍硝基胍、二氧化钛、邻苯二甲酸二辛酯等组分的测定。

一、硝基胍含量的测定

硝基胍含量的测定有称量法（GJB 770B《火药试验方法》中的方法 211.1）、紫外分光光度法（GJB 770B《火药试验方法》中的方法 211.2）、液相色谱法（GJB 770B《火药试验方法》中的方法 218.1）等。现介绍称量法。

1. 方法提要

试样用正戊烷和二氯甲烷的混合液为提取溶剂提取除去可溶性组分，提取后的滤杯蒸去溶剂、加热干燥至恒量。恒量后的滤杯中残留物转入烧杯中，加水煮沸洗涤出硝基胍，倒入原滤杯抽滤、烘干至恒量，用称量法测定含量。

2. 注意事项

1）正戊烷及二氯甲烷溶剂使用前应脱水处理，否则导致硝基胍组分结果偏低。

2）应控制洗涤用热蒸馏水的体积，否则用水过多，会损失部分硝化棉，导致硝基胍组分结果偏高。

3）提取后用1%二苯胺硫酸溶液检查是否提取完全，若无蓝色出现，则表明提取完全。

4）必须事先测定出三胍药中的水溶物含量及挥发分含量，才能准确计算出硝基胍的含量。

二、二氧化钛含量的测定

二氧化钛可以增加火药燃烧时的稳定性，对提高火药燃速和减少炮膛烧蚀是有利的。二氧化钛含量的测定有滴定法（GJB 1529A—2001 附录 B）、分光光度法等，本节介绍滴定法。

1. 原理

用硝酸分解试样，用硫酸分解二氧化钛，用金属铝将四价钛还原为三价钛，用三价铁溶液滴定，根据消耗体积计算二氧化钛含量。

2. 方法提要

锥形瓶内放入试样、加入硝酸加热分解。稍冷后加入硫酸铵、10%硫酸，再加热至溶液澄清，冷却，加入水、盐酸、金属铝片。连接盛有碳酸氢钠饱和溶液的哥氏漏斗，使锥形瓶内溶液与空气隔绝，在室温下反应、冷却，卸下哥氏漏斗，将其中剩余的碳酸氢钠饱和溶液倒入锥形瓶中，加入硫酸氰铵溶液，用硫酸铁铵标准溶液滴定至溶液呈微橙色，按式（9-11）计算。

$$w = \frac{cVM}{1000m} \times 100\% \tag{9-11}$$

式中 w——试样中二氧化钛的质量分数（%）；

c——硫酸铁铵标准溶液浓度（mol/L）；

V——硫酸铁铵标准溶液体积（mL）；

m——试样的质量（g）；

M——二氧化钛的摩尔质量（g/mol），$M = 79.9$g/mol。

3. 注意事项

1）加入硫酸铵5g和10%硫酸20mL后，加热时间至少保证在30min～40min，以确保分解完全。

2）应确保金属铝片的纯度，否则由于其被氧化导致分析结果偏低。

3）加入铝片后，在反应后期应及时振荡锥形瓶，确保反应充分完全。

4）在冷却过程中往哥氏漏斗中应随时补加碳酸氢钠饱和溶液，防止空气进入锥形瓶内。

三、邻苯二甲酸二辛酯含量的测定

1. 原理

用煤油提取发射药中邻苯二甲酸二辛酯，用氢氧化钾（或氢氧化钠）乙醇溶液皂化，用硫酸标准溶液滴定，根据消耗体积计算二氧化钛含量。

2. 方法提要

锥形瓶内放入试样，加入煤油，在沸腾的水浴内加热 1 次并不断摇晃，然后依次加入 10%氢氧化钠溶液和硫化钠，继续加热 1 次并不断摇晃。将内容物转移到分液漏斗中，洗涤上层煤油溶液至中性后移入锥形瓶中，准确加入 50mL 氢氧化钾乙醇溶液，在沸腾水浴内回流皂化 1 次，冷却后加入 100mL 蒸馏水，滴数滴酚酞指示剂，用硫酸标准溶液滴定至红色完全消失。同时做空白试验。

按式（9-12）计算试样中邻苯二甲酸二辛酯的含量。

$$w = \frac{c(V_0 - V)M}{1000m} \times 100\% \tag{9-12}$$

式中　w——试样中邻苯二甲酸二辛酯的质量分数（%）；

c——硫酸标准溶液浓度（mol/L）；

V_0——空白试验所消耗的硫酸标准溶液体积（mL）；

V——滴定试样所消耗的硫酸标准溶液体积（mL）；

m——试样的质量（g）；

M——$\frac{1}{2}$邻苯二甲酸二辛酯的摩尔质量（g/mol），$M = 195.3$g/mol。

3. 注意事项

1）三次加热 1h，都需要每隔 3min~5min 摇晃锥形瓶一次，保证完全反应。

2）煤油应用活性土脱色，以消除对终点颜色的影响。

3）分液漏斗上层煤油溶液必须洗涤至中性并用石蕊试纸检查。

4）注意氢氧化钾乙醇溶液和硫化钠的质量。

四、硝化甘油、中定剂、硝基胍、黑索今或叠氮硝胺共存时含量的测定

1. 原理

试样经过适当的前处理，用溶剂溶解后，将清夜注入色谱仪，在流动相的带动下经液相色谱柱分离，分别流入检测器检测，用外标法进行定量，计算其含量。

2. 方法提要

（1）标准溶液的制备　按 0.5g 试样配方中各待测组分的含量，准确称取适量的各待测组分，置于具塞锥形瓶中准确加入乙腈-水溶液充分溶解 1.5h 并静置后，取 80μL 稀释至 10mL，充分混均后备用。

（2）试样溶液的制备　称取 0.5g 处理好的试样按上述步骤配制成溶液备用（也可用滴析的方法制备试样及标准溶液）。

（3）反相液相色谱法条件　参考色谱条件见表 9-6。

表 9-6　推荐色谱条件

色谱条件	指标	色谱条件	指标
不锈钢色谱柱/mm	内径 4.6，长度 250	进样/μL	20
色谱固定相	ODS，粒度为 5μm	流动相乙腈水溶液体积比	75:25
流动相流速/(mL/min)	1	内标法定量，内标物为	邻硝基甲苯
紫外分光光度检测器波长/nm	220	柱温/℃	35

实际工作中可根据所用的仪器和色谱柱性能、组分情况适当调整色谱条件，但要确保各组分良好分离和快速测定。按式（9-13）计算试样中组分 i 的含量

$$w = \frac{m_i A_i}{A_{si} m} \times 100\% \tag{9-13}$$

式中　w——试样中组分 i 的质量分数（%）；

m_i——标样中组分 i 的质量（g）；

A_i——样品中组分 i 的峰面积（mv·s）；

A_{si}——标样中组分 i 的峰面积（mv·s）；

m——试样的质量（g）。

思　考　题

1. 简述溴化法测定二苯胺含量的注意事项。
2. 简述松香含量的测定原理。
3. 简述硫酸钾在单基发射药中的作用。
4. 简述气相色谱法测定双基发射药中硝酸酯、安定剂和增塑剂含量的原理及注意事项。
5. 测定三基药组分时，样品应如何处理？有哪些注意事项？
6. 定量分析硝化甘油的方法有哪几种？
7. 分析三基药各组分的定量分离方法是什么？有哪些注意事项？
8. 以气相色谱法测定硝化甘油为例，说明结果的不确定度来源。
9. 碘量法的误差来源有哪些？减小误差的方法有哪些？

第十章

固体推进剂

第一节 概　述

固体推进剂是以高分子化合物为基体的并具有特定性能的含能复合材料。它是固体火箭发动机的能源，其组成物质在发动机中发生化学反应而释放能量，利用其反应产物作为工质使发动机产生推力，让火箭飞行器获得飞行的动力，从而完成运载和攻击等任务。

在现代固体推进剂的生产过程中，非常注重使用的原材料，例如氧化剂、粘合剂、能量添加剂和各种工艺助剂的分析检验，最终产品主要进行物理、力学、撞击和摩擦感度、能量和燃烧等方面的性能检测。

一、固体推进剂的分类

固体推进剂的分类方法很多，目前普遍采用的是按它们的结构特征加以分类，将固体推进剂分为双基推进剂、复合推进剂以及在此两类推进剂基础上形成的改性双基推进剂。

（1）双基推进剂　双基推进剂是以硝化甘油和硝化棉为主要能量成分，添加一定量的功能添加剂组成的一种均质推进剂，属于热塑性材料。

（2）复合推进剂　复合推进剂是一种以高分子粘合剂为基体，添加氧化剂固体填料制成的推进剂。为了提高燃烧温度以获得高的能量水平，还可以加入如铝粉之类轻金属燃料。此类推进剂属于一种存在相界面的异质复合材料。粘合剂大多数是由数千相对分子质量的液态预聚物与固化剂及交联剂形成的弹性网络，也可以是相对分子量高达数十万的线性高分子经塑化而形成，属于热固性弹性体。复合推进剂是按粘合剂的化学结构命名，如聚氨酯（PU）推进剂。

（3）改性双基推进剂　为克服双基推进剂能量低和力学性能不理想、装药直径受挤压机能力限制等缺点，在双基推进剂中加入提高能量的固体组分（如氧化剂高氯酸铵、高能硝胺炸药和金属燃料铝粉），并引入交联剂使粘合剂大分子硝化棉形成一定的空间网络而获得能量、力学性能上显著提高的一种推进剂。在组成结构上呈现了复合推进剂具有的多相复合物的性能，是一种异质推进剂。

另外在改性双基推进剂的基础上，选择一种硝酸酯增塑的高分子预聚物，采用典型复合推进剂的真空浇铸工艺，则可以制造一种新的推进剂，被称为硝酸酯增塑聚醚（NEPE）推进剂。此种推进剂既有改性双基推进剂可以使用大量硝酸酯增塑的特点，又具有通过预聚物固化形成三维网络弹性体的性质，是兼具两种推进剂的一类新型的推进剂，其能量水平和力学性能都跃上了一个新的台阶,是当前获得实际应用的能量最高的推进剂。

二、固体推进剂的组成

固体推进剂是以聚合物为主体加上固体无机或有机氧化剂等组成的异质体系混合物,具有以下基本组分:

(1) 粘合剂　包括不同类型的聚合物,例如硝化棉、聚氨酯、聚丁二烯和丁羟橡胶等。原则上任何一种高分子化合物都可以选作粘合剂。

(2) 氧化剂　包括无机或有机氧化剂,例如高氯酸铵、硝酸铵、硝化甘油、黑索今和吉纳等。

(3) 高能燃料剂　包括铝、镁和硼等金属粉。

(4) 燃烧性能调节剂　包括金属的无机或有机盐类化合物、例如二茂铁及其衍生物、三氧化二铁、亚铬酸铜等。

(5) 其他的工艺附加剂　包括增塑剂 (如多元醇硝酸酯)、安定剂和防老剂、键合剂 (如脂肪族醇胺类化合物)、富氧稀释剂 (硝化甘油,硝基异丁基甘油三硝酸酯)、固化剂 (TDI,HDTI) 等。

第二节　组分含量的测定

固体推进剂中组分含量的测定方法执行 GJB 770B《火药试验方法》,其中硝化棉、硝酸酯、增塑剂和安定剂含量的测定可以参照本书第九章中有关内容。本节仅介绍黑索今、高氯酸铵、金属及其化合物的测定方法。

一、黑索今含量的测定

黑索今化学名称环三亚甲基三硝胺,属于硝胺类炸药,具有能量高,燃烧时少烟,吸湿性小及热稳定性好等优点,在推进剂中得到广泛应用。它具有正的标准生成焓,可提高固体推进剂的比冲,同时减少燃烧产物中盐酸含量,降低发动机羽烟的可见光信号,但黑索今的有效氧含量为负值,仅起到含能添加剂作用,加上本身的高感度和出现新弱界面,即硝胺-HTPB界面影响,会限制推进剂力学性能的提高,因此固体推进剂中黑索今含量25%左右。

黑索今含量测定方法有液相色谱法和提取称量法,这里介绍提取法。

1. 原理

利用黑索今在乙醚内的微小溶解性,用无水乙醚提取黑索今,再用黑索今饱和乙醚溶液残渣,洗去除黑索今外的溶于乙醚的有机组分,置于烘箱中干燥后用称量法测定。

2. 方法提要

称取定量试样,置于索氏提取器内,用无水乙醚连续提取10h以上。将提取物用丙酮洗涤至烧杯中,在水浴上蒸干溶液,用黑索今饱和乙醚溶液洗涤残渣至3号滤杯内,置于烘箱中干燥,取出冷却至室温下称量,根据试样质量的损失量计算黑索今含量。

3. 注意事项

1) 由于黑索今在乙醚中溶解度很小,在20℃时每100克乙醚溶解0.055克黑索今,提取时必须加入足够体积的乙醚。

2）为了保证提取效果，试样处理得越细越好，乙醚不得含有微量水分和过氧化物，否则提取时会溶解少量硝化棉，造成测定结果偏高。

3）可以提高水浴的温度，增加乙醚的回流量，但不能超过65℃，如果乙醚溶液沸腾过分剧烈，会喷溅至仪器磨口连接处，故以55℃~60℃为宜。

4）黑索今饱和乙醚溶液应置于20℃~25℃温度下使用，温度过低时会引起黑索今析出现象，洗涤滤杯时乙醚易溶解残渣内黑索今，造成测定结果偏低。

二、高氯酸铵含量的测定

高氯酸铵是一种优良的氧化剂，有效含氧量高，生成热小，密度大，燃烧产物气体量多，能够大幅提高推进剂的能量，在燃料粘合剂体系中起固定填料作用，提高了火药的杨氏模量。通过调整颗粒度的大小，可以改善和调节燃烧速度，对推进剂的各项性能及其加工工艺有很大影响，一般占到固体推进剂质量的60%~85%。

高氯酸铵含量测定方法有甲醛法和离子选择性电极电位滴定法，这里介绍甲醛法。测定方法执行GJB 770B《火药试验方法》中的方法304.1。

1．原理

试样经水或硫酸钠溶液提取后过滤，滤液与甲醛作用生成酸，以酚酞作指示剂，用氢氧化钠标准溶液滴定，按消耗的标准溶液的体积，计算试样中高氯酸铵的质量分数。

2．方法提要

具体步骤参见本书第八章第四节中高氯酸铵纯度相关内容。

3．注意事项

1）根据试样中高氯酸铵的含量可以改变试验条件，如氢氧化钠标准溶液的浓度或甲醛水溶液的浓度。当用水量多时，应将水调至中性。

2）当高氯酸铵含量在70%以上时，使用0.05mol/L硫酸钠溶液并充分煮沸2h以上，以保证高氯酸铵全部被溶解。

3）加入甲醛溶液后，锥形瓶要置于阴凉的暗处，反应时间要大于10min，使甲醛与铵盐充分反应，生成氢离子和质子化的六次甲基四胺。

三、金属和金属化合物含量的测定

固体推进剂中金属和金属化合物主要是燃烧剂和燃烧调节剂两大类。

常用的燃烧剂有铝、铍、镁和硼等轻金属，它们的加入不但提高推进剂的密度和比冲，还可以提高能量和改善燃烧性能，除了燃烧时放出的大量热量之外，可起到抑制推进剂不稳定燃烧的作用，一般占到固体推进剂质量的10%~20%。

常用的燃烧调节剂种类有无机和有机两大类。无机金属盐类：铜盐（亚铬酸铜、氯化铜）、钾盐（铬酸钾）、铅盐（铬酸铅、过氧化铅、氧化铅）、二氧化钛和碳酸钙等。有机金属盐类：二茂铁及其衍生物、羟基喹啉铜和苯甲酸铜等，另外还出现了金属高聚物类型的催化剂。

由于燃烧调节剂与其他组分的相容性好，对推进剂的力学性能、能量燃烧性能、加工工艺性能和储存性能没有不良影响，它们的加入可起到提高或降低燃烧速度的显著作用，所以在推进剂中得到广泛的应用，一般的加入量约 0.1% ~ 2% 左右。

金属和金属化合物含量的测定方法，执行 GJB 770B《火药试验方法》中的方法 301.2 或方法 301.1，它们分别是配位滴定法或原子吸收光谱法。需要注意的是高含量金属或金属化合物采用配位滴定法测定误差较小，原子吸收光谱法用于微量金属或金属化合物测定更加准确。

（一）配位滴定法

1. 原理

试样用高氯酸或硝酸分解，金属和金属化合物转变为离子，金属离子与乙二胺四乙酸二钠在一定酸度条件下形成稳定的配位化合物，通过酸度控制，隐蔽剂和指示剂的选择，采用直接滴定、返滴定和置换滴定的方法测定试样中金属和金属化合物的含量。

2. 试样溶液的制备

试样置于烧瓶内，加入 60% ~ 65% 的高氯酸溶液，烧瓶与冷凝装置连接，电炉上加热，待试样被完全破坏溶液剩余 5mL 时停止加热，取下冷却后无损转入容量瓶内稀释和定容，摇匀备用。

3. 氧化镁含量的测定

（1）方法提要　称取 2g 试样，加高氯酸溶液炭化，定容至 100mL。移取 25mL 的试样溶液，加氯化铵溶液和溴百里香酚蓝指示剂，用氢氧化钠溶液调节 pH 为 10 ~ 11，加热沸腾（除去溶液中的铁、铝等金属离子，以免封闭指示剂），冷却，待铁、铝等氢氧化物絮状沉淀凝聚后，过滤到锥形瓶中，依次加入三乙醇胺溶液、氨性缓冲溶液，使溶液的 pH 为 10。如果试样中含有铅的化合物，可加入二巯丙醇的乙醇溶液掩蔽。溶液中加入铬黑 T 指示剂，趁热以 EDTA 标准溶液滴至溶液颜色由紫红色变为纯蓝色即为终点。

试样中氧化镁质量分数 w_1 按式（10-1）计算。火药中所使用的是水化处理后的氧化镁，则试样中所含水化处理后的氧化镁的质量分数应为 $\dfrac{w_1}{1-Y}$，此处 Y 为该批火药所用水化处理后氧化镁的烧失量所占百分数。

$$w_1 = \frac{cVM}{1000 \times \dfrac{25}{100} m} \times 100\% \tag{10-1}$$

式中　c——乙二胺四乙酸二钠标准溶液的浓度（mol/L）；

V——滴定试样耗用乙二胺四乙酸二钠标准溶液的体积（mL）；

m——试样质量（g）；

M——氧化镁的摩尔质量（g/mol），$M = 40.30$g/mol。

（2）注意事项

1）用氢氧化钠溶液调节 pH 并加热煮沸溶液，目的是使铁、铝等金属离子生成絮状沉淀。加入三乙醇胺溶液消除铁、铝等金属离子干扰，加入二巯丙醇的乙醇溶液消除铅离子干扰。

2）铬黑 T 指示剂在水中极不稳定，容易失效，应即配即用。

3）滴定必须在 pH = 10 的溶液中进行。若溶液 pH 过高，金属镁离子会生成氢氧化镁沉淀；若 pH 过低，指示剂呈现紫红色，影响指示终点。所以要加入氨水缓冲溶液，控制在滴定过程中的酸度基本不变。

4）EDTA 溶液与金属离子的反应较慢，因此滴定速度不宜太快，在接近终点时，更应缓慢滴定，并充分摇动。滴定最好在 30℃ ~ 40℃ 之间进行，若室温太低，应将溶液略加温热。

4. 铅化合物含量的测定

（1）方法提要　称取 2g 试样，加高氯酸溶液炭化，定容至 100mL。移取 25mL 试样溶液，加蒸馏水、抗坏血酸（使 Fe^{3+} 离子还原为 Fe^{2+} 离子，以避免 Fe^{3+} 离子对于二甲苯酚橙的僵化作用），加入六次甲基四胺缓冲溶液，使溶液的 pH = 5 ~ 6，加二甲苯酚橙指示液，滴加氢氧化钠溶液直至溶液呈现紫红色，同时激烈振摇溶液，以免溶液中局部碱性太强，避免氢氧化钠过量生成氢氧化铅沉淀，使结果偏低，终点变色不明显。用 EDTA 标准溶液滴定至溶液颜色由紫红色变至亮黄色即为终点。试样中铅化合物的质量分数 w_2 按式（10-2）计算。

$$w_2 = \frac{cVM_i}{1000 \times \frac{25}{100}m} \times 100\% \tag{10-2}$$

式中　M_i——与 1.00ml 乙二胺四乙酸二钠标准溶液（c = 1.000mol/L）相当的被测组分 i 的摩尔质量（g/mol）；

其他符号意义同式（10-1）。

（2）注意事项

1）二甲苯酚橙的四钠盐，为紫色结晶，易溶于水，只有在 pH<6 的酸性溶液中使用，终点颜色才明显。

2）由于 Fe^{3+} 离子能封闭二甲苯酚橙指示剂，故用抗坏血酸掩蔽剂，使 Fe^{3+} 离子还原为 Fe^{2+} 离子。

3）用氢氧化钠溶液调节酸度。若溶液 pH>6，产生氢氧化铅沉淀，使测定结果偏低；若溶液 pH<4，铅离子易水解。故调节溶液 pH = 5 ~ 6，目的是保证铅离子能够被准确滴定。

4）EDTA 溶液与金属离子的反应较慢，因此滴定速度不宜太快，在接近终点时，更应缓慢滴定，并充分摇动。

5. 铅化合物与共存的铜（或钴）含量的测定

（1）方法提要

1）共存时铅化合物含量的测定：称取 2g 试样，加高氯酸溶液炭化，定容至 100mL。移取 25mL 试样溶液，加蒸馏水、对硝基酚指示液、氢氧化钠溶液至呈浅黄色，再用盐酸溶液调节 pH 为 4 ~ 5。加氟化铵混匀。准确加入 EDTA 溶液，加入六次甲基四胺缓冲溶液、二甲酚橙指示剂，这时溶液的 pH 为 5 ~ 6。大部分 EDTA 与试样溶液中的铅及铜（或钴）离子络合，过量的 EDTA 用硝酸铅标准溶液滴定至溶液呈红色（V_3）。

2）共存时铜（或钴）化合物含量的测定：在上述测定铅含量后的溶液中加入邻二氮菲乙醇溶液，充分摇晃使原来与 EDTA 络合的铜（或钴）离子与邻二氮菲络合，继续用硝酸铅标准溶液滴定至溶液呈橙红色为终点（V_4）。同时做空白试验，消耗的硝酸铅标准溶液的体积记为 V_0。

铅化合物的质量分数 w_3 按式（10-3）计算，铜（或钴）化合物的质量分数 w_4 按式（10-4）计算。

$$w_3 = \frac{(V_0 - V_4)c_3 M_2}{1000 \times \frac{25}{100} m} \times 100\% \qquad (10\text{-}3)$$

式中　V_0——空白消耗硝酸铅标准溶液的体积（mL）；

　　　V_4——滴定过量 EDTA 和被邻二氮菲取代的与铜（或钴）络合的 EDTA 所消耗的硝酸铅标准溶液总体积（mL）；

　　　c_3——硝酸铅标准溶液的浓度（mol/L）；

　　　M_2——与 1.00ml 硝酸铅标准溶液（$c = 1.000$mol/L）相当的铅化合物的摩尔质量（g/mol）；

　　　m——试样的质量（g）；

　　　$\dfrac{25}{100}$——试样配制时的稀释倍数。

$$w_4 = \frac{(V_4 - V_3)c_3 M_3}{1000 \times \frac{25}{100} m} \times 100\% \qquad (10\text{-}4)$$

式中　V_3——滴定过量 EDTA 标准溶液消耗硝酸铅标准溶液体积（mL）；

　　　M_3——铜或钴化合物的摩尔质量（g/mol），对氧化铜 $M_3 = 79.55$g/mol，其他含铜化合物按其化学式计算，对氧化钴，$M_3 = 74.93$g/mol；

　　　c_3——硝酸铅标准溶液的浓度（mol/L）；

　　　m——试样的质量（g）。

（2）注意事项

1）酸度的控制是影响测定结果的关键，先用氨水调节溶液至弱碱性，再用盐酸调至弱酸性，步骤不能省略和颠倒。

2）加入 0.5g 氟化铵摇晃 30 下以上，可将其他干扰离子例如铝、镁等杂质掩蔽，否则会使铜含量测定结果偏低。

3）加入六次甲基四胺缓冲溶液可以微调和稳定溶液的酸度。

4）由于邻二氮菲乙醇与铜离子的稳定性，比 EDTA 与铜离子稳定性更强，故测定时先加入 EDTA 与铅和铜离子配位，再加入邻二氮菲乙醇与铜离子配位，置换的 EDTA 用硝酸铅标准溶液滴定。

5）加入邻二氮菲乙醇后要摇晃 3min 以上或略加热，使铜离子完全释放，否则会使铜和铅含量测定结果偏高。

6）第一、二次滴定均不宜太快，特别是终点出现之前更要放慢速度，摇晃均匀最好控制为每 1s~2s 一滴。

6. 铅化合物与共存的铝粉含量的测定

（1）方法提要

1）共存时铅化合物含量的测定：称取 2g 试样，加高氯酸溶液炭化，定容至 100mL。移取 25mL 试样溶液，用氨水调节溶液至浅黄色，再用盐酸调至黄色消褪，调节 pH 为 3.5~4.5，加氟化铵将溶液中的铝离子掩蔽，在电炉上加热微沸，冷却后准确加入 EDTA 溶液与试样溶液中的铅离子络合。再加入六次甲基四胺缓冲溶液、二甲酚橙指示剂、过量的

EDTA，用硝酸铅标准溶液滴定到溶液呈红色为终点（V_4）。同时进行空白试验，消耗的硝酸铅标准溶液体积为 V_0，铅化合物的质量分数 w_5 按式（10-5）计算。

$$w_5 = \frac{(V_0 - V_4) c_4 M_2}{1000 \times \frac{25}{100} m} \times 100\% \tag{10-5}$$

式中　c_4——硝酸铅标准溶液的浓度（mol/L）；

$\quad\quad$ M_2——同式（10-3）；

$\quad\quad$ m——试样溶液的质量（g）。

2）共存时铝粉含量的测定：移取 10mL 试样溶液，用氨水调节溶液至浅黄色，再用盐酸调至黄色消褪，调节 pH 为 3.5~4.5，加 EDTA 溶液与试样溶液中的铅及铝离子络合。再加六次甲基四胺缓冲溶液，加热，冷却后加二甲酚橙指示液，以硝酸铅溶液滴定过量的 EDTA 到溶液呈红色（体积不记）。加入氟化铵后加热。冷却后，补加二甲酚橙指示液，被氟化铵置换出来的原来与铝络合的 EDTA 溶液，用硝酸铅标准溶液滴定到溶液呈红色为终点，记下消耗的体积（V_5），铝粉的质量分数 w_5 按式（10-6）计算。

$$w_5 = \frac{V_5 c_4 M}{1000 \times \frac{10}{100} m} \times 100\% \tag{10-6}$$

式中　c_4——硝酸铅标准溶液的浓度（mol/L）；

$\quad\quad$ M——铝的摩尔质量（g/mol），$M = 26.98$g/mol；

$\quad\quad$ m——试样溶液的质量（g）。

（2）注意事项

1）酸度的控制是影响测定结果的关键，先用氨水调节溶液至弱碱性，再用盐酸调至弱酸性，步骤不能省略和颠倒，要用精密试纸准确调整 pH。

2）测定铅含量时加入 1.5g 氟化铵可将铝离子掩蔽，由于反应速度较慢，要放置 5min~10min 或加热微沸 4min~5min。否则会使铅和铝含量测定结果均偏低。

3）加入六次甲基四胺缓冲溶液可以微调和稳定溶液的酸度。

4）测定铝含量时由于氟化铵与铝离子结合的稳定性，比 EDTA 与铝离子的更强，故先加入 EDTA 与铅和铝离子配位，再加入氟化铵置换出 EDTA，用硝酸铅标准溶液滴定。

5）第一、二次滴定均不宜太快，特别是终点即将出现时更要放慢速度，摇晃均匀，最好控制为每 1s~2s 一滴。

7. 碳酸钙含量的测定

（1）方法提要

1）碳酸钙往往与氧化铅同时使用，则制备的被测溶液中铅离子与钙离子同时存在。由于乙二胺四乙酸二铅和乙二胺四乙酸钙两种配位物的稳定常数将溶液的 pH 控制在 12~13，直接用 EDTA 溶液滴定钙离子，溶液中的铅离子不发生干扰。

2）移取定量的试样溶液，加入蒸馏水，再加三乙醇胺溶液以掩蔽铁离子及铝离子，以免二巯丙醇与 Fe^{3+} 生成有色配位化合物影响终点判断。调节 pH = 6~7。加入二巯丙醇的乙醇溶液，铅离子与二巯丙醇生成极为稳定的配位化合物，不再与 EDTA 配位，此时溶液中只剩下钙离子，用氢氧化钠调节溶液的 pH 为 12~13，加钙指示剂，迅速（以免吸收空气中的二氧化碳生成碳酸钙沉淀）以 EDTA 标准溶液滴定至溶液由暗紫色变为纯蓝色即为终点。

3）试样中碳酸钙的质量分数的计算公式与式（10-2）相同，对于碳酸钙，$M_i = 100.1g/mol$。

（2）注意事项

1）钙指示剂在水中或乙醇溶液中都不稳定，而固体粉末很稳定，故一般用固体试剂。

2）加三乙醇胺溶液的目的是掩蔽铁离子及铝离子；而加入二巯丙醇的乙醇溶液后，铅离子与二巯丙醇生成更为稳定的络合物，不再与 EDTA 络合。

3）EDTA 溶液与金属离子的反应较慢，因此滴定速度不宜太快，当室温太低时，在接近终点时，更要放慢速度，摇晃均匀最好控制为每 1s～2s 一滴。

8. 冰晶石含量的测定

冰晶石又称为六氟铝酸钠，本法是直接测定冰晶石中的铝含量，再换算成冰晶石含量。试样置于锥形瓶内，分别加入硝酸和 60%～65% 高氯酸溶液，在电炉上破坏溶液至近干，取下冷却后加入蒸馏水，加对硝基酚指示液。从滴加氨水到用硝酸铅标准溶液滴定的全部操作同"铅化合物与共存的铝粉含量的测定"，不同之处是 pH 为 3～4，加 EDTA 溶液，用硝酸铅标准溶液滴定。冰晶石的质量分数 w_6 按式（10-7）计算。

$$w_6 = \frac{V_5 c_5 M}{1000m} \times 100\% \qquad (10\text{-}7)$$

式中　M——冰晶石的摩尔质量（g/mol），$M = 209.9g/mol$；

其余符号意义同前。

（二）原子吸收光谱法

1. 原理

光源辐射出的待测元素特征谱线，通过火焰中待测元素的基态原子蒸气时被吸收，吸光度的大小与火焰中原子浓度的关系服从朗伯-比尔定律，通过标准试样的工作曲线，计算出金属元素或金属化合物的含量。本方法不适用于高含量金属或金属化合物的测定。

2. 方法提要

试样溶液的制备采用与络合滴定法相同的方法。

3. 储备溶液的制备

按规定配制好浓度为 1g/L 的铅、钴、钙、铜、镁、钾、铝、镍储备溶液，保存于聚乙烯塑料瓶中，有效期一年。

4. 系列标准溶液的配制

在各待测元素线性范围内，根据试样中不同元素的含量，取一定量的储备液稀释，配成与试样溶液相应的系列标准溶液。系列标准溶液储存在密闭的聚乙烯塑料瓶中，一般有效期为三个月。注意每 100mL 标准溶液中应含有体积分数为 3% 的高氯酸；钾系列标准溶液中还应加入 2mL 质量分数为 1% 的氯化钠溶液以消除电离干扰。

5. 试验操作程序

启动预热仪器，装上待测元素的阴极灯，按照测试条件设置电流、波长和狭缝宽度，打开空气和乙炔气体点火，调节火焰，燃烧稳定后将试样溶液和系列标准溶液吸入原子吸收光度计，分别测定其吸光度值，根据朗伯-比尔定律求出试样溶液待测元素的浓度（mg/L），再计算试样中的含量。通常测定待测元素的浓度有两种方法：

（1）标准工作曲线法　在与测定试样溶液相同的条件下，测定对应系列标准溶液的吸光度，根据已知系列标准溶液的浓度，绘制 $A\text{-}c$ 标准工作曲线。然后根据试样溶液的吸收值 A，在工作曲线上查出相应的浓度值（mg/L）。

（2）外标定量法　分别测定试样溶液和浓度相近的标准溶液的吸光度，根据比较公式求出试样溶液中待测元素的浓度（mg/L）。

试样溶液中待测元素的离子浓度 c（mg/L）按式（10-8）计算，试样中待测组分的质量百分数 w 按式（10-9）计算。

$$c = \frac{Ac_s}{A_s} \tag{10-8}$$

式中　A——试样溶液的吸光度；

　　　c_s——标准溶液的浓度；

　　　A_s——标准溶液的吸光度。

$$w = \frac{cVF}{1000m} \times 100\% \tag{10-9}$$

式中　c——待测元素的离子浓度（mg/L）；

　　　V——试样溶液体积（L）；

　　　F——待测组分的质量换算因子；

　　　m——试样质量（g）。

6. 注意事项

1）每种元素都有专用的空心阴极灯，空心阴极灯需预热 30min，选择好灯的电流和元素吸收波长，灯的电流由低慢慢升至规定值。

2）点火时先开空气，后开乙炔，关闭时先关乙炔，后关空气。

3）工作中要开抽风机，及时抽出原子化蒸气，待火焰稳定后方可测定，要防止毛细管吸样时折弯，如有堵塞及时清除。

4）试样溶液吸光度的最佳范围 0.2~0.6，超出范围时可以稀释或浓缩溶液后再进行测定，若试样溶液与标准溶液的吸光度的相对标准误差超过 5% 时，需要重新选择合适浓度的标准溶液。

5）分析完毕后，应在不灭火焰的条件下喷雾蒸馏水，对喷雾器、雾化室和燃烧器进行清洗。

思　考　题

1. 简述甲醛法测定高氯酸铵含量的注意事项。

2. 原子吸收光谱法定量分析的标准溶液如何配制？

3. 简述用原子吸收法测定固体推进剂中金属离子含量的原理及注意事项。

4. 简述操作原子吸收光谱仪的注意事项。

5. 简述提取法测定黑索今含量的注意事项。

第十一章

火工品药剂

火工品是装有一定量火工品药剂、可用预定的刺激量激发并以爆炸或燃烧产生的效应完成规定功能的一次性使用的元器件、装置或系统的统称。火工品在武器弹药系统可以完成起爆传爆、点火传火、分离切割、推动做功等功能，是武器弹药系统的首发部件和初始能源，主要用于火工品产生燃烧、爆燃或爆炸作用的药剂称为火工品药剂，通常包括起爆药（含击发药、针刺药、导电药）、点火药、延期药、黑火药、产气药等。

1. 起爆药

起爆药是火工品药剂中最敏感的一类药剂，特点是爆炸变化的速度能在很短的时间内增至最大，广泛装填于各种起爆类火工品中。起爆药的作用是接受外界低能量刺激而发生快速分解反应，释放爆炸或爆燃能量，引爆或引燃下一级装药。通常将起爆药分为单质起爆药、混合起爆药和复盐起爆药。

2. 点火药

用于点燃烟火药剂、推进剂、发射药或起爆药的药剂，包括单质点火药和混合点火药。点火药分为有气体的、微气体的、无气体的、缓燃的、速燃的、耐高温的、高能的和对静电射频钝感的等不同种类。狭义地讲，点火药通常指热感度较高、点火能力较强的烟火药，主要用于点火及传火装药。

3. 延期药

通常指以有规律燃烧实现延期目的的火工品药剂。一般分为有气体延期药、微气体延期药和无气体延期药；有时按其所含的可燃物的成分分为钨系延期药、硅系延期药、锰系延期药、硼系延期药等；还可按延期时间段分为毫秒级延期药或秒级延期药等。

4. 黑火药

黑火药是军工和民用烟花等领域常用的点火药，用以点燃发射药、推进剂和烟火药剂等。特别是在低压的条件下，黑火药作为发射药的点火药具有很高的可靠性。

5. 产气药

产气药（动力源火工品药剂）是根据小尺寸短脉冲做功动力源火工品特殊的燃烧性能要求而发展的一种火工药品剂。其工作特点是利用燃烧喷射高速气流产生推力，保证一定的行程和速度，完成特定功能。

第一节 起 爆 药

一、单质起爆药

（一）叠氮化铅

叠氮化铅是一种经典的起爆药，化学式为 $Pb(N_3)_2$，通常为白色结晶体，具有四种晶型。叠氮化铅的密度约为 $4.9g/cm^3$，微溶于水，不易溶于有机溶剂。本节介绍纯度和铅含量的测定。

1. 纯度的测定

采用 WJ 2051—1991《粉末叠氮化铅》的方法测定。

（1）原理　在中性或弱酸性的硝酸铈铵溶液中，四价铈离子氧化叠氮根离子后产生氮气，然后根据氮气量来计算叠氮化铅的含量。测定装置如图 11-1 所示，反应式为

$$(NH_4)_2Ce(NO_3)_6 + Pb(N_3)_2 = Pb(NO_3)_2 + Ce(NO_3)_2 + 2NH_4NO_3 + 3N_2\uparrow$$

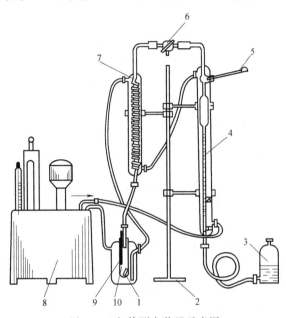

图 11-1　气体测定装置示意图

1—试样管　2—支架　3—水准瓶　4—量气管　5、9—温度计　6—三通活塞　7—冷凝管　8—恒温槽　10—反应瓶

（2）方法提要　称取试样置于干燥的试样管中，量取硝酸铈铵溶液于反应瓶中，沿反应瓶壁小心地放入装有试样的试样管（切勿使硝酸铈铵溶液进入试样管内），塞紧反应瓶塞。检查连接件是否严密。倾斜反应瓶，使硝酸铈铵溶液缓慢进入试样管内与试样进行反应。待反应基本停止时，振荡反应瓶让试样完全分解（反应瓶内混合物中不再产生气泡）。叠氮化铅的质量分数 w 按式（11-1）和式（11-2）计算。

$$w = \frac{\alpha f V}{m} \times 100\% \qquad (11\text{-}1)$$

式中　V——氮气体积（mL）；

α——标准状况下 1.00mL 氮气相当于叠氮化铅的质量（g/mL），$\alpha = 0.004334g/mL$；

m——试样的质量（g）；

f——氮气体积换算为标准状况时体积的换算因数。

$$f = \frac{p_1 - p_2 - K}{p_0 \dfrac{273.2 + t}{273.2}} \qquad (11\text{-}2)$$

式中　p_1——表观大气压（Pa）；

p_2——系统温度 t 下的饱和水蒸气压（Pa）；

K——室温对气压表示值的修正系数（Pa）；

t——系统温度（℃）；

p_0——大气压力（Pa），$p_0 = 101000Pa$。

（3）注意事项

1）起爆药感度高，称量时要特别注意安全。

2）称样量必须在 0.30g~0.35g 之间。

2. 铅含量的测定

（1）原理　铅离子可与 EDTA 形成稳定的配合物，因此可采用配位滴定法测定铅的含量。

（2）方法提要　在 pH 为 5~6 条件下，EDTA 与试样中的铅离子形成配合物，以二甲酚橙为指示剂，根据所消耗 EDTA 标准溶液的体积，计算铅的质量分数。

（3）注意事项

1）样品溶解过程中要注意安全，不可蒸干。

2）指示剂二甲酚橙溶液要注意使用的有效期。

（二）　三硝基间苯二酚铅

2,4,6-三硝基间苯二酚铅（LTNR）又称斯蒂芬酸铅，通常情况下含一分子结晶水，化学式为 $C_6H(NO_2)_3 \cdot O_2 \cdot Pb \cdot H_2O$，通常为黄色晶体。本节介绍氮含量和铅含量的测定。

1. 氮含量的测定

氮含量采用三氯化钛法（WJ 2128—1993）测定。

（1）原理　在酸性条件下，硝基被三价钛还原为氨基，过量的三价钛用硫酸铁铵溶液滴定，三价铁与硫氰酸铵溶液反应生成硫氰酸铁红色络合物以示终点。其反应式为

$$RNO_2 + 6Ti^{3+} + 6H^+ \longrightarrow RNH_2 + 6Ti^{4+} + 2H_2O$$

$$Ti^{3+} + Fe^{3+} \longrightarrow Ti^{4+} + Fe^{2+}$$

$$Fe^{3+} + 3CNS^- \longrightarrow Fe(CNS)_3$$

（2）方法提要　试样加乙酸溶液，加热至完全溶解。加水、浓盐酸、数粒玻璃珠，盖上三孔橡胶塞，通氮气，用滴定管快速准确加入三氯化钛标准溶液。在电炉上加热煮沸，冷却，用硫酸铁铵标准溶液滴定至紫色消失，加入硫氰酸铵溶液，继续滴定到溶液出现稳定的微红色为终点，在相同条件下进行空白试验。氮的质量分数 w 按式（11-3）计算。

$$w = \frac{(V_0 - V)cM}{1000m} \times 100\% \tag{11-3}$$

式中　V_0——空白测定时消耗硫酸铁铵标准溶液的体积（mL）；

V——试样测定时消耗硫酸铁铵标准溶液的体积（mL）；

c——硫酸铁铵标准溶液的浓度（mol/L）；

m——试样的质量（g）；

M——$\frac{1}{6}N$ 的摩尔质量（g/mol），$M = 2.33g/mol$。

（3）注意事项

1）称样过程中要注意安全。

2）整个实验过程中，要注意使用氮气保护。

2. 铅含量的测定

铅含量测定的原理、方法提要和注意事项同叠氮化铅中铅含量的测定。

二、混合起爆药

击发药就是一种混合起爆药，一般由单质起爆药、氧化剂、可燃剂组成的，根据产品性能的要求及工艺条件，还适当加入一定量的敏化剂、钝化剂、表面活性剂、粘合剂、导电物质或猛炸药等。

早期的击发药包含雷汞、氯酸钾。雷汞是一种具有较大毒性较危险的起爆药，爆炸后产生游离汞，它沉积在炮膛中，与炮膛金属反应生成汞齐，能侵蚀炮膛，另外发火后在黄铜筒壁上黏附的黑火药残渣吸收游离汞后能使药筒脆变，从而影响药筒的重复使用。氯酸钾在发火后生成吸湿性很强的氯化钾，它沉积在炮膛中造成严重锈蚀。第二次世界大战后，美国等一些国家逐步用无锈蚀无雷汞击发药取代了腐蚀性含雷汞击发药。

无锈蚀击发药又称为无雷汞无氯酸盐击发药。在无锈蚀击发药中，常用的起爆药有三硝基间苯二酚铅、四氮烯、叠氮化铅。代替氯酸盐的氧化剂一般用硝酸钡、二氧化铅。可燃剂常用硫化锑、铝粉等。本节介绍一种由三硝基间苯二酚铅、四氮烯、硝酸钡、硫化锑、铝粉组成的无锈蚀激发药的组分测定方法。

1. 原理

根据各组分的溶解特性，采用溶剂分离、称量与配位滴定相结合的方法，将击发药中不同的组分逐步分离，分别测出其所占的质量分数。

2. 方法提要

用醋酸铵和水洗涤试样，分离出三硝基间苯二酚铅及硝酸钡，收集滤液，在 pH 为 5~6 的条件下滴定铅，计算出三硝基苯二酚铅的含量，硝酸钡可由减量求出；用沸水溶解滤杯中四氮烯并过滤，可得到四氮烯的含量；然后用盐酸溶解滤杯中的铝粉，用返滴定法测出铝的质量分数；硫化锑的含量由余量得出。

3. 注意事项

1）试样称量过程中要注意安全。

2）用盐酸溶解滤杯中的铝粉时，盐酸要分次加入。

第二节　点　火　药

点火药是在外界初始冲能（火工品中换能元接收到指令信息或刺激能量，将物理能量转换为火工药剂可接受的发火能量）作用下，发生快速燃烧反应，放出大量热、气体和灼热的固体残渣，引燃烟火药、火药和炸药等的火工药剂。常用的点火药按组成分为单质点火药和混合点火药两类。单质点火药大多是有机化合物或弱起爆药。混合点火药主要由氧化剂、可燃剂和粘合剂等组分经混合、造粒等工艺制成。根据性能和用途的不同，点火药可分为有气体的、微气体的、无气体的、缓燃的、速燃的、耐高温的、暗燃的、高能的和对静电射频钝感的等不同种类。具有制备简单，配方可以根据点火对象的性能要求进行调节以及适应性强的优点。广泛用于发射药、推进剂、炸药和烟火药等各种点火器件的基本装药。

本节将逐一介绍几类典型的点火药,如亚铁氰化铅/高氯酸钾点火药、铝粉/高氯酸钾点火药、硫氰化铅/氯酸钾/铬酸铅点火药、硼/硝酸钾点火药、硅粉/四氧化三铅点火药、镁/聚四氟乙烯点火药。

一、亚铁氰化铅/高氯酸钾点火药

亚铁氰化铅/高氯酸钾点火药主成分为亚铁氰化铅和高氯酸钾,外加松香造粒,外观为灰绿色均匀颗粒,是火工品常用的点火药,由于高氯酸钾化学安定性能比氯酸钾高,对机械、摩擦的敏感度比氯酸钾低,所以其安全性能比氯酸钾配制的混合药剂高很多,被广泛应用。本节介绍组分测定方法,采用 WJ 614—2005 的方法测定。

(一)松香含量的测定

1. 原理

苯可以将试样中松香溶解,而不溶解其他组分,通过滤杯进行抽滤、分离。以试样减少的质量计算松香的质量分数。

2. 方法提要

准确称取试样于恒量的玻璃坩埚式过滤器(以下简称滤杯)中,用 55℃~60℃ 的热苯浸泡,然后抽滤,如此反复洗涤至无松香为止。将剩余物与滤杯在 60℃±2℃ 的烘箱中烘 1h 后取出,放入干燥器中冷却 30min 后称量。按式(11-4)计算。

$$w_1 = \frac{m_1 - m_2}{m} \times 100\% \tag{11-4}$$

式中 w_1——松香的质量分数(%);

  m_1——滤杯与试样的质量(g);

  m_2——洗后滤杯与剩余物质量(g);

  m——试样的质量(g)。

3. 注意事项

用热苯洗涤松香时,取一滴滤液于表面皿上蒸发后,无痕迹即为松香洗涤干净。

(二)亚铁氰化铅含量的测定

1. 原理

用氢氧化钠溶液和乙酸溶液溶解亚铁氰化铅,调整 pH,用滴定消耗乙二胺四乙酸钠(EDTA)标准溶液的体积计算亚铁氰化铅的质量分数。其反应式如下:

$$Pb^{2+} + 2OH^- \longrightarrow Pb(OH)_2$$

$$Pb(OH)_2 + 2OH^- \longrightarrow PbO_2^{2-} + 2H_2O$$

$$PbO_2^{2-} + 4H^+ \longrightarrow Pb^{2+} + 2H_2O$$

$$Pb^{2+} + H_2Y^{2-} \longrightarrow PbY^{2-} + 2H^+$$

2. 方法提要

准确称取试样于锥形瓶中,加入 100g/L 氢氧化钠溶液,在电炉上微热后,不断摇动使试样完全溶解,冷却后加入水,以乙酸溶液滴加中和至出现白色浑浊,再加数滴使其澄清,并用 pH 试纸检查呈中性,加入乙酸-乙酸钠缓冲溶液,二甲酚橙指示剂,以 EDTA 标准溶液滴定至黄色出现即为终点。按式(11-5)计算。

$$w_2 = \frac{(V/1000)cM/2}{[1/(1+X_1)]m} \times 100\% = \frac{(V/1000)cM(1+X_1)}{2m} \qquad (11\text{-}5)$$

式中　w_2——亚铁氰化铅质量分数（%）；

$\quad\quad V$——乙二胺四乙酸二钠标准溶液体积（mL）；

$\quad\quad c$——乙二胺四乙酸二钠标准溶液浓度（mol/L）；

$\quad\quad M$——亚铁氰化铅的摩尔质量（g/mol），$M = 626.353$g/mol；

$\quad\quad X_1$——松香的质量分数（%）；

$\quad\quad m$——试样的质量（g）。

3. 注意事项

电炉加热时温度不宜过高，以防烧干，不断摇晃，使其澄清。滴定前一定要调节好溶液的 pH。

（三）高氯酸钾含量的测定

总量减去亚铁氰化铅的含量，即为高氯酸钾的含量。

$$w_3 = 100\% - w_2 \qquad (11\text{-}6)$$

式中　w_3——高氯酸钾的质量分数（%）；

$\quad\quad w_2$——亚铁氰化铅的质量分数（%）。

二、铝粉/高氯酸钾点火药

铝粉/高氯酸钾点火药的成分是铝粉、高氯酸钾、硝化棉。外观为无肉眼可见杂质的银灰色均匀颗粒。根据所需药剂爆热不同，此类混合药剂又有两种不同配比的点火药，分别为 4 号点火药和 10 号点火药，这里以 4 号点火药为例介绍其分析方法。

（一）高氯酸钾含量的测定

1. 原理

水可溶解试样中高氯酸钾而其他组分不溶解在水中，通过分离、烘干，根据质量差计算高氯酸钾的含量。

2. 方法提要

准确称取试样，于已恒量的 G4 滤杯中。分批加入热的去离子水，用玻璃棒搅动溶解，浸泡，经真空泵抽滤、分离，使溶解在水中的高氯酸钾溶液与试样剩余物分离，直至抽滤掉的滤液中不含钾离子。再将滤杯剩余物放入 100℃±5℃恒温烘箱中干燥 1h，取出放入干燥器中，冷却 30min 后称量。按式（11-7）计算高氯酸钾的质量分数。

$$w_1 = \frac{m_1 - m_2}{m} \times 100\% \qquad (11\text{-}7)$$

式中　w_1——高氯酸钾的质量分数（%）；

$\quad\quad m_1$——水洗前滤杯与试样的质量（g）；

$\quad\quad m_2$——水洗后滤杯及剩余物的质量（g）；

$\quad\quad m$——试样质量（g）。

3. 注意事项

用热水洗涤高氯酸钾时，取一滴滤液于点滴板上，加四苯硼钠溶液一滴，无白色沉淀为洗涤干净，反之重复上述溶解操作直至无白色沉淀。

（二）硝化棉含量的测定

1. 原理

先用盐酸溶解试样中的高氯酸钾和铝粉，由于硝化棉不溶解在盐酸溶液中，所以可以进行抽滤、分离、烘干、称重，根据滤杯中剩余物的质量，计算硝化棉的含量。

2. 方法提要

准确称取试样置于烧杯中，加盐酸溶液，置于电热板上加热，待高氯酸钾和铝粉完全反应，溶液表面上漂浮物为白色，将烧杯中的溶液和剩余物全部转移至已恒重的 G4 滤杯中，经抽滤分离、用水洗至滤液中不含钾离子。再将滤杯放入 100℃恒温烘箱中干燥 1h，取出放入干燥器中，冷却 30min 后称量。按式（11-8）计算硝化棉质量分数。

$$w_2 = \frac{m_3 - m_0}{m} \times 100\% \tag{11-8}$$

式中　w_2——硝化棉质量分数（%）；

m_3——加酸反应后滤杯及剩余物的质量（g）；

m_0——空滤杯的质量（g）；

m——试样质量（g）。

3. 注意事项

加入的盐酸浓度不宜过大，加热温度不宜过高，否则反应剧烈无法收集反应后的剩余物。同时一定要等到反应后溶液清亮，溶液上面漂浮物为白色时，即反应完全后，再收集硝化棉。

（三）铝粉含量的测定

总量减去高氯酸钾和硝化棉的含量，即为铝粉的含量。

$$w_3 = 100\% - w_1 - w_2 \tag{11-9}$$

式中　w_1——高氯酸钾的质量分数（%）；

w_2——硝化棉的质量分数（%）；

w_3——铝粉的质量分数（%）。

三、硫氰化铅/氯酸钾/铬酸铅点火药

硫氰化铅/氯酸钾/铬酸铅点火药是以氯酸钾为氧化剂，再配比其他组分，比如硫氰化铅、铬酸铅和石墨粉等，可制成不同燃烧热的氯酸钾类混合点火药。

（一）硫氰化铅含量的测定

1. 原理

热水可以溶解硫氰化铅，收集滤液，由于铅离子可以和乙二胺四乙酸钠（EDTA）发生络合反应，所以可用滴定消耗乙二胺四乙酸钠（EDTA）标准溶液的体积计算硫氰化铅的质量分数。

2. 方法提要

准确称取一定量的试样于已恒量的 G4 滤杯中，用热水分 5 次~7 次加入滤杯中，每次浸泡约 1min，并搅拌抽滤。将滤液转移至 250mL 容量瓶中，冷至室温后稀释至刻度，摇匀，此液为 A 液。保留滤杯及其剩余物 A（A 杯）留作氯酸钾含量分析。移取 A 液 50.00mL 于锥形瓶中，加 10mL 乙酸-乙酸钠缓冲溶液，加水 30mL，再加 3 滴二甲酚橙指示剂，用乙二

胺四乙酸钠（EDTA）标准溶液滴定，溶液由紫红色变为亮黄色为终点。按下面式（11-10）计算。

$$w_1 = \frac{VcM \times 5}{1000m} \times 100\% \qquad (11\text{-}10)$$

式中　w_1——硫氰化铅的质量分数（%）；

V——乙二胺四乙酸二钠标准溶液的体积（mL）；

c——乙二胺四乙酸二钠标准溶液的浓度（mol/L）；

M——硫氰化铅的摩尔质量（g/mol），$M = 323.4$g/mol；

5——试样溶液与被滴定溶液的体积比；

m——试样的质量（g）。

3. 注意事项

1）准确称取完试样后，可以在滤杯中滴加 1 滴或 2 滴无水乙醇，将试样压碎，破坏造粒后，用热水溶解硫氰化铅。

2）用热水溶解硫氰化铅时，一定要分 5 次~7 次溶解干净，否则硫氰化铅的质量分数偏低。

（二）氯酸钾含量的测定

1. 原理

热水可以溶解硫氰化铅和氯酸钾，其他组分不溶解，通过准确称取热水溶解前后的质量，计算氯酸钾和硫氰化铅的含量，再减去硫氰化铅的质量分数，即为氯酸钾含量。

2. 方法提要

将上述保留的 A 杯放入 100℃±2℃烘箱中烘 1.5h，取出放入干燥器中冷却和称量。将剩余物 A（A 杯）保留，以作其他成分分析。

$$w_2 = \frac{m_1 - m_2}{m} \times 100\% - w_1 \qquad (11\text{-}11)$$

式中　w_1——硫氰化铅的质量分数（%）；

w_2——氯酸钾的质量分数（%）；

m_1——试样和空滤杯的质量（g）；

m_2——热水溶解后滤杯及剩余物 A 的质量（g）；

m——试样的质量（g）。

3. 注意事项

测定氯酸钾含量时，干燥、冷却的时间应与滤杯恒重时间尽量保持一致，减少称量误差。

（三）铬酸铅含量的测定

1. 原理

盐酸与铬酸铅反应生成溶于水的氯化铅和氯化铬，通过洗涤、分离、烘干，滤杯中其他组分与铬酸铅分离，通过准确称量盐酸反应前后滤杯质量计算铬酸铅含量。

2. 方法提要

用热盐酸分 4 次加入上述保留的 A 杯中，每次需搅拌、浸泡、抽滤。再用水洗至中性，用广泛 pH 试纸检查滤液 pH。将滤杯及其剩余物 B（B 杯）放入 100℃±2℃烘箱中烘 1.5h，取出放入干燥器中冷却、称量。B 杯留作后面分析。

根据组分不同，铬酸铅分析结果计算公式不同。若硫氰化铅/氯酸钾/铬酸铅点火药再无其他组分，则按式（11-12）计算铬酸铅含量。

$$w_3 = \frac{m_2 - m_0}{m} \times 100\%$$ （11-12）

式中　w_3——铬酸铅的质量分数（%）；

　　　m_2——热水溶解后（盐酸反应前）试样的质量（g）；

　　　m_0——空滤杯的质量（g）；

　　　m——试样的质量（g）。

若硫氰化铅/氯酸钾/铬酸铅点火药还含有其他组分，则按式（11-13）计算铬酸铅含量。

$$w_3 = \frac{m_2 - m_3}{m} \times 100\%$$ （11-13）

式中　w_3——铬酸铅的质量分数（%）表示；

　　　m_2——热水溶解后（盐酸反应前）滤杯及剩余物（A 杯）的质量（g）；

　　　m_3——盐酸反应后滤杯和剩余物（B 杯）的质量（g）；

　　　m——试样的质量（g）。

3. 注意事项

1）盐酸与铬酸铅反应时，选用（1+4）的盐酸（即浓盐酸与水的体积比为 1 : 4），加热 50℃，无须热的浓盐酸。

2）盐酸与铬酸铅反应时，反应液为亮黄色时，分次加盐酸，当反应液变为无色时即为反应完全，此时再用去离子水洗涤至中性，将不会影响后面结果。

（四）军用硝化棉（或乙基纤维素）**含量的测定**

含有军用硝化棉或乙基纤维素的硫氰化铅/氯酸钾/铬酸铅点火药，其中军用硝化棉或乙基纤维素含量的测定如下。

1. 原理

由于军用硝化棉或乙基纤维素不与盐酸反应，所以上述 A 杯与盐酸反应后剩余物 B 杯即为军用硝化棉或乙基纤维素，根据准确称量 B 杯与空滤杯的质量之差计算军用硝化棉或乙基纤维素含量。

2. 方法提要

将上述 B 杯放入 100±2℃烘箱中烘 1.5h，取出放入干燥器中冷却、称量后，按式（11-14）计算军用硝化棉含量。

$$w_4 = \frac{m_3 - m_0}{m} \times 100\%$$ （11-14）

式中　w_4——军用硝化棉的质量分数或乙基纤维素的质量分数（%）；

　　　m_3——盐酸反应后剩余物和滤杯（B 杯）的质量（g）；

　　　m_0——空滤杯的质量（g）；

　　　m——试样的质量（g）。

（五）乙基纤维素含量和石墨粉含量的测定

含有乙基纤维素和石墨粉的硫氰化铅/氯酸钾/铬酸铅点火药，其中乙基纤维素和石墨粉含量的测定如下。

1. 原理

利用乙基纤维素溶于无水乙醇-苯溶液（简称醇-苯溶液）而石墨粉不溶于醇-苯溶液，将上述保留的 B 杯，再用醇-苯溶液溶解，通过抽滤、分离、烘干，根据准确称取醇-苯溶液溶解前后质量计算乙基纤维素含量，剩余物 C 杯与空滤杯质量之差为石墨粉的质量。

2. 方法提要

用醇-苯溶液分 5 次或 6 次加入保留的 B 杯中，每次浸泡约 1min，搅拌，抽滤。将滤杯及其剩余物 C（C 杯）放入 100℃±2℃烘箱中烘 1h，取出放入干燥器中冷却称量。分别按式（11-15）和式（11-16）计算乙基纤维素和石墨的含量。

$$w_5 = \frac{m_3 - m_4}{m} \times 100\% \tag{11-15}$$

式中　w_5——乙基纤维素的质量分数（%）；

　　　m_3——盐酸反应后（醇-苯溶液溶解前）滤杯剩余物（B 杯）的质量（g）；

　　　m_4——醇-苯溶液溶解后剩余物和滤杯的质量（g）；

　　　m——试样的质量（g）。

$$w_6 = \frac{m_4 - m_0}{m} \times 100\% \tag{11-16}$$

式中　w_6——石墨粉的质量分数（%）；

　　　m_0——空滤杯的质量（g）；

　　　其余符号同式（11-15）。

3. 注意事项

1）因为苯有毒且挥发，所以本实验应于通风良好的通风橱内进行。

2）醇-苯溶液体积比为（1+4）。

四、硼/硝酸钾点火药

硼/硝酸钾点火药的外观为褐色颗粒，无肉眼可见杂质，是一种性能良好的高能点火药，具有热值高、点火能力强及安全钝感等特点，在常规武器、航空航天中得到广泛的应用。其主要由硝酸钾、无定形硼和粘合剂组成，其中无定形硼纯度应为 90%~92%，颗粒尺寸不应大于 1.5μm。粘合剂的组分为聚酯树脂 98%、60% 丁酮氧化的酞酸二甲酸溶液 1.5%、环烷酸钴 0.5%。本节介绍组分含量的测定，采用 GJB 6217—2008 的方法测定。

（一）硼含量的测定

1. 原理

试样与过氧化氢-硝酸进行反应使试样中的硼转化为液体硼酸，再加入甘露醇生成较强的酸，用氢氧化钠标准溶液滴定，根据氢氧化钠标准溶液消耗的体积计算试样中硼的含量。

$$2CH_2OH(CHOH)_4CH_2OH + H_3BO_3 \Longrightarrow [CH_2(CHOH)_4CH_2OH]_2 HBO_3 + 2H_2O$$

$$[CH_2(CHOH)_4CH_2OH]_2 HBO_3 + NaOH \Longrightarrow [CH_2(CHOH)_4CH_2OH]_2 NaBO_3 + H_2O$$

2. 方法提要

准确称取烘过水分的试样于磨口锥形瓶中，用少量水湿润样品，装上回流装置，打开冷凝水，加热进行回流。从管口加入过氧化氢和少量浓硝酸，带剧烈反应停止后，保持微沸

（1～2）h，回流使样品完全溶解，至溶液清亮。

将反应完成后的溶液转移至容量瓶中（A滤液），用水稀释至刻度，摇匀供测硼、硝酸钾使用。从容量瓶中移取一定量的样品液于锥形瓶中，加热煮沸，冷却至室温，加入2滴～3滴甲基红指示剂，用氢氧化钠稀溶液调至溶液显黄色，加2g～3g甘露醇和2滴酚酞指示剂并摇匀，用0.1mol/L氢氧化钠标准溶液滴定，溶液变红色为终点。根据式（11-17）计算硼含量。

$$w_B = \frac{10VcM}{1000m} \times 100\% \tag{11-17}$$

式中　w_B——硼粉质量分数的数值，以%表示；

V——氢氧化钠标准溶液体积的数值，单位为毫升（mL）；

c——氢氧化钠标准溶液浓度的准确数值，单位为摩尔每升（mol/L）；

M——硼的摩尔质量（g/mol），$M = 10.81$g/mol；

10——试样溶液与被滴定溶液的体积比；

m——试样的质量（g）。

3. 注意事项

1）回流时一定要先开冷凝水再加热，以防亚硝酸盐逸出。

2）从管口加过氧化氢时，一定分次加入，每次约5mL左右，加浓硝酸时一定要缓慢滴加，以防反应过于剧烈。

3）用氢氧化钠稀溶液调节溶液pH时，不易过量，甲基红刚显黄色即可，否则影响滴定结果，若过量可逐滴滴加稀HNO_3调节溶液pH。

4）溶液加甘露醇和酚酞后为红色，滴定时溶液颜色是红变黄，再二次变红为终点。

（二）硝酸钾含量的测定

1. 原理

四苯硼酸钠与K^+生成离子缔合物沉淀，烘干后直接称重，根据沉淀物质量计算硝酸钾含量。

$$K^+ + B(C_6H_5)_4^- === KB(C_6H_5)_4 \downarrow$$

2. 方法提要

移取一部分上述容量瓶中的A滤液，加1滴甲基红指示剂，用200g/L氢氧化钠调至溶液显黄色。微热，取下冷却至室温，在搅拌下逐滴加0.1mol/L四苯硼钠-乙醇饱和溶液，继续搅拌1min。静置30min后，用已在120℃下恒重的G4滤杯进行抽滤，以50g/L乙醇四苯硼钾饱和溶液洗涤，抽干。用5mL无水乙醇沿G4滤杯的壁洗两次，抽干。于120℃烘箱中烘至恒重。按式（11-18）计算：

$$w_1 = \frac{(m_1 - m_2) \times 0.2822 \times 10}{m} \times 100\% \tag{11-18}$$

式中　w_1——硝酸钾的质量分数（%）；

m_1——滤杯和试样的质量（g）；

m_2——滤杯的质量（g）；

0.2822——硝酸钾的摩尔质量与四苯硼钾的摩尔质量之比；

10——试样溶液与被滴定溶液的体积比；

m——试样的质量（g）。

3. 注意事项

1）应先过滤四苯硼钠-乙醇饱和溶液中的杂质，再将其滴入试验溶液反应，否则影响测定结果。

2）沉淀反应前先将溶液温度加热至50℃，以确保沉淀反应过程中温度保持在45℃。

（三）粘合剂含量的测定

1. 原理

粘合剂的含量由差量法求得。

2. 方法提要

按上述公式得到硼粉含量和硝酸钾含量，按式（11-19）计算得到粘合剂含量。

$$w_2 = 100\% - w_B - w_1 \tag{11-19}$$

式中　w_2——粘合剂的质量分数（%）；

w_1——硝酸钾的质量分数（%）；

w_B——硼粉的质量分数（%）。

五、硅粉/四氧化三铅点火药

硅粉/四氧化三铅点火药又称为红外辐射器用具点火药（以下简称红外药），有粉末状和造粒状两类。粉末状红外药主要由硅粉和四氧化三铅组成，外观为棕红色均匀粉末，无肉眼可见机械杂质，主要用于红外辐射器点火系统。造粒红外药的外观为暗红色颗粒，是在粉末状红外药的基础上经过造粒工艺制得。其成分为硅粉、四氧化三铅和氟橡胶，其中氟橡胶为粘合剂。造粒红外药主要用于民用油田的钻井射孔弹中。

（一）四氧化三铅含量的测定

1. 原理

由于试样中的四氧化三铅和稀硝酸反应生成溶于水的 Pb^{2+} 离子，利用 Pb^{2+} 与乙二胺四乙酸二钠（EDTA）发生络合反应，用 EDTA 标准溶液滴定所消耗的体积计算四氧化三铅的质量分数。

$$Pb^{2+} + H_2Y^{2-} = PbY^{2-} + 2H^+$$

2. 方法提要

准确称取干燥试样置于已恒重的 G4 滤杯中，分次加入稀硝酸反应，同时加数滴过氧化氢，搅拌、浸泡、抽滤，并收集滤液于锥形瓶中，直至再加入硝酸和过氧化氢无气泡产生，再用去离子水淋洗 G4 滤杯直至滤液为中性。

用 50g/L K_2CrO_4 溶液鉴定淋洗滤液是否反应完全，若有黄色沉淀即稀硝酸还未与试样中四氧化三铅反应完全，则重复上述操作直至5% K_2CrO_4 溶液鉴定无黄色沉淀。用氨水调节滤液，直至刚有白色沉淀生成。

加 10mL pH=5~6 的乙酸-乙酸钠缓冲溶液，加 2 滴~3 滴 5g/L 的二甲酚橙指示剂。用约 0.025mol/L EDTA 的标准溶液进行滴定，使溶液颜色由紫色变为橙黄色，即为终点，记录消耗的 EDTA 标准溶液体积，按式（11-20）计算四氧化三铅的含量。

$$w_1 = \frac{VcM}{1000m} \times 100\% \tag{11-20}$$

式中　w_1——四氧化三铅的质量分数（%）；

　　　V——EDTA 标准溶液的体积（mL）；

　　　c——EDTA 标准溶液的浓度（mol/L）；

　　　M——$\frac{1}{3}Pb_3O_4$（四氧化三铅）的摩尔质量（g/mol），$M = 228.5 g/mol$；

　　　m——试样的质量（g）。

3. 注意事项

1）准确称取试样不要超过 0.3g，否则后面消耗 EDTA 标准溶液的体积有可能超过 50mL 滴定管。

2）加入过氧化氢时，一定要逐滴缓慢加入，不要一次性加入数滴，防止反应剧烈溶液溢出 G4 滤杯。

3）稀硝酸与试样中四氧化三铅反应充分后，不要用过多的去离子水淋洗，否则后面滴定时瓶内水溶液过多。

4）用 EDTA 滴定前调节 pH，一定不要加入过量的氨水，否则铅离子会生成沉淀，不再与 EDTA 发生配位反应，影响四氧化三铅含量的测定，使结果偏小。

（二）硅粉含量的测定

1. 原理

硅粉的含量由差量法求得。

2. 方法提要

按上述公式得到四氧化三铅含量，按式（11-21）计算硅粉含量。

$$w_2 = 100\% - w_1 \tag{11-21}$$

式中　w_2——硅粉的质量分数（%）；

　　　w_1——四氧化三铅的质量分数（%）。

六、镁/聚四氟乙烯点火药

镁/聚四氟乙烯点火药是高能混合药剂，外观为无肉眼可见杂质的银灰色均匀颗粒，常用于红外诱饵剂，同时又是固体火箭推进剂的高能点火药。它以镁为可燃剂，聚四氟乙烯为氧化剂。由于镁与聚四氟乙烯混合后的机械强度低，为改善其机械强度，添加粘合剂目前因粘合剂不同，镁/聚四氟乙烯点火药有两种，一种粘合剂为氟橡胶，另一种为粘合剂乙酸纤维素，两种镁/聚四氟乙烯点火药，采用不同的分析方法。

（一）粘合剂为氟橡胶的镁/聚四氟乙烯点火药

1. 镁粉含量的测定

（1）原理　试样中镁粉与稀盐酸反应得到溶于水的氯化镁，而其他组分不与稀盐酸反应，因此可利用反应前后质量变化计算试样中镁粉的质量分数。

（2）方法提要　准确称取一定的固体试样置于已预热恒重的 G4 滤杯中，先加入少量的水，再加入一定量的稀盐酸，浸泡、抽滤、分离，待反应无气泡产生即反应完全，再用去离子水反复淋洗滤杯杯壁及外沿，直至滤液为中性。抽滤、分离，将剩余物和滤杯定义为 A

杯，放入 100℃±2℃ 烘箱中，烘 1h，取出放入干燥器中冷却称量。按式（11-22）计算试样中镁粉的质量分数。

$$w_1 = \frac{m_1 - m_2}{m} \times 100\% \tag{11-22}$$

式中　w_1——镁粉的质量分数（%）；

　　　m_1——试样与空滤杯的质量（g）；

　　　m_2——剩余物及滤杯（A 杯）的质量数值（g）；

　　　m——试样的质量（g）。

（3）注意事项　试样与盐酸反应时应先加入 10mL 左右去离子水，再逐滴加入稀盐酸，以防反应剧烈。

2. 聚四氟乙烯和氟橡胶含量的测定

（1）原理　丙酮能溶解试样中的氟橡胶而不溶解聚四氟乙烯，通过分离、烘干、称重，利用丙酮溶解前后质量的差来计算试样中氟橡胶的质量分数，而聚四氟乙烯的含量由差量法求得。

（2）方法提要　向上述滤杯 A 中分批加入一定量的丙酮溶液浸泡、搅拌、抽滤、分离，直至试样中的氟橡胶粘合剂全部溶解，将此时剩余物及滤杯定义为 B 杯，放入 100℃±2℃ 烘箱中，烘 1h，取出放入干燥器中冷却称量。按式（11-23）计算试样中氟橡胶的质量分数，按式（11-24）计算聚四氟乙烯的质量分数。

$$w_2 = \frac{m_2 - m_3}{m} \times 100\% \tag{11-23}$$

式中　w_2——氟橡胶的质量分数（%）；

　　　m_2——剩余物及滤杯（A 杯）的质量（g）；

　　　m_3——剩余物及滤杯（B 杯）的质量（g）；

　　　m——试样的质量（g）。

$$w_3 = 100\% - w_1 - w_2 \tag{11-24}$$

式中　w_1——镁粉的质量分数（%）；

　　　w_2——氟橡胶的质量分数（%）；

　　　w_3——聚四氟乙烯的质量分数（%）。

（3）注意事项　在丙酮溶解时，取一滴滤液到表面皿上蒸发后，无痕迹即为氟橡胶已被丙酮溶解完全洗涤干净，否则仍需丙酮继续溶解试样中氟橡胶。

（二）粘合剂为乙酸纤维素的镁/聚四氟乙烯点火药

1. 粘合剂含量的测定

（1）原理　丙酮能溶解试样中的乙酸纤维素而不溶解聚四氟乙烯，通过分离、烘干、称重，利用丙酮溶解前后质量之差来计算试样中乙酸纤维素的质量分数，而聚四氟乙烯的含量由差量法求得。

（2）方法提要　准确称取一定的固体试样置于已预热恒重的 G4 滤杯中，分批加入一定量的丙酮溶液浸泡、搅拌、抽滤、分离，直至试样中的乙酸纤维素粘合剂全部溶解。

将此时剩余物及滤杯定义为 A 杯，放入 100℃±2℃ 烘箱中烘 1h，取出放入干燥器中冷却称量。按式（11-25）计算试样中乙酸纤维素的质量分数。

$$w_1 = \frac{m_1 - m_2}{m} \times 100\% \qquad (11\text{-}25)$$

式中　w_1——乙酸纤维素的质量分数（%）；

　　　m_1——试样与空滤杯的质量（g）；

　　　m_2——剩余物及滤杯（A 杯）的质量（g）；

　　　m——试样的质量（g）。

（3）注意事项　在丙酮溶解时，取一滴滤液到表面皿上，蒸发后无痕迹即为乙酸纤维素已被丙酮溶解完全洗涤干净，否则仍需继续用丙酮溶解试样中的乙酸纤维素。

2. 镁粉含量和聚四氟乙烯含量的测定

（1）原理　同粘合剂为氟橡胶的镁/聚四氟乙烯点火药所述。

（2）方法提要　向上述 A 杯中先加入少量的水，再加入一定量的稀盐酸，浸泡、搅拌、抽滤、分离，待反应无气泡产生即反应完全，再用去离子水反复淋洗滤杯杯壁及外沿，直至滤液为中性，抽滤和分离。

将反应后的剩余物和滤杯定义为 B 杯，放入 100℃±2℃烘箱中烘 1h，取出放入干燥器中冷却称量。按式（11-26）计算试样中镁粉的质量分数，聚四氟乙烯的含量由差量法求得。

$$w_2 = \frac{m_2 - m_3}{m} \times 100\% \qquad (11\text{-}26)$$

式中　w_2——镁粉的质量分数（%）；

　　　m_2——剩余物及滤杯（A 杯）的质量（g）；

　　　m_3——剩余物及滤杯（B 杯）的质量（g）；

　　　m——试样的质量（g）。

$$w_3 = 100\% - w_1 - w_2 \qquad (11\text{-}27)$$

式中　w_1——乙酸纤维素的质量分数（%）；

　　　w_2——镁粉的质量分数（%）；

　　　w_3——聚四氟乙烯的质量分数（%）。

（3）注意事项　同黏合剂为氟橡胶的镁/聚四氟乙烯点火药所述。

第三节　黑　火　药

火药按其燃烧后的状态分为有烟火药和有烟火药。黑火药属于有烟火药，其主要成分是硝酸钾、硫黄和木炭，属于低分子混合火药，因其外观为黑色而得名。黑火药根据其物理状态可分为粒状黑火药和粉状黑火药两大类；根据其用途的不同又分为点火药和传火药、发射药、抛射药、延期药、导火索药、爆破药等六大类，在军事上和民用方面均有广泛的应用。

由于黑火药摩擦感度、静电感度比较大，因此在分析黑火药时应注意一定要穿戴好防静电工作服，处理样品时要轻拿轻放、远离明火，试验后少量的废药要用水浸泡，浸泡后的废药水可以倒入下水道中并用水冲洗。

典型黑火药的组成是硝酸钾 75%、木炭 15%、硫黄 10%，通常其成分偏差为±1 左右。根据 GJB 1056A—2004《黑火药试验方法》，测试项目有硝酸钾、硫黄、木炭的含量及灰分、药粉、吸湿性，本节介绍硝酸钾、硫黄和木炭的含量测试项目。

一、硝酸钾含量的测定

黑火药中硝酸钾含量的测定分为两种，一种是称量法，为仲裁法，另一种为电导法。

（一）称量法

1. 原理

用水提取试样中的硝酸钾，称量，计算黑火药中的硝酸钾。

2. 方法提要

将试样置于烧杯内，加少量热水把药粉调成糊状，再加热水搅拌，用定性滤纸过滤到已恒量的烧杯内，用热水洗涤残渣，用点滴板收取滤液，加二苯胺硫酸溶液检查不呈现蓝色为止。

再用表面皿盖上烧杯，置于电热板（或电炉）上加热，蒸发至约20mL，移到水浴锅上蒸干。擦净烧杯外壁，将其置于105℃~110℃的烘箱内干燥2h，取出烧杯置于干燥器中冷却30min，称量直至恒重。

按式（11-28）计算试样中硝酸钾的质量分数。

$$w = \frac{m_1 - m_2}{m(1 - w_1)} \times 100\% \qquad (11\text{-}28)$$

式中　w——硝酸钾的质量分数（%）；

　　　w_1——黑火药水分的质量分数（%）；

　　　m_1——烧杯与硝酸钾的质量（g）；

　　　m_2——空烧杯的质量（g）；

　　　m——试样的质量（g）。

3. 注意事项

在蒸发盛有硝酸钾滤液的烧杯时，要经常观察滤液蒸发情况，防止温度过高而沸腾溅出滤液。

（二）电导法

1. 原理

将一定量的黑火药加水溶解、过滤，提取含有硝酸钾的水溶液并稀释至一定体积，在一定温度下测定其电阻值，换算为硝酸钾。

2. 方法提要

以0.2g黑火药试样换算硝酸钾用量，分别称取不同量的硝酸钾，溶于容量瓶中，在室温下定容。

按照电导仪的使用说明书，调整仪器工作条件，把"灵敏度"调至最大，"倍率"旋转至100Ω处，从容量瓶中倒出约40mL溶液置于烧杯内，将电导电极浸入，旋转刻度盘，当"电眼"合并至最小时，立即记下电阻值和溶液温度值。测定硝酸钾标准溶液，绘制工作曲线，以电阻值为横坐标，硝酸钾质量分数为纵坐标，绘制标准曲线。

准确称取试样置于烧杯中，用热水溶解，过滤、洗涤，转移至容量瓶中，用二苯胺硫酸溶液检查，不呈现蓝色为止，待滤液冷却后定容。倒出约40mL试液，按照上述步骤用电导仪测定，根据电阻值，查标准曲线后计算硝酸钾含量。

按式（11-29）计算试样中硝酸钾的质量分数。

$$w = \frac{w_0}{1-w_1} \times 100\% \tag{11-29}$$

式中　w——硝酸钾的质量分数（%）；

　　　w_0——查标准曲线得出硝酸钾的质量分数（%）；

　　　w_1——黑火药水分的质量分数（%）。

3. 注意事项

1）为了检查仪器是否正常，可在测定试样前用已知电阻值的硝酸钾溶液校正。

2）使用其他型号的电导仪时，可根据仪器情况选择适当的"倍率"。

3）测定试样滤液时，严格控制滤液温度，保证与绘制标准曲线时温度一致，旋转刻度盘，当"电眼"合并最小时，立即记录下电阻值。

二、硫黄和木炭含量的测定

1. 原理

使黑火药中硫黄与亚硫酸钠作用生成硫代硫酸钠，以碘标准溶液滴定，用其消耗的量换算出黑火药中硫黄的含量。

$$S + Na_2SO_3 =\!\!=\!\!= Na_2S_2O_3$$

$$2Na_2S_2O_3 + I_2 =\!\!=\!\!= Na_2S_4O_6 + 2NaI$$

2. 方法提要

准确称取试样置于锥形瓶内，加入无水亚硫酸钠和水，将锥形瓶和球形冷凝器连接，加热使溶液煮沸回流 1h。

取下锥形瓶，将其溶液过滤到 500mL 锥形瓶，用热水洗涤残渣至不含硫代硫酸根为止（取数滴滤液于试管中，依次加入淀粉指示剂 1 滴、碘标准溶液，滤液应呈蓝色）。

待滤液冷却后，加入 5mL 甲醛溶液、酚酞溶液，用乙酸中和并过量少许，然后加入淀粉指示剂，用碘标准溶液滴定到溶液呈现蓝色，30s 不消失为终点。按式（11-30）计算。

$$w_2 = \frac{cVM}{1000m(1-w_1)} \times 100\% \tag{11-30}$$

式中　w_2——硫黄的质量分数（%）；

　　　w_1——黑火药水分的质量分数（%）；

　　　c——碘标准溶液的实际浓度（mol/L）；

　　　V——滴定消耗的碘标准溶液的体积（mL）；

　　　M——硫的摩尔质量（g/mol），$M = 32g/mol$；

　　　m——试样的质量（g）。

木炭的含量，是在测得硝酸钾和硫黄后，由差减法求得。

$$w = 100\% - w_3 - w_2 \tag{11-31}$$

式中　w——木炭的质量分数（%）；

　　　w_2——硫黄的质量分数（%）；

　　　w_3——黑火药中硝酸钾质量分数（%）。

3. 注意事项

1) 在用电炉煮沸回流时，要经常摇动锥形瓶，以保证试样中的硫黄反应完全。

2) 淀粉指示剂由固体可溶性淀粉配制，现用现配。

第四节 延 期 药

在能实现延期目的的延期药中，钨系延期药、硅系延期药和硼系延期药是目前应用较为广泛的三种，本节简要介绍这三种延期药的组分及其分析方法。

一、钨系延期药

钨系延期药的组分主要有钨粉、高氯酸钾、铬酸钡，外加氟化钙、硬脂酸锌、军用硝化棉等。钨系延期药组分配比可在钨粉 20%~60%、铬酸钡 65%~30%、高氯酸钾 10% 范围内调节。

1. 原理

利用各组分的化学和物理性质的不同，分别采用合适的滴定或溶剂溶解分离法测定。

2. 方法提要

用水将高氯酸钾溶解与其余组分分离，用失重法计算高氯酸钾的含量；在剩余物中加入盐酸-硼酸的混酸溶液，将铬酸钡和氟化钙溶解，抽滤，收集滤液。

用氧化还原和配位滴定法分别测出铬酸钡与氟化钙含量；硬脂酸锌和军用硝化棉用有机混合溶液溶解，用失重法计算；用减量法计算钨粉含量。

3. 注意事项

溶解高氯酸钾时要用热水，因为高氯酸钾在水中的溶解度不大。

二、硅系延期药

硅系延期药是以硅粉为可燃剂组分的延期药。由于硅的燃烧热值高，燃速较快，因此该类延期药属燃速较高的一类延期药，其基本配方是以硅和四氧化三铅为主要组分。该型延期药性能较好，原材料易得，价格低廉，因此我国毫秒延期药，特别是燃速快的低段毫秒延期药，广泛采用此种配方。

1. 原理

用酸将四氧化三铅溶解与硅粉分离，用络合滴定法测定四氧化三铅的含量，用减量法计算硅粉含量。

2. 方法提要

称取一定量的试样置于滤杯中，加入硝酸溶解四氧化三铅，溶解完后过滤，收集滤液。用 EDTA 标准溶液滴定滤液中的铅，从而计算出四氧化三铅的含量。最后用减量法计算出硅粉的含量。

3. 注意事项

四氧化三铅与硝酸的反应很慢，溶解时加入几滴过氧化氢可以使反应迅速完成。

三、硼系延期药

硼系延期药是以硼为可燃剂组分的延期药。硼在众多可燃剂中属于燃烧热值较大的可燃剂，因此硼系延期药是一类重要的延期药。经典的硼系延期药的组成为硼粉、四氧化三铅和硅粉。

1. 原理

先用硝酸将硼粉和四氧化三铅全部溶解与硅粉分离，然后用络合滴定法测定四氧化三铅的含量，用减量法计算硼粉含量；最后余量为硅粉的含量。

2. 方法提要

称取一定量的试样，加入硝酸，使试样充分溶解，用滤杯过滤，收集滤液，此时可以得到硼粉和四氧化三铅的总量。再用 EDTA 标准溶液滴定滤液中的铅，可以计算出四氧化三铅的含量。用减量法得到硼粉的含量。最后的余量为硅粉的含量。

3. 注意事项

由于硼粉很难溶，因此用硝酸溶解试样的过程中要加入少量过氧化氢，并进行加热回流或用微波消解。

第五节　产气药（动力源火工药剂）

产气药（动力源火工药剂）是根据小尺寸短脉冲做功动力源火工品特殊的燃烧性能要求，而发展的一种火工混合药剂，该类火工品的工作特点是利用燃烧喷射的高速气流产生推力，保证一定的行程和速度完成特定的功能。因此一般选用高能量、高燃速的含能材料作其动力源。这类高能高燃速的含能材料主要由发射药、复合固体推进剂和火工药剂。由于火工药剂具有原料来源广、配方可调范围宽、易于自由装压药和控制密度、获得燃速快、比冲大等优点，因此常采用火工药剂作为动力源火工品的能量来源。本节简要介绍 CPN 推进剂和 AHYG-2 产气药的组分及其分析方法。

一、CPN 推进剂

CPN 推进剂的主要组分为炭黑和硝酸钾，通常为黑色粉末或小颗粒。

1. 原理

水洗除去硝酸钾，用称重法测定炭黑的含量，用减量法得到硝酸钾的含量。

2. 方法提要

称取一定量的试样置于已于 100℃ 下恒重且已知质量的滤杯中，加 40℃ 左右的去离子水轻轻搅拌溶解硝酸钾，抽滤，重复洗涤三次，至硝酸钾溶解完全（用四苯硼钠溶液检查滤液是否含有钾离子，若有钾离子会产生白色沉淀），烘干。滤杯中剩余物为炭黑，用减量法可得到硝酸钾的含量。

3. 注意事项

炭黑的粒度小，为防止漏滤，采用 G4 或孔径更小的滤杯。

二、AHYG-2 产气药

AHYG-2 产气药为棕红色至深灰色的颗粒，它的组分为硝酸胍、碱式硝酸铜、高氯酸铵、氧化铜/氧化铁、聚乙烯醇。

（一）高氯酸铵含量的测定

1. 原理

用水溶解试样，收集滤液，用甲醛还原法测定高氯酸铵含量

2. 方法提要

称取试样置于已恒量的滤杯中，用热水分次水洗至水溶物全部溶解，过滤，收集滤液于锥形瓶中。

含滤液的锥形瓶中加入（1+1）的甲醛溶液，摇匀后水浴加热 5min~6min，加入 3 滴酚酞，用氢氧化钠标准溶液滴定至终点。

高氯酸铵含量按式（11-32）计算。

$$w_2 = \frac{cVM}{1000m} \times 100\% \tag{11-32}$$

式中　w_2——高氯酸铵的质量分数（%）；

　　　c——氢氧化钠标准溶液的浓度（mol/L）；

　　　V——消耗的氢氧化钠标准溶液的体积（mL）；

　　　M——高氯酸铵的摩尔质量（g/mol），$M = 117.5g/mol$；

　　　m——试样的质量（g）。

3. 注意事项

甲醛有毒，容易刺激眼睛，实验过程中要做好防护工作。

（二）硝酸胍含量的测定

1. 原理

水洗后失量的总量减去高氯酸铵含量得到硝酸胍的含量。

2. 方法提要

同"（一）高氯酸铵含量的测定"，最后将滤杯烘干。

硝酸胍含量按式（11-33）计算。

$$w_3 = \frac{m_3 - m_4}{m} \times 100\% - w_2 \tag{11-33}$$

式中　w_3——硝酸胍的质量分数（%）；

　　　w_2——高氯酸铵的质量分数（%）；

　　　m_3——滤杯及试样的总质量（g）；

　　　m_4——水洗烘干后滤杯及剩余物的总质量（g）。

3. 注意事项

水洗水溶物时必须用亚甲基蓝溶液检查无紫色沉淀，以保证洗涤完全。

（三）碱式硝酸铜含量的测定

1. 原理

水洗后的滤杯剩余物用氨水溶解碱式硝酸铜，以失重求得其含量。

2. 方法提要

用（1+1）的氨水溶液分次浸泡滤杯剩余物，搅拌、抽滤、水洗；再加入 50g/L 的冰醋酸溶液，搅拌、抽干，水洗至滤液呈中性，将滤杯及杯中剩余物烘干。

碱式硝酸铜含量按式（11-34）计算。

$$w_4 = \frac{m_4 - m_5}{m} \times 100\%\qquad(11\text{-}34)$$

式中　w_4——碱式硝酸铜的质量分数（%）；

　　　m_4——水洗烘干后滤杯及剩余物的总质量（g）；

　　　m_5——氨水洗涤后滤杯及剩余物的总质量（g）。

3. 注意事项

氨水洗涤时必须允分浸泡。

（四）金属氧化物含量的测定

1. 原理

用盐酸溶解金属氧化物，以失重求其含量。

2. 方法提要

用体积比（1+1）的稀盐酸洗涤测定完碱式硝酸铜后的滤杯剩余物，加热至沸腾，再加入少量100g/L的过氧化氢溶液，至分解完全，抽滤水洗至中性，将滤杯及剩余物烘干。

金属氧化物含量按式（11-35）计算。

$$w_5 = \frac{m_5 - m_6}{m} \times 100\%\qquad(11\text{-}35)$$

式中　w_5——金属氧化物的质量分数（%）；

　　　m_5——氨水洗涤后滤杯及剩余物的总质量（g）；

　　　m_6——酸溶后滤杯及剩余物的总质量（g）。

3. 注意事项

金属氧化物测定的过程中必须加入少量过氧化氢，确保金属氧化物反应完全。

（五）聚乙烯醇含量

1. 原理

称量得到聚乙烯醇含量。

2. 方法提要

滤杯中的剩余物为聚乙烯醇，烘干称量，减去滤杯质量可得其含量。

聚乙烯醇含量按式（11-36）计算。

$$w_6 = \frac{m_6 - m_0}{m} \times 100\%\qquad(11\text{-}36)$$

式中　w_6——聚乙烯醇的质量分数（%）；

　　　m_6——酸溶后滤杯及剩余物的总质量（g）。

　　　m_0——滤杯的质量（g）。

思 考 题

1. 叠氮化铅纯度分析时是否需要保证体系的气密性？

2. 常用点火药按成分分为哪几类？本节分别介绍了哪几类典型的点火药？

3. 某一点火药的成分为硫氰化铅、氯酸钾、铬酸铅和军用硝化棉，请以此设计组分分析方法，简述分析原理及方法提要。

4. 黑火药的主要成分是什么？硝酸钾含量测定的仲裁法是什么，其原理是什么？

5. 黑火药中硫黄的测定原理是什么，请列出其计算公式及式中各个字母含义。

6. 延期药按组分大致分为几类？主要成分分别是什么？

7. 产气药产生作用的原理是什么？

第十二章

炸　药

炸药是指无外界供氧时，在适当外部激发能量作用下能发生高速化学变化、放出大量热和气体、对外界做功的一类物质，是战斗部杀伤和摧毁的能源。

第一节　炸药的组成及分类

炸药按照化学组分可分为单质炸药和混合炸药。单质炸药多为含有碳、氢、氧、氮的单一有机化合物，混合炸药则有多种组分。按照作用方式可将广义的炸药分为猛炸药、起爆药、火药及烟火剂四类，但通常所称的炸药仅指猛炸药。

一、单质炸药

单质炸药也称单体炸药，分子含有爆炸性基团，其中最重要的有三种：$—C—NO_2$、$—N—NO_2$ 及 $—O—NO_2$，分别构成三类最主要的单质炸药：硝基化合物炸药（如梯恩梯）、硝胺类炸药（如黑索今）和硝酸酯类（如太安）炸药，常见单质炸药的理化性能指标见表 12-1~表 12-7。

表 12-1　梯恩梯炸药的理化性能指标（GJB 338A—2002）

序号	指标名称	指标
1	外观质量	淡黄色至黄色的鳞片状固体，无肉眼可见机械杂质。允许有个别粘在一起的药片和带发暗斑点的药片
2	凝固点/℃	≥80.20
3	水分及挥发分(%)	≤0.07
4	酸度(以 H_2SO_4 计)(%)	≤0.010
5	丙酮(苯或甲苯)不溶物(%)	≤0.05
6	亚硫酸钠	无
7	渗油性(油迹面积法)	不小于 3 分

表 12-2　黑索今（RDX）的理化性能指标（GJB 296B—2019）

序号	指标名称	指标
1	外观质量	粉末状白色结晶，允许呈浅灰色或粉红色调，无可见机械杂质
2	熔点/℃	≥200.0

（续）

序号	指标名称	指标
3	丙酮不溶物含量(%)	≤0.05
4	无机不溶物含量(%)	≤0.03
5	水分和挥发分含量(%)	≤0.10
6	筛上不溶颗粒数(0.250mm 试验筛)/个	≤5
7	酸度(以硝酸计)(%)	≤0.050
8	Ⅱ型产品堆积密度/(g/cm³)	≥0.80
9	粒度	见表 12-3

表 12-3 黑索今的粒度质量指标

试验筛孔径 /mm	通过试验筛的质量分数(%)							
	1 类	2 类	3 类	4 类	5 类	6 类	7 类	8 类
2.36	—	—	—	100	—	—	—	—
1.70	—	—	≥99	—	—	—	—	—
0.850	98±2	—	—	—	—	—	—	—
0.500	—	99±1	—	20±20	—	—	—	100
0.300	90±10	95±5	40±10	—	—	—	98±2	≥98
0.250	—	—	—	—	—	97~100	—	—
0.180	—	—	—	—	—	91~100	—	—
0.150	60±30	65±15	20±10	—	—	—	90±8	≥90
0.125	—	—	—	—	—	67~93	—	—
0.090	—	—	—	—	—	43~80	—	—
0.075	25±20	33±13	10±10	—	—	—	46±15	55~80
0.063	—	—	—	—	—	36±14	—	—
0.045	—	—	—	—	≥97	22±14	—	50±10

表 12-4 奥克托今的理化性能指标（GJB 2335A—2019）

序号	指标名称		特级品	一级品	二级品	三级品
1	外观质量		白色结晶，允许呈浅灰色或粉红色调，无可见机械杂质			
2	晶型		β 型	β 型	β 型	β 型
3	奥克托今含量(%)(≥)		99.5	99.0	98.0	93.0
4	黑索今含量(%)(≤)		0.3	1.0	2.0	7.0
5	熔点/℃	毛细管法或熔点仪法	273.5	273.0	271.0	268.0
		显微镜温台法	280	279	278	277
6	丙酮不溶物含量(%)(≤)		0.05	0.05	0.05	0.05
7	无机不溶物含量(%)(≤)		0.03	0.03	0.03	0.03
8	不溶颗粒	孔径 0.425mm 试验筛上/个	无	无	无	无
		孔径 0.250mm 试验筛上/个(≤)	5	5	5	5
9	酸度(以醋酸计)(%)		0.02	0.02	0.02	0.02
10	水分和挥发分(%)		0.10	0.10	0.10	0.10
11	粒度		见表 12-5			

表 12-5 奥克托今的粒度指标

试验筛孔径/mm	通过试验筛的质量分数(%)					
	1类	2类	3类	4类	5类	6类
2.36	—	—	—	100		
1.70	—	—	≥99	≥85		≥99
0.500	—	—	—	25±15		
0.300	90±6	100	40±15	—		≥90
0.150	50±10		20±10	≤15		65±15
0.125		≥98				
0.075	20±6	—	10±10	—		30±15
0.045	8±5	≥75			≥98	15±10

表 12-6 太安(PETN)的理论性能指标(GJB 552A—2019)

序号	指标名称	指标
1	外观质量	粉末状白色结晶,允许呈浅灰色
2	熔点/℃	141.0±1.0
3	氮含量(%)	≥17.50
4	丙酮不溶物含量(%)	≤0.10
5	不溶颗粒(孔径0.425mm)/个	0
6	酸度(以硝酸计)或碱度(以碳酸钠计)(%)	≤0.01
7	水分及挥发分含量(%)	≤0.10
8	真空安定性(120℃、20h)放气量/mL	≤5
9	粒度	见表12-7

表 12-7 太安粒度指标

试验筛孔径/mm	通过试验筛的质量分数(%)			
	1类	2类	3类	4类
0.600	—	—	≥95	100
0.180	100	—	—	—
0.150	≥85	≥96	—	≤20 ≥5
0.106	≤55	—	—	—
0.075	≤30	≤80 ≥65	≤30	—

二、混合炸药

混合炸药常由单质炸药(TNT、RDX、HMX、PETN、NGU、NG 等)和添加剂或由氧化剂和可燃剂按照适当比例混合加工而成。

1. 常用的功能添加剂

炸药中常用的功能添加剂有氧化剂(硝酸盐、高氯酸盐等)、可燃剂(金属粉、木粉、碳、硫等）、粘合剂（聚醋酸乙烯酯、有机玻璃、氟橡胶、聚氨酯等）、钝感剂（蜡、硬脂酸、炭黑、石墨等）和其他添加物（表面活性剂、抗水剂、乳化剂等）。

混合炸药的发展弥补了单质炸药性能的不足，扩大了单质炸药的应用范围。绝大多数实际应用的炸药都是混合炸药。常用混合炸药理化指标见表 12-8 和表 12-9。通常混合炸药是不均匀的，理化分析测试时应注意样品的代表性。

表 12-8 钝化黑索今理化性能指标（GJB 297B—2020）

序号	指 标 名 称	指标
1	外观质量	橙黄色颗粒，颜色允许略有深浅，无可见机械杂质
2	钝感剂含量(%)	5.0~6.5
3	溶剂油和丙酮不溶物含量(%)	≤0.10
4	无机不溶物含量(%)	≤0.05
5	酸度(以硝酸计)(%)	≤0.063
6	水分和挥发分(%)	≤0.10

表 12-9 钝化太安理化性能指标（GJB 553A—2020）

序号	指 标 名 称	指标
1	外观质量	均匀的橙黄色或粉红色松散颗粒，不同小批间颜色允许略深或略浅，无可见机械杂质
2	钝感剂含量(%)	4.5~6.0
3	水分及挥发分(%)	≤0.10
4	有机不溶物含量(%)	≤0.10
5	无机不溶物含量(%)	≤0.04
6	酸度(以硝酸计)或碱度(以碳酸钠计)(%)	≤0.01
7	真空安定性(120℃、20h)，放气量/mL	≤5

2. 混合炸药分类

（1）由两种或两种以上的单组分炸药组成的混合炸药   这些大部分是含有加热时可安全熔化的低熔点单质炸药的熔性炸药。它以可熔炸药作为载体，而其他单组分炸药作为悬浮体，将可熔单组分炸药熔化后，做成药浆注入弹体药室或模具，冷却后凝固成形，如钝黑梯-1 等。

（2）由主体炸药和高聚物粘合剂等组成的混合炸药   这种高聚物粘合炸药组分很多，主要包括炸药组分、高分子化合物及其助剂、金属和无机氧化剂等，如聚黑-2 炸药、10-159 炸药等。

（3）由氧化剂和可燃剂组成的混合炸药   主要是指含金属粉的混合炸药，如钝黑铝、钝奥氯铝等。

第二节 炸药通用测定项目

单质炸药产品检测时，通常不做纯度测定，而以熔点或凝固点的测定代替。这是因为熔点或凝固点的测定十分简便，所得结果可以间接反映炸药主体纯度。除了炸药主体以外还含有水分、酸碱度、有机不溶物、无机不溶物、不溶颗粒等微量杂质。这些杂质含量虽少，但却对产品本身以及由它制成的混合炸药的性能，特别是安定性、感度有很大影响，所以单质炸药产品还要检测水分、酸碱度、有机不溶物、无机不溶物、不溶颗粒等的含量，部分炸药有粒度分布的要求，还要测定粒度。

混合炸药一般都要检测组分、水分、不溶颗粒、酸碱度或 pH、有机不溶物、无机不溶物、堆积密度、粒度等项目，目前执行 GJB 772A《炸药试验方法》。

本节介绍炸药通用项目水分和挥发分、有机不溶物、无机不溶物、不溶颗粒或硬渣、熔点、酸碱度、粒度、混合炸药组分的测定。

一、水分和挥发分的测定

(一) 烘箱法

1. 原理

在规定温度下，将试样加热一定时间后，以试样减少的质量计算水分和挥发分。

2. 方法提要

在已恒量的称量瓶中，称取一定量的试样，精确至 0.0002g，使试样均匀布满称量瓶底部。将盛有试样的称量瓶放入预热至规定温度的烘箱中，打开瓶盖，烘干一定时间。

根据被测试样的水分和挥发分的质量分数来确定试样的质量，称样量见表 12-10；部分试样的烘干温度和时间参见表 12-11。

表 12-10　测定水分和挥发分试样的称样量

水分和挥发分的质量分数（%）	试样的质量/g	水分和挥发分的质量分数（%）	试样的质量/g
≤0.1	≥10	>1.0~10	5~1
>0.1~1.0	10~5	>10	1

表 12-11　部分试样的烘干温度和时间

试样名称	烘箱温度/℃	烘干时间/h	允许差（%）
黑索今	75~80	3	0.02
钝化黑索今	60~65	3	0.02
梯恩梯	55~60	4	0.02
太安	75~80	3	0.02
钝化太安	60~70	3	0.02
奥克托今	95~105	1	0.01
C-4 炸药	95~105	1	0.05
聚黑-6 炸药	95~105	(40~50) min	0.01
聚黑-14（GJB 2341—1995）	95~105	1	0.02
聚黑-14（GJB 6237—2008）	98~102	4	0.03
聚奥-9	99.5~100.5	1	0.02
聚奥-10	99.5~100.5	1	0.02

3. 注意事项

1）本方法适用于热安定性好的固体炸药水分和挥发分的测定。

2）分析水分和挥发分时，烘箱门不能扣死，这是因为在密闭的烘箱内，如果试样发生危险，扣死烘箱门将增大爆炸的威力，不扣死烘箱门可起到泄爆的作用。

3）火炸药水分和挥发分测定中，常将称样数量控制在5g~10g，选定干燥温度的原则是不能高于熔点，也不高于110℃。

4）用烘箱法测定水分时，样品需具备以下条件：水分是样品中唯一的挥发物质；样品中水分排除很完全；样品中组分在加热过程中发生的化学反应引起的重量改变可忽略不计。

5）测定水分时需要用到称量盒，称量盒分为玻璃称量盒和铝质称量盒两种。前者能耐酸碱，不受样品性质的限制，故常用于常压干燥法。铝质称量盒质量轻，导热性强，但对酸性物质不适宜，常用于减压干燥法。称量盒规格的选择，以样品置于其中平铺开后厚度不超过皿高的1/3为宜。

（二）真空烘箱法

1. 原理

在一定真空度和规定温度下，将试样加热一定时间后，以试样减少的质量计算水分和挥发分。

2. 方法提要

在已恒重的称量盒中称取试样，使试样均匀布满称量盒底部，放入规定压力及规定温度的真空烘箱中，打开称量盒盖烘干。盖上盖，取出称量盒放入干燥器内，冷却至室温后称量，部分试样的烘干温度和时间见表12-12。

表 12-12　部分试样的烘干温度和时间

试样名称	真空度（绝对压力）/kPa	烘箱温度/℃	烘干时间/h	允许差（%）
聚黑-2	9~12	55~60	1	0.02
聚黑-14（GJB 2341—1995）	9.3~12.0	50~60	3	0.02

3. 注意事项

1）本方法适用于在常压下加热到较高温度易熔化、分解的炸药的水分和挥发分的测定，也适用于其他固体炸药水分和挥发分的测定。

2）操作时应先抽真空再加热，否则容易损坏真空泵；如没有及时抽真空还会造成弹开箱门或玻璃爆炸的危险。

3）真空状态下，禁止开启箱门；若要开启箱门必须待工作室内压力恢复到大气压状态时，才能开启。

4）烘箱使用时，应加强检查，防止烘箱控温元件突然失灵，引起烘箱内温度大幅度变化。

5）真空烘箱首次使用或长期搁置恢复使用时，应空载开机8h以上，期间开、停机2次~3次，之后再放样品进行干燥处理。

6）火炸药水分和挥发分测定中，常将称样数量控制在5g~10g，选定干燥温度的原则是不能高于熔点，也不高于110℃。

7）用真空烘箱法测定水分时，样品需具备以下条件：水分是样品中唯一的挥发物质；样品中水分排除很完全；样品中组分在加热过程中发生的化学反应引起的重量改变可忽略不计。

二、水分的测定——卡尔-费休法

（一）直接法

1. 原理

用苯-甲醇溶剂溶解样品，萃取样品中的水分，用卡尔-费休试剂滴定样品中的水分，通过滴定过程中电位突变来确定终点，根据消耗的卡尔-费休试剂的体积计算水分含量。

2. 方法提要

（1）苯-甲醇溶液的中和　取适量苯-甲醇溶液注入反应瓶，盖上反应瓶盖（保持电极始终浸在溶剂中），调入苯-甲醇溶剂的平衡方法，开动磁力搅拌器，滴定苯-甲醇溶液至终点。

（2）卡尔-费休试剂的标定　调入卡尔-费休试剂的标定方法，按开始键，取0.01g～0.05g纯水或0.05g～0.5g酒石酸钠，精确至0.0001g，加入反应瓶中（酒石酸钠不能滴定改良的卡尔-费休试剂），仪器自动加入卡尔-费休试剂滴定至终点并记录消耗体积 V_1。

用纯水标定时，每毫升卡尔-费休试剂相当于水的质量按式（12-1）计算。

$$\rho_1 = \frac{m_1}{V_1} \qquad (12\text{-}1)$$

式中　ρ_1——每毫升卡尔-费休试剂相当于水的质量（g/mL）；

　　　m_1——水的质量（g），加入10μL按0.01g计算；

　　　V_1——直接滴定法标定卡尔-费休试剂时消耗的卡尔-费休试剂的体积（mL）。

用酒石酸钠标定时，每毫升卡尔-费休试剂相当于水的质量按式（12-2）计算。

$$\rho_1 = \frac{15.66\% m_2}{V_1} \qquad (12\text{-}2)$$

式中　15.66%——酒石酸钠中水的质量分数；

　　　m_2——酒石酸钠的质量（g）；

　　　ρ_1、V_1 同式（12-1）。

（3）试样中水分测定方法　准确称取试样1g～5g，精确至0.1g，加入反应瓶中，仪器自动用卡尔-费休试剂滴定至终点并记录消耗体积 V_2。

试样中水分的质量分数按式（12-3）计算。

$$w_1 = \frac{\rho_1 V_2}{m} \times 100\% \qquad (12\text{-}3)$$

式中　w_1——试样中水分的质量分数（%）；

　　　ρ_1——每毫升卡尔-费休试剂相当于水的质量（g/mL）；

　　　V_2——直接滴定法滴定试样时消耗的卡尔-费休试剂的体积（mL）；

　　　m——试样的质量（g）。

3. 注意事项

1）本方法适用于不与卡尔-费休试剂起反应并能迅速溶于溶剂中，或其水分能被萃取出来的炸药中水分的测定。

2）滴定杯要保持密封，不能与空气接触，滴定管内的气泡要排除干净。

3）样品要溶解完全。

4）分析完的废溶剂，要收集于废溶剂瓶内，按规定处理，不能倒入下水道。

（二）返滴定法

1. 原理

用苯-甲醇溶剂溶解样品，萃取样品中的水分，用过量卡尔-费休试剂滴定样品中水分，过量的卡尔-费休试剂用水-甲醇溶液进行返滴定，通过滴定过程中电位突变来确定终点，根据消耗的卡尔-费休试剂和水-甲醇溶液的体积计算水分含量。

2. 方法提要

1）取适量苯-甲醇溶液注入反应瓶，盖上反应瓶盖（保持电极始终浸在溶剂中），开动磁力搅拌器，调入苯-甲醇溶剂的平衡方法，滴定至终点。

2）卡尔-费休试剂的标定：调入卡尔-费休试剂的标定方法，仪器自动准确加入定量（V_3）卡尔-费休试剂，按开始键，仪器自动加入水-甲醇溶液进行返滴定，记录消耗水-甲醇溶液的体积 V_4 及测定结果，重复操作一次。每毫升卡尔-费休试剂相当于水-甲醇溶液的体积按式（12-4）计算。

$$r = \frac{V_4}{V_3} \tag{12-4}$$

式中　r——每毫升卡尔-费休试剂相当于水-甲醇溶液的体积；

　　V_3——返滴定法标定卡尔-费休试剂时加入卡尔-费休试剂的体积（mL）；

　　V_4——返滴定法标定卡尔-费休试剂时消耗的水甲醇溶液的体积（mL）。

3）水-甲醇溶液的标定：调入水-甲醇溶液的标定方法，按开始键，用微量注射器从进样口注入 10μL 纯水或加入 0.05g~0.5g 酒石酸钠，仪器自动准确加入 5.00mL（V_5）卡尔-费休试剂，搅拌 30s 后，继续滴定，仪器自动加入水-甲醇溶液进行返滴定，记录消耗水-甲醇溶液体积 V_6 及测定结果。

返滴定法，用水标定时，每毫升水-甲醇溶液中水的质量按式（12-5）计算。

$$\rho_2 = \frac{m_3}{rV_5 - V_6} \tag{12-5}$$

式中　ρ_2——每毫升水-甲醇溶液中水的质量（g/mL）；

　　m_3——水的质量（g），加入 10μL 按 0.01g 计算；

　　r——每毫升卡尔-费休试剂相当于水-甲醇溶液的体积；

　　V_5——返滴定法标定水-甲醇溶液时加入卡尔-费休试剂的体积（mL）；

　　V_6——返滴定法标定水-甲醇溶液时消耗水-甲醇溶液的体积（mL）。

返滴定法，用酒石酸钠标定时，每毫升水-甲醇溶液中水的质量按式（12-6）计算。

$$\rho_2 = \frac{15.66\% m_4}{rV_5 - V_6} \tag{12-6}$$

式中　ρ_2——每毫升水-甲醇溶液中水的质量（g/mL）；

　　m_4——酒石酸钠的质量（g）；

　15.66%——酒石酸钠中水的质量分数；

r、V_5、V_6 同式（12-5）。

4）样品中水分的测定：调入水分的测定方法，按开始键，从进样口加入 1g～5g 样品，精确至 0.1g，搅拌至样品完全溶解。仪器自动准确加入一定体积（V_7）的卡尔-费休试剂，再自动加入水-甲醇溶液进行返滴定，记录消耗水-甲醇溶液体积 V_8 及测定结果。

试样中水分的质量分数按式（12-7）计算

$$w_2 = \frac{\rho_2(rV_7 - V_8)}{m} \times 100\% \tag{12-7}$$

式中　　w_2——试样中水分的质量分数（%）；

ρ_2——每毫升水-甲醇溶液中水的质量（g/mL）；

V_7——返滴定法滴定试样时加入的卡尔-费休试剂的体积（mL）；

V_8——返滴定法滴定试样时消耗的水-甲醇溶液的体积（mL）；

m——试样的质量（g）。

3. 注意事项

1）本方法适用于不与卡尔-费休试剂起反应并能迅速溶于溶剂中或其水分能被萃取出来的炸药的水分测定。

2）滴定杯要保持密封，不能与空气接触，滴定管内的气泡要排除干净。

3）样品要溶解完全。

4）分析完的废溶剂要收集于废溶剂瓶内，按规定处理，不能倒入下水道。

三、有机不溶物的测定——溶剂洗涤法

1. 原理

以适当的溶剂溶解、洗去试样中的可溶物，剩余部分即为不溶物。

2. 方法提要

称取 10g（或 5g）试样，精确至 0.1g，置于烧杯中（试样若易溶，则可直接置于已知质量的滤杯中），加入适量溶剂并搅拌，必要时可在水浴或蒸汽浴上加热，使可溶物全部溶解。

将烧杯内溶液及不溶物转移至已知质量的滤杯中，抽滤。用数份溶剂洗涤滤杯及不溶物，直至将可溶物全部洗净为止。取一滴至两滴滤液于表面皿上，待溶液挥发后表面皿上无痕迹，即为洗净，如没有洗净可继续重复洗涤操作到洗净为止。

对于混合炸药试样，可用两种或两种以上溶剂依次溶解和洗涤。滤杯置于 90℃～105℃烘箱中干燥 30min。取出滤杯放入干燥器中冷却 30min，称量，精确至 0.0002g。

试样中不溶物的质量分数按式（12-8）计算。

$$w = \frac{m_1 - m_2}{m} \times 100\% \tag{12-8}$$

式中　　w——试样中不溶物的质量分数（%）；

m_1——滤杯和不溶物的质量（g）；

m_2——滤杯的质量（g）；

m——试样的质量（g）。

3. 注意事项

1）洗涤样品时，必须在通风柜内进行，开动排风机，及时排出有害气体。

2）加热溶剂必须用水浴加热，必须有专人看护。

3）烘干样品时，必须使用有封闭式加热结构的电烘箱。

4）使用烘箱时，应加强检查，防止烘箱控温元件忽然失灵，引起烘箱内温度大幅度变化。

5）操作者观察温度时，应远离箱门或站在箱门有铰链的一边，以防突然发生故障，被箱门碰伤或被工作室内喷出的烟雾烧伤。

四、无机不溶物的测定——溶剂洗涤法

1. 原理

用一种或几种合适的溶剂溶解、洗涤试样，过滤出不溶物，将所得不溶物灼烧，剩余残渣即为灰分。

2. 方法提要

称取 5g（或 10g）混合均匀的试样，精确至 0.1g，放入烧杯或直接放入已装好定量滤纸的滤杯内。

1）往烧杯内加入定量合适的溶剂，搅拌使试样中的可溶物溶解，也可用表面皿盖住烧杯并置于水浴上加热促使可溶物溶解。将烧杯内清液移入已装好定量滤纸的滤杯内，抽滤。

2）再取相同的溶剂，或其他合适溶剂加入烧杯内按 1）的方法进行溶解、过滤。重复洗涤，直至烧杯内的试样组分全部溶解，然后用相同的溶剂洗涤烧杯，使其内容物全部转移至已装好定量滤纸的滤杯内，抽滤至无溶剂味为止。

3）当试样直接放入已装好定量滤纸的滤杯内时，则用一种或一种以上合适的溶剂（溶剂可加热）分数次加入滤杯，洗涤试样，直至洗净全部炸药组分，抽滤至无溶剂味为止。

4）将抽滤后滤纸和残渣移入已恒量的瓷坩埚内炭化，然后放入 700℃~800℃ 高温炉内灼烧 30min~40min，取出后在空气中冷却 5min，再放入干燥器内冷却至室温后称量，精确至 0.000 2g。重复灼烧至恒量（两次称量之差不大于 0.000 3g）。

试样中灰分的质量分数按式（12-9）计算。

$$w = \frac{m_1 - m_2}{m} \times 100\% \tag{12-9}$$

式中　w——试样中灰分的质量分数（%）；

　　　m_1——瓷坩埚和灰分的质量（g）；

　　　m_2——瓷坩埚的质量（g）；

　　　m——试样的质量（g）。

3. 注意事项

1）不能用定性滤纸。

2）操作中，如发现高温炉的温度过高，立即拔下电源，移去烘箱内物品，并及时通知相关人员处理。正常后再使用。

3）取放坩埚时，必须切断电源，以免发生触电事故。

4）称样过程中，戴好口罩及细纱手套；取放坩埚要使用坩埚钳，戴好棉线隔热手套。

五、不溶颗粒或硬渣的测定——溶剂不溶法

1. 原理

用合适的溶剂将试样溶解，分离出不溶颗粒或硬渣。常用溶剂：工业丙酮、溶剂油、苯、甲苯。

2. 方法提要

称取约50g试样，精确至0.1g，置于烧杯中，加入适量丙酮或其他合适的溶剂（对于单组分试样，仅使用一种溶剂；对于多组分试样，可采用一种以上溶剂）；对于含有能通过试验筛Ⅰ的粒状或粉末状试样则置于该试验筛中，先筛出细小部分，然后连同试验筛浸入盛有溶剂的容器中。将烧杯或容器及其内容物移至水浴上加热至所有可溶物全部溶解。将烧杯内的混合物倒入试验筛Ⅰ中，并用溶剂将烧杯内所有不溶物洗入试验筛Ⅰ中；对于含有能通过试验筛Ⅰ的粒状或粉末状试样，则从盛有溶剂的容器中取出试验筛Ⅰ。用溶剂洗涤试验筛Ⅰ上的残渣，洗去全部可溶物。风干带有残渣的试验筛。将留在试验筛Ⅰ上的颗粒倒入预先放在干净玻璃板上的试验筛Ⅱ内，过筛。分别数出试验筛Ⅱ筛上和筛下的不溶颗粒或硬渣数。

鉴别颗粒是否为硬渣的方法：用钢刮勺在光滑的玻璃板上挤压摩擦时，有持续的响声和刮痕，即为硬渣。

报出留在各试验筛上的所有不溶颗粒（含硬渣）数或所有硬渣数。

3. 注意事项

1）丙酮必须用水浴加热，必须有专人看护。

2）丙酮不能太多，不能没过筛子上沿。

3）水浴中水位低时，要及时添加蒸馏水。不能加自来水。

4）分析完的试验筛必须用合适的溶剂清洗干净，保证筛网干净、筛孔无堵塞。

六、熔点的测定

（一）毛细管法

1. 原理

在规定的条件下，使装入毛细管中的试样受热，试样熔化时对应的介质温度即为试样的熔点。

2. 传热介质要求

应选用沸点高于被测试样终熔温度，而且性能稳定、清澈透明、黏度较小的液体作为传热介质。常用的有：

（1）工业硫酸　应符合GB/T 534的规定，一等品。

（2）甘油　应符合GB/T 13206的规定。

（3）甲基硅油　应符合HG/T 2366的规定。

（4）液状石蜡　应符合NB/SH/T 0417的规定。

3. 熔点测定装置

可选用以下任一装置。

（1）高型烧杯熔点测定装置　装置如图12-1所示，其中加热浴为600mL高型烧杯。

（2）改良型赫息堡熔点测定装置　装置如图12-2所示。

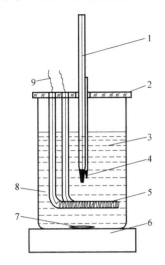 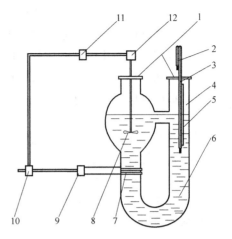

图 12-1　高型烧杯熔点测定装置示意图
1—专用温度计　2—浴盖　3—传热介质
4—毛细管　5—玻璃盘管　6—磁力搅拌器
7—搅拌棒　8—高型烧杯　9—电阻丝

图 12-2　改良型赫息堡熔点测定装置示意图
1—浴盖　2—辅助温度计　3—专用温度计
4—赫息堡熔点测定器　5—毛细管　6—传热介质
7—电阻丝　8—搅拌翅　9、11—调压变压器
10—稳压器　12—搅拌电动机

4. 方法提要

1）将试样在玛瑙研钵中研细，装入毛细管内，然后在玻璃管内垂直跌落五次至六次。使毛细管内试样装填密实，高达4mm左右。

2）将专用温度计悬于熔点测定装置中，使其感温泡距加热浴底不少于25mm（若用全部浸入式校正的专用温度计，则在该温度计上贴附一个辅助温度计，辅助温度计的感温泡位于专用温度计露出液面的汞柱的中部）。

3）接通电源，开动搅拌器，迅速加热介质。当温度升到低于试样的熔点5℃时，将装好试样的毛细管贴附在专用温度计上，使试样位于感温泡中部。控制升温速度为0.4℃/min～1℃/min。

4）仔细观察温度和毛细管内试样的变化情况，记录试样熔化时专用温度计及辅助温度计的读数。

对于熔化明显的试样，其熔点为毛细管中出现试样熔化形成的弯月面时的温度。对于熔化不明显的试样，其熔点为毛细管中的试样开始上升时的温度。对于在某一温度范围内熔化的试样，必须记录开始熔化和全部熔化时的温度。毛细管内壁的线条变模糊时的温度为熔化开始温度。试样全部熔化时的温度为熔化终了温度。

5. 结果的说明

1）若用工作浸入式校正的熔点专用温度计，试样的熔点按式（12-10）计算。

$$T_m = T_{m1} \tag{12-10}$$

式中　T_m——试样的熔点（℃）；

　　　T_{m1}——专用温度计经补正后的温度（℃）。

2）若用全部浸入式校正的熔点专用温度计，试样的熔点按式（12-11）计算。

$$T_m = T_{m1} + \Delta T_m \tag{12-11}$$

式中　ΔT_m——专用温度计露出液面部分汞柱的修正值（℃），按式（12-12）计算。

$$\Delta T_m = \alpha h (T_{m1} - T_{m2}) \tag{12-12}$$

式中　α——温度计内的汞视膨胀系数（℃$^{-1}$），$\alpha = 0.00016$℃$^{-1}$；

　　　h——试样开始熔化时的温度与温度计在液面处的刻度之间的差值（即专用温度计露出液面部分的水银柱高度）（℃）；

　　T_{m2}——辅助温度计读数（℃）。

6. 注意事项

1）挑选壁厚和长度符合要求的毛细管。

2）样品要研细，毛细管内样品不能太多或太少，样品太少熔点偏高，太多熔点偏低；毛细管内样品装填密实后高度达 4mm 左右为宜。

3）加热浓硫酸时必须有人看护。

（二）熔点仪法

1. 原理

利用物质在熔化过程中光学变化的特性测量熔点。

2. 方法提要

将样品在玛瑙研钵中研细，同时装入两支毛细管中，在垂直玻璃管内跌落五次至六次，使样品装填密实，毛细管中药柱高度为 3mm～4mm。分别设置起始温度、终止温度、升温速率，见表 12-13。温度升至起始温度后，将毛细管放入样品池，开始测定，记录仪器显示的测定结果。

表 12-13　部分试样的起始温度、终止温度和升温速率

试样名称	起始温度/℃	终止温度/℃	升温速率/(℃/min)	允许差（%）
黑索今	198.0	206.0	0.8	0.3
钝化黑索今	198.0	206.0	0.8	0.3
太安	136.0	146.0	1.0	0.3
钝化太安	136.0	146.0	1.0	0.3
奥克托今	268.0	276.0	1.5	0.3

3. 注意事项

1）对于有自动校准功能的熔点仪，以仪器自动校准后的初熔点为测定结果。

2）对于无自动校准功能的熔点仪，应将初熔点以校准值补正后作为测定结果。

3）毛细管内样品不能太多或太少，样品太少熔点偏高，太多熔点偏低；毛细管内样品装填密实后高度达 4mm 左右为宜。

4）在测定时出现结果偏高或偏低时，可能是仪器系统出现问题，要用标准物质校正仪器，重新进行分析检测工作。

（三）显微镜温台法

1. 原理

试样在显微镜温台上按一定升温速率加热，观测试样完全熔化成液体时的温度或部分结晶聚合物试样在正交偏振光下双折射完全消失时的温度，此温度即为试样的熔点。

2. 方法提要

1）接通显微镜光源开关，调整光栅，使目镜呈现出合适的亮度。

2）接通加热电源开关，调节温度控制器，以 10℃/min~15℃/min 的升温速率加热温台至 100℃~130℃，除尽温台小室内的水气。

3）将温台的温度控制到规定的放样温度。

4）打开保温玻璃罩，将制备好的试样放到温台的载玻片上，盖好盖玻片，调整试样薄膜使其正好覆盖着光孔。

5）调节显微镜使之聚焦。测定部分结晶聚合物时，调节偏振器，从目镜中观察到暗视场后，可再次调节偏光显微镜聚焦，直到暗视场中出现清晰的亮点。

6）调节温度控制器，使温台以 1℃/min 的速率连续升温。

7）观测并记下试样晶体开始熔化时的温度和全部熔化时的温度。以后一个温度作为熔点观测值。测定部分结晶聚合物时，观测并记下双折射消失、出现完全暗视场时的温度，此温度作为熔点观测值。

8）切断温台电源。将温台温度降至放样温度。

3. 结果的说明

1）试样的熔点按式（12-13）计算。

$$T_m = T_{m1} + \Delta T \tag{12-13}$$

式中　T_m——试样的熔点（℃）；

　　　T_{m1}——熔点观测值（℃）；

　　　ΔT——显微镜温台的仪器补正值（℃）。

2）ΔT 按式（12-14）计算。

$$\Delta T = T_{m2} - T_{m3} \tag{12-14}$$

式中　T_{m2}——用显微镜温台测得的标准物质熔点（℃）；

　　　T_{m3}——标准物质熔点（℃）。

若试样的 T_{m1} 介于相邻的两个 T_{m2} 之间，其 ΔT 用内插法求得。

4. 注意事项

1）具有敏锐熔点的试样，放样温度比预测熔点低 10℃；易分解或易脱水试样及奥克托今等熔化分解的试样，放样温度均比预测熔点低 15℃。部分结晶聚合物的放样温度为：试样熔点小于 150℃ 时，比预测熔点低 10℃；试样熔点为 150℃~200℃ 时，比预测熔点低 15℃；试样熔点大于 200℃ 时，比预测熔点低 20℃。

2）取研细的样品置于载玻片上，不能太多也不能太少，太多造成结果偏高，太少则结果偏低，样品在 0.1mg 左右。

3）盖上盖玻片要转圈研样，使样品压成薄层，没有缝隙，操作中必须戴上手套，以防手上有汗液将盖玻片带起，影响分析结果。

七、酸碱度的测定

（一）完全溶解法

1. 原理

试样经合适的溶剂溶解后，用水萃取出酸或碱，在合适的指示剂存在下，用酸碱滴定法测定其酸度或碱度。

2. 方法提要

称取规定量试样，倒入锥形瓶（或烧杯）中，加定量的溶剂，使试样完全溶解。若试样不能完全溶解时，应将锥形瓶（或烧杯）放在水浴上加热至试样溶解。若试样含有几种成分，且诸成分不能同时溶于一种共同的溶剂时，则需用几种溶剂。

往锥形瓶（或烧杯）中加入定量的纯水，搅拌均匀。将混合物冷却至室温后加入适量的指示剂，此时应注意溶液的颜色。如果溶液呈酸性，则用氢氧化钠标准溶液滴定至终点；如果溶液呈碱性，则用硫酸或盐酸标准溶液滴定至终点。

对与水不互溶的溶剂，也可采用分步萃取分离的方法。

3. 注意事项

1）本方法适用于易溶于某种溶剂或某种混合溶剂的炸药的酸度或碱度的测定。

2）炸药必须要全部溶解，保证样品中的酸全部萃取出来。

3）必须要冷却至室温后再进行滴定。

（二）热水萃取法

1. 原理

试样在沸水或热水中熔化后，萃取出酸或碱，在合适的指示剂存在下，用酸碱滴定法测定其酸度或碱度。

2. 方法提要

称取规定量试样，倒入锥形瓶中。加入 100mL 水，并将锥形瓶放在水浴上加热，至试样全部熔化。取下锥形瓶，振荡至结晶析出后，将萃取液倒在另一个干净的锥形瓶中。注意防止带入杂质。

往盛有试样的锥形瓶中，再加入 50mL 水。重新熔化、萃取。然后将两次萃取液倒入同一个锥形瓶中，冷却至室温。往锥形瓶内的萃取液中加入适量的指示剂，此时注意溶液的颜色，如果溶液呈酸性，则用氢氧化钠标准溶液滴定至终点；如果溶液呈碱性，则用硫酸或盐酸标准溶液滴定至终点。同时进行空白试验。

3. 注意事项

1）本方法适用于在沸水或低于沸水温度的热水中能全部熔化且不水解的炸药的酸度或碱度的测定。

2）样品振荡形成结晶时，一定要快速摇动，防止样品结成大块，不容易处理。

（三）pH 计法

1. 原理

在中和反应中用 pH 计测定滴定终点（以空白溶液的 pH 作为参比），计算出试样的酸度或碱度。

2. 方法提要

1）称取 1g~5g 试样，精确至 0.01g，倒入烧杯内，加入一定体积的溶剂进行搅拌。必要时可加热，使试样的酸或碱进入液相制成萃取液、悬浮液或溶液。加入适量的水，用磁力搅拌器搅拌均匀。

2）用 pH 计测定空白溶液的 pH。

3）用 pH 计测定试液的 pH，若试液的 pH 大于空白溶液的 pH，则用盐酸标准溶液滴定至与空白溶液的 pH 相同，记录盐酸标准溶液消耗的体积；若试液的 pH 小于空白溶液的 pH，则用氢氧化钠标准溶液滴定至与空白溶液的 pH 相同，记录氢氧化钠标准溶液消耗的体积。

3. 注意事项

1）本方法适用于炸药萃取液、悬浮液或溶液的酸度或碱度的测定。

2）用 pH 为 6.86 的混合磷酸盐缓冲溶液和 pH 为 4.00 的邻苯二甲酸氢钾缓冲溶液校正 pH 计。

3）电极在使用前应在蒸馏水或纯水中浸泡 24h 以上。使用前检查其内部是否装满 3mol/L 饱和氯化钾溶液，使用时拔去下端橡胶帽及颈端橡胶塞，再检查电极的小接管内是否有空气泡间隔，用完后要将橡胶帽和橡胶塞装上。

4）测定 pH 时需转动烧杯，使电极周围与整个溶液达到平衡，但若剧烈转动则会使已分层的溶液又产生混层，故以轻轻转动为宜。

5）每次测定溶液 pH 后，都必须用蒸馏水或纯水将电极冲洗干净，并用滤纸吸干。

（四）电位滴定法

1. 原理

试样经合适的溶剂溶解后用电位滴定仪滴定，根据反应终点时的电极电位突跃判断终点，以消耗酸或碱标准溶液的体积计算试样的酸碱度。

2. 方法提要

按仪器说明书安装调试电位滴定仪，建立空白及样品的测定方法，输入计算公式后保存测定方法。称取适量样品，约 1g~10g，精确至 0.1g，置于烧杯中，加入一定体积的溶剂溶解，必要时置于水浴上加热使试样全部溶解，若试样含有几种成分，且诸成分不能同时溶于同一种溶剂时，则需用几种溶剂。

取下烧杯，加入与瓶内原有溶液等体积的水，冷却至室温。将烧杯放置在滴定台上，插入电极、滴定管头、搅拌器后进行滴定。

若样品为酸性，则用氢氧化钠标准溶液滴定。若样品为碱性，则用硫酸标准溶液滴定。

同时做空白试验，操作步骤与上述样品测定过程相同。

酸度或碱度按式（12-15）计算。

$$w_1 = \frac{c(V_2 - V_1)M}{1000mn} \times 100\% \tag{12-15}$$

式中　w_1——酸度或碱度（%）；

　　　c——标准溶液的浓度（mol/L）；

　　　V_2——试样消耗的标准溶液的体积（mL）；

　　　V_1——空白消耗的标准溶液的体积（mL）；

　　　M——酸或碱的摩尔质量（g/mol）；

　　　n——反应中酸失去或碱得到的质子数；

　　　m——试样的质量（g）。

3. 注意事项

1）仪器使用前预热 30min。

2）测量时，电极的导线应保持静止，否则会引起测量不稳定。

3）用缓冲溶液标定仪器时，要保证缓冲溶液的可靠性，缓冲溶液的配制要符合要求，否则将导致测量结果不准确。

4）滴定管内和导液管内不能有气泡。

5）搅拌速度要合适，溶液中不能产生气泡。

6）电极应避免长期浸泡在蒸馏水、蛋白质溶液和酸性氟化物溶液中。

八、粒度的测定

（一）干筛法

1. 原理

将已知质量的试样在规定孔径的试验筛上进行筛分，以筛上物或筛下物的质量分数表示试样的粒度。

2. 方法提要

将已分别称量的试验筛按筛孔直径大小顺序由上至下叠放在一起，套上底盘（以下简称套筛）。

将试样混合均匀，按四分法称取 100g 试样，精确至 0.1g，倒入套筛的最上层试验筛中，盖上盖。将套筛固定在振荡器箱体中，接通电源，振荡 3min。切断电源，取出套筛。分别称量各盛有试样的试验筛，精确至 0.1g。

第 i 层试验筛筛上试样的质量分数按式（12-16）计算。

$$w_i = \frac{m_1 + m_2 + \cdots + m_i}{m} \times 100\% \tag{12-16}$$

式中　w_i——第 i 层试验筛上试样的质量分数（%）；

　　　m_1——第一层试验筛上试样的质量（g）；

　　　m_2——第二层试验筛上试样的质量（g）；

　　　m_i——第 i 层试验筛上试样的质量（g）；

　　　m——试样的质量（g）。

通过第 i 层试验筛试样的质量分数按式（12-17）计算。

$$w_i = \frac{m - (m_1 + m_2 + \cdots + m_i)}{m} \times 100\% \tag{12-17}$$

式中　w_i——通过第 i 层试验筛的试样的质量分数（%）；

　　　其余符号同式（12-16）。

3. 注意事项

1）应将仪器放置在平整坚固的台面上，以防振动，并接好地线。

2）套筛在箱体内固定好后，方可接通电源。

3）分析操作中，发生异常的闪光、声响时，应快速切断电源，及时撤离现场。

4）使用完毕后应关闭电源，并保持其清洁。

（二）水筛法

1. 原理

以一定压力的自来水经特制的喷头，沿筛面径向移动喷水，使比筛孔小的药粒通过筛孔，以通过各层试验筛的试样的质量分数表示试样的粒度。

2. 方法提要

1）将试验筛按筛孔直径大小顺序由上至下递减排列，并将带胶管的水筛喷头垂直固定悬吊，使喷头下端距筛面距离为45mm～70mm，最底层筛的下部装有收集试样和水的过滤布袋（或水盆）。

2）将试样混合均匀，按四分法称取50g试样，精确至0.1g。

3）将试样放入烧杯中，加入0.3%润湿剂水溶液300mL。

4）用玻璃棒搅拌混合1min～2min，使试样充分润湿和分散。

5）将烧杯中全部混合物转移到最上一层试验筛上，调整喷头端面高度，使距第一层筛面为45mm～70mm。

6）开启自来水阀门，调整水压为0.1MPa±0.01MPa或0.04MPa±0.01MPa（采用有75个孔，孔径为0.7mm的喷水孔板），喷头沿筛面径向喷水，以使小于筛孔的试样颗粒过筛。

7）用玻璃棒将试验筛上的湿块轻轻压散，继续喷水使试样翻动过筛。

8）喷水筛分5min后，使第一层试验筛竖立呈倾斜位置，小心自上而下来回冲洗筛面，使试样颗粒聚集在筛内下沿，将第一层筛取下，调整喷头端面高度，使距第二个筛面为45mm～70mm。

9）对每层试验筛依次做同样筛分操作。

10）用洗瓶水流将每层试验筛上的试样颗粒全部转移至已知质量的滤杯中。在滤杯中加入适量饱和乙醇溶液，浸泡3min抽滤，再加入15mL饱和乙醇溶液，重复两次，最后抽至无滤液为止。

11）将滤杯和内容物置于烘箱中，在规定温度下干燥1h，取出，放于干燥器中冷却30min后称量。精确至0.0001g。

12）通过第i层试验筛的试样的质量分数按式（12-18）计算。

$$w_i = \frac{m-(m_1+m_2+\cdots+m_i)}{m}\times100\% \tag{12-18}$$

式中　w_i——通过第i层试验筛上的质量分数（%）；

　　　m——试样的质量（g）；

　　　m_1——第一层试验筛上试样的质量（g）；

　　　m_2——第二层试验筛上试样的质量（g）；

　　　m_i——第i层试验筛上试样的质量（g）。

3. 注意事项

1）天平应放置在专用室内，避免阳光直射及涡流侵袭或单面受热。

2）随时保持天平内外清洁，对于含有吸湿性或腐蚀性物质的物品，必须放在密闭的容器内称量。

3）不要将过热或过冷的物体放在秤盘上称量，应先放置在天平室内干燥器中，待其温度与室内温度达到平衡后，方可称量。

4）每次检测前对水筛喷头孔板进行一次清理，保证孔板干净不堵塞。

5）试验筛使用前检查筛网有无松动和破损，按孔径大小，从上而下递减排列。每次检测结束后，对试验筛进行一次彻底清理。

6）每个烘箱的烘样量不得超过规定安全量，并做好巡检。

九、混合炸药中组分含量的测定

(一) 溶剂萃取分离法

1. 原理

利用溶剂对试样组分的不同溶解度, 使组分分离, 用称量法测定。

2. 溶剂选择原则

按照"相似相溶原则"(极性物质溶于极性溶剂中, 非极性物质溶于非极性的溶剂中)选择溶剂。

通常溶剂应该容易溶解试样中的待测组分, 但完全不溶解其他组分; 反之亦可。当称量形式是不溶解的待测组分时, 如果溶剂微溶该组分, 也可以考虑采用饱和了该组分的溶剂。此外, 溶剂的沸点、毒性也是选择的因素。沸点太低易挥发, 沸点太高不易蒸发, 不利于测定热稳定性差的被提取物。

常用的极性溶剂: 水、醇类; 非极性溶剂: 酮类、溶剂油、醚类、苯、甲苯、四氯化碳和三氯甲烷等。

部分炸药在溶剂中溶解性见表 12-14 ~ 表 12-16。

表 12-14　部分炸药在各种溶剂中的溶解性

炸药	溶剂													
	丙酮	二甲基甲胺酰	二甲亚砜	三氯甲烷	四氯化碳	苯	甲苯	二硫化碳	乙醇	乙腈	乙醚	醋酸乙酯	硝酸	硫酸	水
二硝基甲苯(DNT)	溶	溶	—	—	—	溶	—	微	微	—	微	—	—	—	不
三硝基甲苯(TNT)	溶	溶	溶	溶	微	溶	溶	微	微	溶	微	溶	溶	溶	不
三氨基三硝基甲苯(TATB)	不	不	不	不	不	不	不	不	不	—	不	—	溶	—	不
六硝基芪(HNS)	微	溶	微	—	—	—	—	—	—	溶	—	—	—	—	—
黑索今(RDX)	溶	溶	溶	微	不	不	不	微	溶	难	不	溶	—	—	不
奥克托今(HMX)	溶	溶	溶	—	—	不	不	—	微	微	—	微	—	—	不
特屈儿(CE)	溶	—	—	微	—	溶	不	微	微	—	微	溶	—	—	不
硝基胍(NQ)	不	溶	溶	不	不	不	不	不	不	—	不	—	—	—	溶
太安(PETN)	溶	溶	溶	溶	—	微	微	不	不	—	微	溶	—	—	不
硝化甘油(NG)	溶	—	—	溶	溶	溶	溶	微	溶	溶	溶	溶	溶	溶	微
硝化棉(NC)	溶	溶	—	不	不	不	不	—	不	—	不	—	—	—	不

表 12-15　梯恩梯在部分溶剂中的溶解度　　　(单位: g/100g)

温度/℃	水	吡啶	甲苯	丙酮	苯	二氯乙烷	四氯化碳	乙醇(95%)	乙醚
0	0.01	—	28	57	13	—	0.2	0.6	—
15	0.012	—	45	92	50	—	0.5	1.1	2.8
20	0.013	—	55	100	67	—	—	1.2	3.3
25	0.015	158	67	132	88	70	0.8	1.5	—
30	0.017	—	84	156	113	100	—	1.8	4.6
35	0.022	215	104	187	144	—	1.3	2.3	—

（续）

温度/℃	水	吡啶	甲苯	丙酮	苯	二氯乙烷	四氯化碳	乙醇(95%)	乙醚
50	0.047	370	208	376	284	300	3.2	4.6	—
60	0.067	600	367	600	478	—	6.9	8.3	—
70	0.087	1250	826	1350	1024	—	17.3	15.1	—
75	0.097	2460	1685	2678	2028	—	24.3	19.5	—
100	0.147	—	—	—	—	—	—	—	—

表 12-16　黑索今在部分溶剂中的溶解度　　　（单位：g/100g）

温度/℃	醋酸(50%)	醋酸(100%)	丙酮	乙腈	乙醇	四氯化碳	氯苯	三氯甲烷
0	—	—	4.2	—	0.04	—	0.20	—
20	—	—	6.8	—	0.10	0.0013	0.33	0.015
30	0.12	0.41	8.40	12.0	—	0.0022	0.44	—
40	—	—	10.3	16.2	0.24	0.0034	0.56	—
60	0.50	1.35	15.3(58℃)	24.6	0.60	0.007	—	—
80	1.25	2.60	—	33.0	1.20	—	—	—

3. 方法提要

将准确称取的试样放入烧杯或直接放入已恒量的滤杯中，加入适量的溶剂，用玻璃棒搅拌使试样中的可溶组分溶解，也可用表面皿盖住，置于水浴上加热，促进可溶物溶解（采用被试样中某种组分饱和了的溶剂时不应加热），抽滤。

重复上述操作，直至可溶组分全部溶解、抽滤。用合适的方法检验试样中的可溶组分是否溶解完全。继续抽滤除去挥发性溶剂，擦净滤杯外壁，将滤杯放入烘箱中烘干、冷却、称量。

4. 注意事项

1）对易燃、易爆、有毒害气体产生的操作，必须在通风柜内进行，开动排风机及时排出有害气体。

2）在操作过程中，要严格按照分析标准所规定的试剂量和洗涤次数来洗涤试样。

3）饱和溶剂在使用前必须要摇匀、过滤后使用。

4）加热溶剂时，必须在水浴或者汽浴上加热。

（二）液相色谱法

1. 原理

确定的色谱分析条件下，混合炸药中各待测组分与基质或其他干扰组分分离，在线性范围内各组分的峰面积与含量成正比，以相同条件下的各待测组分的标准物质做比较分析，采用外标法或内标法计算出各待测组分的含量。

2. 方法提要

按仪器说明书启动仪器，按仪器特点设定色谱条件，待基线稳定后，以先标准溶液后试样溶液的顺序进样。记录各谱图中标准物质和待测组分的峰面积（峰高）。

1）采用内标法时需先测定校正因子，内标法校正因子按式（12-19）计算。

$$f_i = \frac{A_{0s} m_{0i}}{A_{0i} m_{0s}}$$ （12-19）

式中 f_i——待测组分与内标物的校正因子；

A_{0s}——标准溶液中内标物色谱峰面积（或峰高）；

m_{0i}——标准溶液中待测组分 i 的质量（mg）；

A_{0i}——标准溶液中待测组分 i 的色谱峰面积（或峰高）；

m_{0s}——标准溶液中内标物的质量（mg）。

2）按外标法定量分析试样中待测组分 i 的质量分数，按照式（12-20）计算。

$$w_i = \frac{A_i m_{0i}}{m A_{0i}} \times 100\%$$ （12-20）

式中 w_i——待测组分 i 的质量分数（%）；

A_i——试样溶液中待测组分 i 的色谱峰面积（或峰高）；

m——试样的质量（mg）；

A_{0i}——标准溶液中待测组分 i 的色谱峰面积（或峰高）；

m_{0i}——标准溶液中待测组分 i 的质量（mg）。

3）按内标法定量分析试样中待测组分 i 的质量分数，按照式（12-21）计算。

$$w_i = \frac{A_i m_s f_i}{m A_s} \times 100\%$$ （12-21）

式中 A_i——试样溶液中待测组分 i 的色谱峰面积（或峰高）；

m_s——试样溶液中内标物质量（mg）；

f_i——待测组分与内标物的校正因子；

A_s——试样溶液中内标物色谱峰面积（或峰高）；

m——试样的质量（mg）。

3．注意事项

1）流动相应选用色谱纯试剂、高纯水，酸碱液及缓冲溶液需经过滤后使用，过滤时注意区分水系膜和油系膜的使用范围。

2）水相流动相需经常更换（一般不超过 2 天），防止滋生菌类变质。

3）采用过滤或离心方法处理样品，确保溶液中不含固体颗粒。

4）色谱柱在不使用时，应用甲醇冲洗，取下后紧密封闭两端保存。

5）不要高压冲洗柱子，不要在高温下长时间使用硅胶键合相色谱柱。

（三）炸药中梯恩梯含量的测定——紫外分光光度法

1．原理

当紫外线波长为 305nm 时，试样溶液的吸光度与溶液中梯恩梯浓度成正比。利用这一特性，测定梯恩梯溶液的吸光度，以求出梯恩梯的含量。

2．方法提要

（1）校正曲线绘制 取 1.00mL、2.00mL、3.00mL、4.00mL、5.00mL 梯恩梯校正溶

液，分别置于 10mL 容量瓶中，并加丙酮至刻度，摇匀，移入紫外分光光度计中的 1cm 光程石英吸收池中，以丙酮作参比，在相同实验条件下测定波长为 305nm 处的吸光度 A。以 A 为纵坐标，校正溶液浓度 c 为横坐标，绘制 A-c 工作曲线。

（2）试样中梯恩梯浓度的测定　取试样溶液置于紫外分光光度计中的 1cm 光程石英吸收池中，测定波长为 305nm 处的吸光度，从 A-c 工作曲线上查出试样溶液中梯恩梯的浓度。

试样中梯恩梯的质量分数按式（12-22）计算。

$$w_{\mathrm{T}} = \frac{c_{\mathrm{T}} V}{m} \times 100\%$$ （12-22）

式中　w_{T}——试样中梯恩梯的质量分数（%）；

　　　c_{T}——试样溶液中梯恩梯的浓度（mg/mL）；

　　　V——试样溶液总体积（mL）；

　　　m——试样的质量（mg）。

3. 注意事项

1）分光光度计必须提前预热 30 min，使用前进行校准。

2）手拿吸收池时，只能拿毛玻璃一面，使用完后，将吸收池清洗干净。

3）测定前，吸收池必须进行校正，选择吸光度误差小于等于 0.005 的使用。测定前，必须用待测溶液将吸收池润洗 3 次。

4）分光光度计内硅胶失效时必须及时更换。

5）测定样品时，必须单独测定两次，不允许吸收池装同一溶液连续测定两次。

第三节　梯　恩　梯

一、概述

梯恩梯，学名 2，4，6-三硝基甲苯，凝固点大于等于 80.20℃，易溶于吡啶、丙酮、甲苯、苯、三氯甲烷，微溶于乙醇、四氯化碳、二硫化碳，难溶于水。检测项目执行标准 GJB 338A—2002《梯恩梯规范》，有外观、凝固点、水分及挥发分、酸度、丙酮不溶物、亚硫酸钠、渗油性，其中水分及挥发分、酸度、丙酮不溶物按第二节中通用项目进行分析，本节只介绍凝固点、渗油性及亚硫酸钠的分析方法。

二、凝固点的测定

凝固点是表示梯恩梯纯度的一种方法。凝固点的高低，是梯恩梯产品质量好坏的最主要标志。凝固点高，说明产品纯度高，低则说明产品纯度低。

1. 原理

将熔化的试样在搅拌的条件下缓慢冷却至重新结晶，以温度回升的最高点作为试样的凝固点。

2. 方法提要

称取 20g～40g 试样，装入清洁干燥的小试管，放入油浴中至试样完全熔化（油浴温度高于被测试样凝固点温度 10℃～15℃；试样熔化后，将小试管自油浴中取出，擦去外壁甘油，并将带有专用温度计及搅拌器的塞子插入小试管中（温度计的感温泡应浸入试样中，但不得接触试管壁）。

将小试管装入预热的大试管中，此时，熔化后的试样温度应比测定装置中甘油的温度稍高，甘油测定器的温度应控制在82℃~85℃；加速搅拌熔化后的试样，当温度由下降转为上升时，停止搅拌，同时提起搅拌器，固定在小试管上部，当温度上升至最高点而又开始下降时，记录专用温度计最高点温度及辅助温度计的温度。

根据试样性质决定采用平行测定或重复测定（性质稳定的试样，将测定后的试样重新熔化进行重复测定）。

凝固点 t_S 按式（12-23）计算：

$$t_S = t_{S1} + \Delta t_{S1} \tag{12-23}$$
$$\Delta t_{S1} = \alpha h \ (t_{S1} - t_{S2}) \tag{12-24}$$

式中　t_S——试样的凝固点（℃）；

t_{S1}——专用温度计补正后的温度（℃）；

Δt_{S1}——专用温度计露出液面部分的水银柱的校正值（℃）；

α——温度计内的汞视膨胀系数（℃$^{-1}$），$\alpha = 0.00016$℃$^{-1}$；

h——专用温度计露出液面部分的水银柱的高度（即试样开始熔化时的温度与温度计在液面处的刻度之间的差值）（℃）；

t_{S2}——辅助温度计读数（℃）。

3. 注意事项

1）试管干净，严防有水珠。

2）安装专用温度计时，防止温度计水银球部分碰到试管壁，发生分析结果偏低现象。

3）测定器的温度（技术规定在82℃~85℃）和试样熔化后的温度一定要控制好，不然结果就会出现偏低或偏高的现象。

4）在太阳光下和无太阳光下测得的凝固点是不一样的，在太阳光下测得的凝固点要高0.05℃~0.08℃。这是因为在阳光下，梯恩梯的结晶核发生了变化而引起的。

5）测定过程中，注意防止甘油和水以及其他杂质混入试管内。

6）当试管中的梯恩梯凝固后，要防止搅拌棒掉入试样里，它容易把一部分热量带出，使凝固点偏低。

7）专用温度计的变化对梯恩梯凝固点有很大影响，因此新领的和经过校正的温度计在使用前，应用标准样品进行测定检查。

8）经常检查所用的温度计是否有断线及损坏现象，并注意使用的有效期。

三、渗油性的测定——油迹面积法

在梯恩梯生产过程中，甲苯硝化最后得到的产品中，除了正常的 α-TNT 外，还有其他异构体，加之硝化不完全，产品中还会有少量 2,4-DNT 等杂质。它们将和 α-TNT 生成低共熔的化合物，在一定温度下储存较长时间，会渗出"油"状物。渗油性大的梯恩梯装弹后渗出的油状物有可能引起炮弹的膛炸，故产品的渗油性应不大于标准样品。

1. 原理

在规定条件下加热经熔化重结晶的梯恩梯药柱，使其中的同分异构体及低级硝化物等所形成的低共熔点混合物呈油状渗出，并与标准样品进行比较，以评定试样的渗油性。

2. 方法提要

将称取的试样放入金属坩埚中加热至试样完全熔化，静止使试样完全凝固。将凝固的药柱从坩埚内轻轻磕出，刮去药柱上边缘约 2mm 左右，使边缘的切面呈 45°整齐的斜面，以专用滤纸将药柱包上，同时按上述程序用梯恩梯渗油性标准物质制成 2 个药柱。

将包好滤纸的药柱放在 40.0℃ ~ 41.0℃ 的恒温箱内加热 4h，取出药柱，剥离滤纸。观察滤纸上药柱切面所渗出的油迹。以两个梯恩梯渗油性标准物质出油迹多的一张滤纸为标准，与试样药柱滤纸上的油迹比较，以评定其渗油性。根据滤纸上的药柱整个切面所渗出的油迹和在切面上连续扩散渗出的油迹作为评分的依据，而在切面以外的油痕、斑点以及颜色的深浅均不作为评分的理由。

试样滤纸上油迹的面积不大于梯恩梯标准物质滤纸上油迹面积并且不小于梯恩梯标准物质滤纸上油迹面积的 1/2 时，则渗油性为 3 分；试样滤纸上油迹面积小于梯恩梯标准物质滤纸上油迹面积的 1/2 时，则渗油性为 4 分；试样滤纸上没有油迹，则渗油性为 5 分。

3. 注意事项

1）药柱放置在固定台面上冷却静止时，需用水平仪校准台面，保持水平，否则导致药柱倾斜，会使刮边切面不均匀。

2）样品熔化后，如果坩埚内容物的表面有大的气泡时，可用滤纸签刺破，使之消除。凝固后的试样和标准药的结晶大小尽量一致。

3）药柱刮边后，要仔细用刷子刷净药柱表面梯恩梯粉末，再用绸布擦净，否则梯恩梯粉末会在滤纸上扩散，影响评分的准确性。

4）要严格控制恒温箱的温度及时间，否则影响评分的准确性。温度高，时间长渗出的油多；温度低，时间短渗出的油少。

5）影响渗油性测定因素中最主要的因素有药柱切面的大小、滤纸包的松紧程度、油迹的判断等，均影响评分的准确性，因此操作人员应定期抽查，统一操作。

四、亚硫酸钠的定性分析

梯恩梯中如果含有亚硫酸钠，二者会发生反应，最主要的是亚硫酸钠与梯恩梯中少量不对称梯恩梯杂质作用非常迅速，在室温下就可以反应，生成红色的三硝基苯磺酸钠。

1. 原理

以碘量法检查试样的浸取液，若有亚硫酸钠存在则与定量碘作用而试液不呈蓝色。

2. 方法提要

称取试样约 10g，精确至 0.1g，放入烧杯中，加入蒸馏水 50mL，将烧杯放在沸腾水浴中加热至试样完全溶化，取下烧杯，在摇振下使内容物冷却至室温，加入 2mL ~ 3mL 淀粉溶液和一滴碘液，如出现蓝色，摇晃 2min ~ 3min 仍不消失，则无亚硫酸钠存在。

3. 注意事项

1）试样在水浴中溶化后要保持 5min 以上，以确保试样中的亚硫酸钠全部游离出来。

2）碘液在碱性中不显蓝色，故试验中应避免溶液中混入碱。

3）溶液要冷却充分，再进行定性，否则淀粉和碘生成的蓝色在高温下会消失，导致结果误判。

4）碘溶液应保存在避光、阴凉的地方，使用时应注意碘溶液的加入量（垂直一滴），加入过量时可能会造成不合格产品中的亚硫酸钠与碘溶液反应后，剩余的碘与淀粉变蓝色，会将不合格产品判断为合格产品。

5）淀粉指示剂应现用现配。

第四节 黑 索 今

一、概述

黑索今，学名1,3,5-三硝基-1,3,5-三氮杂环己烷，又名环三甲基三硝胺。熔点（结晶）203℃以上，工业品201℃以上。溶于丙酮、浓硝酸、微溶于乙醇、甲苯、三氯甲烷、乙醚、二硫化碳、乙酸乙酯等，难溶于水、CCl_4。检测项目执行标准 GJB 296A—2019《黑索今规范》，有外观、熔点、水分和挥发分、酸度、丙酮不溶物、筛上不溶颗粒数、粒度、堆积密度等项目，其中熔点、水分和挥发分、酸度、丙酮不溶物、筛上不溶颗粒数、粒度按第二节中通用项目进行分析，本节只介绍堆积密度的分析方法。

二、堆积密度的测定

1. 原理

使试样均匀通过筛网自由落入一定体积的接收器中，通过称量计算出堆积密度。

2. 方法提要

（1）接收器容积的标定　在室温下，往接收器中加入室温的水，使接收器顶部水面形成凸面，将玻璃板压在接收器顶上，除去多余的水，使玻璃板底下无气泡。擦干接收器外部及玻璃片的水，称量，精确至 0.1g。

接收器的容积按式（12-25）计算。

$$V_c = \frac{m_1 - m_2}{\rho} \tag{12-25}$$

式中　V_c——接收器的容积（cm^3），表示至两位小数；

　　　m_1——接收器、玻璃片和水的质量（g）；

　　　m_2——接收器和玻璃片的质量（g）；

　　　ρ——在试验温度下水的密度（g/cm^3）。

（2）样品的测定

1）将隔板置于筛网上，再将筛网放在三角支架上，接收器置于支架下，使接收器和隔板中圆孔的中心对准，筛网距接收器上沿高度为100mm，同时接好地线。

2）四分法取适量试样置于筛网的隔板上，用牛角勺轻轻来回刮动筛网，使试样均匀地通过筛网自由落入接收器中，直至试样堆满接收器并使其自然堆成圆锥形。用刮板垂直地与接收器上沿接触并单向匀速刮过表面，将多余的试样刮去，使试样面与接收器面相平。刮时要保持刮板垂直于接收器面，并一直与接收器上沿相接触，用连续动作朝一个方向刮试样面。

3）从试样开始流入接收器中至刮平药面为止，此过程禁止碰撞、挪动接收器。刮平试样面后，可轻敲一下接收器，使接收器中试样面稍低于上沿。然后将接收器外表面用绸布擦干净，置于天平上称量，记取称量结果。

堆积密度按式（12-26）计算。

$$\rho_1 = \frac{m_3 - m_4}{V_c} \tag{12-26}$$

式中　ρ_1——试样的堆积密度（g/cm^3）；

　　　m_3——试样和接收器的质量（g）；

　　　m_4——接收器的质量（g）；

　　　V_c——试样占有的体积（等于接收器的容积）（cm^3）。

3. 注意事项

1）检测人员在进入堆积密度检测岗位前，要徒手接触除静电棒，消除身体的静电。

2）堆积密度测定器必须接地线，导走静电。

3）标定接收器时，玻璃板下不能产生气泡。

4）刮去多余样品时，必须用刮板垂直地与接收器上沿接触并单向匀速刮过表面，不能多次刮。

5）接收器外壁必须擦干净再称量。

6）测定过程中，接收器不能碰撞、挪动。

第五节　奥克托今

一、概述

奥克托今，学名 1，3，5，7-四硝基-1，3，5，7-四氮杂环辛烷，又名环四次甲基四硝胺。熔点（三级品）≥268℃，溶于丙酮、硝基甲烷、乙腈、环己酮、二甲基亚砜、浓硝酸。几乎不溶于水、CS_2、甲醇、异丙醇等。难溶于苯、三氯甲烷等。检测项目执行标准 GJB 2335—2019《奥克托今规范》，有外观质量、晶型、熔点（毛细管法、显微镜温台法）、丙酮不溶物、无机不溶物、不溶颗粒、酸度、水分和挥发分、粒度（水筛法）、奥克托今含量、黑索今含量，其中晶型、熔点（毛细管法、显微镜温台法）、丙酮不溶物、无机不溶物、不溶颗粒、酸度、水分和挥发分、粒度（水筛法）按第二节中通用项目进行分析，本节只介绍晶型、黑索今含量、奥克托今含量的分析方法。

二、晶型的测定

晶型的测定方法有 X 射线衍射法（仲裁法）和偏光显微镜法，本节介绍偏光显微镜法。

1. 方法提要

取少许样品，摊在载物片中部约 $1cm^2$ 面积上，勿使晶粒重叠或堆积，选取目镜和物镜，放大倍数为 80 倍~100 倍（粒度较细时可选用较大倍数的目镜和物镜）。调节偏光显微镜的焦距，直至观察到清晰的晶体图像，仔细观察样品的晶型，并与标准晶型照片（图 12-3）对照。记录视场内典型的 α、γ、δ 晶体个数。

同一视场内典型的 α、γ、δ 晶粒之和不超过 5 个（含 5 个）则判定该样品所代表的小批为 β 型。

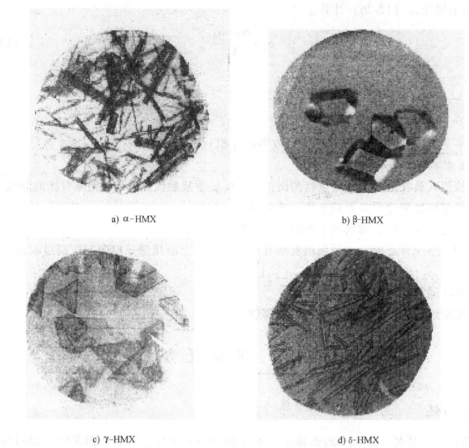

a) α-HMX

b) β-HMX

c) γ-HMX

d) δ-HMX

图 12-3　HMX 标准晶型照片

2. 注意事项

1）选择好物镜和目镜的倍数，调节好焦距。

2）载物片上的晶粒不能重叠或堆积；转动物镜，仔细观察视场内的样品是否符合要求。

三、黑索今含量的测定

黑索今含量的测定方法有 X 射线衍射法和液相色谱法（仲裁法），本节介绍液相色谱法。

1. 原理

试样用丙酮溶解，注入 C18 色谱柱内，各组分经多次分配平衡达到分离，用紫外检测器测定。测定时采用外标法或以邻硝基苯酚为内标物的内标法。

2. 方法提要

按仪器操作程序启动仪器，液相色谱仪稳定后，按校正、测定、校正的顺序将溶液注入色谱柱内，每种溶液连续检测标准溶液、试样溶液。每份试样进样两次，各待测组分两次分析结果均应小于相应的允差，否则应重新进样两次分析，或重新制样分析。

用外标法时按式（12-27）计算，用内标法时按式（12-28）计算。

$$w_3 = \frac{hm_0}{h_0 m} \times 100\%$$

(12-27)

式中　w_3——黑索今的质量分数（%）；

　　　h——试验溶液中黑索今的峰高或峰面积；

　　　m_0——标准溶液中黑索今的质量（g）；

　　　h_0——标准溶液中黑索今的峰高或峰面积；

　　　m——试样的质量（g）。

$$w_3 = \frac{h/h_s m_0}{h_0/h_{0s} m} \times 100\%$$

(12-28)

式中　h_s——试验溶液中内标物的峰高值或峰面积；

　　　h_{0s}——标准溶液中内标物的峰高值或峰面积；

　　　其他符号同式（12-27）。

3. 注意事项

1）流动相使用前要过滤，根据需要选择不同的滤膜。

2）对抽滤后的流动相脱气 10min～20min。脱气后的流动相要小心振动，尽量不引起气泡。

3）流动相冲洗 20min～30min 后，仪器方可稳定；仪器基线走直后，方可进样分析。

4）样品测试结束后，要对色谱仪及色谱柱进行清洗和维护。

四、奥克托今含量的测定

奥克托今含量按式（12-29）计算。

$$w_4 = 100 - w_3$$

(12-29)

式中　w_4——奥克托今的质量分数（%）；

　　　w_3——黑索今的质量分数（%）。

第六节　太　安

一、概述

太安，学名季戊四醇四硝酸酯。熔点 140℃～142℃，易溶于丙酮、乙酸乙酯，微溶于苯、甲苯、甲醇、乙醇、乙醚、环己醇等，不溶于水。太安可水解，在 125℃ 及加压下，水解迅速。检测项目执行标准 GJB 552A—2019《太安规范》，有外观质量、熔点、氮含量、内酮不溶物、不溶颗粒、酸度、水分和挥发分、真空安定性、粒度、堆积密度及流散性，其中熔点、氮含量、丙酮不溶物、不溶颗粒、酸度、水分和挥发分、粒度按第二节中通用项目进行分析，本节只介绍堆积密度及流散性的分析方法。

二、氮含量的测定

1. 原理

太安中的硝酸酯被浓硫酸分解生成硝酸，用硫酸亚铁溶液滴定生成的硝酸，通过滴定过程中氧化还原电极的电位突变来确定滴定终点，用消耗硫酸亚铁溶液的体积计算样品的氮含量。

2. 方法提要

（1）标定因子的测定　用天平称取 0.4g 硝酸钾标准物质置于 250mL 烧杯中，放入搅拌磁子，用量筒加入 150mL 硫酸（预先在冰箱中冷却至 0℃~10℃）。将烧杯放在磁力搅拌器上搅拌，使样品完全溶解。将冰水浴放在滴定台上，将盛有试样溶液的烧杯放入冰水浴中，将电极与滴定头放至溶液中心位置，开始滴定，滴定结束后记录硫酸亚铁溶液消耗的体积，计算标定因子。

（2）试样测定　将干燥后的试样在玛瑙研钵中研细，用天平称取 0.3g 试样置于 250mL 烧杯中，其余操作步骤与标定因子的测定相同。滴定结束后记录硫酸亚铁溶液消耗的体积，计算氮含量的检测结果。

标定因子按式（12-30）计算：

$$C_0 = \frac{wm_1}{V_1} \qquad (12\text{-}30)$$

式中　C_0——标定因子（g/mL）；

$\quad$ w——硝酸钾中氮的理论质量分数（%），$w = 13.8541\%$；

$\quad$ m_1——硝酸钾质量（g）；

$\quad$ V_1——标定消耗的硫酸亚铁溶液体积（mL）。

每份试样平行测定两次，当两次测定值之差不大于 0.0010g/mL 时，取其算术平均值作为测定结果，表示至四位小数。

氮含量按式（12-31）计算：

$$w_1 = \frac{C_0 V_2}{m} \qquad (12\text{-}31)$$

式中　w_1——氮的质量分数（%）；

$\quad$ C_0——标定因子（g/mL）；

$\quad$ V_2——试样消耗的硫酸亚铁溶液体积（mL）；

$\quad$ m——试样的质量（g）。

3. 注意事项

1）滴定前打开电极电解液孔塞，检查电极保护液的液位是否在孔塞下口处，不足时及时添加。

2）电极插入液面以下，溶液必须淹没电极，滴定前打开电极电解液孔塞。

3）如果硝酸钾试剂结块，则需要在高温烘箱中烘干 1h~2h 后再使用。

4）每次测定完要用浓硫酸冲洗滴管头和电极；分析工作结束后蒸馏水冲洗电极及滴定头，用滤纸轻轻吸干电极上的水滴，堵上电解液孔塞，将电极浸泡在 3mol/L 的 KCl 水溶液中，液面必须超过电极隔膜。

5）电极外参比液要定期检查补充。

6）滴定管每月至少取下清洗 2 次~3 次，在更换不同浓度溶液时必须清洗。

三、堆积密度及流散性的测定

1. 原理

定量的试样自一定高度自由落入规定体积的专用容器内，所需要的时间为流散性；容器内试样的质量与其所占体积之比，即为试样的堆积密度。

2. 方法提要

（1）接收器容积的标定　在室温下往接收器中加入室温的水，使接收器顶部水面形成凸面，将玻璃板压在接收器顶上，除去多余的水，使玻璃板底下无气泡。擦干接收器外部及玻璃片的水，称量，精确至 0.1g。

接收器的容积按式（12-32）计算。

$$V_c = \frac{m_1 - m_2}{\rho} \tag{12-32}$$

式中　V_c——接收器的容积（cm^3），表示至两位小数；

　　　m_1——接收器和玻璃片及水的质量（g）；

　　　m_2——接收器和玻璃片的质量（g）；

　　　ρ——在试验温度下水的密度（g/cm^3）。

（2）样品的测定　称取约 300g 试样，过试验筛除去筛上物。称量接收器，精确至 0.1g，将其放在流散器漏斗下口处，堵住漏斗下口。用铜铲取过筛后的试样，将试样慢慢倒入流散器中，倒满并溢出，在口部形成堆形，用铝刮板垂直于流散器刮去多余的试样。放开流散器的漏斗下口，并开始计时，试样自由的流入接收器中，流满并溢出，在口部形成堆形。流完后，停止计时，此时间即为太安的流散性值。

用铝刮板垂直于接收器口部刮去多余的试样，轻轻敲打接收器，使试样密实，将表面黏附的药粉擦净，称量，精确至 0.1g。

堆积密度按式（12-33）计算。

$$\rho_1 = \frac{m_3 - m_4}{V_S} \tag{12-33}$$

式中　ρ_1——试样的堆积密度（g/cm^3）；

　　　m_3——试样和接收器的质量（g）；

　　　m_4——接收器的质量（g）；

　　　V_S——试样占有的体积（等于接收器的容积）（cm^3）。

3. 注意事项

1）检测人员在进入堆积密度检测岗位前，要徒手接触除静电棒，消除身体的静电。

2）堆积密度测定器必须接地线，导走静电。

3）标定接收器时，玻璃板下不能产生气泡。

4）刮去多余样品时，必须用刮板垂直地与接收器上沿接触并单向匀速刮过表面，不能多次刮。

5）接收器外壁必须先擦干净，再称量。

6）试样从漏斗中流出的过程中，接收器不能碰撞、挪动。

第七节　3-硝基—1,2,4-三唑—5-酮

一、概述

3-硝基—1,2,4-三唑—5-酮，简称 NTO。熔融分解温度大于等于 265.0℃。检测项目有外观、纯度、游离酸含量、二甲基甲酰胺不溶物、水分和挥发分，其中水分和挥发分及二甲基甲酰胺不溶物按第二节中通用项目进行分析，本节只介绍纯度、游离酸的分析方法。

二、纯度的测定

1. 原理

试样用水溶解，经液相色谱分离后，用紫外检测器测定，以面积百分比法测得其纯度。

2. 方法提要

称取一定质量的试样，用蒸馏水溶解定容，用微量注射器吸取一定体积的试样溶液注入液相色谱仪，由色谱工作站采集数据并对色谱图进行处理，用面积百分比法计算出 NTO 的峰面积与所有组分峰总面积的比，即为 NTO 的纯度。

NTO 的纯度按式（12-34）计算。

$$w_f = \frac{A_f}{\sum A_i} \qquad (12\text{-}34)$$

式中　w_f——NTO 的纯度（%）；

　　　A_f——试样溶液中 NTO 的峰面积；

　　　$\sum A_i$——试样溶液中所有峰的总面积。

3. 注意事项

1）流动相使用前要过滤，根据需要选择不同的滤膜。

2）对抽滤后的流动相脱气 10min～20min。脱气后的流动相要小心振动，尽量不引起气泡。

3）流动相冲洗 20min～30min 后，仪器方可稳定；仪器基线走直后，方可进样分析。

4）样品测试结束后，要对色谱仪及色谱柱进行清洗和维护。

三、游离酸含量的测定

1. 原理

试样用水溶解，用离子色谱仪进行分离并检测。根据峰面积计算出硝酸根离子的浓度，从而得到 NTO 中游离的硝酸含量。

2. 方法提要

配制不同浓度的 NO_3^- 工作标准溶液，经过离子色谱仪测定并计算工作曲线。将一定质量的试样溶解于超纯水中并定容，经过离子色谱测定，用工作曲线计算出 NTO 中的 NO_3^- 含

量，再根据 NO_3^- 的含量计算出游离酸含量。

NO_3^- 浓度按式（12-35）计算。

$$c_1 = \frac{Ac_0}{A_0}$$ （12-35）

式中 c_1——NTO 样品中 NO_3^- 的浓度（mg/L）；

     A——NTO 样品检测出的 NO_3^- 峰面积；

     A_0——标准 NO_3^- 溶液检测出的 NO_3^- 峰面积；

     c_0——标准溶液中 NO_3^- 的浓度（mg/L）。

NTO 游离酸含量按式（12-36）计算。

$$w_1 = \frac{M_{HNO_3} c_1 V \times 10^{-6}}{M_{NO_3^-} m} \times 100\%$$ （12-36）

式中 w_1——NTO 游离酸的质量分数（%）；

     M_{HNO_3}——HNO_3 的摩尔质量（g/mol），$M_{HNO_3} = 63g/mol$；

     $M_{NO_3^-}$——NO_3^- 的摩尔质量（g/mol），$M_{NO_3^-} = 62g/mol$；

     V——NTO 样品溶液的体积（mL）；

     m——NTO 样品的质量（g）；

     c_1——NTO 样品中 NO_3^- 的浓度（mg/L）。

3. 注意事项

1）淋洗液输送系统启动前，需要观察从流动相瓶到泵之间的管路中是否有气泡，如果有，则需要排除干净。

2）使用前，通约 20min 去离子水用于清洗泵和管路。使用后，通约 20min 去离子水用于清洗流动相。

3）经常检查比例阀、真空腔以及淋洗液瓶有无泄漏，管路有无堵塞；定期更换清洗液、柱塞密封圈和定量环。

思 考 题

1. 简述炸药定义？

2. 混合炸药中常见的功能添加剂有哪些类？

3. 炸药常见的能量组分有哪些（至少说出 5 个）？

4. 简述炸药的分类。

5. 简述混合炸药的组成。

6. 为什么要分析炸药的酸（碱）度？

7. 炸药水分测定时（卡尔-费休法）有哪些注意事项？

8. 利用溶剂分离-称量法测定混合炸药组分时，溶剂的选择有哪些要求？

9. 现有一试样（细粉状）所含组分：Al 粉、RDX、TNT，请设计一个试验方案以准确求出该试样的各个组分的含量。

10. 一种炸药含黑索今、胶、石墨，试设计方案测定各组分含量（注：使用溶剂分离-

称量法测定，先画出流程图，再用文字详细说明）。

11. 定性测定梯恩梯亚硫酸钠的目的是什么？

12. 什么是梯恩梯的渗油性？

13. 测定梯恩梯渗油性的影响因素有哪些？

14. 简述梯恩梯凝固点的测定原理。

15. 测定黑索今无机不溶物时，可否用定性滤纸？

16. 有人将无标签的粉状 RDX 瓶，乱放在失去标签的 NH_4NO_3、$BaSO_4$ 试剂瓶中，怎样把它们区分开来。

17. 简述黑索今堆积密度测定原理？

18. 测定黑索今堆积密度时要注意什么？

19. 奥克托今有几种晶型？哪种最稳定？

20. 简述奥克托今的物理性质。

21. 一种炸药含奥克托今、胶、二甲基硅油、石墨，试设计方案测定各组分含量（注：使用溶剂分离-称量法测定，先画出流程图，再用文字详细说明）。

22. 简述太安的物理性质。

23. 简述太安中氮含量测定的原理。

24. 简述太安氮含量测定的注意事项。

25. 简述太安堆积密度测定的原理。

26. 简述太安堆积密度测定的注意事项？

27. 简述 3-硝基—1,2,4-三唑—5-酮（NTO）的物理性质。

28. 简述 3-硝基—1,2,4-三唑—5-酮（NTO）纯度的测定原理。

29. 简述 3-硝基—1,2,4-三唑—5-酮（NTO）纯度测定的注意事项。

30. 简述 3-硝基—1,2,4-三唑—5-酮（NTO）游离酸测定的原理。

31. 简述 3-硝基—1,2,4-三唑—5-酮（NTO）游离酸测定的注意事项。

第十三章

理化实验室安全知识

第一节 防火、防爆常识

燃烧必须具备三个要素——着火源、可燃物、助燃剂（如氧气）。灭火就是要去掉其中一个因素。水是最廉价的灭火剂，适用于一般木材、各种纤维及可溶（或半溶）于水的可燃液体灭火。砂土的灭火原理是隔绝空气，用于不能用水灭火的着火物。石棉毯或薄毯的灭火原理也是隔绝空气，用于扑灭人身上燃烧的火。

火炸药分析测试实验室防火、灭火要点：

1）应备有灭火消防器材、急救箱和个人防护器材。分析测试人员应熟知这些器材的位置和使用方法。

2）禁止用火焰检查可燃气体（如煤气、氢气、乙炔气）泄漏的地方。应用肥皂水检查其管道、阀门是否漏气。

3）操作、倾倒易燃液体时，应远离火源。加热易燃液体必须在水浴上或密封电热板上进行，严禁用火焰或电炉直接加热。

4）实验室对易燃品应限量、分类、低温存放、远离火源。加热含有高氯酸或高氯酸盐的溶液时防止蒸干或谨慎引进有机物，以免产生爆炸。

5）蒸馏可燃液体时，操作人员不能离开，要注意仪器和冷凝器的正常运行。需往蒸馏器内补充液体时，应先停止加热，放冷后再进行。

6）易燃液体的废液应设置专门容器收集，不得倒入下水道，以免引起爆炸事故。

各种灭火器适用的火灾类型及场所不同，详见表13-1。若局部起火，应立即切断电源，并关闭煤气阀门用湿抹布或石棉布覆盖熄灭；若火势较猛，应根据具体情况，选用适当的灭火器进行灭火，并立即与有关部门联系，请求救援。衣服着火时，不可慌张乱跑，应立即用湿布或石棉布灭火；如果燃烧面积较大，可躺在地上打滚。

表 13-1 常用灭火器及适用范围

灭火器	灭火剂	适用范围
二氧化碳灭火器	液体二氧化碳	用于扑灭油类、易燃液、气体和电气设备的初起火灾，人员应避免长期接触
"1211"灭火器	"1211"即二氟-氯-溴甲烷（灭火原理为化学抑制）	用于油类、档案资料、电气设备及贵重精密仪器的着火，因破坏大气臭氧层,逐渐限制生产及使用

（续）

灭火器	灭火剂	适用范围
干粉灭火器	ABC 型为内装磷酸铵盐干粉灭火剂，BC 型为内装碳酸氢钠干粉灭火剂以氮气为驱动气体	用于扑灭油类、可燃液体、气体和电气设备的初起火灾,灭火速度快
合成泡沫灭火器	发泡剂为蛋白、氟碳表面活性剂等	扑救非水溶型可燃液体、油类和一般固体物质火灾

　　除火炸药以外，一些化学品在外界的作用下（如受热、受压、撞击等）也能发生剧烈的化学反应，瞬间产生大量的气体和热量，使周围压力急剧上升，发生爆炸。一些化学药品单独存放或使用时比较稳定，但若与其他样品混合时就会变成爆炸品，十分危险。表 13-2 列举了火炸药以外常见的易燃、易爆混合物。

表 13-2　常见的易燃、易爆混合物

主要物质	相互作用物质	产生结果	主要物质	相互作用物质	产生结果
浓硝酸、硫酸	松节油、乙醇	燃烧	硝酸盐	酯类、乙酸钠、氯化亚锡	爆炸
过氧化氢	乙酸、甲醇、丙酮	燃烧	过氧化物	镁、锌、铝	爆炸
溴	磷、锌粉、镁粉	燃烧	硝酸铵	锌粉和少量水	爆炸
高氯酸钾	乙醇、有机物	爆炸	高锰酸钾	硫黄、甘油、有机物	爆炸
氯酸盐	硫、磷、铝、镁	爆炸	—	—	—

　　乙醚、四氢呋喃及其他醚类吸收空气中的氧形成不稳定的过氧化物，受热、振动或摩擦时会发生极猛烈的爆炸。

第二节　预防化学烧伤与玻璃割伤

　　预防化学烧伤与玻璃割伤的注意事项：

　　1）腐蚀性刺激药品，如强酸、强碱、浓氨水、浓过氧化氢、氢氟酸、冰乙酸和溴水等，取用时尽可能戴上橡胶手套和防护眼镜等。

　　2）稀释硫酸时，必须在耐热容器内进行，并且在不断搅拌下慢慢将浓硫酸加入水中。绝对不能将水加注到浓硫酸中，这样会产生大量的热，溅射酸液，十分危险。在溶解氢氧化钠、氢氧化钾等发热物质时，也必须在耐热容器中进行。

　　3）取下盛有正在沸腾的水或溶液的烧杯时，需用烧杯夹夹住烧杯，摇动取下，以防突然剧烈沸腾溅出溶液伤人。

　　4）切割玻璃管（棒）及给瓶塞打孔时，易造成割伤。往玻璃管上套橡胶管或将玻璃管插进橡胶塞孔内时，必须正确选择合适的匹配直径，将玻璃管端面烧圆滑，用水或甘油湿润管壁及塞内孔，并用布裹住手，以防玻璃管破碎时割伤手部。

　　常见化学烧伤的急救和治疗见表 13-3。

表 13-3 常见化学烧伤的急救和治疗

化学试剂种类	急救或治疗方法
碱类:氢氧化钠(钾)、氨、氧化钙、碳酸钾	立即用大量水冲洗,然后用体积分数为 2% 的乙酸溶液冲洗,或撒敷硼酸粉,或用 20g/L 硼酸水溶液洗。如为氧化钙灼伤,可用植物油涂敷伤处
酸类:硫酸、盐酸、硝酸、乙酸、甲酸草酸、苦味酸	先用大量水冲洗,然后用 50g/L 碳酸钠溶液冲洗
溴	用 1 体积 25%(体积分数)氨水+1 体积松节油+10 体积 95%(体积分数)乙醇的混合液处理
氢氟酸	先用大量冷水冲洗直至伤口表面发红,然后用 50g/L 碳酸氢钠溶液洗,再以甘油与氧化镁质量比为 2:1 的悬浮液涂抹,再用消毒纱布包扎;或用体积分数为 0.1% 的氯化苄烷氨水或冰镇乙醇溶液浸泡
铬酸	先用大量水冲洗,再用硫化铵溶液漂洗
苯酚	先用大量水冲洗,然后用(4+1)70%(体积分数)乙醇-氯化铁(1mol/L)混合溶液洗
硝酸银	先用水冲洗,再用 50g/L 碳酸氢钠溶液漂洗,涂油膏及磺胺粉

第三节 高压气瓶的安全使用

火炸药分析测试实验室常用的气体,如氢气、氮气、氩气、氧气、乙炔、氧化亚氮等,都可以通过购置气体钢瓶获得。气体钢瓶具有种类齐全、压力稳定、纯度较高、使用方便等优点,但气瓶属于高压容器,必须严格遵守安全使用规程才能防止事故发生。

气瓶是高压容器,瓶内装有高压气体,还要承受搬运等外界的压力,因此对其质量要求严格,常用无缝合金或锰钢管制成圆柱形容器。气瓶顶部有启闭气门(即开关阀),气门侧面接头(支管)上连接螺纹。用于可燃气体的钢瓶应为左旋螺纹,用于非可燃气体的钢瓶为右旋。这是为杜绝把可燃气体压缩到盛有空气或氧气的钢瓶中的可能性,以及防止偶然把可燃气体的气瓶连接到有爆炸危险的装置上的可能性。

由于气瓶内压力很高,而使用所需压力往往较低,单靠启闭气门不能准确、稳定地调节气体的放出量。为了降低压力并保持稳定压力,需要装上减压器。不同气体有不同的减压器。不同的减压器,外表涂以不同的颜色,与各种气体的气瓶颜色标志一致。值得注意的是,用于氧气瓶的减压器可以用于装氮气或空气的气瓶上,而用于氮气瓶的减压器只能充分洗除油脂之后,才可用于氧气瓶上。

每次气瓶使用完后,先关闭气瓶气门,然后将调压螺杆旋松,放尽减压器内的气体。若不松开调压螺杆,则弹簧长期受压,将使减压器压力失灵。

一、气瓶的标志

各种气体钢瓶的瓶身必须按规定涂上相应标志色漆,并用规定颜色的色漆写上气瓶内容物的中文名称、画出横条标志。表 13-4 列出了《气瓶安全监察规程》中的部分气瓶漆色及标志。

二、气瓶的存放及安全使用有关规则

1)气瓶必须存放在阴凉、干燥、严禁明火、远离热源的房间。使用中的气瓶要直立固定在专用支架上。

表 13-4 部分气瓶漆色及标志

气瓶名称	外表面颜色	字样	字样颜色	横条颜色
氧气瓶	天蓝	氧	黑	—
氢气瓶	深绿	氢	红	红
氮气瓶	黑	氮	黄	棕

2）搬运气瓶要轻拿轻放，防止摔掷、敲击、滚滑或剧烈振动。搬前要戴上安全帽，以防不慎摔断瓶嘴发生事故。钢瓶必须具有两个橡胶防振圈。乙炔瓶严禁横卧滚动。

3）装可燃性气体的气瓶与明火距离应不小于 10m，不能达到时，应有可靠的隔热防护措施，并不得小于 5m。

4）瓶内气体不得全部用尽，一般应保持 0.2MPa～1MPa 的余压，以备充气单位检验取样所需及防止其他气体倒灌。

5）高压气瓶的减压器要专用，安装时螺扣要上紧，不得漏气。开启高压气瓶时，操作者应站在气瓶出口的侧面，动作要慢，以减少气流摩擦，防止产生静电。

第四节 化学毒物及中毒的救治

某些侵入人体的少量物质引起局部刺激或整个机体功能障碍的任何疾病都称为中毒，这类物质称为毒物。

表 13-5 列出了常见化学毒物的急性致毒作用与救治方法。工作人员应了解毒物的侵入途径、中毒症状和急救办法。贯彻预防为主的方针，减少化学毒物引起的中毒事故。一旦发生中毒时能争分夺秒地、正确地采取自救、互救措施，力求在毒物被吸收以前实现抢救，直至医生到来。

表 13-5 常见化学毒物的急性致毒作用与救治方法

分类	名称	主要致毒作用与症状	救治方法
无机物	汞及其化合物	大量吸入汞蒸气或吞食氯化汞等汞盐：引起急性汞中毒，表现为恶心、呕吐、腹痛、腹泻、全身衰弱、尿少或尿闭甚至死亡	误服者不得用生理盐水洗耳和胃，迅速灌服鸡蛋清、牛奶或豆浆 送医院治疗
		汞蒸气慢性中毒症状：头晕、头痛、失眠、神经衰弱；自主神经功能紊乱、口腔炎及消化道症状及震颤	脱离接触汞的岗位，医院治疗
		皮肤接触	大量水冲洗后，湿敷 30g/L～50g/L 硫代硫酸钠溶液，不溶性汞化合物用肥皂和水洗
	铬酸、重铬酸钾等铬化合物	铬酸、重铬酸钾对黏膜有剧烈的刺激，产生炎症和溃疡；铬的化合物可以致癌	用 50g/L 硫代硫酸钠溶液清洗受污染皮肤
酸	硫酸、盐酸、硝酸	接触：硫酸局部红肿痛，重者起水泡、呈烫伤症状；硝酸、盐酸腐蚀性小于硫酸	立即用大量流动清水冲洗，再用 20g/L 碳酸氢钠水溶液冲洗，然后清水冲洗
		吞服：强烈腐蚀口腔、食道、胃黏膜	初服可洗胃，时间长忌洗胃，以防穿孔；应立即服 75g/L 氢氧化镁悬液 60mL，或鸡蛋清调水或牛奶 200mL

（续）

分类	名称	主要致毒作用与症状	救治方法
强碱	氢氧化钠、氢氧化钾	接触：强烈腐蚀性，化学烧伤	迅速用水、柠檬汁、体积分数为 2% 的乙酸或 20g/L 硼酸水溶液洗涤
		吞服：口腔、食道、胃黏膜腐烂	禁洗胃或催吐，给服稀乙酸或柠檬汁 500mL，或体积分数为 0.5% 的盐酸 100mL~500mL，再服蛋清水或牛奶、淀粉糊、植物油等
有机化合物	苯及其同系物（如甲苯）	吸入蒸气及皮肤渗透 急性：头晕、头痛、恶心，重者昏迷抽搐甚至死亡 慢性：损害造血系统、神经系统	皮肤接触用清水洗涤 严重时需要人工呼吸、输氧、医生处置
	三氯甲烷	皮肤接触：干燥、皲裂	皮肤皲裂者选用 10% 尿素冷霜
		吸入高浓度蒸气急性中毒、眩晕、恶心、麻醉 慢性中毒：肝、心、肾损害	脱离现场，吸氧，医生处置
	四氯化碳	接触：皮肤因脱脂而干燥、皲裂 吸入，急性：黏膜刺激、中枢神经系统抑制和胃肠道刺激症状 慢性：神经衰弱，损害肝、肾	20g/L 碳酸氢钠或 10g/L 硼酸溶液冲洗皮肤和眼 脱离中毒现场急救，人工呼吸、吸氧
	甲醇	吸入蒸气中毒，也可经皮肤吸收 急性：神经衰弱症状、视力模糊、酸中毒症状 慢性：神经衰弱，视力减弱，眼球疼痛 吞服 15mL 可导致失明，70mL~100mL 致死	皮肤污染用清水冲洗 溅入眼内，立即用 20g/L 碳酸氢钠冲洗 误服，立即用 30g/L 碳酸氢钠溶液充分洗胃后医生处置
	芳胺、芳族硝基化合物	吸入或皮肤渗透 急性中毒致高铁血红蛋白症，溶血性贫血及肝脏损害	皮肤接触用温肥皂水（忌用热水）洗，苯胺可用体积分数为 5% 的乙酸或体积分数为 70% 的乙醇洗
气体	氮氧化物	呼吸系统急性损害 急性：口腔、咽喉黏膜、眼结膜充血，头晕、支气管炎、肺炎、肺水肿 慢性：呼吸道病变	移至新鲜空气处，必要时吸氧

火炸药分析测试实验室预防中毒的措施主要是：

1）改进实验设备与实验方法，尽量采用低毒品代替高毒品。

2）有符合要求的通风设施将有害气体排除。

3）消除二次污染源，即减少有毒蒸气的逸出及有毒物质的洒落、泼溅。

4）选用必要的个人防护用具，如眼镜、防护油膏、防毒面具、防护服装等。

第五节　有毒化学物质的处理和静电安全

一、有毒化学物质的处理

实验室需要排放的废水、废气、废渣称为实验室"三废"。实验室三废的排放应遵守《中华人民共和国环境保护法》《中华人民共和国大气污染防治法》和《中华人民共和国水污染防治法》等法规的有关规定。实验室废液、废渣可以分别收集进行处理，下面介绍几种处理方法。

1）无机酸类：将废酸慢慢倒入过量的含碳酸钠或氢氧化钙的水溶液中或用废碱溶液中和，中和后用大量水冲洗。

2）氢氧化钠、氨水：用 6 mol/L 盐酸水溶液中和，用大量水冲洗。

3）废弃的有害固体药品：严禁倒在生活垃圾处，须经处理解毒，然后以深坑埋掉。

二、静电安全

静电是在一定的物体中或其表面上存在的电荷，一般 3kV～4kV 的静电电压便会使人有不同程度的电击感觉。静电防护措施：

1）不要使用塑料地板、地毯或其他绝缘性好的地面材料，可以铺设导电性地板。

2）在易燃易爆场所，应穿导电纤维及材料制成的防静电工作服、防静电鞋（电阻应在 150kΩ 以下），戴防静电手套。不要穿化纤类织物、胶鞋及绝缘鞋底的鞋。

3）高压带电体应有屏蔽措施，以防人体感应产生静电。

4）进入实验室应徒手接触金属接地棒，以消除人体从外界带来的静电。坐着工作的场合可在手腕上戴接地腕带。

5）提高环境空气中的相对湿度，当相对湿度超过 65%～70% 时，由于物体表面电阻降低，便于静电逸散。

第六节　试样制备及废弃物的销毁

一、试样制备安全要求

1）一次不可处理多于数克的干炸药，处理较多量的炸药时，应将试样分成数份，并将其储存在防护屏后。

2）不可将炸药储存在带玻璃塞的瓶内，可采用塑性容器（如带橡胶塞的导电橡胶容器）储存炸药。

3）如有可能，在炸药已经分解或已被钝感前，操作工作应在适当的防护屏后进行。

4）不要采用金属或陶瓷刮勺。

5）除非绝对必要，不要研磨起爆药；需要研磨时，一次只宜处理数毫克试样，且应在防护屏后进行。最好采用木制杵槌，且其柄长至少应有 20cm。有时，炸药可以用惰性物质稀释，以尽量减少其危险性。典型的猛炸药一般可用光滑的乳钵或杵槌（玻璃、玛瑙或釉瓷制）研磨，但每次也只能研磨少量试样。以硝化棉为基的发射药一般不能用乳钵或杵槌研磨，采用威利（Wiley）碾磨机研磨，且应在适当的防护屏后远距离操作。

6）起爆药一般对光敏感，不能长期暴露于光线下。某些典型的猛炸药（如梯恩梯）也对光敏感。

7）炸药通常对静电放电（电火花）十分敏感，因此必须采取措施以保证在不致发生放电的情况下处理炸药，对起爆药更是如此。推荐采用导电的地板和鞋子、棉布衣服。建议采用接地的、导电的工作台面，推荐操作人员戴接地的手镯或腕环。工房的相对湿度宜不低于 50%。

8）在实验室处理炸药时，必须戴防护眼镜。

9）实验室需要良好的维护，不可让微量炸药积聚于实验室的缝隙处或其他地方，应当定期清扫干净工作环境。要及时处理带水容器中暂时存有的多余的固体炸药及锯屑中的液体炸药（如硝化甘油），采用可行的方法将其销毁，例如与油混合或在远离实验室的地方每次少量燃烧。

10）采用的烘箱不应有任何外露的加热蛇管或加热线圈，应装有附加的安全恒温器，以便当控制恒温器发生故障而烘箱仍未关闭时，该安全恒温器仍能进行操作而不致发生事故。

二、火炸药使用燃烧法销毁时的注意事项

火炸药在销毁中要严格执行安全操作规程。火药销毁时还应注意以下事项：

1）火药中不得混杂起爆药、导爆管、雷管和其他起爆物。有内孔的尺寸较大的推进剂要在销毁前剖开内孔。硝化甘油、硝化二乙二醇等液态硝酸酯可分散吸附到大量的废纸上。含水的硝化棉很难销毁，如果量少，销毁前可用酒精驱水。

2）销毁时将危险品铺成长条，厚度、宽度不要超 2cm。在逆风方向留 2m 长的纸引火线。销毁时首先点燃火线，点燃后人员迅速离开，回到隐蔽点观察。

3）危险品销毁后要到现场仔细检查，不能留下残药，不能留下吸附液态硝酸酯的纸张，不能留下火种。如果销毁工作需要连续进行，下批销毁物不要铺在原销毁处。

炸药销毁时还应注意：把待销毁的废药铺成厚度不大于 1cm、宽度不大于 5cm 的长条，然后在逆风一端用导火索或用废纸等拉成长条点火，点火后人员应马上远离，待废药完全销毁后方可离开现场。待销毁的废药中严禁混入雷管等火工品或碎玻璃等坚硬杂物。废药燃烧时，也不应靠近补加废药。

起爆药销毁时还应注意：其燃烧方法基本上与猛炸药相同，但为了降低它的敏感度，并使其燃烧速度均匀，事先应将废药用适量机油（废药：机油 ≈ 1∶0.5）慢慢浸透并搅拌均匀后再行烧毁。如废药为干药，则应先用水浸湿、抽干，再用机油钝化。

第七节　安全用电知识

1）危险场所电气线路应采用绝缘电线穿钢管或采用电缆敷设。

2）发现人员触电时，使接触人员脱离电源的措施是用绝缘体拨开电源或触电者。

3）检修设备时，要有两人在场，同时做好防护措施，禁止带电作业。

4）火炸药研制、试验压药、手工筛选应采取切实有效的防静电及其他有效安全措施。操作区域和设备要经常清理，以防粉尘的聚积。

5）危险性工房工作间的地面应符合要求：火花能引起危险品燃烧、爆炸的情况下，应采用不发生火花的地面；危险品对撞击、摩擦作用特别敏感的情况下，应采用不发生火花的柔性地面；对静电作用特别敏感的情况下，应采用导静电地面。

6）倒药、筛药、干混等工序操作完毕后，一般应静止 3min 以上，便于积累的电荷自行泄放。保护接地是把在故障情况下可能存在对地电压的金属外壳同大地连接起来。

7）人工呼吸是在触电者停止呼吸后采用的急救方法，做人工呼吸时，应使触电者仰卧并使其头部充分后仰。

8）在火炸药生产过程中，进行生火、气焊、电焊、进入容器槽罐、登高、停送电、停水、销毁作业时，应严格履行危险作业审批制度。

9）各类消防栓（箱）、电源接线盒（箱、板）周围 0.5m 范围之内，不得摆放任何物品。

10）凡在生产、加工、处理危险品过程中，有可能积聚静电电荷的金属设备、管道均应直接接地，其接地电阻不应大于 100Ω。

11）电流从左手到脚通过人体时最危险。

12）起爆药和黑索今、太安等较敏感的炸药干燥设备不应采用电加热，可以采用低压蒸汽、热水、油浴等加热。

13）任何电气设备在未验明无电之前，一律认为有电。

14）电线穿钢管敷设的线路，进入隔爆型电气设备时，应装设隔离密封件。

15）有爆炸危险工房内的照明灯具和电开关，应选用防爆型电开关，并应安装在室外门旁。

16）火工品药剂生产静电危险场所需要静电接地的管道系统，其连接处应进行可靠跨接。

17）从防止触电的角度来说，绝缘、屏护和间距是防止直接接触电击的安全措施。

18）漏电保护装置用于防止人身触电事故、防止漏电火灾事故。

思 考 题

1. 发生燃烧必须具备的条件是什么？

2. 在实验室中若皮肤溅上浓碱时应该怎么办？

3. 氢气钢瓶、氮气钢瓶、氧气钢瓶瓶体各是什么颜色？

4. 电器火灾使用什么灭火？

参 考 文 献

［1］ 王红玉. 分析化学 ［M］. 北京：化学工业出版社，2003.
［2］ 夏玉宇. 化学实验室手册 ［M］. 2版. 北京：化学工业出版社，2008.
［3］ 张铁垣. 化验工作实用手册 ［M］. 北京：化学工业出版社，2003.
［4］ 翁诗甫. 傅里叶变换红外光谱分析 ［M］. 北京：化学工业出版社，2010.
［5］ 刘子如. 含能材料热分析 ［M］. 北京：国防工业出版社，2008.
［6］ 张皋. 新型含能化合物数据手册 ［M］. 北京：化学工业出版社，2016.
［7］ 欧育湘. 含能材料 ［M］. 北京：国防工业出版社，2009.
［8］ 王立，等. 色谱分析样品处理 ［M］. 北京：化学工业出版社，2006.
［9］ 邵自强，等. 硝化纤维素结构与性能 ［M］. 北京：国防工业出版社，2011.
［10］ 武汉大学. 分析化学 ［M］. 4版. 北京：高等教育出版社，2000.
［11］ 刘世纯. 实用分析化验工读本 ［M］. 北京：化学工业出版社，2002.
［12］ 赵藻藩，等. 仪器分析 ［M］. 北京：高等教育出版社，1994.
［13］ 范健. 原子吸收分光光度法 ［M］. 长沙：湖南科学技术出版社，1981.
［14］ 付若农. 色谱分析概论 ［M］. 北京：化学工业出版社，2000.
［15］ 吴瑾光. 近代傅里叶变换红外光谱技术及应用 ［M］. 北京：科学技术文献出版社，1994.
［16］ 常建华，等. 波谱原理及解析 ［M］. 北京：科学出版社，2001.
［17］ 常铁军. 材料近代分析测试方法 ［M］. 哈尔滨：哈尔滨工业大学出版社，2003.
［18］ 栗衣人，等. 发射药分析 ［M］. 北京：国防工业出版社，1986.
［19］ 王泽山，等. 火药实验方法 ［M］. 北京：兵器工业出版社，1996.
［20］ 李福平，等. 火炸药手册 ［Z］. 第五机械工业部二〇四研究所，1981.
［21］ 周冈惠，等. 分析化学手册 ［M］. 北京：化学工业出版社，2003.
［22］ 夏玉宇. 化验员实用手册 ［M］. 3版. 北京：化学工业出版社，2012.
［23］ 刘和珍. 化验员读本 ［M］. 北京：化学工业出版社，2008.
［24］ 张皋. 火炸药理化分析 ［Z］. 中国兵器工业集团公司质量安全部，2011.
［25］ 刘耀鹏. 火炸药生产技术 ［M］. 北京：北京理工大学出版社，2008.
［26］ 高向阳. 新编仪器分析 ［M］. 北京：科学技术出版社，2013.
［27］ 劳允亮，等. 火工药剂学 ［M］. 北京：北京理工大学出版社，2011.
［28］ 褚小立，等. 近红外光谱分析技术实用手册 ［M］. 北京：机械工业出版社，2016.
［29］ 周起槐，等. 火药物理化学性能 ［M］. 北京：国防工业出版社，1983.
［30］ 严衍禄，等. 近红外光谱分析的原理、技术与应用 ［M］. 北京：中国轻工业出版社，2013.